高等教育"十二五"规划教材
2016年陕西省普通高等学校优秀教材

大学计算机基础案例教程

魏娟丽　张民朝　主　编

王秋茸　王　爽　魏　华　许　艳　张晓丽　副主编

科学出版社
北　京

内 容 简 介

本书是高等院校计算机基础教育课程体系规划教材之一。主要内容包括计算机基础知识、中文 Windows XP 操作系统、计算机网络与 Internet 应用、字处理软件 Word 2007、电子表格软件 Excel 2007、演示文稿制作软件 PowerPoint 2007、网页制作软件 SharePoint Designer 2007、数据库管理软件 Access 2007 以及计算机及网络在体育中的应用。

本书注重实际操作和应用，案例丰富、图文并茂、内容翔实。本书既可作为高等院校计算机应用基础课程教材和各类培训班的教学用书，同时也适合作为计算机爱好者的自学参考资料。

图书在版编目（CIP）数据

大学计算机基础案例教程/魏娟丽，张民朝主编. 一北京：科学出版社，2011
（高等教育“十二五”规划教材）
ISBN 978-7-03-031643-1

Ⅰ.①大… Ⅱ.①魏… ②张… Ⅲ.①电子计算机-高等学校-教材 Ⅳ.①TP3

中国版本图书馆 CIP 数据核字（2011）第 116604 号

策划：冯 涛
责任编辑：李 瑜 / 责任校对：王万红
责任印制：吕春珉 / 封面设计：耕者工作室

科学出版社 出版
北京东黄城根北街 16 号
邮政编码：100717
http://www.sciencep.com

铭浩彩色印装有限公司印刷

科学出版社发行 各地新华书店经销

*

2011 年 8 月第 一 版 开本：787×1092 1/16
2016 年 8 月第七次印刷 印张：22 1/4
字数：505 000

定价：40.00 元

（如有印装质量问题，我社负责调换〈骏杰〉）
销售部电话 010-62136230 编辑部电话 010-62135517-2038

PREFACE 前言

随着计算机的广泛普及和应用领域的不断扩大，计算机已成为各行各业必备的工具。掌握计算机应用技术，提高计算机的使用能力，是21世纪人才必须具备的基本素质。“大学计算机基础”也一直是绝大多数高校作为公共必修课给大学生开设的第一门计算机课程。随着计算机知识的普及，大学生的计算机基础已不再是零起点，大学计算机基础课程的教学改革也在迅速开展。本书是根据教育部高教司非计算机专业计算机教学指导分委员会提出的高等学校计算机基础课程教学基本要求，结合应用型本科院校学生实际而编写的。

本书以“实用为主、实践先导、案例驱动”为指导思想，以培养学生实际动手能力、独立思考问题能力以及创新精神为目的，兼顾非零起点和学生生源的差别，教学内容注重基本技术和应用实践，强调结合专业特色，贯穿技术性、应用性与示范性，采用“案例驱动”的方式编排内容，尽量做到精选、实用，注重开拓学生视野，力求培养学生的信息文化素养。

全书共分9章，内容分别为第1章计算机基础知识，第2章中文Windows XP操作系统，第3章计算机网络与Internet应用，第4章字处理软件Word 2007，第5章电子表格软件Excel 2007，第6章演示文稿制作软件PowerPoint 2007，第7章网页制作软件SharePoint Designer 2007，第8章数据库管理软件Access 2007，第9章计算机及网络在体育中的应用。

本书第1章、第9章由张民朝编写，第2章由王爽编写，第3章由许艳编写，第4章由王秋茸编写，第5章、第8章由魏娟丽编写，第6章由魏华编写，第7章由张晓丽编写。全书由魏娟丽、张民朝统稿主编。在编写本书过程中得到了西安体育学院各级领导的关心和支持，在此表示感谢。

由于时间仓促以及作者水平有限，错误和疏漏之处在所难免，恳请专家和读者批评指正。

编　者

2011年4月

CONTENTS 目录

第1章

计算机基础知识

本章学习目标

◎ 了解现代信息技术的概念、分类和基本应用。
◎ 了解计算机的产生和发展史。
◎ 了解计算机信息安全知识。
◎ 掌握计算机系统的组成。
◎ 掌握计算机中常用数值转换和信息的编码。

21世纪，人类社会进入了一个全新的时代——信息时代。信息技术的迅猛发展和日益普及，促进了社会信息化进程。快速化、数字化、网络化、集成化是信息社会的主要特点，信息、物质、能源成为人类社会的三大基本资源。

在知识体系上，信息技术不是一门独立的学科，它是以计算机技术、通信技术和电子技术等为主体，而计算机技术作为信息技术的核心，在信息处理中发挥着巨大的作用。本章就现代信息技术、计算机基础知识等方面的知识作简要介绍。

1.1 现代信息技术

1.1.1 现代信息技术概述

现代信息技术一般包括计算机技术、多媒体技术、现代通信技术和计算机网络技术，其中计算机技术处于现代信息技术的核心地位。

1. 计算机技术（computer technology）

计算机科学与技术是研究计算机所涉及的各种现象与规律以及在上述领域所采用的技术方法的学科。计算机技术通常包括微电子技术、计算机硬件技术、计算机软件技术和计算机系统集成技术等。

自1946年世界上第一台计算机在美国宾夕法尼亚州立大学诞生以来，依据采用的电子器件的不同，迄今已发展到第四代计算机。计算机的“分代”代表了计算机随着时间的纵向发展历程，而其横向的发展一般可用“分类”来说明。比如巨型机、大型机、中型机、小型机、微型机，此外还有工业用的单片机。

2. 多媒体技术（multimedia technology）

多媒体技术是一门综合性应用技术，它与计算机技术融合从而开辟出一个多学科交叉、跨行业的崭新领域。多媒体技术在计算机技术的基础上，将各种媒体以数字化的方式集成在一起，从而使计算机具有了表现、处理、存储多种媒体的综合能力，形成多媒体计算机系统。多媒体计算机是对具有多种媒体处理能力的计算机系统的总称。此外，世界上很多大公司都在研发多媒体专用系统，如Philips/Sony公司的CD-I系统、Inter/IBM公司的DVI系统、Commodore公司的Amiag系统和Apple公司的Macintosh系统等。

3. 现代通信技术（modern communication technology）

通信技术是研究完成通信任务的学科，以通信技术为依托，各种通信设备组合构成的系统称为通信系统。

从1837年莫尔斯发明电报、1876年贝尔发明电话以来，人类进入了电气通信时代，通信技术得到了迅速的发展。随着现代科学技术的发展，社会对信息传递、存储和处理的要求越来越高，通信技术与计算机技术紧密结合，信源的种类越来越多，不仅有语言，还有数据、图像、文本等，通信网已不再是单一的电话网或电报网，而是一个综合性的为多种信息服务的网络系统，人类进入了现代通信阶段。

通信系统的一般模型如图 1-1-1 所示。

图 1-1-1　通信系统模型

4. 计算机网络技术（computer network technology）

计算机网络技术是计算机和通信两大现代技术结合的产物，它代表着当代计算机体系结构发展的一个极其重要的方向。计算机网络是把分布在不同地点的具有独立功能的多个计算机系统，通过通信设备和线路连接起来，在网络软件的支持下，实现以网络资源共享为目标的系统。

因特网其实并不是一种具体的物理网络技术，它的实质是将不同的物理网络技术按某种协议统一起来的一种高层技术。

1.1.2　现代信息技术的应用

现代计算机技术的应用，已经是计算机、通信、网络、多媒体技术的综合应用，更确切地说是现代信息技术的应用。近 20 年来，现代信息技术的应用已经取得了巨大的进展，渗透到现代社会的各个方面。

1. 科学计算（science calculation）

科学计算（又称数值计算）是计算机技术应用最早的领域，也是发明计算机的初衷。利用计算机运算速度快、存储量大的特点，可以完成现代科学技术研究中靠人工无法完成的大量科学计算。例如，在现代战争中使用的巡航导弹，其自身所带的地形信息数据需要与地面数据实时匹配，这需要通过实时的数学计算来完成；在石油勘探中，依靠人工地震产生大量的地震测线剖面数据，通过巨大的数学计算，以判断储油前景等。

2. 计算机文化（computer literacy）

计算机和因特网是 21 世纪人类文化发展的技术基础。信息社会是人类文化发展的一个新时代，它将全面和深刻地改变人们对传统文化的认识。

人类文化的发展经历了几次重大的革命，从文字出现、纸张的发明，到印刷术的发展，直至计算机、网络、通信等现代信息技术的发展，使人类有了广泛、迅速地传播文字、声音、图像等多种媒体的可能；有了电话、手机等通信工具；有了收音机、电视机、录像机、VCD、DVD 等传播媒体；有了台式电脑、笔记本电脑、掌上电脑等智能工具。

人类在21世纪已经进入计算机文化时代，如果说人类以前有无文化的主要标志是是否会用纸张、笔墨等工具表达人们的思想，进行交流和办公，那么现代有无文化的标志将变成人们是否会用计算机及网络进行交流、办公和获取信息，不会使用计算机和因特网的人将成为现代的“文盲”。

3. 计算机辅助教育（computer-aided education，CAE）

信息技术为发展教育、培养专门人才和提高劳动力素质提供了现代化的手段，以计算机和网络为核心的现代教育技术在学校中的应用大体包括：计算机辅助教学、多媒体多功能教室、现代远程教学系统、虚拟图书馆系统、校园网等几个方面。

4. 办公自动化（office automation，OA）

办公自动化是20世纪70年代中期首先从发达国家发展起来的，它是一门综合性的技术，其目的在于建立一个以先进的计算机和通信技术为基础的、高效率的人一机信息处理系统，使办公人员能充分利用各种形式的信息资源，全面提高办公的效率。

5. 金融电子化（electronic banking）

金融电子化是综合了各种层次，具有各种不同应用形式，以计算机（包括各种银行专用的电子设备）应用为主要特征的各类银行计算机应用系统的总称，即凡是在银行、保险及其他经过中央银行批准的金融机构中以提高金融工作效率、围绕金融业务及金融管理现代化进程所采用的先进电子设备，以及所开发的计算机信息系统都属于金融电子化范畴。

6. 企业信息化（enterprise information）

计算机技术的普及和计算机网络的广泛应用，给企业的生产和经营带来了一场新的革命。信息作为一种新的生产要素，与劳动、资本、土地等一起构成企业生命中不可缺少的组成部分。企业以业务流程的优化为基础，在一定的深度和广度上利用计算机技术、网络技术和数据库技术，控制和集成化管理企业生产经营活动中的所有信息，实现企业内外部信息的共享和有效利用，以提高企业的经济效益和市场竞争能力，这就是企业信息化。

7. 远程医疗（telemedicine）

远程医疗是利用现代化信息技术和现代电子设备进行异地的医疗活动，一般通过远程医疗系统来实现。这一系统包括远程诊断、信息服务、远程教学等多种功能，它是以计算机和网络通信为基础，针对各种数据类型医学资料的多媒体技术，用于进行远程视频及音频信息的传输、存储、查询和显示等。

金卫工程是我国卫生系统中唯一以卫星网为骨干网络，可实现与地面网络连接的多媒体网络。目前，金卫医疗网已经覆盖了包括北京、上海、广州等大城市的众多国家级医院，也包括新疆、西藏等边远地区和基层的医院。

8. 数字地球（digital earth）

美国前副总统戈尔在 1998 年 1 月 31 日的讲演中指出“我们需要一个‘数字地球’，一个可以嵌入海量地理数据的多分辨率的、真实地球的三维表示”。“数字地球”是对真实地球及其相关现象的数字化重现和认识，是用数字化手段统一地处理地球问题，最大限度地利用信息资源。

我国已将“数字地球”的研究列入 863 计划，几年来有几十名院士、几百名高级专家参加了多次有关研讨活动，“数字地球”战略研究已经受到国家领导人和社会各界的广泛关注。

9. 物联网（Internet of things）

物联网指的是将无处不在的末端设备和设施，包括具备“内在智能”的传感器、移动终端、工业系统、楼控系统、家庭智能设施、视频监控系统等和“外在使能”（enabled）的如贴上 RFID 的各种资产、携带无线终端的个人与车辆等“智能化物件或动物”或“智能尘埃”，通过各种无线和/或有线的长距离和/或短距离通信网络实现互联互通、应用大集成，以及基于云计算的 SaaS 营运等模式，在内网、专网和互联网环境下，采用适当的信息安全保障机制，提供安全可控乃至个性化的实时在线监测、定位追溯、报警联动、调度指挥、预案管理、远程控制、安全防范、远程维保、在线升级、统计报表、决策支持、领导桌面（集中展示的 cockpit dashboard）等管理和服务功能，实现对“万物”的“高效、节能、安全、环保”的“管、控、营”一体化。

1.1.3　计算机的产生及发展

1. 计算机的产生

在人类文明的发展史中，为了进行有效的计算，人类在不断地探索，先后发明了各种计算工具。古代人曾采用木棍和石块进行计数和计算。几百年前，我国发明了最早的计算工具——算盘，被称为世界上第一种手动式计算器，至今还有人在使用。1621 年，英国数学家冈特根据对数表设计发明了计算尺。1642 年，法国科学家帕斯卡发明了加法器，被称为人类历史上的第一台机械式计算机，它的设计原理对计算机械的产生和发展产生了很大的影响，也用在了其他机器的设计中。1673 年，德国数学家莱布尼茨发明设计了一种能进行加、减、乘、除的计算器。19 世纪 20 年代，英国数学家巴贝奇设计了差分机和分析机，希望采用机械方式实现计算过程，但是由于技术限制，他的这种采用机械方式实现复杂的计算过程的思想最终未能实现。到了 19 世纪后期，随着电学技术的发展，人们看到了另外一条实现自动计算的过程和途径。1884 年，德国人康拉德·祖思在二次世界大战期间用机电方式制造了一系列计算机。多年后，美国人霍华德·爱肯也推出了用机电方式实现的自动机。在 IBM 的资助下，于 1944 年制造出了著名的 MARK I 计算机。MARK I 用穿孔纸带代替了齿轮传动装置，是最早的自动机计算机。

1946 年 2 月，世界上第一台电子数字计算机 ENIAC（electronic numerical integrator and computer），即“电子数字积分式计算机”，在美国宾西法尼亚大学研制成功。

ENIAC 结构庞大，占地 170m^2，重达 30t，使用了 5000 次加减法或 400 次乘法运算，在性能方面与今天的计算机无法相比。但是，ENIAC 的成功研制在计算机的发展史上具有划时代的意义，它的问世标志着电子计算机时代的到来，标志着人类计算工具的新生时代开始了，标志着世界文明进入了一个崭新的时代，它用电子的快速运动代替了机械运动。从此，机器已不只是人类四肢的延伸，而是延伸了人类大脑的活动。

英国科学家艾兰·图灵和美籍匈牙利科学家冯·诺依曼是计算机科学发展史中的两位关键人物。图灵建立了图灵机模型，并提出了图灵机是非常有力的计算工具的原理，奠定了计算机设计的基础并提出图灵测试理论，阐述了机器智能的概念。冯·诺依曼被称为计算机之父，他和他的同事们研制了电子计算机 EDVAC，提出了存储程序控制原理的数字计算机结构，并在 EDVAC 中采用了这一原理，其基本结构一直沿用到今天，对后来的计算机的体系结构和工作原理产生了重大影响。

2. 计算机的发展

从第一台电子数字计算机诞生至今，虽然只有六十多年的历史，但是计算机的发展却是突飞猛进的，给人类社会带来的变化是巨大的。计算机共经历了四代发展历程，每一代计算机的变革在技术上都是一次新的突破，在性能上都是一次质的飞跃。

根据制造电子计算机采用的物理器件的发展，可以将计算机的发展过程划分成如下几个阶段。

（1）第一代计算机（1946—1957 年）

第一代计算机采用电子管，是计算机发展的初级阶段，其体积巨大，运算速度较低，耗电量大，存储容量小，主要用来进行科学计算。

（2）第二代计算机（1958—1964 年）

第二代计算机采用晶体管，体积减小，耗电较少，运算速度较高，价格下降，不仅用于科学计算，还用于数据和事物处理及工业控制。

（3）第三代计算机（1965—1971 年）

第三代计算机采用中小规模集成电路，体积和功耗进一步减小，可靠性和速度进一步提高。应用领域扩展到文字处理、企业管理、自动控制等。

（4）第四代计算机（1972 年至今）

第四代计算机采用大规模与超大规模集成电路，性能大幅度提高，价格大幅度降低，广泛用于社会生活的各个领域，并进入办公室和家庭等场所。例如，在办公自动化、电子编辑排版、数据库管理、图像识别、语音识别、专家系统等领域大显身手。

从 20 世纪 80 年代开始，日、美等国家开始了新一代“智能计算机”的系统研究，并称为“第五代计算机”，但目前尚未有突破性发展。

3. 计算机的发展趋势

（1）巨型化

巨型机的研制水平，可以衡量整个国家的科技能力。我国在 1985 年成功研制出运算速度为 10 亿次/秒的“银河-Ⅱ”。2003 年，由国家“863”项目和中国科学院“十五”信息化专项共同支持、联想公司研制的、运算速度达 4 万亿次/秒的超级计算机联想深腾 6800 问世。2010 年 11 月 17 日，国际超级计算机 TOP500 组织正式发布了第 36 届世界超级计算机 500 强排行榜，我国自主研发的“天河一号”超级计算机（如图 1-1-2 所示）凭着 4700 万亿次/秒的运算峰值速度脱颖而出，成为世界上运算速度最快的超级计算机。“天河一号”的运算峰值达到 4700 万亿次双精度浮点运算，换算成十进制就意味着“天河一号”能够在 1 秒钟内，进行带有小数点的十五、十六位实数运算 4700 万亿次。打个比方，假如每个人每秒钟可以做一次浮点运算，“天河一号”计算 1 小时，就相当于全国 13 亿人计算 340 年；“天河一号”计算 1 天，就相当于一台双核 PC 计算 620 年。“天河一号”总的存储容量能够容纳 1 千万亿个汉字，相当于一个存储 10 亿册 100 万字书籍的巨大图书馆。

（2）微型化

随着微电子技术和超大规模集成电路的发展，计算机的体积趋向微型化。从 20 世纪 80 年代开始，微机得到了普及。先后出现了笔记本式计算机、掌上电脑（如图 1-1-3 所示）、手表电脑等。

图 1-1-2 “天河一号”主机

图 1-1-3 掌上电脑

（3）网络化

现代信息社会的发展趋势就是实现资源共享，即利用计算机和通信技术，将各个地区的计算机互联起来，形成一个规模巨大、功能强大的计算机网络，使信息能得到快速、高效地传递。

（4）多媒体化

现代计算机不仅用来进行计算，还能处理声音、图像、文字、视频和音频信号。如图 1-1-4 所示的就是一台多媒体计算机。

（5）智能化

智能化是让计算机具有模拟人的感觉和思维过程的能力。如图 1-1-5 所示为采用虚拟现实技术生产的汽车驾驶模拟器。

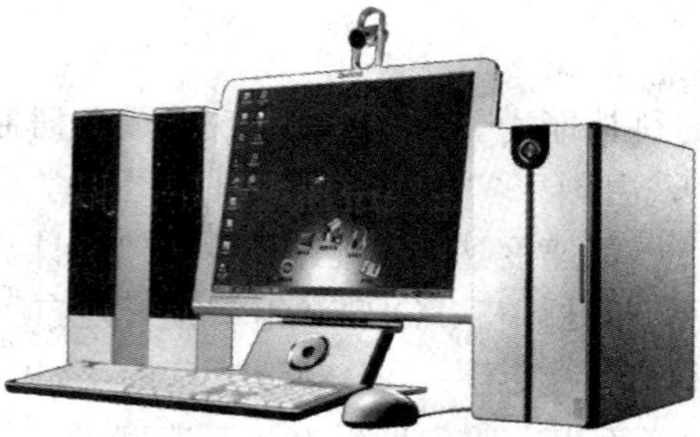

图 1-1-4　多媒体计算机

图 1-1-5　采用虚拟现实技术的汽车模拟器

1.1.4　计算机的分类

计算机发展到今天，已经是种类繁多，可以从不同角度对它们进行分类。

1）按计算机处理数据的类型，可将计算机分为数字计算机和模拟计算机。

2）按计算机的应用范围，可将计算机分为专用计算机和通用计算机。

3）根据通用计算机自身的性能指标（运算速度、存储容量、功能强弱、规模大小、软件系统的丰富程度），可将其分为巨型机、大型机、中型机、小型机、工作站和微型机。

① 巨型机：巨型机运算速度快、存储容量大，运算速度可达几千亿次每秒以上，主存容量高达几百吉字节（GB），字长可达 128 位以上。

② 大型机：一般认为大型机的运算速度在 100 万次/秒至几千万次/秒，字长为 32～64 位，主存容量在几十兆字节或几百兆字节。

③ 中、小型机：由于微型机的出现及功能不断增强，中、小型机正在走向消亡。

④ 微型机：20 世纪 70 年代后期，微型机的出现引起了计算机业的一场革命。

⑤ 工作站：20 世纪 70 年代后期出现了一种新型的计算机系统，称为工作站（work station，WS）。

1.1.5　现代信息安全

“信息安全”一直没有公认和统一的定义，但国内外对信息安全的论述大致可以分为两大类：一类是指具体信息技术系统的安全，另一类是指某一特定信息体系（例如国家银行信息系统、军事指挥系统等）的安全。通俗地讲，信息安全就是保障电子信息的有效性、保证信息数据安全的所有方式和功能不受侵害。计算机信息系统安全有三个特性：保密性、完整性和可用性。

1. 信息安全的主要分类

近年来，信息技术在各个领域广泛应用，由于信息技术本身的特殊性，尤其是信息和网络相通的特点，使得在整个信息化进程中带有了巨大的信息安全风险。信息安全问题涉及国家安全、社会公共安全和公民个人安全等各个方面。信息犯罪率逐年上升，小到制造传播计算机病毒、伪造磁卡，大到金融系统信息犯罪和网上黑客犯罪等，已成为不可忽视的社会问题。信息安全的问题主要有如下几个方面。

(1) 黑客犯罪

所谓黑客，是指通过计算机渗透窃取信息和破坏信息系统的人。随着因特网的发展，黑客的威胁已屡见不鲜。

(2) 病毒

病毒对计算机的危害很大。据统计，每年观察到的全球计算机病毒扩散次数超过10 亿次以上，大部分计算机都受到过病毒的影响，常常会听到人们气愤而又无奈的抱怨声。“Hi! How are you!”，这行颇有绅士风度的问候语几乎成了病毒邮件正文的必要内容，电子邮件成为计算机病毒传播的第一途径。很多不法分子或者好事之徒制作个人网页直接提供大批量病毒样本供下载；遍布于网站的大批病毒制作工具、向导和程序等，使得无编程经验和基础的人制作新病毒成为可能。

(3) 网络垃圾

信息垃圾指网络色情、垃圾邮件、流氓软件等。据美国宾夕法尼亚洲卡耐基·梅隆大学 2000 年的一份调查报告披露，在之前的一年时间里，研究人员在国际互联网上发现了 91.7 万幅（件）色情图片、小说和影视片。烦人的广告信函也经常造成系统负担过重，导致其他使用者无法正常使用网上服务。

黑客及病毒泛滥催生了安全技术与产品的飞速发展，现在已形成防火墙、IDS、防病毒、VPN 等安全系列产品体系。用户的安全意识和安全投资也有所增加。

2. 计算机信息安全技术

信息安全是一门涉及计算机科学、网络技术、通信技术、密码技术、应用数学和信息论等多种学科的综合性学科。信息安全技术可分为两个层次，第一个层次是计算机系统安全，第二个层次是计算机数据安全。针对两个不同的层次，可以采用不同的安全技术。下面介绍几种常见的信息安全技术。

(1) 加密技术

加密技术是一种主动的信息安全防范措施，其原理就是利用一定的加密算法，将明文转换成无意义的密文，防止非法用户获取原始数据，从而确保数据的保密性，同时也保证了信息的完整性和正确性。依照加密密钥和解密密钥是否相同，可将加密技术分为单钥密码体制和双钥密码体制。

(2) 访问控制技术

访问控制的目的就是防止非法用户（或者未授权用户）进入系统和合法用户（或者授权用户）对系统资源进行非法使用。具体任务就是要对访问的申请、批准和撤销的全过程进行有效控制。

(3) 数字认证技术

数字证书是一个经证书认证（certificate authority，CA）中心数字签名的、包含证书申请者（公开密钥拥有者）个人信息及公开密钥的文件。基于公开密钥体制（PKI）的数字证书是电子商务安全体系的核心，用途是利用公共密钥加密系统来保护与验证公众的密钥。CA 对申请者所提供的信息进行验证，然后通过向电子商务各个参与方签发数字证书，来确认其身份，保证网上支付的安全性。

(4) 防火墙技术

防火墙是一种计算机硬件和软件的组合，使不可信任的外界网络与可信任的内部网络之间建立起一个安全网关（security gateway），从而保护内部网络免受非法用户的入侵。防火墙技术是建立在现代通信网络技术和信息安全技术基础上的应用性安全技术，尤其以接入 Internet 最多。

(5) 虚拟专用网技术

虚拟专用网技术（virtual private network，VPN）是用于 Internet 交易的一种专用网络，它可以在两个系统之间建立安全通道，用于电子数据交换。它与信用卡交易和客户发送订单交易不同，因为在 VPN 中，双方的数据通信量要大得多，而且通信的双方彼此都很熟悉。

3. 计算机犯罪类型

随着计算机信息网络的广泛应用，计算机犯罪将成为信息社会的主要犯罪形式之一。计算机犯罪的主要表现是侵犯计算机信息网络中的各种资源，包括硬件、软件及网络中存储和传输的数据，从而达到窃取钱财、信息、情报及破坏的目的。目前，计算机犯罪主要有以下几种形式。

1）通过网络非法转移资金，盗窃银行中他人的存款。主要是行业内部的工作人员利用自己的专业知识和银行计算机系统的漏洞进行违法犯罪活动。

2）随着计算机和 Internet 的发展，许多国家的政府和军队的核心机密、企业的商业秘密都存储在计算机里。一些不法分子千方百计地入侵到存有机密的计算机网络中，窃取政治、军事、商业机密，然后将机密公布于众，或将机密出卖，或利用机密进行敲诈勒索。

3）一些黑客未经许可就通过互联网络进入他人的计算机，破解他人密码，使用他人的计算机资源，造成了十分巨大的危害。

4）故意向他人的计算机系统传播计算机病毒。

5）散布虚假广告诈骗钱财。诈骗分子利用网络登发虚假产品广告、征婚广告、出国广告，或以转让财产、科技成果、计算机软件等名义诈取钱财。

6）著作权的侵权。一些计算机用户将购买的商业软件随意复制给他人使用，严重侵害开发商权益；一些作者剽窃网上新闻作品、文学作品向全国各地报刊供稿；还有将他人作品下载并复制成光盘出售，非法解密他人的软件出售等。

7）传播淫秽、暴力、恐怖、迷信作品。在 Internet 上不仅有一些利欲熏心的网站传播黄色软件、小说、音像制品，以牟取不正当利益，而且在电子邮件和联机聊天中也会出现色情内容。

8）其他违法犯罪活动。例如，利用互联网络对他人进行诽谤、谩骂、恐吓、制造谣言和传播假新闻，从而扰乱社会秩序、亵渎宗教、破坏民族团结等。

计算机犯罪是一种高技术犯罪，其特点是作案时间短、可异地远距离作案、不留痕迹、隐蔽性强、危害性大，有些犯罪行为按传统刑法难以定罪量刑。因此，许多国家已修改刑法或制定计算机犯罪单行法规，以便有力地打击计算机犯罪。我国也在刑法修正案中增加了制裁计算机犯罪的法律法规，例如“侵犯知识产权罪”。

1.1.6　计算机病毒及其防治

1. 计算机病毒的概念

世界上第一个计算机病毒出现于 1981 年，计算机病毒的出现也使信息安全成为 30 多年来人们普遍关注的一个话题。那么什么是计算机病毒呢?

计算机病毒是指编制或者在计算机程序中插入的破坏计算机功能、毁坏数据、影响计算机使用，并能自我复制的一组计算机指令或者程序代码。就像生物病毒一样，计算机病毒有独特的复制能力，可以很快地在计算机中蔓延，又常常难以根除。它们能将自身附着在各种类型的文件上，当文件被复制或从一个用户传送到另一个用户时，它们就随同文件一起蔓延开来。

计算机病毒作为一种“特殊”的程序，具有许多特性。不同病毒所表现出的特性也不尽相同，归纳起来主要有隐藏性、传染性、潜伏性、破坏性四种。

计算机病毒按寄生方式可分为文件型病毒、引导型病毒和复合型病毒。

2. 计算机感染病毒后比较常见的症状及危害

计算机在感染病毒后，总是有一定规律地出现异常现象。从目前发现的病毒来看，计算机感染病毒后比较常见的症状有以下几种。

1）机器无法正常启动。加电后机器根本不能启动，或者可以启动，但所需要的时间比原来的时间长，有时会突然出现黑屏现象。

2）运行速度变慢。如果发现在运行某个程序或打开文件时，读取数据的时间比原来时间长，那就可能是病毒所造成的。

3）文件内容及长度改变。一个文件存入磁盘后，本来它的长度及内容是不会改变的，但是由于病毒的干扰，文件长度可能发生改变，文件内容也可能出现乱码，有时文件内容无法显示或显示后又消失了。

4）系统空间变小。由于病毒本身或其复制不断侵占系统空间，使可用空间变小。

5）死机现象增多以及出现异常动作。例如经常出现一些无意义的画面、问候语等；经常性的无故自动重启等。

6）外部设备工作异常。由于外部设备受系统的控制，如果机器中有病毒，外部设备在工作时可能出现一些异常情况。例如，计算机屏幕上出现异常显示、计算机系统的蜂鸣器出现异常声响、磁盘卷标发生变化、系统不识别硬盘、对存储系统异常访问、键盘输入异常、虚假报警等。

7）丢失文件或文件损坏；文件的日期、时间、属性等发生变化；文件无法正确读取、复制或打开；命令执行出现错误；操作系统无故频繁出现错误；系统异常重新启动等。

3. 计算机病毒的预防

计算机病毒的防治要从防毒、查毒、解毒三方面来进行。其实只要提高预防病毒的意识，并充分发挥杀毒软件的防护能力，完全可以将大部分病毒拒之门外。

1）对所有系统软件和重要数据要有备份。

2）一旦确认系统被病毒感染，先关闭系统，然后用带有写保护标签的系统盘重新启动计算机后，再使用杀毒软件进行清除，不得带病毒操作。

3）安装并及时更新反病毒软件。鉴于现今病毒无孔不入的特点，安装一套防毒软件很有必要。同时需要注意及时更新病毒定义码（病毒特征库、病毒标志等）或病毒引擎（防毒程序体，引擎的更新速度比病毒定义码要慢很多）。

4）定期扫描系统。初次使用防毒软件时，一定要对计算机做一次彻底的病毒扫描，尽管比较麻烦，但可以确保系统尚未受到病毒感染。此外，防毒软件可以自定义为定期在后台扫描系统。

5）打好安全补丁。很多“知名”病毒的流行是利用了操作系统中的漏洞或后门，例如，2003 年 8 月在全球范围内爆发的“冲击波”病毒就是一种针对微软 Windows NT、Windows 2000、Windows XP、Windows Server 2003 操作系统中 RPC（远程过程调用）服务的漏洞来攻击网络用户的蠕虫病毒，因此打好安全补丁非常重要。

6）警惕邮件附件。一个防止病毒感染的有效途径就是不要轻易打开邮件附件，即使邮件的来源看似相当的可靠。某些病毒会从受感染的计算机中提取邮件通信簿，并将带病毒的邮件分发出去，从而感染他人。

7）不要使用不知底细的磁盘和盗版光盘，外来的盘片必须进行病毒检测后再使用。

8）关注安全知识。新病毒的种类与数量之多，真令人防不胜防。及时了解计算机病毒的最新动态，这对于防毒很有帮助，可定期访问相关安全站点。

1.2 计算机系统的组成

计算机系统就是按照人的要求接收和存储信息，自动进行处理和计算，并输出结果信息的机器系统。计算机系统由硬件（子）系统和软件（子）系统组成。前者是借助电、磁、光和机械等原理构成的各种物理设备的有机组合，是系统赖以工作的实体；后者是各种程序和文件，用于指挥全系统按照指定的要求进行工作。

1.2.1 计算机系统概述

1. 冯·诺依曼计算机

在研制 ENIAC 的过程中，著名的数学家冯·诺依曼博士首先提出了计算机内存储程序的概念，并与莫尔小组合作设计了人类第一台具有内部存储程序功能的 EDVAC（电子离散变量自动计算机）。这台计算机有以下三个特点。

1）EDVAC 包括运算器、控制器、存储器、输入设备和输出设备五大基本部件，以运算器为中心，由控制器控制，采用二进制存储和运算，指令由操作码和地址码组成，程序在存储器中顺序存储、顺序执行。

2）用二进制模拟开关电路的两种状态，计算机要执行的指令和数据都用二进制表示。

3）将编好的程序和数据送入内存储器，然后计算机自动地逐条取出指令和数据进行分析、处理和执行。

冯·诺依曼提出的计算机存储程序的概念和计算机硬件基本结构的思想，奠定了计算机发展的基础，现代计算机仍然保留这些工作原理和特征。

2. 计算机的工作原理

按照冯·诺依曼“存储程序”的思想，为了能使计算机完成特定任务，用户必须首先根据该任务要求编写相应的程序，然后通过输入设备向控制器发出输入信息的请求，在得到控制器许可的情况下，输入设备把程序和数据送到存储器中并保存起来。随后，计算机系统就会在控制器的控制协调下，自动地运行程序，并把程序运行结果存入存储器。最后，在控制器的控制下输出设备把存储器中的运行结果输出，显示为用户容易识别的形式。

当需要计算机完成某项任务的时候，首先要将任务分解为若干个基本操作的集合，计算机所要执行的基本操作命令就是指令。指令是对计算机进行程序控制的最小单元，是一种采用二进制表示的命令语言。一个 CPU 能够执行的全部指令的集合就称为该 CPU 的指令系统。

每条指令都要求计算机完成一定的操作，它告诉计算机进行什么操作、从什么地方取址、把结果送到什么地方等信息。计算机的指令系统一般包括数据传送指令、算术运算指令、逻辑运算指令、转移指令、输入输出指令和处理机控制指令等。一条指令通常由两个部分组成，即操作码和操作数。其中，操作码用来规定指令进行什么操作，而操作数用来说明该操作处理的数据或数据所存储的单元地址。

整个计算机工作过程的实质就是指令的执行过程，因为控制器对各个部件的控制都是通过指令实现的。指令的执行过程可以分为四步。

1）取指令。从存储器的某个地址中取出要执行的指令，送到控制器内部的指令寄存器中暂存。

2）分析指令。把保存在指令寄存器中的指令送到指令译码器，译出该指令对应的微操作命令。

3）执行指令。根据指令译码器向各个部件发出相应的控制信号，完成指令规定的各种操作。

4）为执行下一条指令做好准备，即形成下一条指令地址。

计算机不断重复这个过程，直到组成程序的所有指令全部执行完毕，就完成了程序的运行，实现了相应的功能。

3. 计算机系统的组成

一个完整的计算机系统由硬件系统和软件系统两部分组成。硬件系统是组成计算机系统的各种物理设备的总称，是计算机系统的物质基础。软件系统是为了运用、管理和维护计算机而编制的各种程序、数据和相关文档的总称。通常把不装备任何软件的计算机称为裸机。普通用户所面对的一般都不是裸机，而是在裸机上配置若干软件后构成的计算机系统。计算机系统的各种功能都是由硬件和软件共同完成的。

1.2.2 计算机的硬件系统

计算机的硬件系统一般由控制器、运算器、存储器、输入设备和输出设备五大部分组成，其结构示意图如图 1-2-1 所示。

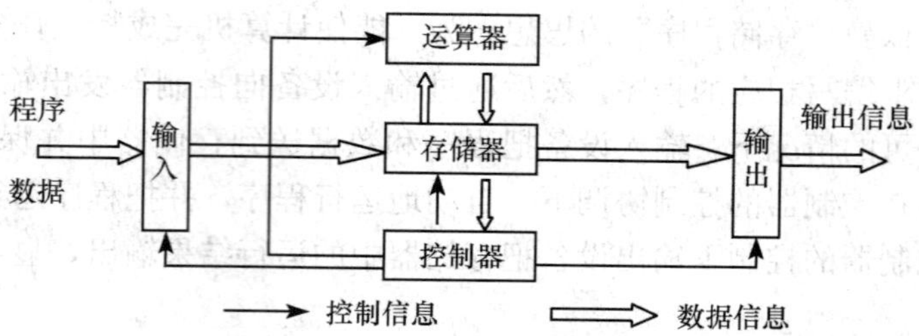

图 1-2-1 计算机的硬件系统

1. 控制器

控制器是计算机的指挥中心，负责从存储器中取出指令，并对指令进行译码；根据指令的要求，按时间的先后顺序，负责向其他各部件发出控制信号；保证各部件协调一致地工作。控制器主要由指令寄存器、译码器、程序计数器和操作控制器等组成。

2. 运算器

运算器是计算机的核心部件，负责对信息进行加工处理。它在控制器的控制下，与内存交换信息，并进行各种算术运算和逻辑运算，所以在运算器内部有一个算术逻辑单元（arithmetic logic unit，ALU）。运算器还具有暂存运算结果的功能，它由加法器、寄存器、累加器等逻辑电路组成。

控制器和运算器之间在结构关系上是非常密切的。到了第四代计算机，由于半导体工艺的进步，将运算器和控制器集成在一个芯片上，形成中央处理器（central processing unit，CPU）。

3. 存储器

存储器是计算机记忆或暂存数据的部件，它负责存放程序和数据。计算机中的全部信息，包括原始的输入数据、经过初步加工的中间数据及最后处理完成的有用信息，都存放在存储器中。按照存储器的作用，可将其分为主存储器（内存）和辅助存储器（外存）。

存储器中能够存放的最大数据信息量称为存储器容量。存储器容量的基本单位是字节（byte，B）。存储器中存储的一般是二进制数据。二进制数据只有 0 和 1 两个代码，因而，计算机技术中常把一位二进制数称为一位（1bit），1 个字节包含 8 位，即 1Byte=8bit。为了便于表示大容量存储器，常用 KB、MB、GB、TB 等作为单位，其关系为

$$1KB = 1024B \quad 1MB = 1024KB \quad 1GB = 1024MB \quad 1TB = 1024GB$$

（1）主存储器

主存储器简称主存，是计算机系统的信息交流中心。绝大多数的计算机主存是由半导体材料构成的。按存取方式来分，主存又分为随机存储器（又称读写存储器）和只读存储器。

1）随机存储器（random access memory，RAM）。RAM 的主要特点是既可以读出数据，又可以写入数据；它是短期存储器，只要断电，其存储内容将全部丢失。

RAM 按其结构，可分为动态（dynamic RAM）和静态（static RAM）两大类。DRAM 的特点是集成度高，主要用于大容量内存储器；SRAM 的特点是存取速度快，主要用于高速缓冲存储器。

2）只读存储器（read only memory，ROM）。ROM 的特点是只能读出原有内容，不能由用户再写入新内容。ROM 中的数据是厂家在生产芯片时，以特殊的方式固化在上面的，用户一般不能修改。ROM 一般用来存放系统管理程序，即使断电，其数据也不会丢失。比如固化在主板上的 BIOS 程序。

（2）辅助存储器

辅助存储器简称外存，属于外部设备，是内存的扩充。外存一般具有存储容量大，可以长期保存暂时不用的程序和数据，信息存储性价比较高等特点。通常，外存只与内存交换数据，而且存取速度也较慢。目前常用的外存有硬盘、光盘、U 盘等，早期的软盘逐渐被淘汰。

综上所述，内存的特点是直接与 CPU 交换信息，存取速度快，容量小，价格贵；外存的特点是容量大，价格低，存取速度慢，不能直接与 CPU 交换信息。内存用于存放立即要用的程序和数据；外存用于存放暂时不用的程序和数据。外存中的信息只有被调入内存后，才能被 CPU 处理，所以内存和外存之间常常频繁地交换信息。

4. 输入设备

输入设备用于接受用户输入的原始程序和数据，它是重要的人机接口，负责将输入的程序和数据转换成计算机能识别的二进制代码，并放入内存中。常见的输入设备有键盘、鼠标、扫描仪等。

5. 输出设备

输出设备可以将计算机运算处理的结果以用户熟悉的信息形式反馈给用户。通常输出形式有数字、字符、图形、视频、声音等类型。常见的输出设备有显示器、打印机、绘图仪等。

1.2.3 微型计算机的硬件系统

微型计算机也就是通常所说的 PC（personal computer），它产生于 20 世纪 70 年代末。微型计算机采用的是具有高集成度的器件，不仅体积小、重量轻、价格低、结构简单，而且操作方便、可靠性高。

从基本的硬件结构上看，微型计算机的核心是微处理器（microprocessor）。从外观上看，微型计算机的基本硬件包括主机、显示器、键盘、鼠标。主机箱内还包括主板、硬盘、存储器、电源和插在主板 I/O 总线扩展槽上的各种功能扩展卡。微型计算机还可以包含其他一些外部设备，如打印机、扫描仪等。

1. 主板（mainboard）

微机的主机及其附属电路都装在一块电路板上，称为主机板，又称为主板或系统板，如图 1-2-2 所示。

图 1-2-2 主板

主机板一般带有五个扩充插座（又叫做扩展槽），把不同的接口卡插入扩展槽中，就可以把不同的外部设备与主机连接起来。集成了网卡、声卡的主板除了有 USB 接口、并行接口和串行接口外，还有网线接口、声卡输入/输出接口。

为了结构紧凑，微机将主机板、接口卡、电源、扬声器等，以及属于外部存储设备的硬盘、软盘驱动器、光盘驱动器都装在一个机箱内，称为主机箱。也就是说，微机的主机箱里装有外部设备。例如，磁盘驱动器属于外部存储器，相应的接口电路板属于外设附件，并不属于主机。微机的键盘、显示器、打印机等外部设备则置于主机箱外。

2. 微处理器（microprocessor）

微处理器（如图 1-2-3 所示）是利用超大规模集成电路技术，把计算机的 CPU 部件集成在一小块芯片上，形成一个独立的部件。微处理器中包括运算器、控制器、寄存器、时钟发生器、内部总线和高速缓冲存储器（cache）等。

图 1-2-3 CPU

微处理器是微型计算机的核心，它的性能决定了整个计算机的性能。

衡量微处理器性能的最重要指标之一是字长，即微处理器一次能直接处理的二进制数据的位数。微处理器的字长有 8 位、16 位、32 位和 64 位。字长越长，运算精度越高，处理能力越强。早期的 80286 是 16 位微处理器，80386 和 80486 是 32 位微处理器，Pentium 系列虽然也是 32 位，但在技术上已经有了很大的提高，Pentium D 的双内核是 64 位 CPU。目前主流 CPU 使用 64 位技术的主要有 AMD 公司的 AMD 64 位技术、Intel 公司的 EM64T 技术和 IA-64 技术等。

微处理器另一个重要性能指标是主频。主频是指微处理器的工作时钟频率，它在很大程度上决定了微处理器的运行速度。主频越高，微处理器的运算速度越快。主频通常用 MHz（兆赫兹）表示。80486 的主频从 33MHz 到 100MHz，Pentium 系列的主频从 60MHz 到 3.2GHz 及以上。

随着制作工艺的发展，CPU 的核心数目也成了衡量 CPU 性能的一个重要指标。多内核是指在一枚处理器中集成两个或多个完整的计算引擎（内核）。多个内核可以有效地提高机器的整体性能。

3. 总线（bus）

总线是信号线的集合，是模块间传输信息的公共通道，通过它实现计算机各个部件之间的通信，进行各种数据、地址和控制信息的传送，这组公共信号线就称为总线。总线是计算机各部件的通信线。

总线可以从不同的层次和角度进行分类。

1）按相对于 CPU 或其他芯片的位置，可分为片内总线（internal bus）和片外总线（external bus）。

2）按总线的功能，可分为地址总线（address bus）、数据总线（data bus）和控制总线（control bus）三类。

3）按照总线的传送方式，可分为并行总线（parallel bus）和串行总线（serial bus）。

4. 外存储器（second memory）

外存储器主要有软盘存储器、硬盘存储器、光盘存储器和移动存储器。

（1）软盘存储器

软盘存储器由软盘驱动器和软磁盘组成。常用的软盘驱动器都是 3.5in（1in＝2.54cm），容量为 1.44MB。使用软盘时要注意软盘和软盘驱动器的兼容性。如今能够用到软盘的地方越来越少，最常见的是当系统崩溃时用来引导电脑，修复系统。在此就不加以介绍了。

（2）硬盘存储器

硬盘存储器由硬盘片、硬盘驱动器和适配卡组成。硬盘片和硬盘驱动器简称为硬盘，是计算机最主要的外部存储器。硬盘的物理结构如图 1-2-4 所示。

图 1-2-4 硬盘结构图

硬盘按照盘片直径大小可分为 5.25in、3.5in、2.5in 和 1.8in 等多种规格。目前使用最多的是 3.5in 硬盘。传统的盘片是由铝合金制成的，为了提高硬盘的存储密度和缩小硬盘的尺寸，现在大多数硬盘都采用玻璃材质，或采用玻璃陶瓷复合材料。盘片上涂有一层磁性材料，用来存储信息。通常每张盘片的每一侧都有一个读/写磁头，这些读/写磁头被同一个运动装置连在一起，并组成一组，所以读/写磁头是同时在盘片上运动的。盘片被封装在一个密封的防尘盒里，以有效地避免灰尘、水滴等对硬盘的污染。

作为计算机系统的数据存储器，存储容量是硬盘最主要的参数。硬盘的容量一般以千兆字节（GB）为单位，1GB=1024MB。但硬盘厂商在标称硬盘容量时通常取1GB=1000MB，同时操作系统还会在硬盘上占用一些空间，所以在操作系统中显示的硬盘容量和标称容量会存在差异，在BIOS中或在格式化硬盘时看到的容量会比厂家的标称值要小。目前的主流硬盘的容量为500GB和750GB及以上，而1TB以上的大容量硬盘亦已逐渐开始普及。

硬盘的另一个性能指标是转速。转速是硬盘盘片在一分钟内所能完成的最大转数。转速的快慢是标识硬盘档次的重要参数之一，在很大程度上直接影响到硬盘的速度。硬盘的转速越快，硬盘寻找文件的速度也就越快，相对的硬盘传输速度也就得到了提高。硬盘转速以r/min表示，即“转/分钟”。转速越大，内部传输率就越快，访问时间就越短，硬盘的整体性能也就越好。

目前市场上7200r/min的硬盘已经成为台式机硬盘市场主流，服务器中使用的SCSI硬盘转速基本都采用10 000r/min，甚至还有15 000r/min等，性能要超出家用产品很多。

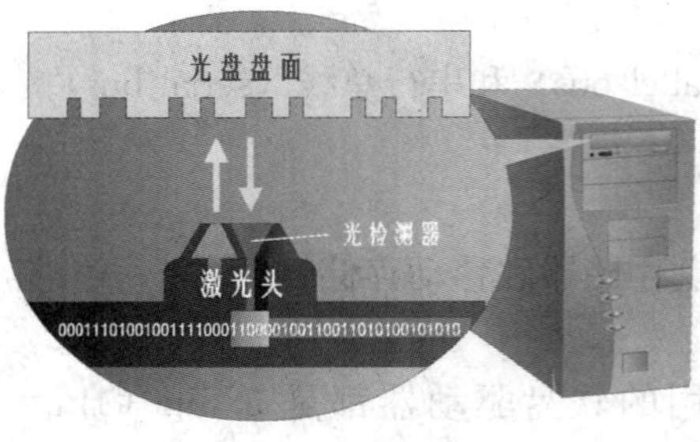

图1-2-5　光盘盘面示意图

（3）光盘存储器

光盘存储器由光盘驱动器（CD-ROM）和光盘片组成。光驱的核心部件是由半导体激光器和光路系统组成的光学头，光盘片采用激光材料，数据存放在光盘片中连续的螺旋形轨道上。在光盘上有两种状态，即凹点和空白，它们的反射信号相反，如图1-2-5所示。当在光盘上读数据时，光驱利用光学反射原理，使检测器得到光盘上凹点的排列方式，驱动器中有专门的部件把它们转换成二进制的0和1，并进行校验，然后才能得到实际数据。光盘在光驱中高速地转动，当读取数据时，激光头在电机的控制下前后移动，从而读取光盘上的信息。

光盘不易受到外界磁场的干扰，所以光盘的可靠性高，信息保存时间长。在正常室温下，光盘盘片理论上可保存100年之久。

光盘的存储容量大，一张5.25in的一次性写入光盘可存储650MB及以上的信息。目前，光盘已经被广泛应用于图书、资料和通用软件的保存和存储上，并作为电子出版物的存储载体，部分代替了现有的纸类印刷品。

光盘驱动器按照数据传输速率可分为单倍速、双倍速、4倍速、8倍速、16倍速、24倍速、32倍速、48倍速、52倍速等，它们的数据传输速率分别为150Kb/s、300Kb/s、600Kb/s、900Kb/s、1.2Mb/s、2.4Mb/s、3.6Mb/s、4.8Mb/s、7.2Mb/s

等。数据传输速率越高，数据的读取速度越快。目前，微型计算机一般使用 48 倍速以上的光盘驱动器。

根据光盘的性能不同，光盘分为只读型、一次性写入、可擦除、数字多功能盘等。

1）只读型光盘（CD-ROM）。CD-ROM 是光驱的最早形式，也是使用最为广泛的一种光驱。它由厂家写入程序或数据，出厂后用户只能读取，而不能写入和修改存储的内容。它的制作成本低、信息存储量大而且保存时间长。

2）一次性写入光盘（CD-R）。CD-R 允许用户一次写入多次读取。由于信息一旦被写入光盘便不能被更改，因此用于长期保存资料和数据等。

3）可擦除光盘（CD-RW）。CD-RW 集成了软磁盘和硬磁盘的优势，既可以读数据，也可以将记录的信息擦去再重新写入信息。它的存储能力大大超过了软磁盘和硬磁盘。

4）数字多功能盘（DVD）。DVD（digital versatile disc）集计算机技术、光学记录技术和影视技术等为一体，其目的是满足人们对大存储容量、高性能存储媒体的需求。DVD 光盘不仅在音频/视频领域已得到广泛应用，而且带动了出版、广播、通信和 WWW 等行业的发展。一般 DVD 光盘的容量为 4.7GB，是传统 CD-ROM 光盘的 7 倍，甚至更高。现在，DVD 光盘的存储容量可高达 17GB。DVD 光盘需要 DVD 光驱才能读取，DVD 光驱已逐渐成为未来 PC 中的主流部件。

（4）移动存储器

目前，常用的移动存储器有移动硬盘、U 盘和闪存卡，如图 1-2-6 所示。

图 1-2-6　移动存储器（从左到右为移动硬盘、U 盘、闪存卡）

1）移动硬盘。顾名思义是以硬盘为存储介质，强调便携性的存储产品，其特点是容量大、传输速度快、使用方便。目前市场上绝大多数的移动硬盘都是以标准硬盘为基础，只有很少一部分是以微型硬盘（1.8in 硬盘等）为基础的，但价格因素决定着主流移动硬盘还是以标准笔记本硬盘为基础。因为采用硬盘为存储介质，所以移动硬盘在数据的读写模式上与标准 IDE 硬盘是相同的。移动硬盘多采用 USB、IEEE 1394 等传输速度较快的接口，可以有较高的速度与系统进行数据传输。

USB（universal serial bus）接口支持即插即用和热插拔。目前有 USB 2.0（传输速率为 60MB/s）和 USB 3.0（传输速率为 625MB/s）两个标准。现在的 USB 移动硬盘都使用笔记本专用的超薄硬盘，常见的有 12.5mm 和 9.5mm 两种规格。

IEEE 1394 接口，也称做火线接口，它的数据传输速率最高可达 400Mb/s，但很多的主板需要另外配置 IEEE 1394 卡，所以它的通用性较小。

2）U 盘。U 盘也称为闪存盘，采用 flash memory（闪存）技术，是一种 EEPROM（电可擦写）芯片，具有内存可擦、可写、可编程的优点，还具有体积小、重量轻、读写速度快、断电后资料不丢失等特点。由于它便于携带，所以被广泛应用。U 盘的接口一般为 USB，容量一般为 4GB 以上。

3）除了 U 盘外，还有一种闪存卡（flash card）。闪存卡是利用闪存技术达到存储电子信息的存储器，一般应用在数码相机、掌上电脑、MP3、手机等小型数码产品中作为存储介质。

5．输入设备（input device）

（1）键盘（keyboard）

键盘是数字和字符的输入装置。通过键盘，可以将信息输入到计算机的存储器中，从而向计算机发出命令和输入数据。早期键盘有 83 键和 84 键，后来发展到 101 键、104 键和 108 键。一般的 PC 用户使用的是 104 键盘。键盘上的按键大致可分为 3 个区域：字符键区、功能键区和数字键区（数字小键盘）。

键盘的接口主要有 PS/2 和 USB 接口，有的键盘采用无线连接。后来，还发明了根据人体工程学所设计的键盘，如图 1-2-7 所示。

图 1-2-7　人体工程学键盘

（2）鼠标（mouse）

鼠标是一种指点式输入设备，多用于 Windows 环境中来取代键盘的光标移动键，从而使定位更加方便和准确。按照鼠标的工作原理，可将常用鼠标分为机械鼠标、光电鼠标和光电机械鼠标三种。按照鼠标与主机接口标准来分，主要有 PS/2 接口、USB 接口及无线鼠标等三种。

图 1-2-8　扫描仪

鼠标的基本操作有五种：指向、单击、右击（右键单击）、双击和拖动。

（3）扫描仪（scanner）

扫描仪（如图 1-2-8 所示）是一种光电一体化的设备，属于图形式输入设备。人们通常将扫描仪用于各种形式的计算机图像、文稿的输入，进而实现对这些图像形式信息的处理、管理、使用、存储和输出。目前，扫描仪广泛应用于出版、广告制作、多媒体、图文通信等领域。

扫描仪的主要性能指标是分辨率、灰度级和色彩数。

1）分辨率表示扫描仪对图像细节的表现能力。通常用每英寸上扫描图像所包含的像素点表示，单位为 DPI（dot per inch），目前扫描仪的分辨率在 300～1200DPI 之间。

2）灰度级表示灰度图像的亮度层次范围，级数越多，说明扫描仪图像的亮度范围越大，层次越丰富。目前大多数扫描仪的灰度级为 1024 级。

3）色彩数表示彩色扫描仪所能产生的颜色范围。通常用每个像素点上颜色的数据位数 bit 表示。

除扫描仪以外，图形输入设备还有摄像机、数码相机等。现在又出现了语音和手写输入系统，可以让计算机从语音的声波和文字的形状中领会到含义。

6. 输出设备（output device）

（1）显示器（monitor）

显示器是微型计算机不可缺少的输出设备，用户通过它可以很方便地查看输入计算机的程序、数据和图形等信息及经过计算机处理后的中间和最后结果。显示器是人机对话的主要工具。

按照显示器工作原理，可以将显示器分为三类：阴极射线管（CRT）显示器、液晶（LCD）显示器、等离子（PDP）显示器等。

衡量显示器性能的主要参数指标有分辨率、灰度级和刷新率。

1）分辨率。分辨率是指显示器所能显示的像素点的个数，一般用整个屏幕上光栅的列数与行数的乘积来表示。这个乘积越大，分辨率就越高。现在常用的分辨率有 800×600、1024×768、1280×1024 和 1440×900（多用于宽屏显示器）像素等。

2）灰度级。灰度级是指每个像素点的亮暗层次级别，或者可以显示颜色的数目，其值越高，图像层次越清晰逼真。若用 8 位来表示一个像素，则可以有 256 级灰度或颜色。

3）刷新率。刷新率以 Hz 为单位，若刷新率过低，屏幕就会有闪烁现象。

显示器必须配置正确的显示器适配卡（俗称显卡），才能构成完整的显示系统。显卡较早的标准有 CGA（color graphics adapter）标准（320×200 像素，彩色）和 EGA（enhanced graphics adapter）标准（640×350 像素，彩色）。目前常用的是 VGA（video graphics array）标准。VGA 适用于高分辨率的彩色显示器，其图形分辨率在 640×480 像素以上，能显示 256 种颜色，但其显示图形的效果一般。在 VGA 之后，又不断出现了 SVGA 和 TVGA 卡等，分辨率提高到了 1024×768 像素和 1280×768 像素，后来又出现了尺寸更大、更宽的显示器，分辨率也随之提高。

（2）打印机（printer）

打印机（如图 1-2-9 所示）是计算机系统最基本的输出形式，可以把文字或图形在纸上输出，供用户阅读和长期保存。

图 1-2-9　针式打印机、喷墨打印机、激光打印机（从左到右）

打印机按工作原理，可分为击打式打印机和非击打式打印机两类。

1）击打式打印机是将字模通过色带和纸张直接接触而打印出来的。击打式打印机又分为字模式和点阵式两种。点阵式打印机是用一个点阵表示一个数字、字母和特殊符号的，点阵越大，点数越多，打印字符就越清晰。目前，我国普遍使用的针式打印机就属于击打式打印机。针式打印机速度慢、噪声大，但其特别适合打印票据，因此财务人员经常使用它。

2）非击打式打印机主要有激光打印机和喷墨打印机。

激光打印机打印效果清晰，质量高，而且速度快、噪声低。激光打印机是目前打印速度最快的一种。随着价格的下降和出色的打印效果，激光打印机已经被越来越多的人所接受。喷墨打印机具有打印质量较高、体积小、噪声低的特点。喷墨打印机的打印质量优于针式打印机，但是需要时常更换墨盒。

1.2.4　计算机的软件系统

相对于计算机硬件而言，软件是计算机无形的部分，是计算机的灵魂。比如一个人，首先要有基本的骨骼架构（相当于计算机的硬件），还要有神经系统、循环系统、消化系统等（相当于计算机的软件），才能称为一个完整的人。软件可以对硬件进行管理、控制和维护。根据用途不用，软件可分为系统软件和应用软件。如图 1-2-10 所示为计算机系统层次图。

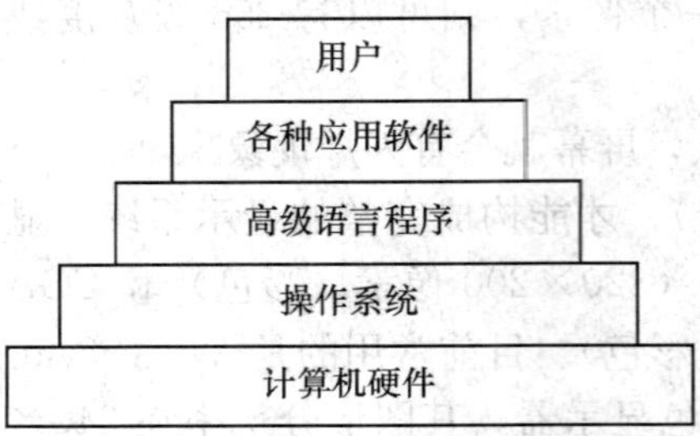

图 1-2-10　计算机系统层次关系图

1. 系统软件

系统软件能够调度、监控和维护计算机资源，扩充计算机功能，提高计算机效率。系统软件是用户和裸机的接口，主要包括操作系统、语言处理程序、数据库管理系统等，其核心是操作系统。

（1）操作系统

操作系统（operating system）是最基本最重要的系统软件，用来管理和控制计算机系统中硬件和软件资源的大型程序，是其他软件运行的基础。操作系统负责对计算机系统的全部软硬件及数据资源进行统一控制、调度和管理。其主要作用就是提高系统的资源利用率、提供友好的用户界面，从而使用户能够灵活、方便地使用计算机。目前比较流行的操作系统有 Windows、UNIX、Linux 等。

（2）语言处理程序

人与人交流需要语言，人与计算机之间交流同样需要语言。人与计算机之间交流信息使用的语言称做程序设计语言。按照其对硬件的依赖程度，通常把程序设计语言分为 3 类：机器语言、汇编语言和高级语言。

1）机器语言（machine language）是一种用二进制代码“1”和“0”组成的一组代码指令，是唯一可以被计算机硬件识别和执行的语言。机器语言的优点是占用内存小、执行速度快。但机器语言编写程序工作量大、程序可读性差、调试困难。

2）汇编语言（assemble language）是使用一些能反映指令功能的助记符来代替机器指令的符号语言。每条汇编语言的指令均对应唯一的机器指令。这些助记符一般是人们容易记忆和理解的英文缩写，如加法指令 ADD、减法指令 SUB、移动指令 MOV 等。汇编语言在编写、阅读和调试方面有很大进步，而且运行速度快，但是汇编语言仍然是一种编程复杂，可移植性差的语言。

3）高级语言（high level language）是一种独立于机器的算法语言。高级语言的表达方式接近于人们日常使用的自然语言和数学表达式，并且有一定的语法规则。高级语言编写的程序运行要慢一些，但是编程简单易学、可移植性好、可读性强、调试容易。常见的高级语言有 Basic、FORTRAN、C、Delphi、Java 等。

除机器语言以外，采用其他程序设计语言编写的程序，计算机都不能直接运行，这种程序称为源程序；必须将源程序翻译成等价的机器语言程序（目标程序），才能被计算机识别和执行。承担把源程序翻译成目标程序工作的程序是语言处理程序。

将汇编语言程序翻译成目标程序的语言处理程序称为汇编程序。将高级语言程序翻译成目标程序有两种方式：解释方式和编译方式，对应的语言处理程序是解释程序和编译程序。

① 解释程序：对高级语言程序逐句解释执行。这种方法的特点是程序设计的灵活性大，但程序的运行效率较低。Basic 语言就采用这种方法。

② 编译程序：把高级语言所写的程序作为一个整体进行处理，编译后与子程序库链接，形成一个完整的可执行程序。这种方法的缺点是编译和链接较费时，但可执行程序运行速度很快。FORTRAN 和 C 语言等都采用这种方法。

（3）数据库管理系统

数据库管理系统主要面向解决数据处理的非数值计算问题，对计算机中存放的大量数据进行组织、管理、查询。目前，常用的数据库管理系统有 SQL Server、Oracle、MySQL 和 Visual FoxPro 等。

2. 应用软件

应用软件是用户为解决各种实际问题，而编制的计算机应用程序及其有关资料。如微软公司的 Office 系列就是针对办公应用的软件。

计算机软件已发展成为一个巨大的产业，软件的应用范围也涵盖了生活的方方面面，因此很多问题都有相应的软件来解决。如表 1-2-1 所示，列举了一些主要应用领域使用的软件。

表 1-2-1　常用的应用软件

软件种类	软件举例
办公应用	Microsoft Office、WPS、Open Office
平面设计	Photoshop、Illustrator、Freehand、CorelDRAW
视频编辑和后期制作	Adobe Premiere、After Effects
网站开发	FrontPage、Dreamweaver
辅助设计	AutoCAD、Rhino、Pro/E
三维制作	3DS Max、Maya
多媒体开发	Authorware、Director、Flash
程序设计	Visual Studio. NET、Boland C++、Delphi

计算机系统是由硬件系统和软件系统组成。硬件是计算机系统的躯体，软件是计算机的灵魂。硬件的性能决定了软件的运行速度，软件决定了可进行的工作性质。硬件和软件是相辅相成的，只有将两者有效地结合起来，才能使计算机系统发挥应有的功能。

1.2.5　微型计算机的软件系统

1. 操作系统

(1) Windows 操作系统

Windows 操作系统是由美国 Microsoft 公司推出的一种窗口式的操作环境。Windows 是一个完整的图形界面（graphical user interface，GUI）操作系统，开机后自动启动运行 Windows。在 DOS 操作系统中，命令是以字符形式输入的；而在 Windows 操作系统中，只需要从屏幕上选择相应的图标（icon）或从菜单栏中选择相应的命令即可。Windows 的应用程序都具有图标、对话框、菜单和窗口等，学习起来比较容易掌握。

Windows 系统具有多任务处理功能，它可以同时运行多个应用程序，是一个多任务（multitasking）的操作系统。例如，在 Windows 系统中，在打印机工作的时候，可以同时进行其他工作，如编辑稿件、浏览网页，而无须等到打印结束。以前的 DOS 系统是一个单任务的操作系统，如果在 DOS 环境中打印文件，用户只能等到打印任务完成后，才能进行其他的工作。

Windows 系统支持多媒体技术，它把实现多媒体技术的各种程序融合在操作系统中，如 CD 播放器（CD player）和录音机（sound recorder）等。在用户配置了相应的硬件设置后，Windows 操作系统就可以对声音、图像、视频等各种信息进行处理。

(2) 汉字操作系统

大多数来自国外的应用软件不具备处理汉字的能力。为了更有效地利用计算机的软、硬件资源和符合我国计算机用户的使用习惯，需要增加汉字的处理能力。

因为汉字的字数多、字形复杂，所以汉字的输入和存储都比西文困难。只要计算机具备了汉字处理模块，计算机系统就具有了汉字处理能力。一般将汉字处理模块嵌入操作系统，使它成为操作系统的组成部分，由操作系统直接管理，可常驻内存，汉字处理模块与系统软件连接，这是应用最广泛的一种方法，如 CCDOS、UCDOS 汉字操作系统。另一种方法是在使用西文软件时加上中文操作系统，计算机就具有了处理汉字的能力。中文版的 Windows 操作系统就是在 Windows 源代码的基础上汉化的，在计算机内部采用双字节处理方式，因此中文版的 Windows 操作系统可以输入、处理和输出汉字。

（3）网络操作系统

网络操作系统（network operating system）是网络的心脏和灵魂，是面向网络计算机提供服务的特殊操作系统。网络操作系统具有较好的安全性，可以设置和管理每个用户的访问权限。

早期使用的 Windows 95/98 网络操作系统可以创建对等网，实现共享文件和共享打印机的简单网络功能。目前流行的 Windows 2000/2003 Server 网络操作系统具有更高、更灵活的安全设置，新增了大量的硬件驱动，支持即插即用，支持更多的内存和处理器及群集，比较适用于大型企业网络和对数据库要求比较高的网络环境。

2. 计算机程序设计语言

在微型计算机上可以安装和使用多种程序设计语言，如 C、Pascal、Basic 等。这些语言的应用程序既有 DOS 系统下的 Turbo C、Turbo Basic 等，也有 Windows 系统支持的 Visual C++和 Visual Basic 等。

3. 应用软件

根据需要，可以在微型计算机上安装和使用多种应用软件，如财务报表软件、文字处理软件、媒体播放软件、图形图像处理软件、游戏软件等。

1.3　计算机中的信息表示方法

1.3.1　数制的定义

数制也称计数制，是指用一组固定的符号和统一的规则来表示数值的方法。按进位的方法进行计数，称为进位计数制。例如，生活中常用的十进制数，计算机中使用的二进制数。下面介绍数制的相关概念。

1）基数。在一种数制中，一组固定不变的不重复数字的个数称为基数（用 R 表示）。

2）位权。某个位置上的数代表的数量大小。

一般来说，如果数值只采用 R 个基本符号，则称为 R 进制。进位计数制的编码遵循“逢 R 进一”的原则。各位的权是以 R 为底的幂。对于任意一个具有 n 位整数和 m 位小数的 R 进制数 N，按各位的权展开可表示为

$$(N)_R = a_{n-1}R^{n-1} + a_{n-2}R^{n-2} + \cdots + a_1R^1 + a_0R^0 + a_{-1}R^{-1} + \cdots + a_{-m}R^{-m}$$

公式中 a_i 表示各个数位上的数码，其取值范围为 $0\sim R-1$，R 为计数制的基数，i 为数位的编号。

1.3.2 计算机中常用的数制

1. 二进制数

1）二进制数只有两个数码，即 0 和 1。

2）其进位原则是“逢二进一”。

3）二进制基数为 2，位权为 2^k（k 为整数）。

例如：

$$(11011.101)_2 = 1\times 2^4 + 1\times 2^3 + 0\times 2^2 + 1\times 2^1 + 1\times 2^0 + 1\times 2^{-1} + 0\times 2^{-2} + 1\times 2^{-3} = (27.625)_{10}$$

任意一个二进制数 $a_1\,a_2\,a_3\cdots a_n$，可以表示成如下形式

$$(a_1\,a_2\,a_3\cdots a_n)_2 = a_1\times 2^{n-1} + a_2\times 2^{n-2} + \cdots + a_n\times 2^0$$

从上面可以看出，把二进制数转化为十进制数非常简单，只要按位权展开相加即可。为了与其他进制区别，常常在二进制数下标处用 2 注明，如 $(101101)_2$；或在二进制数后面加字母 B，如 10010101B。

2. 八进制数

1）八进制数有 8 个不同的数码，即 0、1、2、3、4、5、6、7。

2）进位原则为“逢 8 进一”。

3）八进制数基数为 8，位权为 8^k（k 为整数）。

例如：$(123.24)_8 = 1\times 8^2 + 2\times 8^1 + 3\times 8^0 + 2\times 8^{-1} + 4\times 8^{-2} = (83.3125)_{10}$

任意一个八进制数 $a_1\,a_2\,a_3\cdots a_n$，可以表示成如下形式

$$(a_1\,a_2\,a_3\cdots a_n)_8 = a_1\times 8^{n-1} + a_2\times 8^{n-2} + \cdots + a_n\times 8^0$$

为了与其他进制数区别，一般在八进制数下标处用 8 注明，例如 $(7564)_8$；或者在八进制数后面加上 Q 或 O，例如 5236Q，5236O。

3. 十六进制数

1）十六进制数有 16 个不同的数码，即 0~9、A、B、C、D、E、F。

2）进位原则是“逢 16 进一”。

3）十六进制基数为 16，位权为 16^k（k 为整数）。

例如：

$$(3AB.48)_{16} = 3\times 16^2 + A\times 16^1 + B\times 16^0 + 4\times 16^{-1} + 8\times 16^{-2} = (939.28125)_{10}$$

任意一个十六进制数 $a_1\,a_2\,a_3\cdots a_n$ 可以表示成如下形式

$$(a_1\,a_2\,a_3\cdots a_n)_{16} = a_1\times 16^{n-1} + a_2\times 16^{n-2} + \cdots + a_n\times 16^0$$

为了与其他进制数区别，一般在十六进制数下标处用 16 注明，如 $(9ACD)_{16}$；或者在十六进制数后面加上 H，例如 7C8AH。

1.3.3　不同数制间的转换

由于计算机中采用二进制，而人们在日常生活中又习惯使用十进制，为了了解数据在计算机中的表示以及一些特殊的需要，有时需要将一种进位计数制转换为另一种进位计数制，所以需要掌握进位计数制之间的转换方法。但是在使用计算机时，并不需要将所有输入的数据都转换为二进制再输入进去，因为计算机系统会自动完成转换工作。

1. 二进制数、八进制数、十六进制数转换为十进制数

各种进位制转换为十进制的方法可以简单概括为：分别写出二进制数、八进制数和十六进制数的按权展开式，计算所得的值，即为转换后的十进制数。

【例 1-1】 将二进制数 11011.1 转换为十进制数。

$$(11011.1)_2 = 1\times2^4 + 1\times2^3 + 0\times2^2 + 1\times2^1 + 1\times2^0 + 1\times2^{-1}$$
$$= 16 + 8 + 2 + 1 + 0.5 = (27.5)_{10}$$

【例 1-2】 将八进制数 123.5 转换为十进制数。

$$(123.5)_8 = 1\times8^2 + 2\times8^1 + 3\times8^0 + 5\times8^{-1} = 64 + 16 + 3 + 0.625 = (83.625)_{10}$$

【例 1-3】 将十六进制数 2A3E.5 转换为十进制数。

$$(2A3E.5)_{16} = 2\times16^3 + 10\times16^2 + 3\times16^1 + 14\times16^0 + 5\times16^{-1}$$
$$= 8192 + 2560 + 48 + 14 + 0.31 = (10814.3)_{10}$$

2. 十进制数转换为二进制数

将十进制数转换为二进制数分为整数和小数两部分处理。

（1）十进制整数转换为二进制数

十进制整数转换为二进制数采用“除 2 取余法”，即先将十进制整数除以 2，取余数为 a_0，再将所得的商除以 2，取余数为 a_1，依此类推，直到求得的商为 0 为止。然后将余数从下而上排列起来，首次取得的余数排在最右边，即可得到所求的二进制数。

【例 1-4】 将十进制数 125 转换为二进制数。

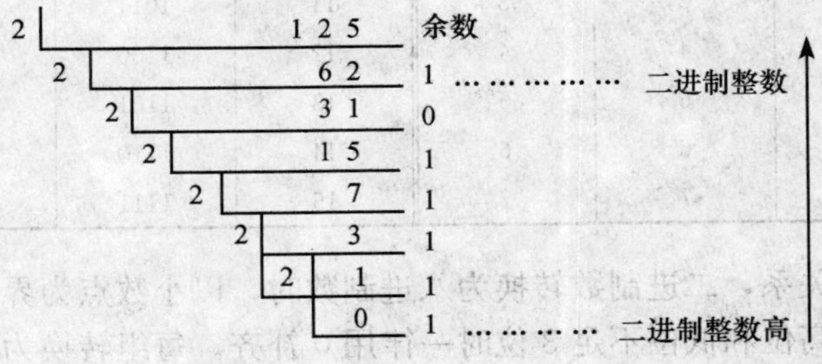

即 $(125)_{10} = (1111101)_2$

（2）十进制小数转换为二进制小数

十进制小数转换为二进制小数采用“乘 2 取整法”，即将十进制小数不断乘以 2，取整数为 a_{-1}，再用 2 乘以积的小数部分，取其整数为 a_{-2}，依此类推，直到达到所要求的精度为止。然后将所得的整数从左到右排列起来，即可得到所求的二进制小数。

【例 1-5】 将十进制小数 0.68 转换为二进制小数（结果取 3 位小数）。

$$\begin{array}{ll} 0.68 & \\ \times\ 2 & \\ \hline 1.36 & \text{整数为 } 1(a_{-1}) \\ \times\ 2 & \\ \hline 0.72 & \text{整数为 } 0(a_{-2}) \\ \times\ 2 & \\ \hline 1.44 & \text{整数为 } 1(a_{-3}) \end{array}$$

即 $(0.68)_{10}=(0.101)_2$

如果一个十进制数既有整数部分又有小数部分，则分别求出整数和小数部分的二进制数，然后以小数点为界结合起来，便得到所求结果。

仿效此方法，可以用于将十进制数转换为八进制数和十六进制数，即采用“除 8 取余”和“乘 8 取整”以及“除 16 取余”和“乘 16 取整”的方法，在此不再举例。

3. 二进制、八进制、十六进制数间的转换

为了书写简单、方便阅读，也可用八进制数和十六进制数来表示二进制数。由于二进制数、八进制数、十六进制数之间存在着特殊关系，即每 3 位二进制数表示 1 位八进制数，每 4 位二进制数表示 1 位十六进制数，因此，之间的转换方法比较简单，只需要写出对应的数值即可。其对应关系见十进制数、二进制数、八进制数和十六进制数的对照表如表 1-3-1 所示。

表 1-3-1　十进制数、二进制、八进制和十六进制数对照表

十进制	二进制	八进制	十六进制	十进制	二进制	八进制	十六进制
0	00	0	0	8	1000	10	8
1	001	1	1	9	1001	11	9
2	010	2	2	10	1010	12	A
3	011	3	3	11	1011	13	B
4	100	4	4	12	1100	14	C
5	101	5	5	13	1101	15	D
6	110	6	6	14	1110	16	E
7	111	7	7	15	1111	17	F

根据这种对应关系，二进制数转换为八进制数时，以小数点为界，向左右两边各以每 3 位为一组，在高位和低位不足 3 位时一律用 0 补齐。每组转换为一个八进制数，即可得到转换后的八进制数。

【例 1-6】 将二进制数 $(1111101110100111.10101101)_2$ 转换成八进制数。

$$\frac{001}{1}\ \frac{111}{7}\ \frac{101}{5}\ \frac{110}{6}\ \frac{100}{4}\ \frac{111}{7}\ .\ \frac{101}{5}\ \frac{011}{3}\ \frac{010}{2}$$

即 $(1111101110100111.10101101)_2=(175647.532)_8$

反之，将八进制数转换为二进制数则只需将 1 位八进制数转为 3 位二进制数即可。

二进制与十六进制之间的相互转换与二进制与八进制之间的相互转换类似，只需将二进制数分为 4 位一组，转换为十六进制数；同样，将十六进制数转换为二进制数则只需将 1 位十六进制数转换为 4 位二进制数即可。

【例 1-7】 将二进制数 $(1111111011110.10101110)_2$ 转换成十六进制数。

$$\underset{1}{\underline{0001}}\quad\underset{F}{\underline{1111}}\quad\underset{D}{\underline{1101}}\quad\underset{E}{\underline{1110}}\ .\ \underset{A}{\underline{1010}}\quad\underset{E}{\underline{1110}}$$

即 $(1111111011110.10101110)_2=(1FDE.AE)_{16}$

4. 使用计算器进行数制转换

在进行数制之间的转换时，除了使用上面介绍的方法人工计算以外，还可以使用 Windows XP 操作系统自带的【计算器】程序来完成。

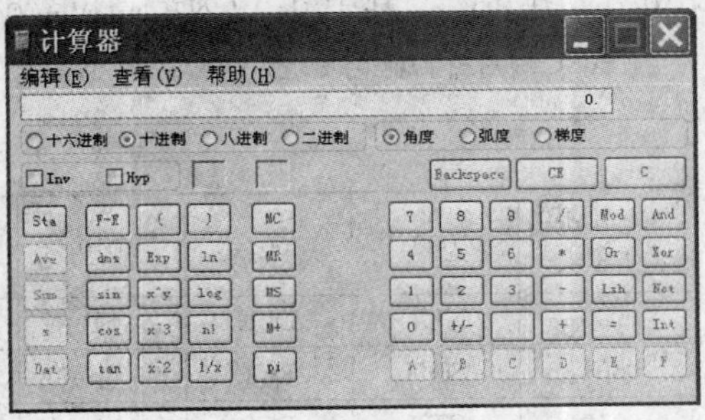

图 1-3-1　【计算器】窗口的科学型界面

单击【开始】按钮，执行【所有程序】|【附件】|【计算器】命令，打开【计算器】窗口。此窗口有两种状态：标准型和科学型，默认的是标准型。执行【查看】|【科学型】命令，即可将其切换到【科学型】界面，如图 1-3-1 所示。

从此界面可以看到有十六进制、十进制、八进制和二进制 4 个单选按钮，默认选中的是十进制。在上面的数值框中输入数值，然后单击相应的数制单选按钮即可。例如，将二进制数 11001101 转换为八进制数，则在二进制单选按钮状态下输入“11001101”，然后选中【八进制】单选按钮即可，如图 1-3-2 所示。

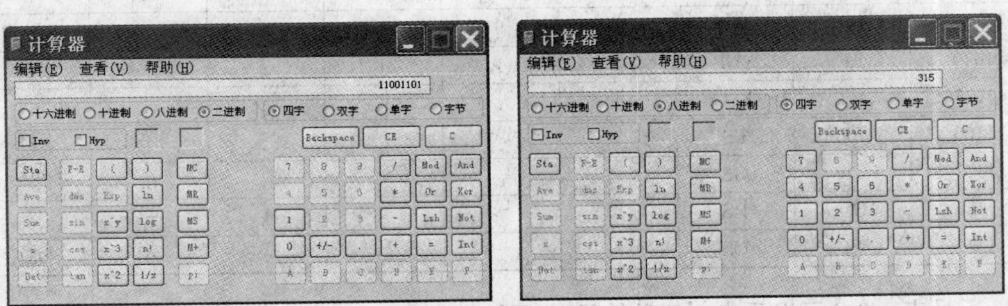

图 1-3-2　将二进制数转换为八进制数

1.3.4　信息的编码

计算机中所有数据都是二进制形式的，而计算机除了能处理数值数据外，还能识别各种符号、字符，如英文字母、汉字、运算符号等。这些数据在计算机中必须有特定的二进制编码。

1. ASCII 码

ASCII（American Standard Code for Information Interchange）是美国信息交换用标准代码。ASCII 码虽然是美国国家标准，但已经被国际标准化组织（ISO）认定为国际标准，为世界公认，并在世界范围内通用。

目前，在微型计算机中普遍使用的字符编码是 ASCII 码。ASCII 码是用一个 8 位二进制数（1 字节）表示，每个字节只占用 7 位，基本 ASCII 码最高位为 0。7 位 ASCII 码可以表示 $2^7=128$ 种字符，其中通用控制字符 34 个，阿拉伯数字 10 个，大、小写英文字符 52 个，各种标点符号和运算符号 32 个。当编码最高位为 1 时，形成扩充的 ASCII 码，表示范围为 128～255，可表示 128 种字符。其排列次序为：$d_6d_5d_4d_3d_2d_1d_0$，其中 d_6 位为最高位，d_0 位为最低位，d_7 位为 0 或奇偶校验位。

ASCII 字符编码如表 1-3-2 所示。

表 1-3-2　ASCII 字符编码表

$d_3d_2d_1d_0$ \ $d_6d_5d_4$	000	001	010	011	100	101	110	111
0000	NUL	DLE	SP	0	@	P	、	p
0001	SOH	DC1	!	1	A	Q	a	q
0010	STX	DC2	“	2	B	R	b	r
0011	ETX	DC3	#	3	C	S	c	s
0100	EOT	DC4	$	4	D	T	d	t
0101	ENQ	NAK	%	5	E	U	e	u
0110	ACK	SYN	&	6	F	V	f	v
0111	ETB	ETB	'	7	G	W	g	w
1000	BS	CAN	(	8	H	X	h	x
1001	HT	EM	)	9	I	Y	i	y
1010	LF	SUB	*	:	J	Z	j	Z
1011	VT	ESC	+	:	K	[	k	{
1100	FF	FS	,	<	L	\	l	|
1101	CR	GS	—	=	M	]	m	}
1110	SO	RS	ˆ	>	N	↑	n	～
1111	SI	US	/	?	O	↓	o	DEL

通过表 1-3-2 可以看出，每种符号对应唯一的一个编码。数字 0～9、字母 A～Z 和 a～z 在表中都是顺序排列的，而且具有小写字母比大写字母的编码值大 32 的规律。例如，字母“A”的 ASCII 编码是 1000001（41H），对应的十进制数为 65；“a”的 ASCII 编码是 1100001（61H），对应的十进制数为 97。

虽然计算机只识别“0”和“1”，但是从键盘输入命令、程序时，并不需要将字符翻译成二进制数再输入，只需输入对应的符号，计算机会自动将其转换成二进制编码存储和处理。当输出结果时，计算机再将其转换为人们所能认识的字符，输出到屏幕或打印机上。

2. 汉字编码

使用计算机进行信息处理时，一般都要用到汉字。对汉字信息的处理，通常都涉及汉字的输入、加工、存储和输出等几个方面。由于汉字是象形文字，且字形复杂，因此，不可能用少数几个确定的符号将汉字完全表示出来，汉字必须有自己独特的编码。

根据汉字信息处理系统对处理汉字的不同要求，汉字的编码分为汉字输入码、汉字机内码、交换码和汉字字型码。

（1）汉字输入码

汉字输入码是为了将汉字通过键盘输入计算机而设计的代码。汉字编码主要分为三类：数字编码、拼音码和字形码。数字编码就是用数字串代表一个汉字的输入，常用的是国标区位码。拼音码是以汉语读音为基础的输入方法。由于汉字同音字太多，输入重码率很高，因此，按拼音输入后还必须进行同音字选择，影响了输入速度。字形编码是以汉字的形状确定的编码，如五笔字型输入法。

（2）汉字机内码

汉字机内码（机内码）是计算机系统中用来表示中、西文信息的代码，也称汉字存储码。由于西文采用的是单字节的 ASCII 码，所以汉字系统在选取机内码时，必须注意要与 ASCII 码有所区别，以免产生歧义，也不能让汉字之间产生重码。

汉字在计算机内存储时，一般采用两个字节表示汉字内码。汉字内码主要用来对汉字进行存储、运算和编码等，它通常是用其在汉字字库中的物理位置表示，可以是汉字字库中的序号或是汉字在字库中的存储位置。

（3）交换码（国标码）

计算机与其他系统或设备之间交换汉字信息的标准编码称为汉字交换码，亦称国标码。

1981 年，我国颁布了国家标准《信息交换用汉字编码字符集·基本集》，其代号为“GB2312—1980”，称为汉字国标码或汉字交换码。汉字国标码字符集中共收录了汉字和图形符号 7445 个，其中一级汉字 3755 个，二级汉字 3008 个和图形符号 682 个。一级汉字为使用频度高的常用汉字，按汉语拼音字母顺序排列；不常用的汉字为二级汉字，按部首排列。我国在 2000 年 3 月 17 日生效的“GB 18030—2000”收录了 27 000 个汉字。

在汉字交换码中，每个汉字用两个字节表示，前面曾谈到汉字机内码也是用两个字节表示，它们的区别在于国标码两个字节的最高位都是“0”，而机内码两个字节的最高位都是“1”，可以看出汉字国标码与机内码之间是一一对应的关系。只要将机内码的两个字节的高位“1”变为“0”，则是该汉字的国标码，反之亦然。

（4）汉字字型码

汉字字型码是指汉字字库中存储的汉字字型的数字化信息码，它主要用于汉字输出时产生汉字字型。目前，计算机系统中表示字型的输出形式一般为点阵式字型码和矢量式字型码两种。

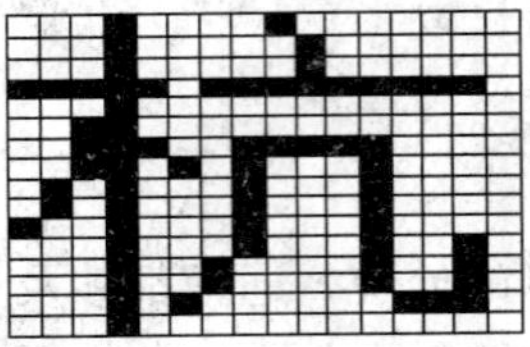

图 1-3-3　点阵字型

点阵字型码是以点阵方式表示汉字，即不论一个字的笔画多少，都可以用一组点阵表示。每个点用二进制的一位“0”或“1”表示不同的状态，如白、黑特征，从而表现字的形和体，如图 1-3-3 所示。所有字型码的集合构成的字符集称为字库。根据输出字符的要求不同，字符点的多少也不同。点阵越大、点数越多，分辨率就越高，输出的字型就越清晰美观。汉字字型有 16×16、24×24、32×32、48×48 及 128×128 等，存储一个 16×16 点阵的汉字需要 32B，不同字体的汉字需要不同字体的字库。

汉字字型的矢量表示法是将汉字视为由笔画组成的图形。把汉字字型分布在精密点阵上，如 128×128 点阵，抽取这个汉字每个笔画的特征坐标值，组合起来得到这个汉字字型的矢量信息。由于组成每个汉字的笔画数不一样，不同汉字抽取的特征点差别很大，所以每个汉字字型在矢量字库中所占的长度也是不相等的，从矢量汉字字库读取汉字字型信息要比点阵汉字字库更复杂。矢量法表示的汉字字型通过坐标变换能够方便地进行平移、缩放、旋转等变换，且能获得美观、清晰的字型效果。

由以上介绍可以知道，从键盘上输入一个汉字，最后从显示器或打印机输出该汉字，从编码形式上大致经历如图 1-3-4 所示的变化过程。

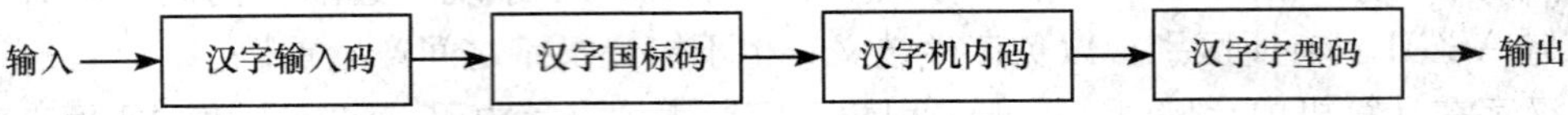

图 1-3-4　汉字编码变化过程

习　题　一

一、选择题

1. 完整的计算机系统是由（　　）组成的。

   A. 主机和外设　　B. 硬件和软件　　C. 处理器和存储器　　D. 系统软件和应用软件

2. 下列存储器中，存取速度最快的是（　　）。

   A. 软盘　　B. 光盘　　C. 硬盘　　D. 主存

3. 具有多媒体功能的微型计算机系统，常用的 CD-ROM 作为外存储器，它是（　　）。

   A. 只读存储器　　B. 只读光盘　　C. 只读硬盘　　D. 只读大容量软盘

4. 存储器的基本存储单位是（　　）。

   A. 字节　　B. 位　　C. 字　　D. ASCII 码

5. 在计算机中，一个字节由（　　）个二进制位组成。

   A. 2　　B. 4　　C. 8　　D. 16

6. 指挥、协调计算机工作的设备是（　　）。

   A. 输入设备　　B. 输出设备　　C. 存储器　　D. 控制器

7. 对于 R 进制数，在每一位上的数字可以有（　　）种。

   A. R　　B. $R-1$　　C. $R/2$　　D. $R+1$

8. 计算机硬件五大部件是指（　　）。
A. RAM、运算器、磁盘驱动器、键盘、I/O 接口
B. ROM、控制器、打印机、显示器、键盘
C. 存储器、鼠标器、显示器、键盘、微处理器
D. 运算器、控制器、存储器、输入设备、输出设备
9. 计算机系统中 CPU 是指（　　）。
A. 内存储器和运算器　　B. 控制器和运算器
C. 输入设备和输出设备　　D. 内存储器和控制器
10. 计算机主机是指（　　）。
A. CPU 和运算器　　B. CPU 和内存储器
C. CPU 和外存储器　　D. CPU、内存储器和 I/O 接口
11. 存取周期最短的存储器是（　　）。
A. 硬盘　　B. 内存　　C. U 盘　　D. 光盘
12. 二进制 11100111 转换成十六进制数是（　　）。
A. 77　　B. D7　　C. E7　　D. F7
13. 在计算机内部，数据是以何种形式加工、处理和传送的（　　）。
A. 二进制　　B. 八进制　　C. 十六进制　　D. 十进制
14. 对于 ASCII 码在机器中的表示，下列说法正确的是（　　）。
A. 使用 8 位二进制代码，最右边一位是 0　　B. 使用 8 位二进制代码，最右边一位是 1
C. 使用 8 位二进制代码，最左边一位是 0　　D. 使用 8 位二进制代码，最左边一位是 1
15. 1MB 的准确含义为（　　）。
A. 1024B　　B. 1 百万个字节　　C. 1024KB　　D. 1024 字节
16. 微机中 1K 字节表示的二进制位数是（　　）。
A. 1000　　B. 8×1000　　C. 1024　　D. 8×1024
17. 下列字符中，ASCII 码值最小的是（　　）。
A. a　　B. A　　C. X　　D. Y
18. 下列四个不同数制表示的数中，数值最大的是（　　）。
A. 二进制数 11011101　　B. 八进制数 334
C. 十进制数 219　　D. 十六进制数 DA
19. 1KB 的存储空间可以存放汉字内码的个数为（　　）。
A. 1000　　B. 1024　　C. 500　　D. 512
20. 计算机硬件能直接识别和执行的只有（　　）。
A. 高级语言　　B. 符号语言　　C. 汇编语言　　D. 机器语言
21. 二进制数 110001 转换成十进制数是（　　）。
A. 46　　B. 49　　C. 25　　D. 61
22. 下面关于操作系统的叙述中，（　　）是正确的。
A. 操作系统是计算机的规范　　B. 操作系统是使计算机便于操作的硬件
C. 操作系统是便于操作的计算机系统　　D. 操作系统是管理计算机资源的软件
23. 机器语言是面向（　　）的。
A. 用户　　B. 指令　　C. 机器　　D. 操作
24. 所谓媒体是指（　　）。
A. 计算机的输入输出信息结果　　B. 计算机屏幕显示的信息

C. 表示和传播信息的载体　　D. 各种信息的编码

25. 计算机病毒是指（　　）。

A. 编制有错误的程序　　B. 设计不完善的程序

C. 已被损坏的程序　　D. 特制的具有自我复制和破坏性的程序

26. 存储一个 24×24 点阵的汉字需要（　　）个字节单元。

A. 9　　B. 24　　C. 72　　D. 512

27. 在微型计算机中，应用最普遍的字符编码是（　　）。

A. ASCII　　B. 汉字编码　　C. BCD 码　　D. 补码

28. 下列关于计算机病毒的叙述中，错误的一条是（　　）。

A. 计算机病毒具有潜伏性

B. 计算机病毒具有传染性

C. 感染过计算机病毒的计算机具有对该病毒的免疫性

D. 计算机病毒是一个特殊的寄生程序

29. 信息安全危害的两大源头是病毒和黑客，因为黑客是（　　）。

A. 计算机编程高手　　B. Cookies 的发布者

C. 网络的非法入侵者　　D. 信息垃圾的制造者

30. 以下不属于计算机安全措施的是（　　）。

A. 下载并安装系统漏洞补丁程序　　B. 安装并定时升级正版杀毒软件

C. 安装软件防火墙　　D. 不将计算机联入互联网

二、填空题

1. 世界上第一台电子计算机取名为________。
2. 第三代计算机使用的电子部件为________。
3. 世界上首次提出存储程序计算机体系结构的是________________。
4. CAD 称为________________。
5. 十进制数 125 转换为二进制数是________，转换为十六进制数是________。
6. MIPS 用于表示计算机的________。
7. 计算机软件分为________和________两类。
8. 在计算机工作时，内存储器中存储的是________________。
9. 字长为 7 位的二进制无符号数，其十进制数的最大值是________。
10. 当前微机最常用的输入设备有________________。
11. 1MB 的存储空间最多能存储________个汉字编码。
12. 高级语言编写的源程序，必须由一个________________程序，把高级语言源程序翻译成目标程序，然后计算机才能执行。
13. 所谓电子商务（electronic commerce）是利用计算机技术、网络技术和远程通信技术，实现整个商务（买卖）过程中的________、________、________。
14. 安装的病毒防治软件应具备 4 个特性：________、________、________、________。
15. 电子计算机根据所使用的电子元器件不同，发展经历了________、________、________和________四代历程。
16. 打印机可以分为针式打印机、________和________三种。

三、判断题

1. 免费软件的版权已被放弃，不受版权保护。　　（　　）

2. 没有鼠标器无法操作 Windows 系统。（　）
3. 在计算机中采用二进制的一个原因是二进制的运算规则简单。（　）
4. RAM 中存储的数据在断电后丢失。（　）
5. 计算机可以直接处理二进制数、十六进数和十进制数。（　）
6. $(1024)_{10}$对应的十六进制数是 $(3FF)_{16}$。（　）
7. 标准 ASCII 码是 15 位编码。（　）
8. 计算机的主机包括 CPU、内存和硬盘三部分。（　）
9. Microsoft Word 属于系统软件。（　）
10. 计算机硬件包括主机和外围设备两部分。（　）

第2章

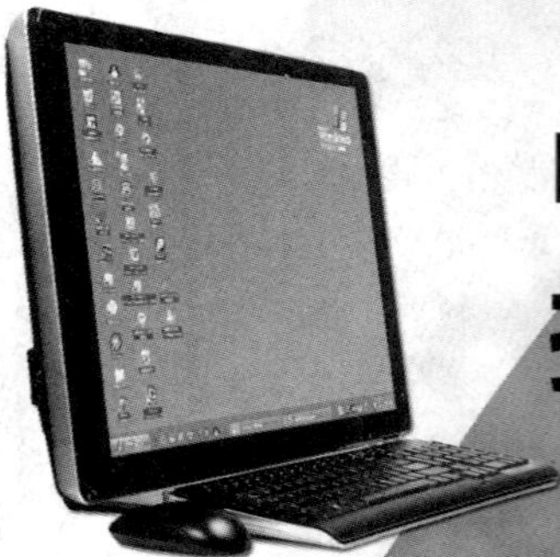

中文Windows XP操作系统

本章学习目标

◎ 了解Windows XP 的基本特性和不同版本的特点。

◎ 掌握Windows XP 操作系统中窗口、对话框、菜单等基本操作。

◎ 熟悉文件、文件夹的基本概念，掌握文件与文件夹的创建、移动、复制、删除和重命名等操作。

◎ 了解Windows XP 控制面板中常用的一些设置。

◎ 熟悉Windows XP 中常用附件程序的操作。

计算机由硬件和软件两部分组成，而操作系统（operating system，OS）则是配置在计算机硬件上的第一层软件，是对硬件系统的第一次扩充。它在计算机系统中占据了特别重要的地位，大量的应用软件都依赖于操作系统的支持。

20 世纪 80 年代初，Microsoft 公司的 Windows 3.1 操作系统开始在中国流行，之后 Microsoft 又陆续推出了 Windows 98、Windows 2000 以及 Windows ME 三种用于 PC 的操作系统。当前，Windows 垄断了 90%的计算机操作系统市场，成为计算机的流行操作系统。2001 年，Microsoft 公司推出了中文版 Windows XP 操作系统，最初发行了两个版本，家庭版（home）和专业版（professional）。家庭版的消费对象是家庭用户，专业版则在家庭版的基础上添加了新的为面向商业设计的网络认证、双处理器等特性。XP 是英文 experience（体验）的缩写，Microsoft 公司希望这款操作系统能够在全新技术和功能的引导下，给 Windows 的广大用户带来全新的操作系统体验。在 Windows XP 之后，Microsoft 公司于 2007 年推出了 Windows Vista 操作系统，2009 年又推出了 Windows 7 操作系统。

Windows XP 的新功能包括以下几个方面。

1）采用了 Windows NT/2000 的核心技术，具有极高的安全性和稳定性。

2）采用了全新的视觉设计，桌面风格清新明快，使用户具有良好的视觉享受。

3）大大增强了多媒体性能，可以播放和管理多种格式的音频和视频文件。同时支持数码相机和扫描仪，具有方便的图片与音乐文件管理功能。

4）集成了浏览器 Internet Explorer 6.0，支持远程登录和无线网络，提供灵活实用的多用户管理、新的实时通信和家庭网络等方面的功能。

2.1 Windows XP 操作系统的启动、退出

2.1.1 Windows XP 的启动

启动计算机首先要接通电源，打开外部设备，如显示器和打印机等，然后按下计算机主机的电源按钮。

当打开电源开关后，如果计算机中只安装了 Windows XP 操作系统，将自动启动 Windows XP 系统；如果用户安装了两个以上的操作系统，系统启动时则会提示用户选择一种操作系统。进入 Windows XP 的登录界面后，登录界面中将列出系统中所有的用户名账号，并且每个账号前都有一个小图标，单击该图标就可以使用该用户名登录。如果该用户账号为设置有密码的账号，在用户账户图标右下角会自动出现一个空白文本框，可以在此输入密码，如图 2-1-1 所示。输入密码之后，单击密码框【右箭头】图标或直接按 Enter 键，将自动进入操作系统中。

! 提示：如果选中的用户没有设置密码，系统将直接登录。如果输入的密码错误，系统会提示再次输入密码，直至正确方可进入。如果忘记了密码可单击问号 ? 图标，查看密码提示。密码的提示内容是在创建用户时设定的。

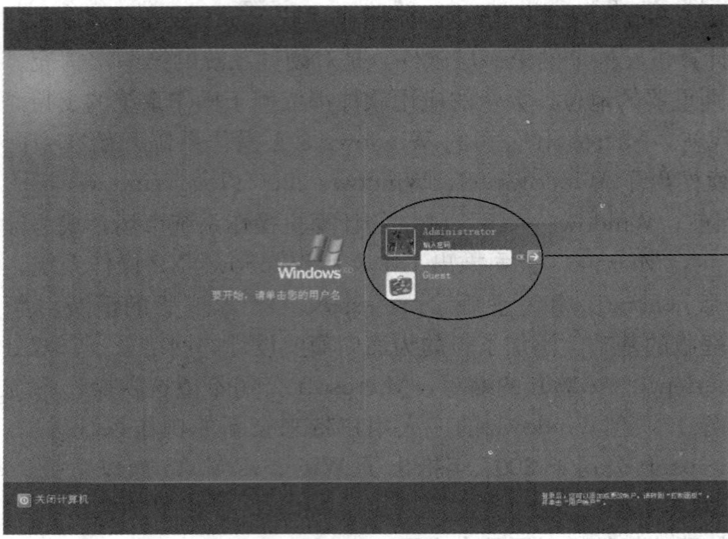

图 2-1-1　系统登录界面

2.1.2　Windows XP 的退出

当用户要结束对计算机的操作时，一定要先退出 Windows XP 系统，否则会丢失文件或破坏程序。如果用户在没有退出系统的情况下就关机，系统将认为是非法关机，当下次再开机时，系统会自动执行自检程序。

1. 中文版 Windows XP 的注销

由于中文版 Windows XP 是一个支持多用户的操作系统，为了便于不同的用户快速登录来使用计算机，中文版 Windows XP 提供了注销的功能。应用注销功能，使用户不必重新启动计算机就可以实现多用户登录，这样非常快捷方便。

中文版 Windows XP 的注销，可执行下列操作。

1）当用户需要注销时，单击桌面左下角的【开始】按钮，打开【开始】菜单，在【开始】菜单中单击【注销】按钮，这时桌面上会出现一个对话框，询问用户是否确认要注销，用户单击【注销】按钮，系统将实行注销，单击【取消】按钮，则取消此次操作，如图 2-1-2 所示。

图 2-1-2　【注销 Windows】对话框之一

2）用户单击【注销】按钮后，桌面上出现另一个对话框，【切换用户】指在不关闭当前登录用户的情况下而切换到另一个用户，用户可以不关闭正在运行的程序，而当再次返回时系统会保留原来的状态。而【注销】将保存设置，关闭当前登录用户，如图 2-1-3 所示。

图 2-1-3　【注销 Windows】对话框之二

2. 关闭计算机

当用户不再使用计算机时，可单击【开始】按钮，在【开始】菜单中选择【关闭计算机】命令按钮，这时系统会弹出【关闭计算机】对话框，用户可在此做出选择，如图 2-1-4 所示。

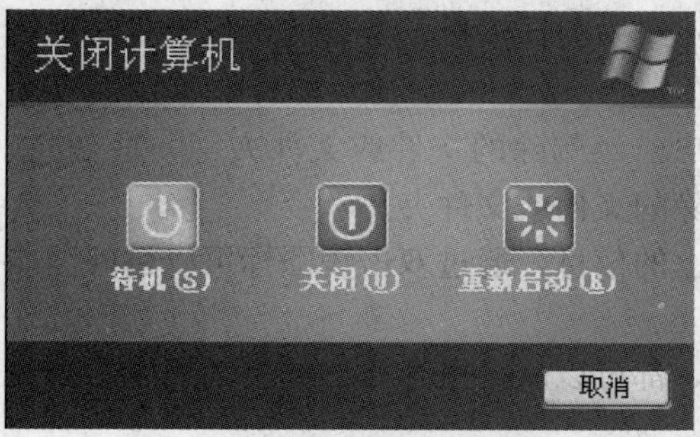

图 2-1-4　【关闭计算机】对话框

【关闭】：单击此控制按钮后，系统将停止运行，保存设置后退出，并且会自动关闭电源。用户不再使用计算机时选择该项可以安全关机。

在【关闭计算机】对话框中，还有【待机】和【重新启动】两个控制按钮。单击【待机】按钮后，计算机将进入休眠状态，计算机的显示器和硬盘都被自动关闭，但是内存中的信息仍然被保存着。如果要唤醒休眠中的计算机，只需要移动一下鼠标或者敲击键盘上的任意键，计算机就会回到正常工作状态；单击【重新启动】按钮，系统将关闭当前运行的所有程序，然后重新启动计算机。

2.1.3　认识及操作 Windows XP 桌面

桌面就是在安装好中文版 Windows XP 后，用户启动计算机登录到系统后看到的整个屏幕界面。如图 2-1-5 所示，桌面一般都会有【我的文档】、【我的电脑】、【网上邻

图 2-1-5　系统桌面

居】、【回收站】、【Internet Explorer】等图标，还有【开始】菜单、【快速启动栏】、【任务栏】等。所谓“图标”是指在桌面上排列的小图像，它包含图形、说明文字两部分，代表某个可以运行的程序、文件、硬件设备或它们的快捷方式。

1）【我的文档】：它用于管理【我的文档】下的文件和文件夹，可以保存信件、图片和其他文档，它是系统默认的文档保存位置。

2）【我的电脑】：用户通过该图标可以实现对计算机硬盘驱动器、文件夹和文件的管理，在其中用户可以访问连接到计算机的硬盘驱动器、照相机、扫描仪和其他硬件以及有关信息。

3）【网上邻居】：该项中提供了网络上其他计算机上文件夹和文件访问以及有关信息，在双击展开的窗口中用户可以进行查看工作组中的计算机、查看网络位置及添加网络位置等工作。

4）【回收站】：在回收站中暂时存放着用户已经删除的文件或文件夹等一些信息，当用户还没有清空回收站时，可以从中还原删除的文件或文件夹。

5）【Internet Explorer】：用于浏览互联网上的信息，通过双击该图标可以访问网络资源。

6）【开始】菜单：计算机系统的所有操作，都可以从这里开始。如启动程序、查找文件和获取帮助等。

7）【快速启动栏】：快速启动栏是一个能快速启动程序的区域，在其中存放一些常用的快捷图标。

8）【任务栏】：包含【开始】按钮，默认情况下出现在桌面底部。可通过单击任务栏按钮在运行的程序间切换。也可隐藏任务栏，或将其移至桌面的两侧或顶部，或按其他方法自定义任务栏。任务栏中的按钮表示与该按钮所对应的程序已经运行，当按钮凹下时，表示该程序正在前台运行；当按钮凸起时，表示该程序在后台运行。

9）【通知区域】：通知区域是指操作系统使用时需告之用户的信息区域。一般包含系统时间、音量控制、网络连接状态和防病毒软件等快捷图标。

2.2 Windows XP 的基本操作

2.2.1 鼠标操作

Windows 操作系统的绝大部分操作是基于鼠标而设计的。鼠标就好像人在屏幕上的一只手，可以通过鼠标的左右两个键来执行相应的操作。另外，还可以根据自己的习惯来自定义鼠标。

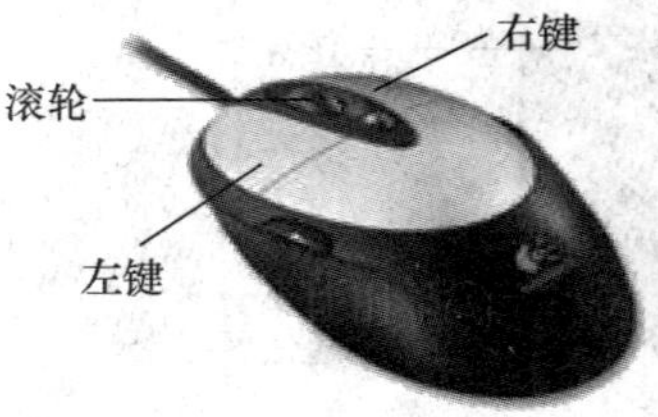

图 2-2-1 鼠标

如图 2-2-1 所示，在 Windows XP 中，可以通过鼠标的左右两个键和中间滚轮来完成特定的操作。最基本的操作有单击、双击、右击、拖动等方式。通过这些操作，就可以在 Windows XP 系统中执行各种任务。

1）单击：按一下鼠标左键，单击鼠标一般用于完成对某个对象的选取。例如，将鼠标指针移动到【我的电脑】图标上执行单击操作后，该图标变为深蓝色，则表示该图标已被选中。

2）双击：连续快按两下鼠标左键。双击一般用于打开所选取的对象。例如在桌面上双击【我的文档】图标。

3）右击：按一下鼠标右键，右击一般用于完成某些快捷操作。一般情况下，右击都会打开一个快捷菜单，可以从该快捷菜单中选择所要执行的操作。在不同位置右击，弹出的快捷菜单是不相同的。

4）拖动：按下鼠标左键同时移动鼠标，将屏幕界面中的对象移动到指定位置。

2.2.2 键盘操作

目前，计算机一般都配置 104 或 107 键的标准键盘，如图 2-2-2 所示。键盘从功能上可分为 4 个区域：主键盘区、功能键区、编辑键区、数字键区。键盘上常用键及功能如表 2-2-1～表 2-2-4 所示。

图 2-2-2 键盘

表 2-2-1 常用操作键的用途

键 名	功 能
↵(Enter)	回车键。确定有效或结束逻辑行
←(Backspace)	退格键。按一次则删除光标左侧的一个字符
Shift	上档转换键，也可用于中英文转换。对字母键，则取与当前所处状态相反的大写或小写字母形式
CapsLock	大小写字母转换键。按下此键后键盘右上角的 CapsLock 指示灯亮，输入字母为大写，再次按下时熄灭，输入字母为小写
NumLock	小键盘数字锁定键。控制小键盘的数字/编辑键之间的转换，按下此键后 Num Lock 灯亮，表示数字键盘有效，否则编辑键有效
空格键	用于输入空格，即输入空字符
⊞(Start) 键	显示或隐藏【开始】菜单快捷键

表 2-2-2 常用控制键的用途

键 名	功 能
Ctrl	控制键。和其他键一起使用完成某一功能
Alt	替代键。与其他键合用完成某种功能
Tab	制表键。按一次光标右移 8 个字符位置
Ctrl＋Alt＋Del 组合	热启动组合键。启动任务管理器

表 2-2-3 常用编辑键的用途

键 名	功 能
↑	按一次，光标上移一行
→	按一次，光标右移一列
↓	按一次，光标下移一行
←	按一次，光标左移一列
Home	光标移到行首
End	光标移到行尾
PageUp	向上翻页键，按一次光标上移一页
PageDown	向下翻页键，按一次光标下移一页
Insert	插入/改写状态转换键
Delete	删除键，每按一次删除光标右侧的一个字符
PrintScreen SysRq	拷屏，将当前屏幕上的内容复制到剪贴板上
ScrollLock	在某些环境下可以锁定滚动条，在右边有一盏 ScrollLock 指示灯，亮着表示锁定
Pause/Break	用以暂停程序或命令的执行

表 2-2-4 常用功能键的用途

键 名	功 能
Esc	取消键，在不同环境中有不同用途
F1～F12	功能键，单击即可完成一定的功能，在不同环境中有不同的用途

另外，在实际操作中，可以通过键盘组合键的快捷功能来完成一些快捷操作。

2.2.3 案例：利用记事本输入中文

案例分析：学会如何新建一个记事本，用键盘输入一段英文；熟悉常用的几个按键的使用及按键的功能，并且能够用“智能 ABC 输入法”简单的输入一些汉字。

记事本适用于编写一些篇幅短小的文件。由于它使用方便、快捷，应用也是比较多的。启动记事本时，用户可依以下步骤来操作。

1）单击【开始】按钮，选择【所有程序】|【附件】|【记事本】命令，可以启动记事本，然后选择一种中文输入法，即可输入中文。安装 Windows XP 时，系统自动安装了几种常用的中文输入法，用户可以使用以下两种方式之一进行中文输入法的选择。

① 使用输入法菜单。单击任务栏右侧的输入法指示器，如图 2-2-3 所示，屏幕上会弹出输入法菜单，如图 2-2-4 所示，它列出了系统中所有已经安装的输入法，当前正在使用的输入法名称前有选定标志“√”。单击任一个输入法名称，即可使用该输入法进行文字输入。

② 使用输入法切换键。按下 Ctrl+Shift 组合键，可在英文和各种中文输入法之间进行切换。

2）在选择了一种中文输入法如智能 ABC 输入法后，就可以进行中文输入了。此时屏幕的左下角会显示输入法语言栏，如图 2-2-5 所示为智能 ABC 输入法的语言栏。它由【中英文切换】按钮、【输入方式切换】按钮、【全角半角切换】按钮、【中英文标点切换】按钮和【软键盘】按钮五部分组成。

图 2-2-3　输入法指示器

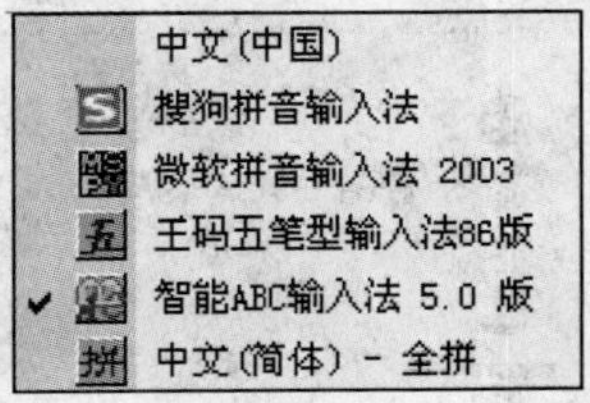

图 2-2-4　输入法菜单

图 2-2-5　语言栏

①【中英文切换】按钮：如果用户在输入中文时，需要加入英文，可以单击【中英文切换】按钮，切换到英文输入方式。英文输入完毕后，可再次单击该按钮，切换到中文方式。

②【输入方式切换】按钮：系统中的某种输入法可能自身含有多种输入方式。例如，智能 ABC 输入法包括标准和双打两种输入方式。单击【输入方式切换】按钮即可实现两种输入方式间的切换。

③【全角/半角切换】按钮：【全角/半角切换】按钮主要是为字符间距的大小而设置。当处在【半角】状态时，字符间距小；当处在【全角】状态时，字符间距大。用户可根据需要单击【全角半角切换】按钮在两种状态之间进行切换。

④【中英文标点切换】按钮：单击【中英文标点切换】按钮可进行中文标点和英文标点之间的切换。

⑤【软键盘】按钮：单击【软键盘】按钮，可在屏幕上打开如图 2-2-6 所示的软键盘。单击软键盘上的键位，可将相应的字符插入到文档中，再次单击【软键盘】按钮，软键盘即被关闭。Windows XP 为用户提供了 13 种软键盘，用鼠标右键单击【软键盘】按钮，即可弹出如图 2-2-6 所示的软键盘类型菜单。单击软键盘名称后，即可在屏幕的右下角打开所选择的软键盘，这就为用户在输入中文时加入其他字符提供了方便。

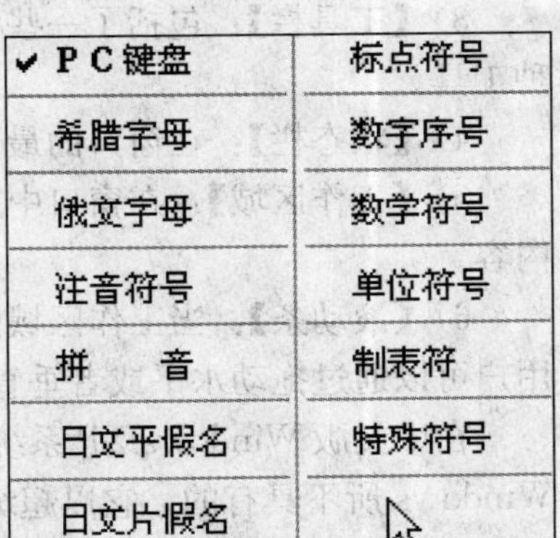

图 2-2-6　软键盘类型菜单

2.3　Windows XP 的窗口

当用户打开一个文件或者是应用程序时，都会出现一个窗口。熟练地对窗口进行操作，会提高用户的工作效率。

2.3.1 窗口的组成

在中文版 Windows XP 中有许多种窗口，其中大部分都包括了相同的组件。如图 2-3-1 所示为一个标准的窗口，它由标题栏、菜单栏、工具栏等几部分组成。

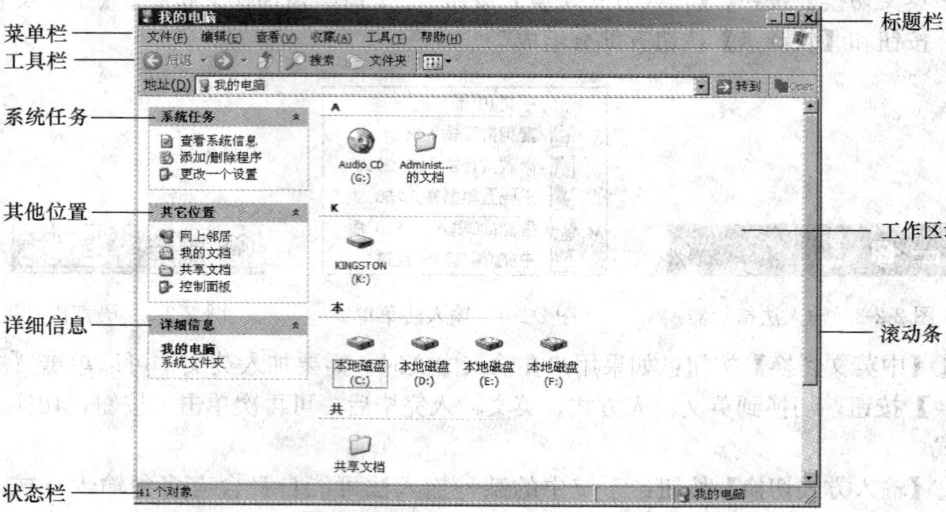

图 2-3-1　示例窗口

1）【标题栏】：位于窗口的最上部，它标明了当前窗口的名称，左侧有控制菜单按钮，右侧有最小化按钮、最大化按钮、还原按钮以及关闭按钮。

2）【菜单栏】：在标题栏的下方，它提供了用户在操作过程中要用到的各种命令。

3）【工具栏】：包括了一些常用的功能按钮，用户在使用时可以直接从其中选择各种工具。

4）【状态栏】：在窗口的最下方，标明了当前有关操作对象的一些基本情况。

5）【工作区域】：在窗口中所占的比例最大，显示了应用程序界面或文件中的全部内容。

6）【滚动条】：当工作区域的内容太多而不能全部显示时，窗口将自动出现滚动条，用户可以通过拖动水平或者垂直的滚动条来查看所有的内容。

在中文版 Windows XP 系统中，有的窗口左侧新增加了链接区域，这是以往版本的 Windows 所不具有的，它以超级链接的形式为用户提供了各种操作的便利途径。

一般情况下，链接区域包括以下几种选项，用户可以通过单击选项名称的方式来隐藏或显示其具体内容。

1）【系统任务】选项：为用户提供常用的操作命令，其名称和内容随打开窗口的内容而变化。当选择一个对象后，在该选项下会出现可能用到的各种操作命令，可以在此直接进行操作，而不必在菜单栏或工具栏中进行，这样会提高工作效率。

2）【其他位置】选项：以链接的形式为用户提供了计算机上其他的位置。在需要使用时，可以快速转到有用的位置，打开所需要的其他文件，例如“我的文档”等。

3)【详细信息】选项：在这个选项中显示了所选对象的大小、类型和其他信息。

2.3.2　窗口的基本操作

1. 窗口的打开

当需要打开一个窗口时，可以通过下面两种方式来实现。

1）双击文件、文件夹或应用程序的图标，就可以打开相应的文件、文件夹或应用程序窗口。

2）在选中的图标上右击，在其快捷菜单中选择【打开】命令，如图 2-3-2 所示。

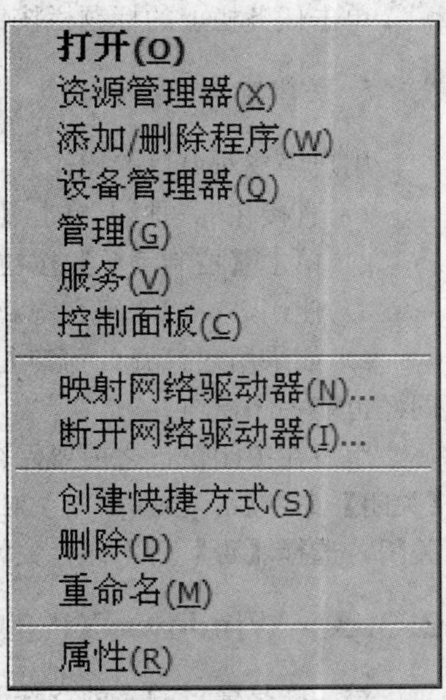

图 2-3-2　快捷菜单

2. 窗口的移动

用鼠标在标题栏上拖动，可将窗口拖动到适当的位置；也可以从控制菜单中选择【移动】命令，按方向键调整直至窗口移动到合适位置后，按 Enter 键。

3. 窗口的大小调整

将鼠标指针放在窗口的一个边框或一个角上，当指针形状改变时，就可以拖动鼠标来调整窗口的大小。

4. 最大化、最小化窗口

当用户在对窗口进行操作的过程中，可以根据自己的需要，将窗口最小化、最大化等。

1）最小化按钮：在暂时不需要对窗口操作时，可把它最小化以节省桌面空间，用户直接在标题栏上单击此按钮，窗口会以按钮的形式缩小到任务栏。

2）最大化按钮：窗口最大化时铺满整个桌面，这时不能再移动或者是缩放窗口。用户在标题栏上单击此按钮即可使窗口最大化。

3）还原按钮：当把窗口最大化后想恢复原来打开时的初始状态，单击此按钮即可实现对窗口的还原。

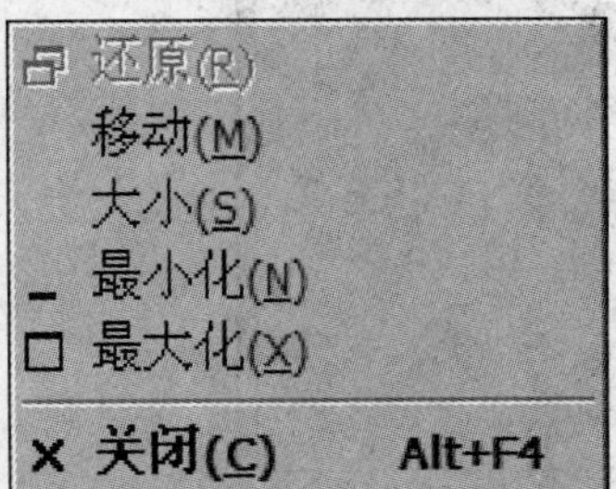

图 2-3-3　控制菜单

用户在标题栏上双击可以进行最大化与还原两种状态的切换。

每个窗口标题栏的左方都会有一个表示当前程序或者文件特征的控制菜单按钮，单击即可打开控制菜单，它和在标题栏上右击所弹出的快捷菜单的内容是一样的，如图 2-3-3 所示。

用户也可以通过快捷键来完成以上的操作。用 Alt＋空格键来打开控制菜单，然后根据菜单中的提示，在键盘上输入相应的字母，比如最小化输入字母 N，通过这种方式可以快速完成相应的操作。

（1）利用 Alt＋Tab 组合键

按住 Alt 键不动，然后不停地按 Tab 键，就可以在已经打开的窗口的不同图标之间进行切换，选定以后松开 Alt 键，就可以把选定的图标所代表的窗口设成当前窗口。

（2）利用任务栏

单击任务栏上的标题栏按钮，可以把相应的窗口置为活动窗口。

5. 关闭窗口

用户完成对窗口的操作后，关闭窗口时有下面几种方式。

1）直接在标题栏上单击【关闭】按钮☒。

2）单击【控制菜单】按钮，在弹出的控制菜单中选择【关闭】命令。

3）使用 Alt＋F4 组合键。

4）如果用户打开的窗口是应用程序，可以在【文件】菜单中选择【退出】命令，同样也能关闭窗口。

用户在关闭窗口之前要保存所创建的文档或者所做的修改，如果忘记保存，当执行【关闭】命令后，会弹出一个对话框，询问是否要保存所做的修改。选择【是】后保存关闭，选择【否】后不保存关闭，选择【取消】则不关闭窗口，继续使用该窗口。

2.3.3 Windows XP 的对话框

对话框是窗口的一种特殊形式，是用户对计算机系统进行设置或与计算机进行交流的信息窗口。对话框一般包含标题栏、选项卡与标签、文本框、列表框、命令按钮、微调按钮、单选按钮和复选框等内容。如图 2-3-4 所示，对话框的位置可以改变，但大小不能够改变。

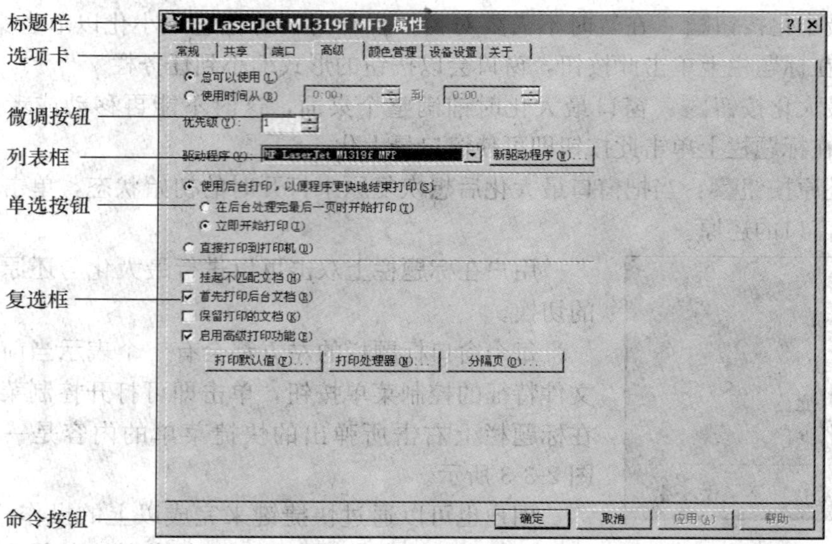

图 2-3-4　打印机属性对话框

（1）标题栏

位于对话框的最上方，系统默认的是深蓝色，上面左侧标明了该对话框的名称，右侧有关闭按钮，有的对话框还有帮助按钮。

（2）选项卡和标签

在系统中有很多对话框都是由多个选项卡构成的，选项卡上写明了标签以便于区分，用户可以通过各个选项卡之间的切换来查看不同的内容。

（3）文本框

有的对话框中需要用户手动输入某项内容，还可以对各种输入内容进行修改和删除操作。一般在其右侧会带有向下的箭头，可以单击箭头在展开的下拉列表中查看最近曾经输入过的内容。比如在桌面上单击【开始】按钮，选择【运行】命令，可以打开【运行】对话框，这时系统要求用户输入要运行的程序或者文件名称，如图 2-3-5 所示。

图 2-3-5　【运行】对话框

（4）列表框

有的对话框在选项组下已经列出了众多的选项，用户可以从中选取，但是通常不能更改。

（5）命令按钮

它是指在对话框中矩形并且带有文字的按钮，常用的有【确定】、【应用】、【取消】等。

（6）单选按钮

它通常是一个小圆形，其后有相关的文字说明。当选中后，在圆形中间会出现一个绿色的小圆点。在对话框中的一个选项组中通常包含多个单选按钮，当选中其中一个后，别的选项是不可以再选的。

（7）复选框

它通常是一个小正方形，在其后也有相关的文字说明。当用户选择后，在正方形中间会出现一个绿色的“√”标志，它是可以多项选择的。

（8）微调按钮

在有的对话框中有调节数字的按钮，它由向上和向下两个箭头组成，用户在使用时分别单击箭头即可增加或减少数字。

2.3.4　Windows XP 的菜单

菜单是一组相关命令的列表，Windows XP 窗口的操作大部分通过菜单中的命令来完成。菜单可分为三类：控制菜单、下拉菜单和快捷菜单。

在菜单中一些命令带有特殊标记，Windows XP 对它们约定如下。

1）灰色字体的命令：表示该命令暂时不能用，当满足一定的条件后变成黑色字体才可以使用。

2）命令选项前带“√”：表示该命令是开关选项，当前面带有“√”，表示该命令选项是处于开启状态；前面没有带“√”，表示该命令不起作用。

3）命令选项后带“…”：表示选择该命令后，会弹出一个对话框，可以通过对话框输入一些信息或做某些设置。

4）命令选项后带“▶”：表示选择该命令选项后还有级联的子菜单。

5）命令选项后带有组合键：表示该组合键为该命令的快捷键，可以使用键盘上的组合键来完成该命令。例如：关闭窗口可以用组合键 Alt＋F4 来完成。

用户可以通过鼠标来选择菜单命令，也可使用键盘组合键来完成菜单命令。

2.3.5 运行和退出应用程序

Windows XP 操作系统的主要功能就是运行应用程序，以满足用户各种需要。程序是命令的集合，命令是让计算机所做的具体操作。在操作系统中，应用程序是以文件的形式存在的，也称为可执行文件。通常应用程序的扩展名为 . com 或 . exe。

1. 运行应用程序

在 Windows XP 中，有以下几种常用的运行应用程序的方法。

（1）通过【开始】菜单运行应用程序

【开始】菜单主要集中了可能用到的各种操作，例如，程序的快捷方式、常用的文件夹及系统命令等。

打开【开始】菜单，单击应用程序快捷方式，或选择【程序】，显示出计算机系统中安装的全部应用程序，选择需要运行的应用程序并单击。

（2）直接运行应用程序

1）双击桌面上的应用程序或应用程序的快捷方式。

2）找到应用程序所在文件夹，双击应用程序图标或应用程序快捷方式图标。

2. 退出应用程序

应用程序完成相应的任务后，应该关闭应用程序窗口，即退出应用程序，返回到操作系统。常用的退出应用程序的方法如下。

1）单击标题栏上的【关闭】按钮。

2）选择【文件】菜单下的【退出】命令。

3）单击控制菜单，选择【关闭】命令。

如果程序无法正常退出，可以利用 Windows XP 任务管理器强制退出应用程序。按 Ctrl＋Alt＋Del 组合键打开 Windows XP 任务管理器，在任务管理器窗口的【应用程序】选项卡中，选择需要停止运行的程序，单击【结束任务】按钮即可退出应用程序。

2.3.6　案例：自定义 Windows XP 桌面

案例分析： 为了使桌面更加漂亮、具有个性化，在 Windows 操作系统中，可以根据个人爱好选择系统自带的背景或用户喜欢的图片来自定义桌面。本案例将介绍如何根据用户所提供的图片来自定义 Windows XP 桌面。

操作步骤如下。

1）右击【桌面】空白处，从弹出的快捷菜单中选择【属性】命令，打开【显示属性】对话框。Windows XP 界面设置主要分主题、桌面、屏幕保护程序、外观和设置 5 个选项卡，可以根据自己的喜好来进行设置。

2）如图 2-3-6 所示，选择【主题】选项卡，单击【主题】列表框的向下箭头，选择“Windows 经典”选项，单击【确定】按钮，观察桌面变化。

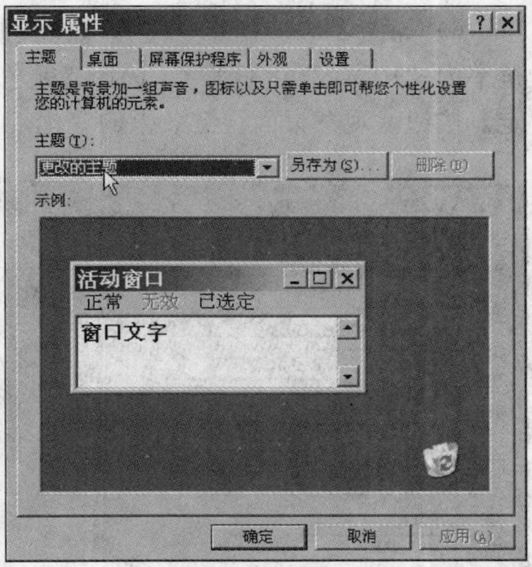

图 2-3-6　【主题】选项卡

3）如图 2-3-7 所示，选择【桌面】选项卡，在背景列表框中选择一幅系统默认的图片或将自己喜爱的图片作为桌面墙纸，选择居中或平铺或拉伸显示方式，单击【确定】按钮，观察桌面变化。

4）如图 2-3-8 所示，选择【屏幕保护程序】选项卡，在屏幕保护程序列表框中选择任意一种屏幕保护程序，如“热带鱼屏保”，单击【预览】按钮，预览屏幕保护程序。

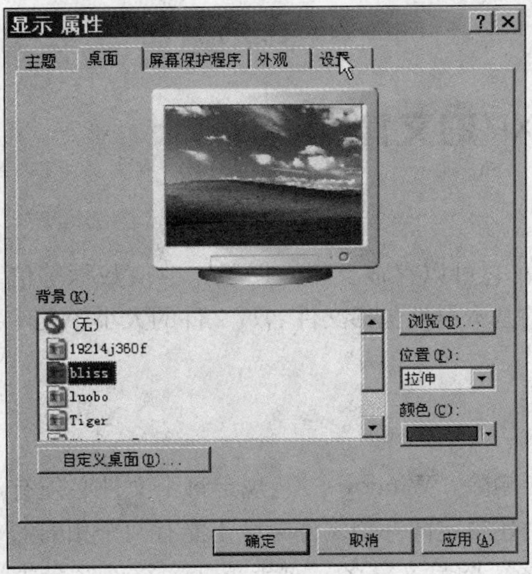

图 2-3-7　【桌面】选项卡

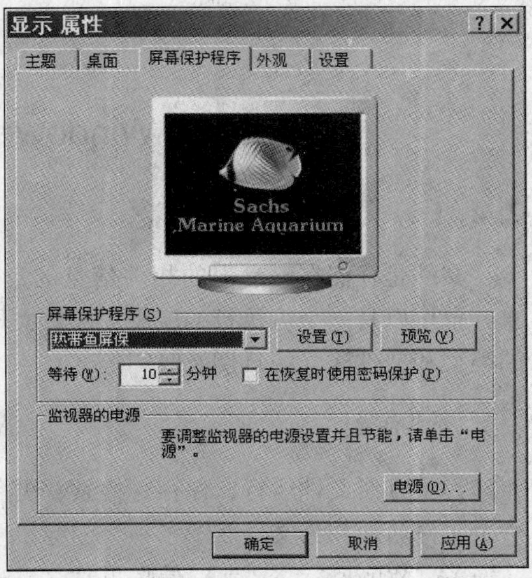

图 2-3-8　【屏幕保护程序】选项卡

调整等待时间，如“5 分钟”，也可以选择【在恢复时使用密码保护】复选框，单击【确定】按钮即完成屏幕保护程序的设置。

5）如图 2-3-9 所示，在【外观】选项卡下选择【窗口和按钮】列表框中的“Windows XP 样式”，选择【色彩方案】列表框中的“银色”，选择【字体大小】列表框中的“大字体”，单击【确定】按钮，观察窗口变化。

6）如图 2-3-10 所示，选择【设置】选项卡，调整屏幕分辨率滑块，设置屏幕的分辨率为“1024×768 像素”，选择【颜色质量】列表框中的“最高（32 位）”，单击【确定】按钮，观察桌面视觉效果的变化。

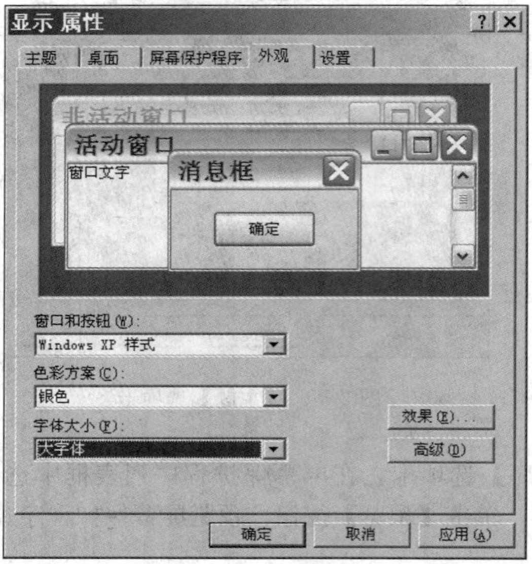

图 2-3-9 【外观】选项卡

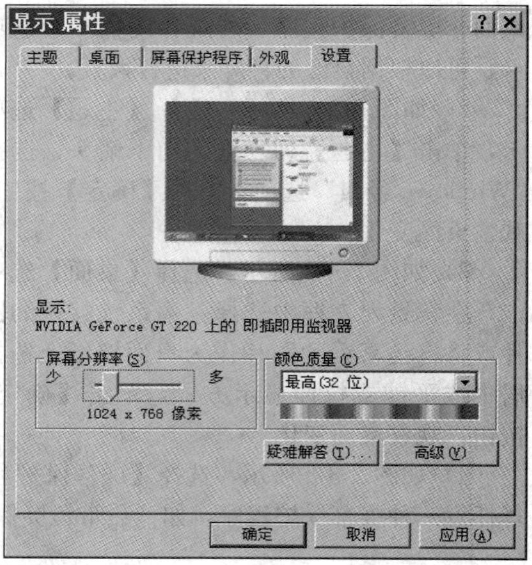

图 2-3-10 【设置】选项卡

2.4 Windows XP 的文件管理

2.4.1 文件的基本概念

文件是存储在磁盘上的相关信息的集合，它可以存放文本、图像、数值数据等信息，也可以是一个可执行的应用程序。文件的基本属性包括文件名、文件的大小、文件的类型和文件建立的日期及时间等。

1. 文件名

为了方便文件运行、保存、检索、更名和删除，Windows XP 规定每个文件必须有一个文件名，并为文件赋予了一个图标。同时还规定同一个文件夹中不能有两个相同的文件名。Windows XP 支持最多可达 255 个字符的长文件名，对于英文字符不区分大小写。

文件名分为两个部分，前一部分是文件的主文件名，后一部分是文件的扩展名，表明该文件的类型，两者由“.”分隔。当一个文件名中有多个“.”时，最右边的“.”后的部分为扩展名。例如，在文件名 readme. txt 中，文件扩展名为 . txt，它表明这个文件是一个文本文件。不同扩展名的文件其图标是不一样的，通过文件图标就可以知道文件的类型。

2. 文件夹

文件夹是操作系统组织和管理文件的一种形式，是为方便用户查找、维护和存储而设置的，用户可以将文件分门别类地存放在不同的文件夹中。在文件夹中可存放所有类型的文件和下一级文件夹等内容。

为了方便对文件夹的检索、更改、删除，操作系统为每一个文件夹都赋予了一个图标，并规定文件夹必须命名，其命名方式与文件一样，不过文件夹没有扩展名的概念。

当访问一个文件时，需要知道该文件的具体位置，一般用路径来表示。一个完整的路径由驱动器名以及该文件所在树形结构中的各个分支、分层文件夹名组成，各个文件夹名之间用“\”隔开。例如，文件“Winword. exe”的完整路径为“C：\ Program Files \ Microsoft Office \ Office”。当用户找到该文件时，其对应的完整路径就会在窗口的地址栏中显现出来。

2. 4. 2　浏览硬盘中的文件

【我的电脑】是系统提供的重要的管理工具。通过【我的电脑】，用户可以查看计算机中的文件，可以打开应用程序，可以对文件进行复制、剪切等操作。

双击桌面上【我的电脑】的快捷图标，打开的【我的电脑】窗口，如图 2-4-1 所示。

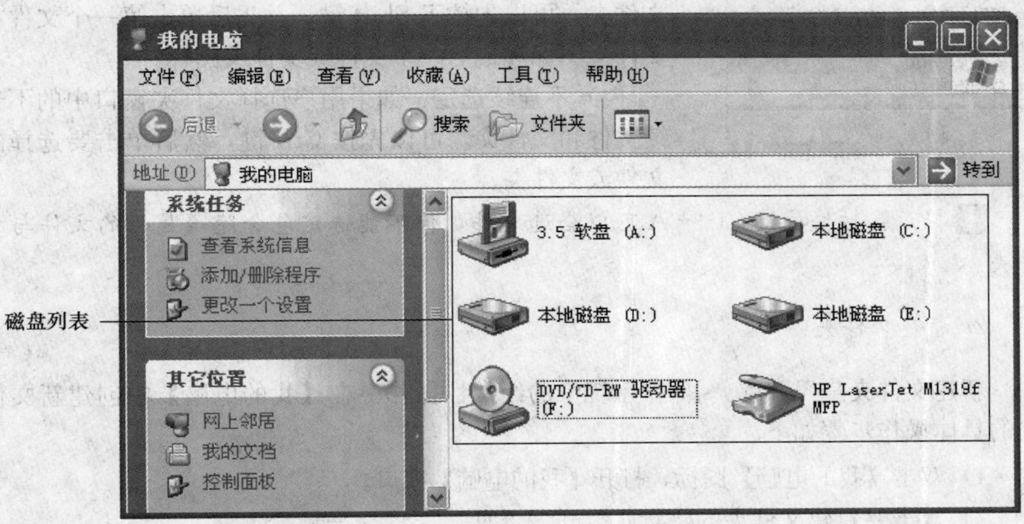

图 2-4-1　【我的电脑】窗口

在【我的电脑】窗口中，用户可以看到计算机中所有的磁盘列表。左侧窗口的【其他位置】中有 4 个超链接：【网上邻居】、【我的文档】、【共享文档】和【控制面板】。单击超链接，用户可以方便地转换到相应的窗口中去。在右侧的“硬盘”区域，显示了计算机的本地硬盘，选中某一硬盘时，左侧的窗口还将显示硬盘驱动器的大小、已用空间、可用空间等相关信息。在右侧的【有可移动存储的设备】区域中，显示了计算机中的光驱等可移动存储设备。

【我的电脑】窗口中的工具栏还包括一些功能按钮。单击【后退】按钮，将返回上一次的窗口；单击【前进】按钮，将前进到上一个窗口；单击【向上】按钮，将逐级向上移动，直到在窗口中显示出所有的计算机资源。

在硬盘文件窗口中，可以打开文件、启动程序或打开文件夹。单击文件或文件夹时，左侧窗口中将显示文件或文件夹修改的时间及属性等信息。

2.4.3 文件管理

1. 选定文件和文件夹

在【我的电脑】中，如果用户要对文件进行操作，首先要选中对象，“先选中后操作”是文件与文件夹管理的首要原则。为了使用户能够快速选择文件和文件夹，Windows XP 系统提供了多种文件和文件夹选择方法。

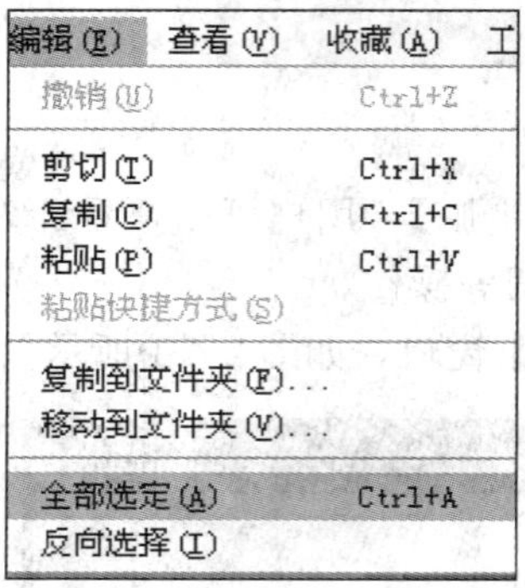

图 2-4-2 全部选定

1）选择单个文件：在文件夹窗口中单击要操作的对象即可。

2）全部选定：如果用户需要选择文件夹窗口中的所有文件，可以执行【编辑】|【全部选定】命令，如图 2-4-2 所示。

3）连续选定：用户如果需要选择连续的多个文件和文件夹，可以先按下 Shift 键，并先后单击第一个文件或文件夹图标和最后一个文件或文件夹图标。

4）不连续选定：如果用户选择文件夹窗口中的不连续文件和文件夹，可以先按 Ctrl 键，然后单击要选择的文件或文件夹。

提示：按快捷键 Ctrl+A 可以全选文件，但不能选定包含隐藏属性的文件与文件夹。

2. 新建文件夹

新建文件夹是 Windows 操作系统中的经常性操作。在【我的电脑】中创建新文件夹的具体操作步骤如下。

1）双击【我的电脑】图标，打开【我的电脑】窗口。

2）双击要新建文件夹的磁盘，打开该磁盘。

3）选择【文件】|【新建】|【文件夹】命令，或单击右键，在弹出的快捷菜单中选择【新建】|【文件夹】命令，即可新建一个文件夹，如图 2-4-3 所示。

图 2-4-3 新建文件夹

4）在文件夹名称编辑框中，输入新的文件夹名称，然后按 Enter 键即可完成。

3. 重命名文件或文件夹

重命名文件或文件夹的具体操作步骤如下。

1）选择要重命名的文件或文件夹。

2）单击【文件】|【重命名】命令，或单击右键，在弹出的快捷菜单中选择【重命名】命令。

3）这时文件或文件夹的名称将处于编辑状态，用户可直接输入新的名称进行重命名操作。

4. 移动、复制与删除文件夹

（1）移动文件或文件夹

移动文件或文件夹是将当前位置的文件或文件夹移到其他位置，在移动之后，原来位置的文件或文件夹将被删除。

操作步骤如下：选定要移动的文件或文件夹，在该图标上单击鼠标右键，在弹出的快捷菜单中选择【剪切】命令。打开目标窗口，在窗口中单击鼠标右键，在弹出的快捷菜单中选择【粘贴】命令，文件夹就被移动了，如图 2-4-4 所示。

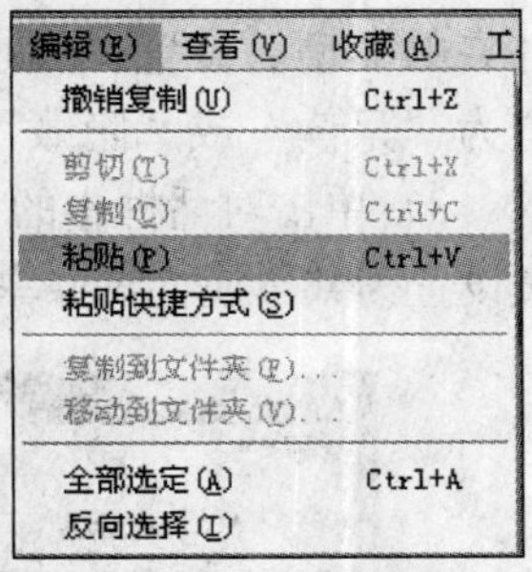

图 2-4-4 选择【粘贴】命令

提示：按快捷键 Ctrl＋V 可以实现快速粘贴。

（2）复制文件或文件夹

复制文件是指将文件复制到另一个位置，跟剪切不同，复制操作不会将原文件删除，而是在完成操作后仍保留原有文件。复制文件可以通过上例所述的快捷菜单方式来完成，也可以通过菜单栏中的命令来完成。

复制文件或文件夹的操作方法如下。

1）在【我的电脑】中选择要复制的文件或文件夹，执行【编辑】|【复制】命令或按快捷键 Ctrl＋C。

2）打开要复制到的目的文件夹，执行【编辑】|【粘贴】命令或按快捷键 Ctrl＋V，完成复制操作。

5. 删除文件或文件夹

对于计算机中不再使用的文件或文件夹，应该将其删除以节省硬盘空间，在 Windows XP 操作系统中的【我的电脑】中可以方便地删除文件或文件夹。

具体操作步骤如下。

1）打开【我的电脑】，找到要删除的文件或文件夹。

2）单击鼠标右键，在弹出的快捷菜单中选择【删除】命令，即可删除文件。

在删除文件时，系统会弹出一个确认对话框，提醒用户所做的操作。如果确认删除，单击【是】按钮；如果不想删除文件，用鼠标单击【否】按钮即可。

提示：选中文件或文件夹后，直接按 Del 键也可以删除。

6. 设置文件或文件夹属性

在 Windows XP 操作系统中，用户可以查看文件或文件夹的属性信息。可以将文件设为隐藏，让别人不能浏览该文件，也可以将文件设置为共享，使用局域网的用户都能享有该资源，还可通过属性查看文件或文件夹的大小、修改时间和设置文件为只读属性等。

设置文件或文件夹的常规属性，可以按以下操作步骤进行。

1）从【我的电脑】中，选定要设置属性的文件或文件夹。单击鼠标右键，从弹出的快捷菜单中选择【属性】命令，打开文件属性对话框，如图 2-4-5 所示。

2）系统默认打开的是【常规】选项卡，通过【常规】选项卡，用户可以查看到文件夹的类型、位置、大小和创建时间等信息。在【属性】区域中，用户可以将文件夹设置为“只读”或“隐藏”属性。

3）单击对话框中的【共享】选项卡，打开【共享】选项卡。在这里用户可以将文件夹设置为共享属性，共享后网络中的其他计算机便可访问该文件夹，如图 2-4-6 所示。

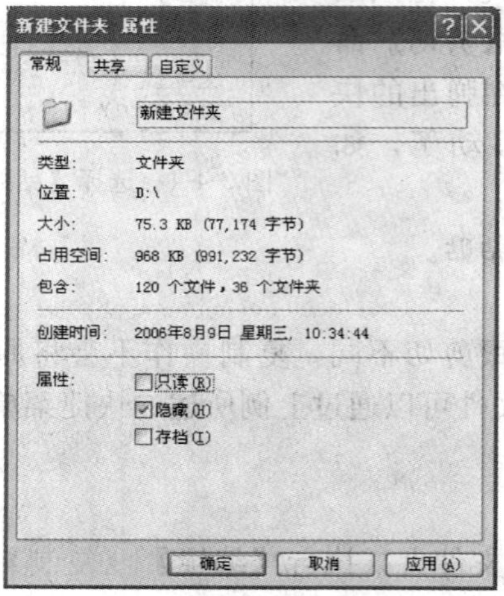

图 2-4-5 【常规】选项卡

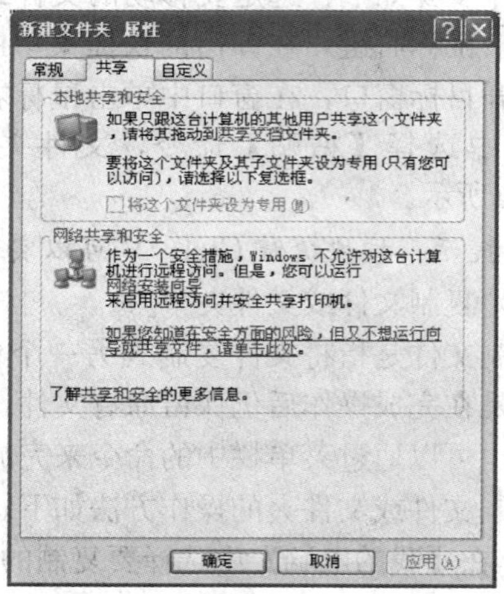

图 2-4-6 【共享】选项卡

4）完成设置后，单击对话框中【确定】按钮。

7. 删除或还原【回收站】中的文件或文件夹

【回收站】为用户提供了一个安全的删除文件或文件夹的解决方案，用户从硬盘中删除文件或文件夹时，Windows XP 会将其自动放入【回收站】中，直到用户将其清空或还原到原位置。

删除或还原【回收站】中文件或文件夹的操作步骤如下。

1）双击桌面上的【回收站】图标。

2）打开【回收站】对话框，如图 2-4-7 所示。

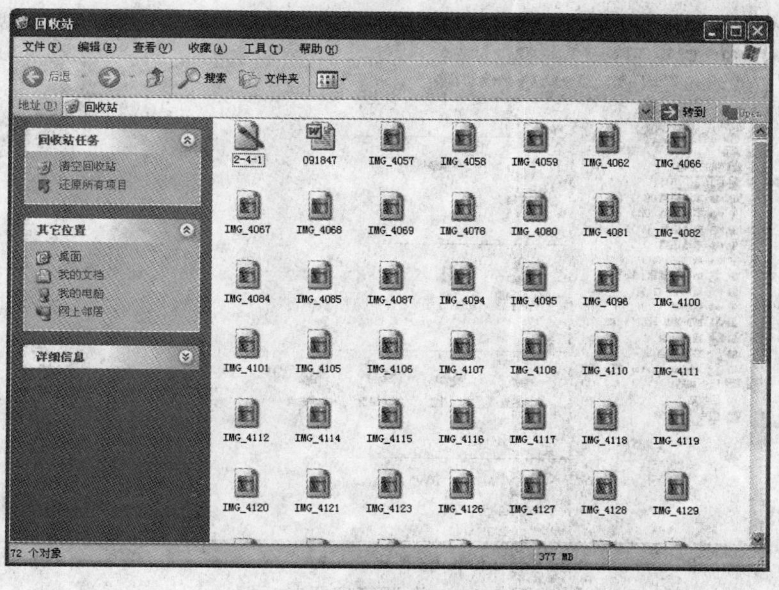

图 2-4-7 【回收站】对话框

3）若要删除【回收站】中所有的文件和文件夹，可单击【回收站任务】窗格中的【清空回收站】；若要还原文件或文件夹，可选中该文件或文件夹，单击【回收站任务】窗格中的【还原此项目】。

提示：删除【回收站】中的文件或文件夹，意味着将该文件或文件夹彻底删除，无法再还原。若还原已删除的文件夹或文件，则将在原来的位置重建文件夹或文件。

2.4.4 案例：资源管理器的基本操作

案例分析：练习资源管理器的启动及浏览磁盘内容的方法；练习文件夹和文件的选择、建立、复制、移动、粘贴、删除、重命名、查看属性等操作；练习回收站的操作；练习磁盘的格式化、查看属性等操作。

1. 资源管理器的启动

操作步骤如下。

方法一：单击【开始】按钮，依次选择【程序】|【附件】|【Windows 资源管理器】。

方法二：在桌面上右击【我的电脑】或【我的文档】或【回收站】图标，在弹出的快捷菜单中选择【资源管理器】，资源管理器窗口如图 2-4-8 所示。

2. 使用资源管理器浏览磁盘内容

操作步骤如下。

1）单击左侧文件夹列表窗口某一驱动器盘符或文件夹，在右边的内容窗口中就能够看到该驱动器或文件夹包含的内容。

2）单击某一驱动器盘符或文件夹前面的加号“+”，可以将该驱动器或文件夹“展开”，显示其包含的子文件夹。

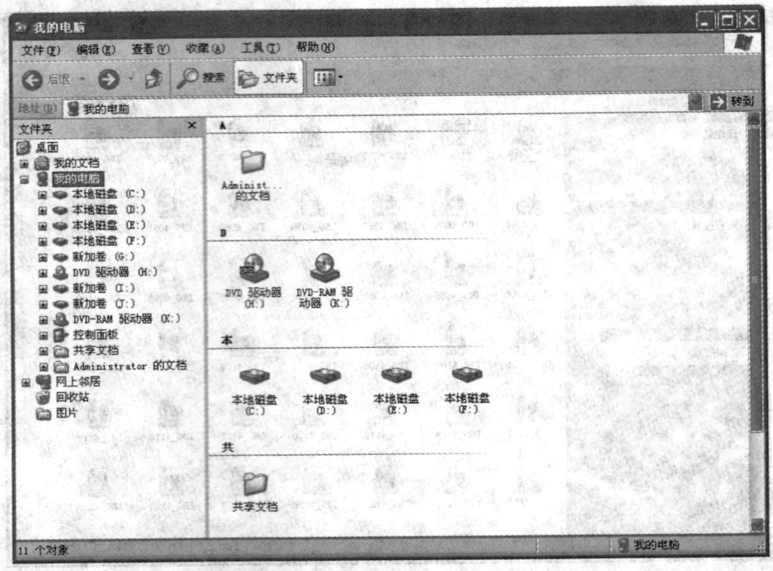

图 2-4-8　资源管理器对话框

3）单击某一驱动器盘符或文件夹前面的减号“一”，可以将该驱动器或文件夹“折叠”，隐藏其包含的子文件夹。

4）选择【查看】|【平铺】命令，观察窗口中文件和文件夹的显示方式。

5）选择【查看】|【图标】命令，观察窗口中文件和文件夹的显示方式。

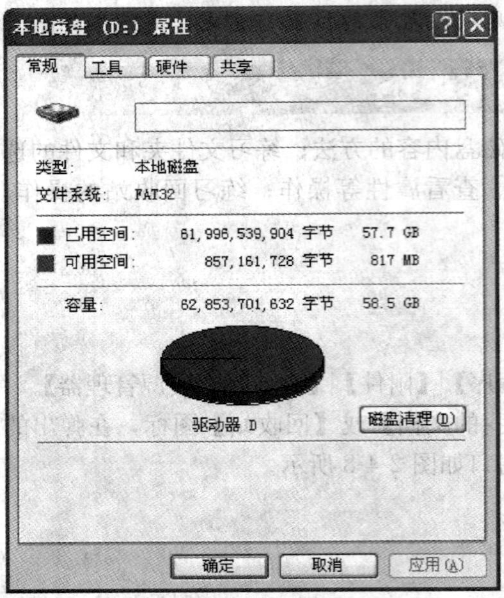

图 2-4-9　磁盘属性对话框

3. 查看磁盘属性

操作步骤如下。

1）右键单击磁盘驱动器图标，在弹出的快捷菜单中选择【属性】命令，或选择【文件】|【属性】，都将打开如图 2-4-9 所示的磁盘属性对话框。

2）打开【常规】选项卡，显示磁盘的容量及可用空间。【卷标】文本框中显示磁盘的卷标，用户可以修改卷标。

3）打开【工具】选项卡，可以完成对磁盘的维护操作。单击【开始测试】按钮，可以检测磁盘中的错误；单击【开始备份】按钮，可以进行磁盘备份；单击【开始整理】按钮，可以整理磁盘。

4）选择【共享】选项卡，用来设定磁盘的共享属性供网上其他用户访问。如果了解共享驱动器的风险但仍希望共享，可执行下面其中一种操作。

① 如果【在网络上共享这个文件夹】复选框可用，请选中此复选框。

② 如果【在网络上共享这个文件夹】复选框不可用，则该计算机不在网络上。如果想要建立家庭网络或小型办公室网络，可单击【网络设置向导】链接，然后根据指令打开文件共享，一旦启用了共享，请再次执行该过程。

4. 格式化 U 盘

操作步骤如下。

1）将 U 盘插入计算机 USB 接口。

2）在【我的电脑】窗口或【资源管理器】窗口中选定 U 盘盘符，再选择【文件】|【格式化】命令，或者右击磁盘图标，在弹出的快捷菜单中选择【格式化】命令，显示如图 2-4-10 所示对话框。

3）设置格式化的容量、格式化方式、标识磁盘等内容后，单击【开始】按钮，系统开始对 U 盘进行格式化。

4）格式化完毕后，屏幕弹出格式化后结果的报告。

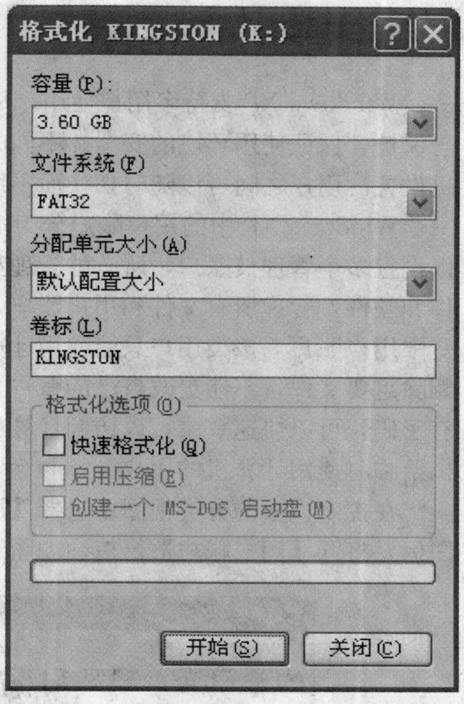

图 2-4-10　格式化 U 盘对话框

2.5　Windows XP 的控制面板

Windows XP 系统的所有资源都是可以调整和设置的，这些可以通过【控制面板】来完成。单击【开始】按钮，选择【控制面板】命令，打开【控制面板】窗口，如图 2-5-1 所示。

在默认状态下，【控制面板】窗口以分类视图形式显示。在窗口左侧的【控制面板】栏中选择【切换到经典视图】后，窗口将变成经典视图形式，并显示所有的设置项目，如图 2-5-2 所示。

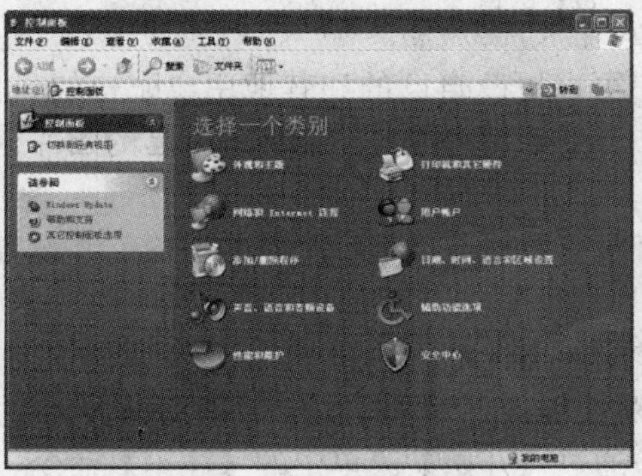

图 2-5-1　控制面板的分类视图

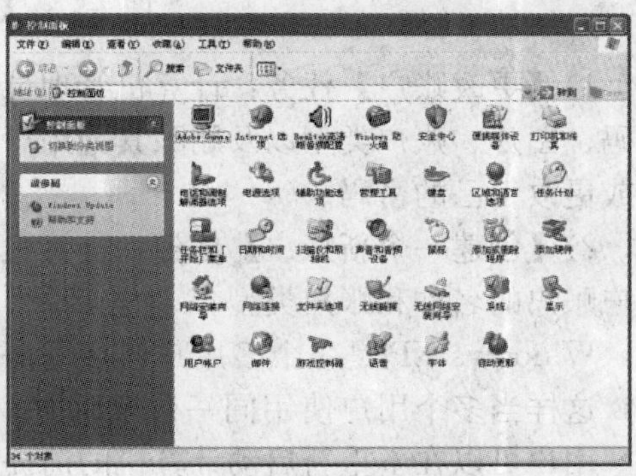

图 2-5-2　控制面板的经典视图

2.5.1 设置用户账户

Windows XP 支持多用户使用，每个用户都可以拥有自己的运行环境，并可使用密码保护，保证使用环境的安全。不同的用户可以设置不同的权限，从而保护重要的计算机设置。用户之间可以随时切换而不用重新启动计算机，使得登录速度更快。

Windows XP 中的用户账户分为三种类型，第一类是管理员账户，一台计算机上可以设置多个管理员账户，所有的管理员拥有相同的权限。管理员账户可以安装/删除软件和硬件，管理所有文件和用户账户，每台计算机上至少有一个管理员账户。第二类是受限用户账户，该类用户只能使用计算机上已经安装好的软件，不能更改计算机设置和删除重要文件，不能更改自己的账户名称和账户类型。第三类是来宾账户，该类用户没有密码，可以快速登录，以访问计算机资源，其权限比受限账户还小，来宾账户主要提供给临时使用计算机的用户。

在控制面板的分类视图中选择【用户账户】，在【用户账户】窗口单击【用户账户】图标，打开【用户账户】窗口，如图 2-5-3 所示。

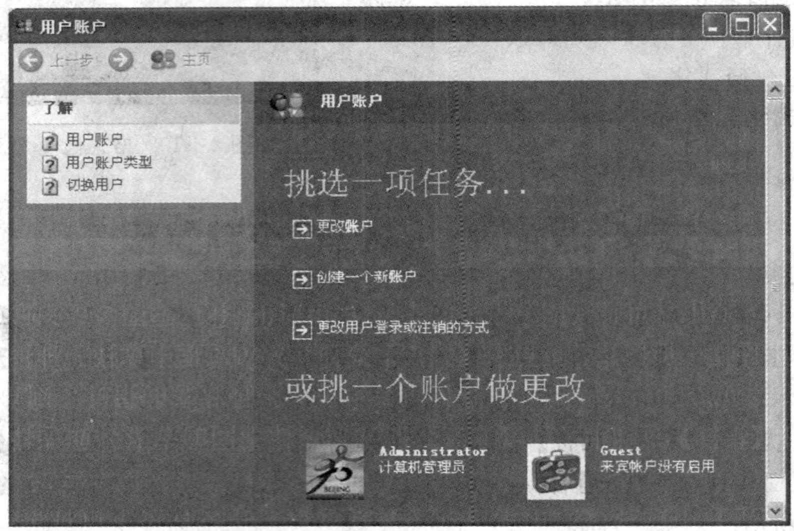

图 2-5-3 【用户账户】窗口

1）【更改账户】任务：计算机管理员账户可以更改自己的和其他用户账户的名称、密码、图片、账户类型以及删除其他用户账户。受限用户账户只能更改自己的图片、创建或更改自己的密码。

2）【创建一个新账户】任务：计算机管理员账户可以创建一个新的账户，并设置新用户账户的名称和账户类型。

Windows XP 是一个多用户、多任务的操作系统，系统同时可以设置多个用户账户，这样当多个用户使用同一台电脑时，可以保留各自对 Windows XP 环境所作的设置。用户可以在不重新启动计算机的前提下，通过【开始】菜单中的【注销】命令，实现不同用户之间的切换。

2.5.2　鼠标的设置

键盘和鼠标是计算机最主要的输入设备。特别是 Windows 操作系统，由于大部分操作是图形界面操作，所以鼠标在计算机操作中起着不可替代的作用。在【控制面板】中可以对键盘与鼠标进行自定义设置。操作步骤如下。

1）在【控制面板】窗口中单击【鼠标】按钮，打开如图 2-5-4 所示的【鼠标属性】对话框。如果习惯用左手操作，可选择【切换主要和次要的按钮】复选框，拖动双击速度区的滑块可改变双击时的有效速度。如用鼠标操作拖拽作业时不习惯，可在【单击锁定】中选择【启用单击锁定】复选框，并设置按下鼠标键多长时间被锁定。

2）打开【指针】选项卡，在【方案】框分别选择不同的方案，如选择“Windows 默认（系统方案）”，可一次更改所有指针。若只更改一种状态的指针，则在【自定义】的指针列表中选择一种任务，再单击【浏览】按钮，从浏览框中选择一种指针形状，如选一种“手型”双击，可见样图方框里的指针作相应的变化，如图 2-5-5 所示。

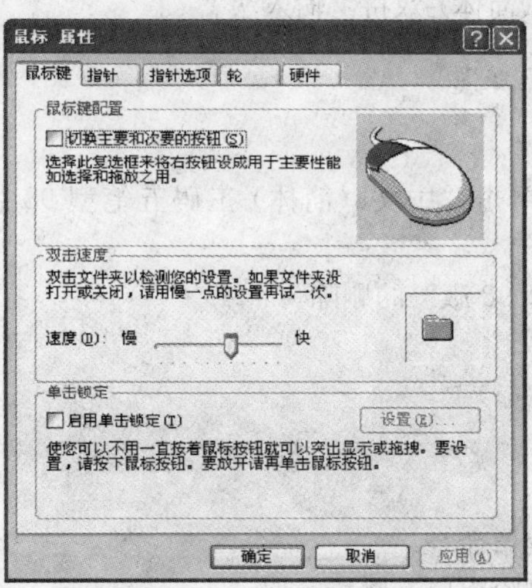

图 2-5-4　【鼠标属性】对话框

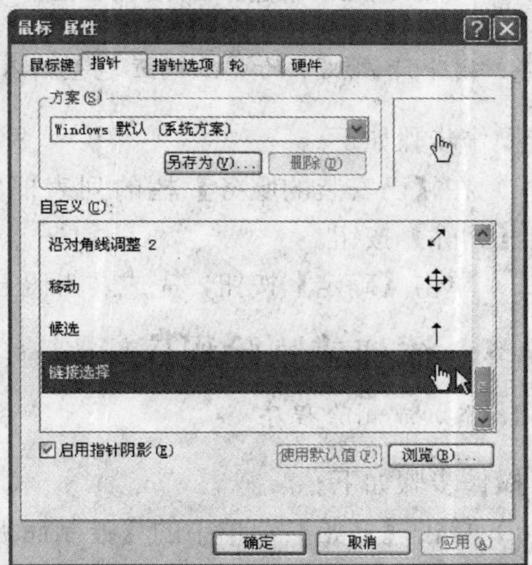

图 2-5-5　改变鼠标指针

3）单击【指针选项】标签，打开【指针选项】选项卡，在其中可设置鼠标指针的移动速度、设置默认按钮和鼠标移动的轨迹，并观察相应的变化。

4）若要改变鼠标设置，可单击【确定】按钮；若要保持初始设置，则单击【取消】按钮；若想恢复系统初始设置，则单击【使用默认值】按钮。

2.5.3　添加/删除输入法

1. 在计算机上添加“中文（简体）-双拼”输入法

操作步骤如下。

1）在控制面板中单击【日期、时间、语言和区域设置】，在打开的窗口中单击【区

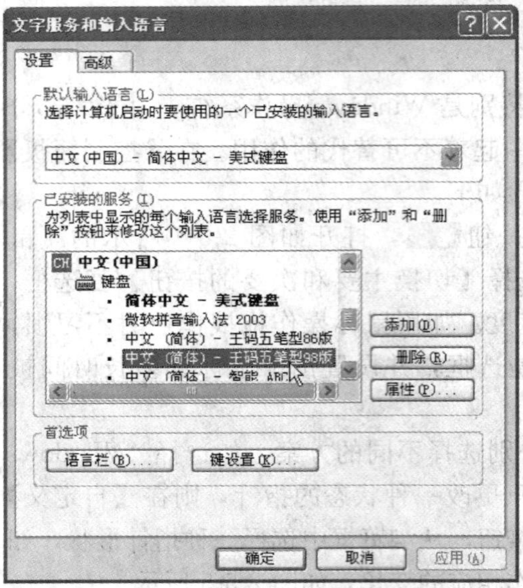

图 2-5-6 【文字服务和输入语言】对话框

域和语言选项】图标，打开【区域和语言选项】对话框。选择【语言】选项卡，在【文字输入和输入语言】栏内单击【详细信息】按钮，打开如图 2-5-6 所示的【文字服务和输入语言】对话框。

2）单击【添加】按钮，打开【添加输入语言】对话框。【输入语言】下拉列表框中应默认“中文（中国）”，单击【键盘布局/输入法】复选框，激活下拉列表框，从中选择“中文（简体）-双拼”，单击【确定】按钮返回【文字服务和输入语言】对话框。这时可以看到在【已安装的服务】栏的列表框中已添加了“中文（简体）-双拼”输入法。

3）单击【确定】按钮，完成添加“中文（简体）-双拼”输入法。

2. 删除计算机中的“王码五笔型输入法 98 版”

操作步骤如下。

1）在【已安装的服务】栏的列表框中，单击“中文（简体）-王码五笔型 98 版”，单击【删除】按钮。

2）单击【确定】按钮，完成“王码五笔型 98 版”的删除。

2.5.4 添加或删除程序

1. 添加或删除程序

操作步骤如下。

1）单击【开始】菜单中的【控制面板】菜单命令。

2）在【控制面板】窗口中双击【添加或删除程序】图标。

3）选择相应的程序，单击该程序右侧的【更改/删除】按钮。

4）按照系统提示进行相应的更改或删除操作。

2. 添加新程序

通过添加新程序可以安装新的 Windows 程序，也可以添加一个新的 Windows 功能、设备驱动和系统更新。

3. 添加和删除 Windows 组件

Windows 组件是指由操作系统提供的可供用户选择的一些服务或程序。由于运行这些服务或程序是需要占用系统资源的，而对大多数无特殊用途的用户来说不一定需要，所以允许用户自行添加或删除，如图 2-5-7 所示。

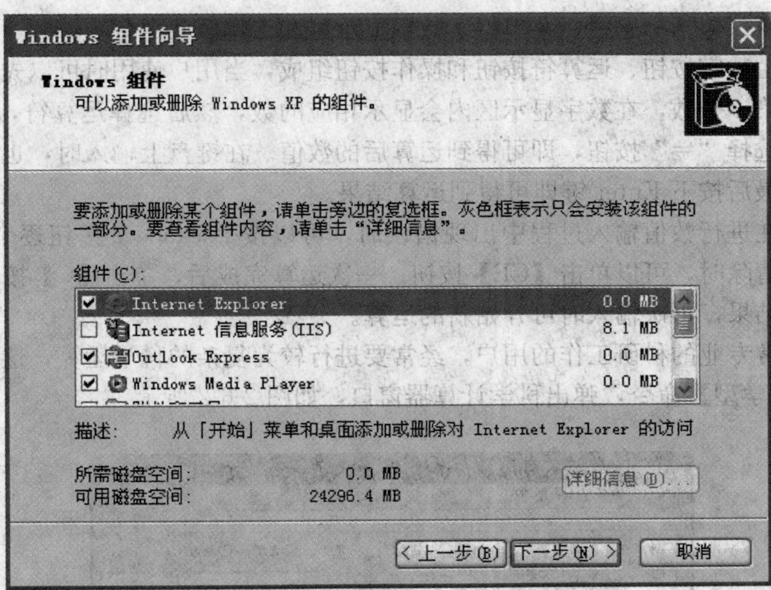

图 2-5-7 【Windows 组件向导】对话框

2.6　Windows XP 的附件

Windows XP 系统向用户提供了大量的实用程序，不仅包括用于管理的系统工具和辅助工具，还包括画图、写字板、记事本、计算器等程序。这些程序可以帮助用户完成简单的文字处理、图像编辑、计算、娱乐等常见任务，下面介绍附件中的几个常用程序。

2.6.1　计算器

计算器可以帮助用户完成数据的运算，它可分为“标准计算器”和“科学计算器”两种。“标准计算器”可以完成日常工作中的简单算术运算，“科学计算器”可以完成较为复杂的科学运算，比如函数运算等。运算的结果不能直接保存，而是将结果存储在内存中，以供粘贴到别的应用程序和其他文档中。它的使用方法与日常生活中使用计算器的方法一样，可以通过单击计算器上的按钮来取值，也可以从键盘输入来操作。

在处理一般的数据时，用户使用“标准计算器”就可以满足工作和生活的需要。单击【开始】按钮，选择【所有程序】|【附件】|【计算器】命令，即可打开【计算器】窗口，系统默认为“标准计算器”，如图2-6-1 所示。

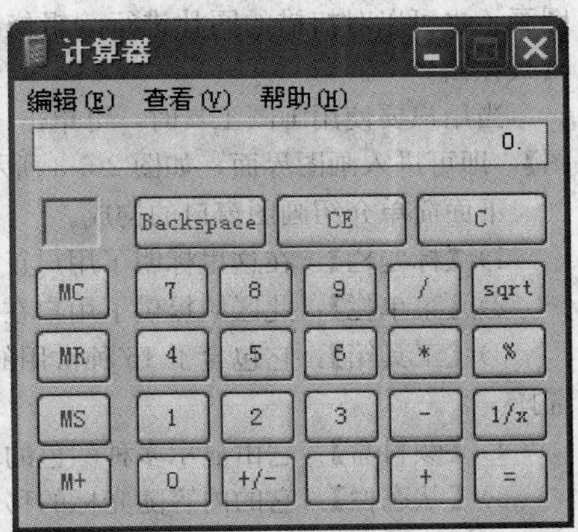

图 2-6-1　标准计算器

计算器窗口包括标题栏、菜单栏、数字显示区和工作区几部分。

工作区由数字按钮、运算符按钮和操作按钮组成，当用户使用时可以先输入所要运算的算式的第一个数，在数字显示区内会显示相应的数，然后选择运算符，再输入第 2 个数，最后选择“=”按钮，即可得到运算后的数值。在键盘上输入时，也是按照同样的方法，到最后按下 Enter 键即可得到运算结果。

当用户在进行数值输入过程中出现错误时，可以按 Backspace 按钮逐个进行删除，当需要全部清除时，可以单击【CE】按钮。一次运算完成后，单击【C】按钮即可清除当前的运算结果，再次输入时可开始新的运算。

从事非常专业的科研工作的用户，经常要进行较为复杂的科学运算，这时可以选择【查看】|【科学型】命令，弹出科学计算器窗口，如图 2-6-2 所示。

图 2-6-2 科学计算器

此窗口增加了数基数制选项、单位选项及一些函数运算符号。

2.6.2 画图

画图程序是一个位图编辑器，可以对各种位图格式的图画进行编辑，用户可以绘制图画，也可以对扫描的图片进行编辑修改。编辑完成后，可以用 BMP、JPG、GIF 等格式存档。

当用户要使用画图工具时，可单击【开始】按钮，选择【所有程序】|【附件】|【画图】，即可进入画图界面，如图 2-6-3 所示为程序默认状态。

下面简单介绍画图窗口的构成。

1）【标题栏】：在这里标明了用户正在使用的程序和正在编辑的文件。

2）【菜单栏】：此区域提供了用户在操作时要用到的各种命令。

3）【工具箱】：它包含了 16 种常用的绘图工具和一个辅助选择框，为用户提供多种选择。

4）【颜料盒】：它由显示多种颜色的小色块组成，用户可以随意改变绘图颜色。

5）【状态栏】：它的内容随光标的移动而改变，标明了当前光标所处位置的信息。

6）【绘图区】：处于整个界面的中间，为用户提供画布。

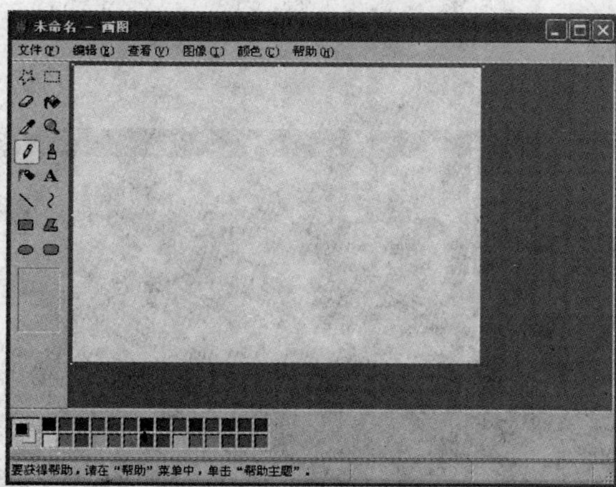

图 2-6-3　画图窗口

2.6.3　录音机

录音机是一个能够播放声音文件和进行录音的程序。选择【开始】|【所有程序】|【附件】|【娱乐】|【录音机】命令可以启动录音机，启动后的录音机窗口如图 2-6-4 所示。

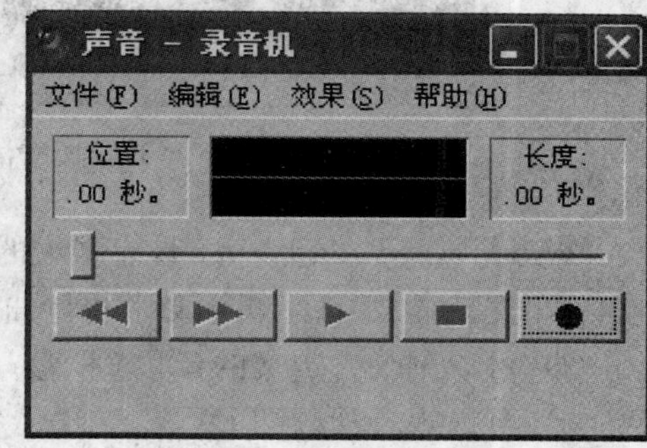

图 2-6-4　录音机窗口

1. 播放声音

播放声音是录音机的最基本功能，Windows 录音机可以播放 WAV、MP3 等声音文件。播放声音文件的操作步骤如下。

1）选择【文件】|【打开】命令。

2）在【打开】对话框中，双击想要播放的声音文件。

3）单击【播放】按钮开始播放声音。

4）若要停止播放，可以单击【停止】按钮。

2. 录制声音

Windows 录音机可以录制声音文件，录制后的声音文件扩展名为 wav，默认录音时间为 60 秒。录制声音的操作步骤如下。

1）选择【文件】|【新建】命令。

2）单击【录制】按钮开始录音。

3）要停止录制，单击【停止】按钮。

4）选择【文件】|【保存】命令，输入文件名，单击【保存】按钮。

2.6.4　多媒体播放器

Media Player 是一款多媒体播放器，它可以播放多种格式的音频、视频文件。

Windows XP 中集成了 Windows Media Player，目前该软件的版本已经升级到了 10.0，其操作界面如图 2-6-5 所示。

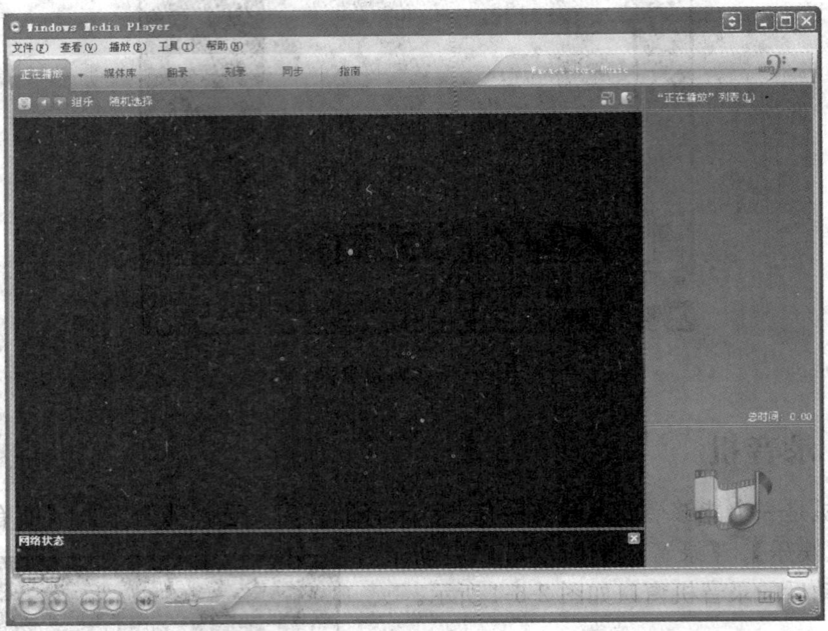

图 2-6-5 Windows Media Player 窗口

Windows Media Player 具有强大的多媒体功能，主要表现在以下几个方面。

1）支持播放 CD，并可以将 CD 曲目复制到硬盘上。

2）可以刻录自定义的音频 CD 盘。

3）可以观看视频和 DVD。

4）可以创建并收藏音乐和视频文件库。

5）可以创建并收听自制的播放列表，播放多媒体文件。

6）可以从 Web 页上查找和播放媒体。

7）将音乐下载到便携式收听设备上。

8）收听世界各地的无线电台广播。

播放多媒体文件、CD 唱片的操作步骤如下。

1）单击【开始】按钮，选择【所有程序】|【附件】|【娱乐】|【Windows Media Player】命令，打开 Windows Media Player 窗口。

2）若要播放本地磁盘上的多媒体文件，可选择【文件】|【打开】命令，选中该文件，单击【打开】按钮或双击即可播放。

3）若要播放 CD 唱片，可先将 CD 唱片放入 CD-ROM 驱动器中，单击【CD 音频】按钮，再单击【播放】按钮即可。

Windows Media Player 窗口下方的控制按钮用于控制当前正在播放的文件，其意义如表 2-6-1 所示。

表 2-6-1　控制按钮的意义

按　钮	功　能
	播放所选曲目。曲目如果正在播放过程中，“播放”按钮将变为“暂停”按钮
	暂停正在播放的曲目。按下“暂停”按钮，曲目暂停播放，按钮将变成“播放”按钮
	停止播放所选曲目。“停止”只是停止媒体文件的播放，既不会关闭文件，也不会断开与服务器的连接
	播放上一曲目
	播放下一曲目
	屏蔽文件的音频内容，再次单击“静音”按钮可重新听到声音。如果没有声卡或没有安装声音驱动程序，“静音”按钮将无法使用
	控制当前播放内容的音量。如果没有声卡或没有安装声音驱动程序，音量控制滑块不能使用。如果播放内容中没有音轨，音量控制滑块将不显示

习　题　二

一、选择题

1. 在 Windows XP 中，任务栏的作用是（　　）。

A. 显示系统的所有功能　　B. 只显示当前活动窗口名

C. 只显示正在后台工作的窗口名　　D. 实现窗口之间的切换

2. 在 Windows XP 中，选择【开始】|【运行】命令，输入（　　）命令可以打开注册表编辑器。

A. regedit　　B. regedit32

C. regedit 或 regedit32　　D. run regedit

3. 下面是关于 Windows XP 文件名的叙述，错误的是（　　）。

A. 文件名中允许使用汉字　　B. 文件名中允许使用多个圆点分隔符

C. 文件名中允许使用空格　　D. 文件名中允许使用竖线“|”

4. 在 Windows XP 中，不能打开资源管理器窗口的操作是（　　）。

A. 用鼠标右键单击【开始】按钮

B. 用鼠标左键单击任务栏空白处

C. 用鼠标左键单击【开始】菜单中程序下的【Windows 资源管理器】

D. 用鼠标右键单击【我的电脑】图标

5. 在 Windows XP 的资源管理器窗口中，如果想一次选定多个分散的文件或文件夹，正确的操作是（　　）。

A. 按住 Ctrl 键，用鼠标右键逐个选取　　B. 按住 Ctrl 键，用鼠标左键逐个选取

C. 按住 Shift 键，用鼠标右键逐个选取　　D. 按住 Shift 键，用鼠标左键逐个选取

6. 在 Windows XP 中，若已选定某个文件，不能将该文件复制到同一文件夹下的操作是（　　）。

A. 用鼠标右键将该文件拖动到同一文件夹下，在弹出的快捷菜单中选择“复制到当前位置”

B. 先执行【编辑】菜单中的复制命令，再执行【粘贴】命令

C. 用鼠标左键将该文件拖动到同一文件夹下

D. 按住 Ctrl 键，再用鼠标左键将该文件拖动到同一文件夹下

7. Windows XP 系统安装并启动后，由系统安排在桌面上的图标是（　　）。

A. 资源管理器　　B. 回收站　　C. Microsoft Word　　D. Microsoft FoxPro

8. 在 Windows XP 中，下列正确的文件名是（　　）。

A. MY PRKGRAM GROUP. txt　　B. FILE1 | FILE2

C. A<>B. C　　D. A? B. doc

9. Windows XP 中，不能在任务栏内进行的操作是（　　）。

A. 设置系统日期的时间　　B. 排列桌面图标

C. 排列和切换窗口　　D. 启动【开始】菜单

10. 在 Windows XP 中，若在某一文档中连续进行了多次剪切操作，当关闭该文档后，剪贴板中存放的是（　　）。

A. 空白　　B. 所有剪切过的内容

C. 最后一次剪切的内容　　D. 第一次剪切的内容

11. 删除 Windows 桌面上某个应用程序的图标，意味着（　　）。

A. 该应用程序连同其图标一起被删除　　B. 只删除了该应用程序，对应的图标被隐藏

C. 只删除了图标，对应的应用程序被保留　　D. 该应用程序连同其图标一起被隐藏

12. 在中文 Windows XP 中，为了实现中文与西文输入方式的切换，应按的键是（　　）。

A. Shift＋空格　　B. Shift＋Tab　　C. Ctrl＋空格　　D. Alt＋F6

13. Windows 环境中，屏幕上可以同时打开若干个窗口，但是（　　）。

A. 其中只能有一个是当前活动窗口，它的标题栏颜色与众不同

B. 其中只能有一个在工作，其余的都不能工作

C. 它们都不能工作，只有其余的都关闭，留下一个才能工作

D. 它们都不能工作，只有其余的都最小化以后，留下一个窗口才能工作

14. 在 Windows 环境中，许多应用程序内或应用程序之间能够交换和共享信息。当用户选择了某一部分信息（例如一段文字、一个图形）后，要把它移动到别处，应当执行【编辑】菜单下的命令（　　）。

A. 【复制】　　B. 【粘贴】　　C. 【剪切】　　D. 【选择性粘贴】

15. 在 Windows XP 的“资源管理器”中，若文件夹名的前面有一个加号“⊞”，则表示（　　）。

A. 空文件夹　　B. 含有子文件夹　　C. 含有隐藏文件　　D. 含有系统文件

16. 在 Windows 环境中，鼠标是重要的输入工具，而键盘（　　）。

A. 无法起作用

B. 仅能配合鼠标，在输入中起辅助作用（如输入字符）

C. 仅能在菜单操作中运用，不能在窗口中操作

D. 也能完成几乎所有操作

17. 在 Windows 环境中，每个窗口最上面有一个标题栏，把鼠标光标指向该处，然后拖放，则可以（　　）。

A. 变动该窗口上边缘，从而改变窗口大小　　B. 移动该窗口

C. 放大该窗口　　D. 缩小该窗口

18. 全角、半角方式的主要区别在于（　　）。

A. 全角方式下输入的英文字母与汉字输出时同样大小，半角方式下则为汉字的一半大

B. 全角方式下不能输入英文字母，半角方式下不能输入汉字

C. 全角方式下只能输入汉字，半角方式下只能输入英文字母

D. 半角方式下输入的汉字为全角方式下输入汉字的一半大

19. 在 Windows 的各种窗口中，有一种形式叫对话框。在这种窗口里，有些项目在文字说明的左边标有一个小方框，当小方框里有“√”符号时表明（　　）。

A. 这是一个多选（复选）按钮，而且未被选中

B. 这是一个多选（复选）按钮，而且已被选中

C. 这是一个单选按钮，而且未被选中

D. 这是一个单选按钮，而且已被选中

20. 一个文件路径名为 C:\groupPa\textl\293.txt，其中 textl 是一个（　　）。

A. 文件夹　　B. 根文件夹　　C. 文件　　D. 文本文件

21. Windows XP 的文件夹组织结构是一种（　　）。

A. 表格结构　　B. 树状结构　　C. 网状结构　　D. 线性结构

22. 关于 Windows XP 的文件组织结构，下列说法中错误的是（　　）。

A. 每个子文件夹都有一个父文件夹　　B. 每个文件夹都可以包含若干子文件夹和文件

C. 每个文件夹都有一个唯一的名字　　D. 文件夹不能重命名

23. 如果只记得某个文件夹或文件的名称，忘记了它的位置，那么要打开它的最简单的方法是（　　）。

A. 在我的电脑或资源管理器的窗口中去浏览

B. 使用系统菜单中的【搜索】命令项

C. 使用系统菜单中的运行命令项

D. 启动一个应用程序，在其窗口里使用【文件】菜单中的【打开】命令项

24. 下列四项中，不是文件属性的是（　　）。

A. 系统　　B. 隐藏　　C. 存档　　D. 只读

25. 以下有关 Windows XP 删除操作的说法中，正确的是（　　）。

A. 从 U 盘中删除的文件或文件夹不能被恢复

B. 直接用鼠标将硬盘上的文件或文件夹拖到回收站的不能被恢复

C. 硬盘上删除的文件或文件夹不能被恢复

D. 只能恢复刚刚被删除的文件或文件夹快捷菜单中选择控制面板

二、填空题

1. 在 Windows XP 中，将整个桌面的图像复制到剪贴板上，应按的键是________。

2. 在 Windows XP 中，将一个应用程序窗口最小化后，该应用程序________。

3. 在资源管理器中用鼠标选定多个不连续的文件应先按住________。

4. 使用 Windows XP 的记事本输入一段文本，存盘后该文件的扩展名为________。

5. Windows XP 中有两种计算器：一种是________，另一种是科学计算器。

6. 文件是一个被赋予名称并________在磁盘上信息的集合，它是最小的信息组织单位。

7. 根据需要对文件可进行修改、更名、________、移动、复制和发送等操作。

8. 文件名一般由两部分组成，即主文件名和扩展文件名，两组名字之间用________号分开。

9. 文件夹是________组织文件的一种手段，它既可以包含文件，也可以包含其他的文件夹。

10. 路径是描述文件________的一条通路，是用户在磁盘上寻找文件时所历经的路线。

11. Windows XP 中控制面板的显示方式有两种，一种是________视图，另一种是经典视图。

三、判断题

1. Windows XP 属于应用软件。（　　）

2. 新建立的文件夹不能与同一硬盘已有的文件夹同名。（　　）

3. 在 Windows XP 环境下删除的文件可以由回收站恢复。 ( )
4. 在 Windows XP 中，文件名可以使用空格。 ( )
5. 在 Windows XP 中，使用画图程序绘制的一幅图形不能复制到其他应用程序中。 ( )
6. Windows XP 的剪贴板可以存放文本和图形，但不能存放声音。 ( )
7. 在 Windows XP 中，一个应用程序在桌面只能建立一个快捷方式。 ( )
8. 在 Windows XP 中，某一特定时刻只有一个活动（或称激活）窗口。 ( )
9. 屏幕保护程序主要是为了防止他人看到自己屏幕上的信息。 ( )
10. 在 Windows XP 的资源管理器中，右窗格可以同时显示多个文件夹的内容。 ( )
11. 在 Windows XP 默认状态下，放在回收站的应用程序可以恢复。 ( )
12. 在画图程序中只能处理图形，不能处理文字。 ( )
13. 在控制面板中双击声音图标，可配置系统声音。 ( )
14. 媒体播放机可用来播放声音、MPEG、视频、MIDI 和 CD 音频等多种媒体文件。 ( )
15. 打开媒体播放机窗口的方法是在控制面板窗口中双击媒体播放机图标。 ( )
16. 录音机是一个用来录制、播放和编辑数字波形声音，并进行简单特效处理的应用程序。 ( )
17. Windows XP 的 CD 音乐功能可以用 CD-ROM 播放 CD 音乐。 ( )
18. 资源管理器中部的窗口分隔条不可以移动。 ( )
19. 在资源管理器中单击标有“一”的方框可以展开文件夹。 ( )
20. 双击某文件的文件名，可实现该文件的重命名。 ( )

四、操作题

1. 对计算机中的区域和语言选项进行设置，把计算机的位置设置为“比利时”，非 Unicode 程序语言设置为“英国（英语）”。

2. 通过记事本在 D 盘目录下建立“练习 . txt”文件，设置记事本为自动换行，并将其字体设为“隶书、初号”。然后输入唐诗《望庐山瀑布》并保存。

3. 设置 Windows 在文件夹中显示所有文件和文件夹。

4. 将微软媒体播放设为 Windows XP 默认的媒体播放器，即用媒体播放器播放所有它支持的文件格式。

5. 在主题中将 Windows 外观设置为“Windows 经典样式”。

6. 在 Windows 中添加“中文（简体）-王码五笔型 86 版”输入法。

第3章

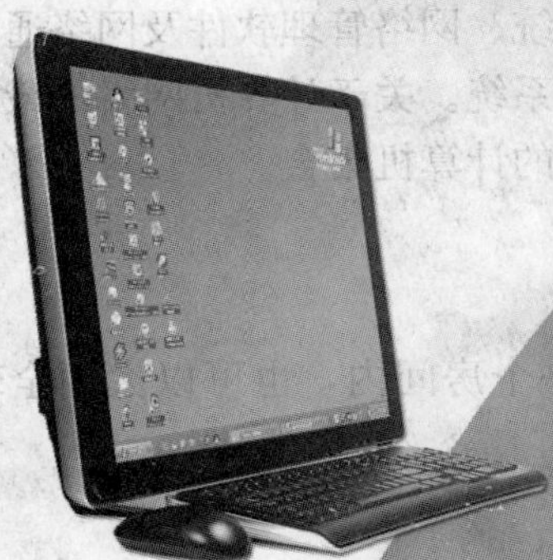

计算机网络与Internet应用

本章学习目标

◎ 掌握计算机网络基础知识。
◎ 掌握Internet基础知识。
◎ 了解Internet的接入方法。
◎ 熟悉Internet的应用。

计算机网络是计算机技术和通信技术相互结合而形成的一门交叉学科，它涉及通信与计算机两个领域。计算机与通信技术日益紧密的结合，已对人类社会的进步作出了巨大贡献。当今世界正经历着一场信息革命，人类社会已进入信息社会的知识经济时代。信息的流通离不开通信，信息的处理离不开计算机。计算机网络作为信息时代的产物对人类的日常生活、工作甚至思想产生了巨大的影响。

3.1 计算机网络基础知识

3.1.1 计算机网络的概念

计算机网络是指在网络协议控制下，通过通信设备和线路实现地理位置不同具有独立功能的多个计算机系统之间的连接，并在网络操作系统、网络管理软件及网络通信协议的管理和协调下，实现信息传递和资源共享的计算机系统。关于计算机网络的最简单的定义是：一些相互连接的、以共享资源为目的、自治的计算机集合。

1. 不同地理位置

计算机网络的地理位置是相对的概念，可以小到一个房间内，也可以大到全球范围内。

2. 功能独立

接入网络前计算机都是独立的，没有主从关系，一台计算机不能控制另一台计算机的运行。一个计算机网络至少有两台以上功能独立的计算机。

3. 通信线路

通信线路既可以是有线的也可以是无线的。

4. 通信设备

在计算机和通信线路之间按照通信协议传输数据的设备。

5. 资源共享

在网络中的每台计算机都可以使用网络系统中的硬件、软件，也可以共享数据。

3.1.2 计算机网络的功能

计算机网络技术被广泛应用在政治、经济、军事、生产及科学技术的各个领域。其主要功能包括以下方面。

1. 数据通信

数据交换是计算机网络最基本的功能，主要完成网络中各个节点之间的数据通信。现在有越来越多的网络应用就是通过网络的数据传输功能来实现的，如传统的电子邮件、网络电话和网络多媒体的通信与应用。

2. 资源共享

资源共享是组建计算机网络的目标之一，它可以避免重复投资和重复劳动，提高资源的利用率。它包括硬件资源共享、软件资源共享、数据资源共享和通信信道资源共享。

（1）硬件资源共享

硬件资源共享是网络用户对网络中各种硬件资源的共享，如巨型计算机、外部存储设备、输入输出设备等。

（2）软件资源共享

软件资源共享是网络用户对网络系统中的各种软件资源的共享，如各种系统软件、应用软件、工具软件、数据库管理软件和因特网信息服务软件。

（3）数据资源共享

数据资源共享是网络用户对网络系统中的各种数据资源的共享。随着信息时代的到来，数据资源越来越重要。在大型计算机网络中，普遍设置一些专门的数据库，如情报资料数据库、产品信息数据库。

（4）通信信道资源共享

广义的通信信道可以理解为电信号的传输媒体。通信信道的共享是计算机网络中最重要的共享资源之一。

3.1.3　计算机网络的分类

计算机网络有不同的分类方法，常用的分类方法有：按网络覆盖的地理范围分类和按网络拓扑结构分类。

1. 按网络覆盖的地理范围分类

按网络覆盖的地理范围分类是最常用的分类方法，可以把计算机网络分成为局域网、城域网和广域网三种类型。

（1）局域网

局域网（local area network，LAN）是将较小范围地理区域内的计算机或数据终端设备连接在一起的通信网络。局域网覆盖的地理范围比较小，一般为几十米到几千米。它常用于组建一个办公室、一栋楼、一个楼群或者一个企业的计算机网络。

局域网的主要特点如下。

1）覆盖的地理区域比较小，仅工作在有限的地理区域内，一般为0.1～20km。

2）传输速率高（1～1000Mb/s），误码率低。

3）拓扑结构简单，常用的拓扑结构有总线状、星状、环状等。

4）局域网通常归属一个单一的组织管理。

（2）广域网

广域网（wide area network，WAN）是在一个广阔的地理区域内进行数据、语音、图像信息的传输和共享的通信网络。广域网覆盖广阔的地理区域，通信线路大多借用公用通信网络，传输速率比较低。这类网络的作用是实现远距离计算机之间的数据传输和信息共享。广域网可以覆盖一个城市、一个国家甚至全球。

广域网的主要特点如下。

1）覆盖的地理区域大，网络可以跨越市、省、国家甚至全球。

2）广域网的连接借用公用网络。

3）传输速率比较低，一般为64Kb/s～2Mb/s，最高的可以达到45Mb/s。但随着广域网技术的发展，广域网的传输速率正在不断提高，目前通过光纤介质采用POS（packet over SOHET/SDH，通过SDH传输数据包）技术，传输速率可达到2.5Gb/s甚至更高。

4）网络的拓扑结构复杂。

（3）城域网

城域网（metropolitan area network，MAN）是一种大型的LAN，它的覆盖范围介于局域网和广域网之间，一般为几千米至几十千米。也就是说，城域网的覆盖范围通常在一个城市内。

2. 按网络拓扑结构分类

网络中各台计算机连接的形式和方法称为网络的拓扑结构，常用的有如下几种。

（1）总线状拓扑结构

总线状拓扑结构是通过一根传输线路将网络中所有节点连接起来，这根线路称为总线，如图3-1-1（a）所示。总线状拓扑简单，易实现、易维护、易扩充，但故障检测比较困难。

（2）星状拓扑结构

星状拓扑结构中各节点都与中心节点连接，呈辐射状排列在中心节点周围，如图3-1-1（b）所示。网络中任意两个节点的通信都要通过中心节点转接。单个节点不会影响网络的其他部分，但中心节点的故障会导致整个网络瘫痪。

（3）环状拓扑结构

环状拓扑结构中各个节点首尾连接成一个闭合的环，环中的数据沿着一个方向绕环逐站传输，如图3-1-1（c）所示。环状拓扑的抗故障性能好，但网络中的任意一个节点或一条传输介质出现故障都将导致整个网络故障。

（4）树状拓扑结构

树状拓扑由总线状拓扑演变而来，其结构图看上去像一棵倒挂的树，如图3-1-1（d）

所示。树最上端的节点叫根节点，一个节点发送信息时，根节点接收信息并向全树广播。树状拓扑易于扩展与故障隔离，但对根节点依赖太大。

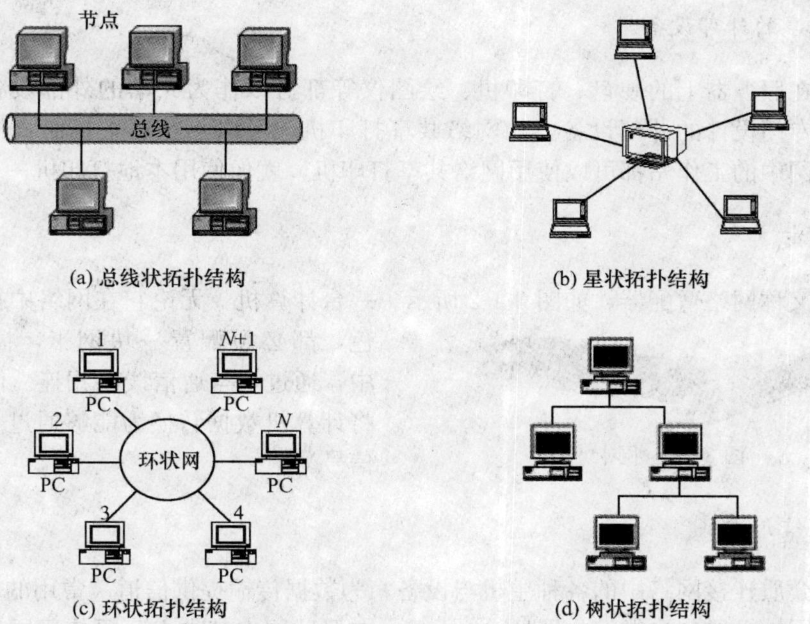

图 3-1-1　网络的拓扑结构

3.1.4　计算机网络的硬件与软件组成

计算机网络结构是一个非常复杂的系统，它通常由计算机软件、硬件以及通信设备组成。下面分别介绍构成网络的主要成分。

1. 各种类型的计算机

由于计算机承担的任务不同，所以在网络中分别扮演了不同的角色。网络中的计算机有三种：服务器、客户机和同位体。

1）服务器：为网络上的其他计算机提供服务的功能强大的计算机。

2）客户机：使用服务器所提供服务的计算机。

3）同位体：可以同时作为客户机和服务器的计算机。

在基于 PC 的局域网中，服务器是网络的核心。服务器一般由高档微机、工作站或者专门设计的计算机充当。根据服务器在网络中所起的作用，又可以将它们进一步划分为文件服务器、打印服务器、通信服务器等。例如，文件服务器可以提供给大容量磁盘存储空间为网上各用户共享，它接受并执行用户对于文件的存取请求；打印服务器接收来自客户机的打印任务，并负责打印队列的管理和控制打印机的打印输出；通信服务器负责网络中各个客户机对主机的联系，以及网与网之间的通信等。

总之，服务器主要提供各种网络上的服务，并实施网络的各种管理。服务器既然是同时为多个用户服务，其基本环境都是支持多任务的多用户系统，如 UNIX. NET Ware 或 Windows NT/2000 Server 等。

2. 共享的外部设备

连接在服务器上的硬盘、打印机、绘图仪等都可以作为共享的外部设备。除此之外，一些专门设计的外部设备，如网络共享打印机，可以不经过主机而直接连到网络上。局域网中的工作站都可以使用网络共享打印机，就像使用本地打印机一样。

3. 网卡

网卡又称网络适配器，如图 3-1-2 所示。一台计算机，无论它在网络中扮演何种角色，都必须配置一块网卡，插在扩展槽中，通过它与通信线路相连。网卡主要是将计算机数据转换为能够通过介质传输的信号。

图 3-1-2　网卡

4. 通信介质

通信介质连接网络中的各种主机与设备，为数据传输提供信道。常用的传输介质有双绞线、同轴电缆和光缆，如图 3-1-3 所示。在局域网中基本上不再使用同轴电缆，主要使用双绞线和光缆。除此之外，无线传输介质（如微波、红外线和激光等）在计算机网络中应用也非常广泛。

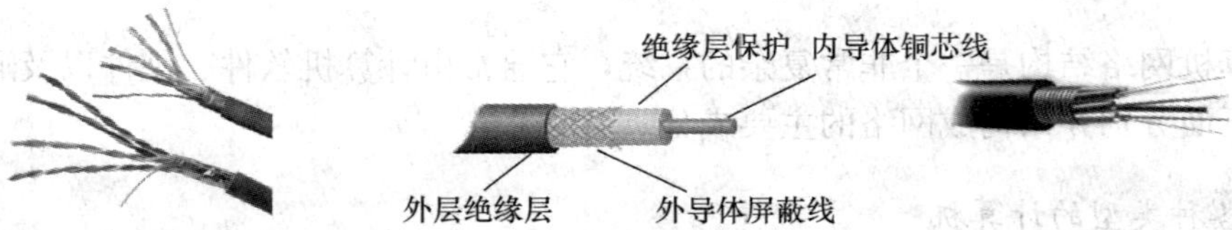

(a) 双绞线　(b) 同轴电缆　(c) 光缆

图 3-1-3　常用的传输介质

5. 网络互联设备

网络间的互联分为同种局域网间、异种子网间以及局域网与广域网的连接，网络互联的接口设备称为网络互联设备。常用的互联设备有网桥、路由器、网关、交换机和防火墙等。

(1) 网桥

网桥适用于同种类型局域网间的连接设备。它将一个网的帧格式转换为另一个网的帧格式后进入另一个网中。

网桥的操作在网络数据链路层中进行。网桥可以将大范围的网络分为几个相互独立的网段，使得某一网段的传输效率提高，而各网段之间还可以通过网桥进行通信和访问。通过网桥连接局域网，可以提高各子网的性能和安全性。网桥从应用上可以分为：本地网桥，用于连接两个或两个以上的局域网；远程网桥，用于连接远程局域网。

(2) 路由器

路由器是在网络层上实现多个网络互联的设备。路由器的功能可以由硬件实现，也可以由软件实现，或者部分功能由软件实现，另一部分功能由硬件实现。路由器具有判断网络地址和选择路径、数据转发和数据过滤的功能，它的作用是在复杂的网络互联环境中建立非常灵活的连接。路由器可以用于不同协议的网络，可以确定位于不同LAN或WAN的两台计算机间的最短路径。路由器工作在网络层，它在接收到数据链路层的数据包时都要拆包，查看网络层的IP地址，确定数据包的路由，然后对数据链路层信息打包，最后将该数据包转发。

(3) 网关

网关是指一种使两个不同类型的网络系统或软件进行通信的软件或硬件接口。它可以在任意网络通信层上运行。最传统的网关是一种用于将一类协议转化为另一类截然不同的协议的网络设备，这种网关在OSI模型的网络层上运行。还有一种E-mail网关，将一种格式的E-mail转化为另一种格式的E-mail格式，比如Microsoft Mail、Services Mercury Mail等，这类网关在OSI模型的应用层运行。网关最常用的功能是将一种协议转换为另一种协议，通过硬件和软件完成由于不同操作系统的差异引起的不同协议之间的转换。

(4) 调制解调器

调制解调器的一个功能是将计算机输出的数据信号转换为模拟信号，以便能在电话线上传输。电话采用模拟通信，每个话路的频带宽度是0.3～3.4kHz；而数字通信的信号是由“1”和“0”组合的二进制数字，其信号的频带宽度远远大于一个话路的频带宽度。为了使这种由“1”和“0”组成的数字信号能适应电话通信的模拟信道上传送，需要把“1”和“0”组成的数字信号转化为模拟信号，这种转化叫做“调制”。

调制解调器的另一个功能是将电话线路上接收到的模拟信号转化为数字信号，以便于计算机的接收和处理。在接收信号的一端将模拟信号变成“1”和“0”组成的数字信号，这种变换叫做“解调”。

(5) 交换机

交换机拥有一条很高带宽的背部总线和内部交换矩阵，交换机所有的端口都挂接在这条背部总线上。控制电路收到数据包以后，处理端口会查找内存中的地址对照表以确定目的MAC（网卡的硬件地址）的NIC（网卡）挂接在哪个端口上，通过内部交换矩阵迅速将数据包传送到目的端口；目的MAC若不存在才广播到所有的端口，接收端口回应后交换机会“学习”新的地址，并把它添加入内部MAC地址表中。

使用交换机也可以把网络“分段”，通过对照MAC地址表，交换机只允许必要的网络流量通过交换机。通过交换机的过滤和转发，可以有效地隔离广播风暴，减少误包和错包的出现，避免共享冲突。交换机在同一时刻还可进行多个端口之间的数据传输。每一端口都可视为独立的网段，连接在其上的网络设备，独自享有全部的带宽，无需同其他设备竞争使用。当节点A向节点D发送数据时，节点B可同时向节点C发送数据，而且这两个传输都享有网络的全部带宽，都有自己的虚拟连接。假设使用的是10Mb/s的以太网交换机，那么该交换机的总流通量就是2×10Mb/s=20Mb/s。

交换机是一种基于MAC地址识别、能完成封装转发数据包功能的网络设备。交换机可以“学习”MAC地址，并把其存放在内部地址表中，通过在数据帧的始发者和目标接收者之间建立临时的交换路径，使数据帧直接由源地址到达目的地址。

(6) 防火墙

防火墙是指设置在不同网络（如可信任的企业内部网和不可信的公共网）或网络安全域之间的一系列部件的组合。它可通过监测、限制、更改、跨越防火墙的数据流，尽可能地对外部屏蔽网络内部的信息、结构和运行状况，以此来实现网络的安全保护。

在逻辑上，防火墙是一个分离器、限制器，也是一个分析器，有效地监控内部网和Internet之间的任何活动，保证内部网络的安全。

防火墙总体上分为数据包过滤、应用级网关和代理服务等几大类型。

1）数据包过滤。数据包过滤技术是在网络层对数据包进行选择。选择的依据是系统内设置的过滤逻辑，被称为访问控制表。通过检查数据流中每个数据包的源地址、目的地址、所用的端口号、协议状态等因素，或它们的组合来确定是否允许该数据包通过。

2）应用级网关。应用级网关是在网络应用层上建立协议的过滤和转发功能。它针对特定的网络应用服务协议使用指定的数据过滤逻辑，并在过滤的同时，对数据包进行必要的分析、登记和统计，形成报告。实际中的应用网关通常安装在专用工作站系统上。

3）代理服务。代理服务也称为链路级网关或TCP通道。它是针对数据包过滤和应用网关技术存在的缺点而引入的防火墙技术，其特点是将所有跨越防火墙的网络通信链路分为两段。防火墙内外计算机系统间应用层的“链接”，由两个终止代理服务器上的“链接”来实现，外部计算机的网络链路只能到达代理服务器，从而起到了隔离防火墙内外计算机系统的作用。此外，代理服务器也对过往的数据包进行分析、注册登记，形成报告，当发现被攻击迹象时会向网络管理员发出警报，并保留攻击痕迹。

常用的网络互联设备还包括一些其他设备等。

6. 网络软件

网络软件是实现网络功能不可缺少的软件环境，主要包括以下几类。

(1) 协议软件

目前在局域网上常用的数据传输协议有两种。

1）NetBEUI。NetBEUI（Net BIOS extend user interface）是网络基本输入/输出系统扩展用户接口。这一协议是由IBM公司开发出来的，之后Microsoft公司对它进行了更新。它专门为几台到百余台PC所组成的单网段小型局域网而设计，是一个小而效率高的通信协议，但不具备路由功能。

2）TCP/IP。TCP/IP协议包括了100多个不同功能的协议。其中最主要的是TCP（transmission control protocol）和IP（Internet protocol）协议。TCP传输控制协议用

于保证被传送信息的完整性。IP 网际互联协议负责将消息从一个地方传送到另一个地方。

在不同局域网之间的通信必须使用 TCP/IP 协议。

（2）通信软件

通信软件的目的就是使用户能够在不必详细了解通信控制规程的情况下，很容易地控制应用程序与多个站点进行通信，并能对大量的通信数据进行加工和管理。

（3）网络操作系统

网络操作系统是具有网络功能的操作系统。它除了具有通用操作系统的功能外，还具有网络的支持功能，能管理整个网络的资源。相对单机操作系统而言，网络操作系统具有如下显著特点。

1）复杂性：单机操作系统的主要功能是管理本机的软硬件资源，网络操作系统要对全网资源进行管理，以实现整个系统的资源共享。除了资源共享外，另一重要任务是机间通信与同步。因此，网络操作系统的复杂性表现在各个方面。

2）并行性：所谓并行性，是指两个或多个事件在同一时刻发生或在同一时间间隔内同时发生，即增加同一时间间隔内的操作次数。网络操作系统在每个节点机上的程序都可以并行执行，一个用户的作业既可以分配到自己登录的节点机上，也可以分配到远程节点机上。

3）安全性：网络操作系统的安全性表现在可对不同用户规定不同的权限，对进入网络的用户能提供身份验证机制，网络本身保证了数据传输的安全性。

目前，网络操作系统主要有三大阵营：NetWare、Windows NT（New Technology）和 UNIX。

3.1.5　计算机网络的体系结构

1. 网络协议

由于不同厂家生产不同类型的计算机和网络设备，其操作系统、信息表达方式都存在差异，为了使计算机之间能够正常交换数据，就必须事先约定好规则，用来明确如何交换数据。这些作为网络中的数据交换而约定的规则、标准或约定称为网络协议。一个网络协议主要由以下三个要素组成。

1）语法：规定数据与控制信息的结构格式。

2）语义：规定通信双方要发出何种控制信息、完成何种动作以及如何响应。

3）时序：规定事件的执行顺序。

2. 网络体系结构

一个完整的网络需要一系列网络协议构成一套完备的网络协议集。大多数网络在设计时是将网络划分为若干相互联系而又各自独立的层次，然后针对每个层次及层次间的关系制定相应的协议，这样可以减少协议设计的复杂性。像这样的计算机网络层次结构模型及各层协议的集合称为计算机网络体系结构。

体系结构与层次结构是不可分离的概念，层次结构是描述体系结构的基本方法，而体系结构也总是具有分层特征。层次结构的特点是每一层都建立在前一层的基础上，底层为高层提供服务。其中，最底层是只提供服务而不使用其他服务的基本层；而最高层是系统最终目标的体现。

由于局域网的不断出现，迫切需要异种网络及不同机种互联，以满足信息交换、资源共享及分布式处理等需要，这就要求计算机网络体系结构的标准化。典型的有 OSI 和 TCP/IP 两种网络体系结构参考模型。

(1) OSI 参考模型

1984 年国际标准化组织（International Organization for Standards，ISO），公布了一个作为未来网络协议指南的模型，该模型被称为开放系统互联参考模型（open system interconnect reference model，OSI），这一系统体系标准将所有的互联开放系统划分为功能上相对独立的七层：物理层、数据链路层、网络层、传输层、会话层、表示层和应用层。这一模型描述了信息流自上而下通过源设备，再经过中间设备，然后自下而上穿过目标设备。OSI 参考模型如图 3-1-4 所示，各层功能如下。

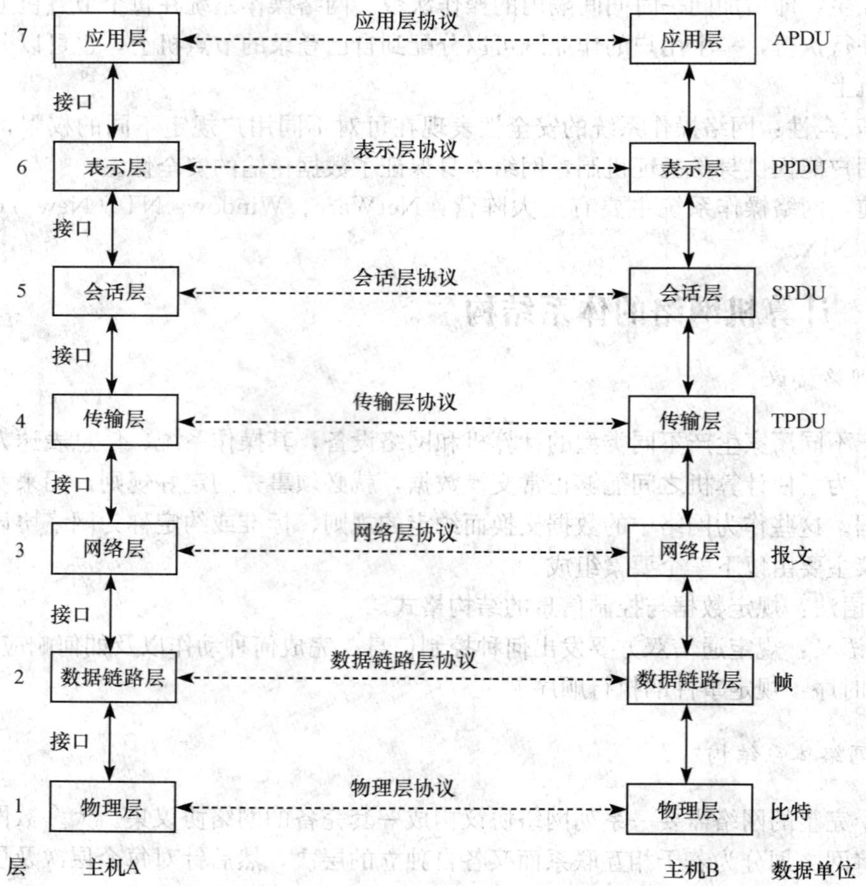

图 3-1-4 OSI 参考模型

1）物理层：通过物理介质传输和接受原始的二进制位流。

2）数据链路层：提供相邻网络节点间的可靠通信。传输以帧为单位的数据包，向网络层提供正确无误的信息包的发送和接收服务。

3）网络层：负责提供链接和路由选择，包括处理输出报文分组的地址，解码输入报文组的地址和维护路由信息，以及对网络变化作出适当响应。

4）传输层：提供端到端的通信，从会话层接受数据，进行适当处理之后传输到网络层。在网络的另一端的传输层从网络层接受对方传过来的数据，进行逆向处理后提交会话层。

5）会话层：负责建立、管理、拆除进程之间的通信连接，“进程”是指如电子邮件、文件传输等程序一次独立的执行。

6）表示层：负责处理不同的数据表示上的差异及其相互转换，如ASCII码与UNICODE码之间的转换，不同格式文件的转化，不兼容终端的数据格式之间的转换以及数据加密、解密等。

7）应用层：是OSI的最高层，也是用户访问网络的接口层，是直接面向用户的。在OSI环境下，应用层为用户提供各种网络服务，例如电子邮件、文件传输、远程登录等。由于应用的内容取决于用户，因此，OSI没有规定应用层的协议，而由用户自己开发。

（2）TCP/IP参考模型

OSI所定义的网络体系结构虽然从理论上比较完整，是国际公认的标准，但是由于它实现起来过于复杂，运行效率低，而且制定周期太长，导致世界上几乎没有哪个厂家能生产出完全符合OSI标准的商用产品。20世纪90年代初期，Internet已经在世界范围内得到了迅速普及，得到广泛的支持和应用。而Internet所采用的体系结构是TCP/IP（传输控制协议/网间协议）参考模型，这使得TCP/IP模型成为事实上的工业标准。

如图3-1-5所示，TCP/IP体系结构将网络划分为四个层次，比OSI少了表示层和会话层。

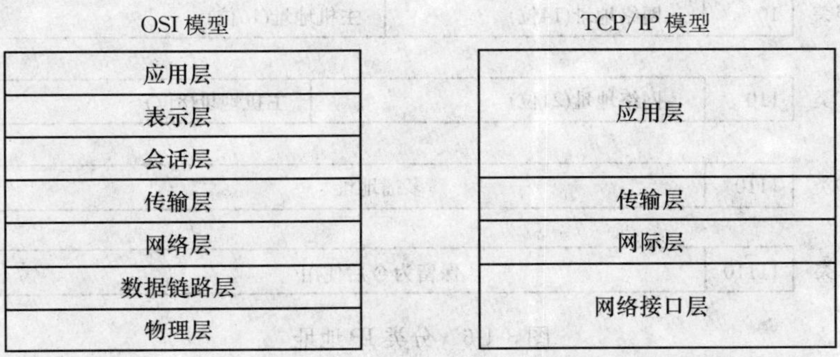

图3-1-5 OSI参考模型和TCP/IP参考模型对比

1）应用层：是TCP/IP的最高层，对应于OSI的最高三层，包括很多应用协议，如简单的邮件传输协议SMTP、超文本传输协议HTTP和域名系统DNS。

2）传输层：对应于OSI的传输层，包括面向连接的传输控制协议TCP和无连接的用户数据报协议 UDP。TCP 提供了一种可靠的数据传输服务，具有流量控制、拥塞堵塞、保证按序递交等特征。而 UDP 的服务是不可靠的，它提供的是一种“尽力而为”的服务，但其协议开销小，在一些简单应用和流媒体系统中使用较多。

3）网络层：对应 OSI 的网络层，该层最主要的协议是无连接的互联网协议 IP。

4）网络接口层：是 OSI 的数据链路层和物理层，TCP/IP 没有规定这两层的协议，在实际应用中根据主机与网络拓扑结构的不同而采用不同的协议。局域网主要采用 IEEE 802 系列协议。

3.1.6 IP 地址和域名

IP 协议是 Internet 中最重要的协议，对应于 TCP/IP 参考模型的网络层。所有 Internet 上的计算机都必须有唯一的编号作为其在 Internet 上的标识，这个编号称为 IP 地址。下面主要介绍 IPv4 协议下的 IP 地址。

1. IP 地址结构

一个 IP 地址可以划分为两个部分：网络地址和主机地址。

IP 地址是分配给主机的一个 32 位的二进制地址，即四个字节。为方便起见，通常将其表示为 w. x. y. z 的形式，其中 w. x. y. z 分别为 0～255 的十进制整数，对应二进制表示法中的一个字节，这样的表示叫做点分十进制表示。

2. IP 地址分类

根据网络地址和主机地址的不同划分，编址方案将 IP 地址划分为 A、B、C、D、E 五类，如图 3-1-6 所示。

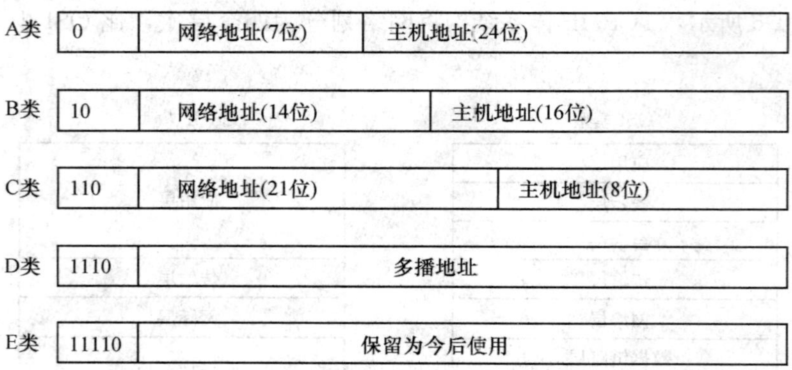

图 3-1-6 分类 IP 地址

（1）A 类地址

网络号是 8 位，最高位是 0，主机号 24 位。在这类地址中，网络地址空间有 7 位，允许有 2^7（128）个不同的 A 类网络。0 和 127 两个地址用于特殊目的。每个网络的主机地址最多达 2^{24}（约 1600 万）台主机。起始地址为 1～126，即主机地址范围为

1.0.0.0～126.255.255.255，适用于大型主机的大型网络。

(2) B 类地址

网络号是 16 位，最高位为 10，主机号 16 位。这类地址中，网络地址空间为 14 位，允许 2^{14}（16 384）个不同的 B 类网络，每个网络能容纳 2^{16}（65 536）台主机。起始地址为 128～191，即主机地址范围为 128.0.0.0～191.255.255.255，适用于国际性大公司和政府机构等。

(3) C 类地址

网络号为 24 位，最高位为 110，主机号 8 位。这类地址的网络地址空间为 21 位，允许多达 2^{21}（约 200 万）种不同的 C 类网络。起始地址为 192～223，即主机地址范围为 192.0.0.0～223.255.255.255，每个 C 类网络能容纳 256 台主机，特别适用于一些小公司或研究机构。

(4) D 类地址

D 类地址不标识网络，此类地址的起始地址从 224～239，即主机的地址范围为 224.0.0.0～239.255.255.255，用于特殊用途，如多目广播。

(5) E 类地址

用于某些实验和将来扩展使用，E 类地址第一字节的取值范围为 240～254。

3. 子网掩码

在实际应用中，为解决地址数量不够和通信速度问题，可以将一个网络分割成几个子网络。采用子网寻址技术，将主机地址部分划出一些二进制位，用于标识作为本网络的子网络，剩余的部分用做相应子网络内的主机地址的标识，这样 IP 地址就变形为“网络地址＋子网地址＋主机地址”。为识别子网，需要使用子网掩码。

子网掩码也是一个 32 位的模式，它的作用是识别子网和判别主机属于哪一个网络。当主机之间通信时，通过子网掩码与 IP 地址的逻辑与运算，可分离出网络地址，达到上述目的。设置子网掩码的规则是：凡 IP 地址中表示网络地址部分的那些位，在子网掩码对应位上置 1，表示主机地址部分的那些位设置为 0。

例如，中国教育科研网的地址是 202.112.0.36，属于 C 类，网络地址共 3 个字节，故它默认的子网掩码是 255.255.255.0。显然，A 类地址默认的子网掩码应是 255.0.0.0，B 类地址默认的子网掩码是 255.255.0.0。

如果网络由几个子网组成，则子网掩码将与子网络的划分有关。设 C 类网络 192.168.5 含两个子网，每个子网的主机数在 60 台以内。将主机地址部分再划出 2 位，用做本网络的子网络，剩余的 6 位用做相应子网络内的主机地址的标识（此时，每个子网可对 $2^6=64$ 台主机分配地址），这样网络地址就变形为“网络地址＋子网地址”共 26 位，对应的子网掩码为 11111111 11111111 11111111 11000000，其点分十进制形式是 255.255.255.192。

4. 域名系统

由于数字形式的 IP 地址难以记忆和理解，为此，Internet 引入了一种字符型的主机命名机制——域名系统（DNS），用来表示主机的地址。

域名的写法类似于点分十进制的 IP 地址的写法，用点号将各级子域名分隔开来，域的层次次序从右到左（即由高到低或由大到小），分别称为顶级域名（一级域名）、二级域名，三级域名等。典型的域名结构如下

主机名．单位名．机构名．国家名

例如，jsjjc. tongji. edu. cn 域名表示中国（cn）教育机构（edu）同济大学（tongji）校园网上的一台主机（jsjjc）。

顶级域名分为两大类：机构性域名和地理性域名。目前有 14 种机构性域名：com（盈利性的商业实体）、edu（教育机构或设施）、gov（非军事性政府或组织）、int（国际性机构）、mil（军事机构或设施）、net（网络资源或组织）、org（非盈利性组织机构）、firm（商业或公司）、store（商场）、web（和 www 有关的实体）、arts（文化娱乐）、arc（消遣性娱乐）、info（信息服务）和 nom（个人）。

地理性域名指明了该域名的国家或地区，用国家或地区的字母代码表示。例如，中国（cn）、英国（uk）、加拿大（ca）、日本（jp）、德国（de）等。

Internet 上几乎在每一子域都设有域名服务器，服务器中包含该子域名的全体域名和地址信息。Internet 每台主机上都有地址转换请求程序，负责域名与 IP 地址转换。域名和地址之间的转换工作称为域名解析。有了 DNS，凡域名空间中有定义的域名都可以有效地转换成 IP 地址，反之，IP 地址也可以转换成域名。因此，用户可以等价地使用域名或 IP 地址。

5. IPv6 简介

IPv6 是下一代的互联网协议。IPv4 协议采用 32 位地址长度，只有大约 43 亿个地址，已被分配完毕。IPv6 采用 128 位地址长度，几乎可以不受限制地提供地址。IPv6 还考虑了在 IPv4 中解决不好的其他一些问题，主要有端到端 IP 连接、服务质量（quality of service，QoS）、安全性、多播、移动性、即插即用等。

与 IPv4 相比，IPv6 具有以下几个优势。

1）IPv6 具有更大的地址空间。IPv4 中规定 IP 地址长度为 32，即有 $2^{32}-1$ 个地址；而 IPv6 中 IP 地址的长度为 128，即有 $2^{128}-1$ 个地址。

2）IPv6 使用更小的路由表。IPv6 的地址分配一开始就遵循聚类（aggregation）的原则，这使得路由器能在路由表中用一条记录（entry）表示一片子网，大大缩短了路由器中路由表的长度，提高了路由器转发数据包的速度。

3）IPv6 增加了增强的组播（multicast）支持以及对流的支持（flow control），这使得网络上的多媒体应用有了长足发展的机会，为服务质量控制提供了良好的网络平台。

4）IPv6 加入了对自动配置（auto configuration）的支持。这是对 DHCP 协议的改进和扩展，使得网络（尤其是局域网）的管理更加方便和快捷。

5）IPv6 具有更高的安全性。在 IPv6 网络中用户可以对网络层的数据进行加密并对 IP 报文进行校验，极大地增强了网络的安全性。

3.1.7 案例：设置网络基本配置

本案例主要涉及添加删除网络基本配置中包含的协议服务，如何查看所在机器的主机名称和网络参数，以及查看 Internet 协议属性并进行相关设置。

1. 案例分析

主要涉及的知识点如下所述。

1）查看所有计算机的 IP 地址、子网掩码、网关和 DNS 地址等 Internet 协议（TCP/IP）属性。

2）查看所用计算机的名称和所属工作组。

3）搜索指定计算机。

4）打开【本地连接】属性窗口。

5）打开【网络连接】属性窗口。

2. 实现步骤

（1）查看 Internet 协议 TCP/IP 属性

如图 3-1-7 所示，在【本地连接】对话框中，选择“Internet 协议（TCP/IP）属性”，单击【属性】按钮，查看本机 IP 地址等内容。【Internet 协议（TCP/IP）属性】对话框如图 3-1-8 所示。

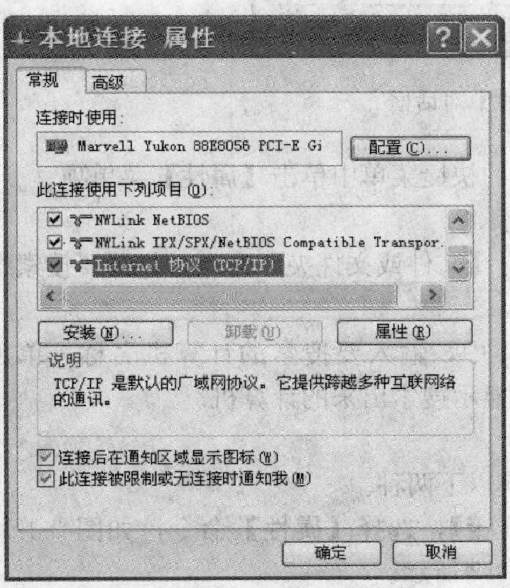

图 3-1-7 【本地连接属性】对话框

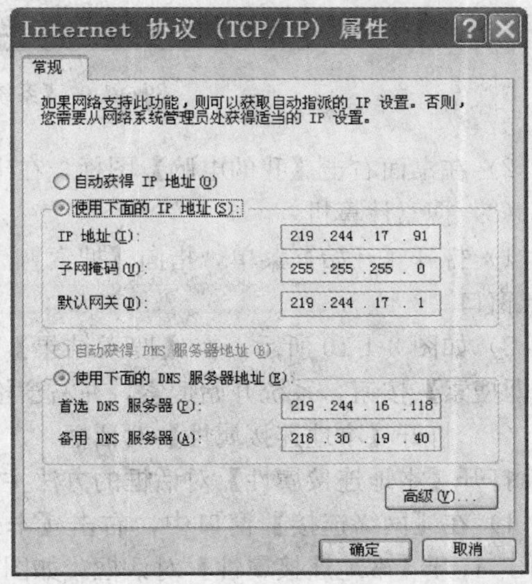

图 3-1-8 【Internet 协议（TCP/IP）属性】对话框

若要自动分配 IP 地址，可单击【自动获取 IP 地址】按钮。若要指定静态 IP 地址，可单击【使用下面的 IP 地址】按钮，然后输入 IP 地址和子网掩码。

(2) 查看所用计算机名称和所属工作组

打开【系统属性】对话框的方法主要有以下两种。

1) 打开【控制面板】，单击【系统】选项即可打开【系统属性】对话框，如图 3-1-9 所示。在打开的【系统属性】对话框中，查看所用计算机名称及所在工作组。

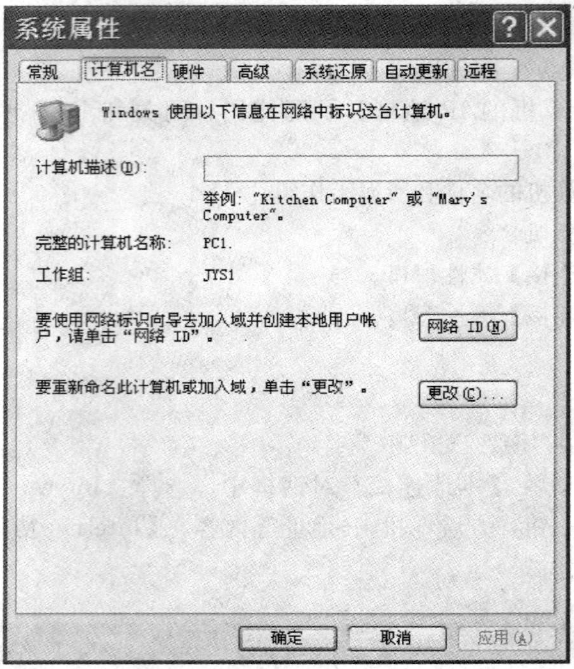

图 3-1-9 【系统属性】对话框

2) 在桌面右击【我的电脑】图标，在出现的快捷菜单中单击【属性】菜单项。

(3) 搜索计算机

1) 打开【开始】菜单，指向【搜索】，选择【文件或文件夹】命令，打开【搜索结果】窗口。

2) 如图 3-1-10 所示，在【搜索结果】窗口中，输入要搜索的计算机名称，单击【立即搜索】按钮，系统开始搜索，在右窗格中显示搜索出来的计算机。

(4) 打开【本地连接属性】对话框

打开【本地连接属性】对话框的方法主要有以下两种。

1) 在【网络连接】窗口中，右击【本地连接】，选择【属性】命令，如图 3-1-11 所示。打开【本地连接属性】对话框，如图 3-1-12 所示。

2) 在【网络连接】窗口中，双击【本地连接】图案，选择【属性】。

(5) 打开【网络连接】窗口

打开网络连接有三种方法，可用选择以下任意一种。

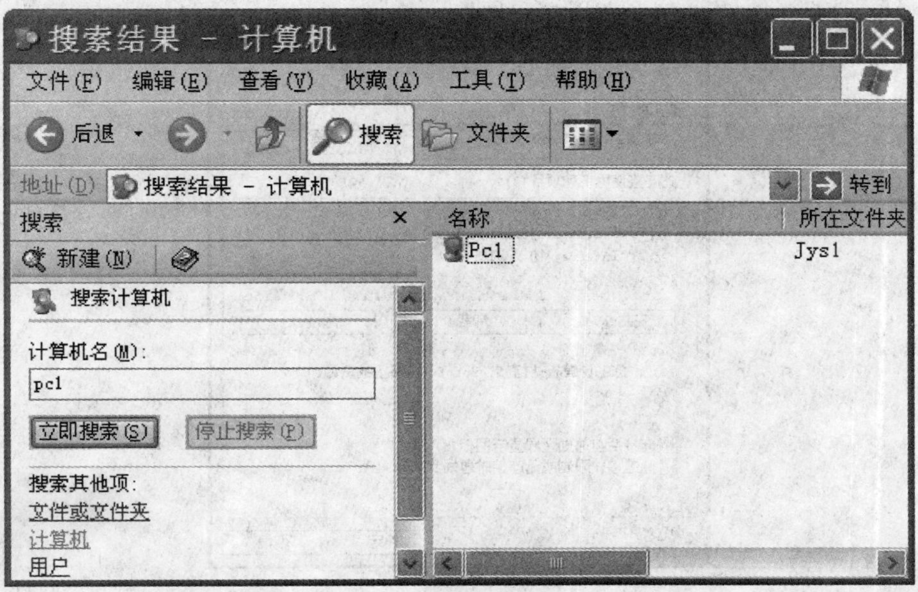

图 3-1-10 搜索结果

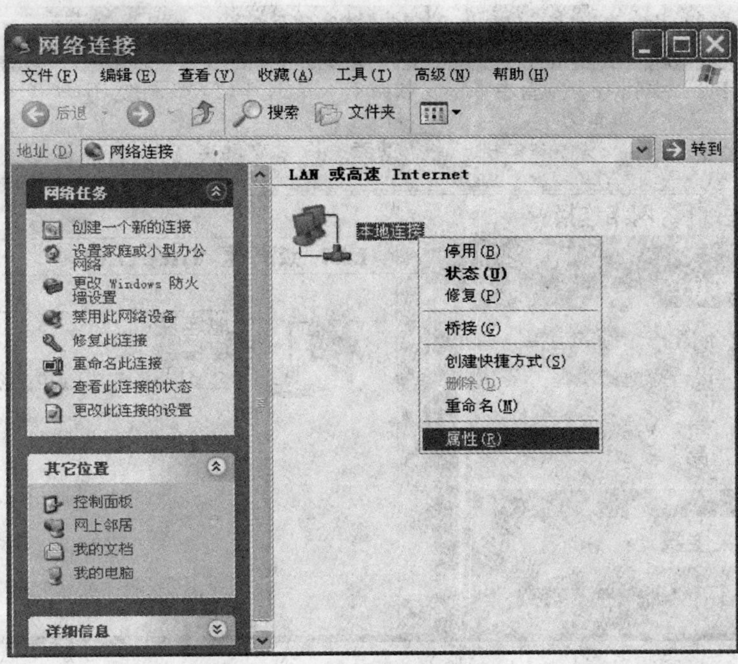

图 3-1-11 【本地连接】快捷菜单

1）右击桌面上的【网上邻居】图标，在弹出的快捷菜单中选择【属性】菜单项，可打开【网络连接】窗口，如图 3-1-13 所示。

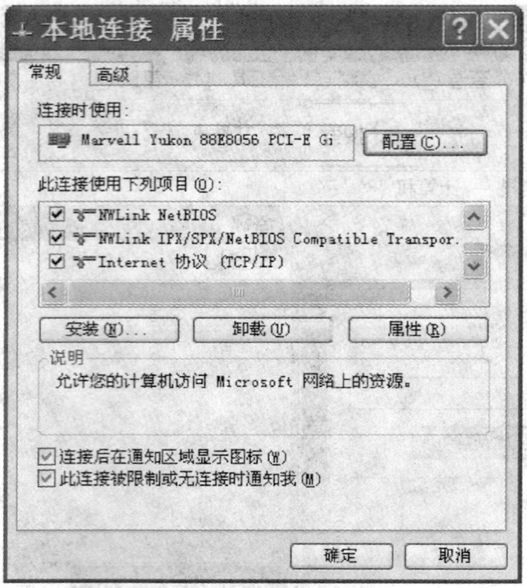

图 3-1-12 【本地连接属性】对话框

图 3-1-13 【网络连接】窗口

2）在任务栏右下角查找【本地连接】图标，右键单击，在弹出的快捷菜单中选择【打开网络连接】命令。

3）打开【控制面板】，双击【网络连接】图标。

3.2 Internet 基础知识

3.2.1 Internet 的产生和发展

1. Internet 的发展历程

Internet 最初起源于美国，在 20 世纪 50 年代初，出于军事上的需要，美国科学家们将远程雷达和其他设备通过一台 IBM 的计算机连接起来，用于对远程雷达等设备测量到的防控信息数据进行处理，从而形成了具有通信功能的终端计算机网络系统。

1969 年 11 月，ARPANet 通过租用电话线路将分布在美国不同地区的四所大学的主机连接成一个网络。

1984 年，美国国家科学基金会决定组建 NSFNet，通过 56Kb/s 的通信线路将美国六个超级计算机中心连接并与 ARPANet 相连。

其他国家、地区和科研机构也在建设各自的广域网络，这些网络都与 NSFNet 兼容，它们最终构成 Internet 在各地的基础。

20 世纪 90 年代以来，所有这些网络逐渐连接到 Internet 上，从而构成了今天世界范围内的互联网。

2. 我国的 Internet

我国的 Internet 的发展以 1987 年通过中国学术网 CANET 向世界发出第一封 E-mail 为标志。经过几十年的发展，形成了四大主流网络体系，即中科院的科学技术网 CSTNet、国家教育部的教育和科研网 CERNet、原邮电部的 ChinaNet 和原电子部的金桥网 ChinaNet。

Internet 在中国的发展历程可以大略地划分为三个阶段。

第一阶段为 1987—1993 年，也是研究试验阶段。在此期间中国一些科研部门和高等院校开始研究 Internet 技术，并开展了科研课题和科技合作工作，但这个阶段的网络应用仅限于小范围内的电子邮件服务。

第二阶段为 1994—1996 年，同样是起步阶段。1994 年 4 月，中关村地区教育与科研示范网络工程进入 Internet，从此中国被国际上正式承认为有 Internet 的国家。之后，ChinaNet、CERNet、CSTNet、ChinagbNet 等多个 Internet 网络项目在全国范围相继启动，Internet 开始进入公众生活，并在中国得到了迅速的发展。至 1996 年底，中国 Internet 用户数已达 20 万，利用 Internet 开展的业务与应用逐步增多。

第三阶段从 1997 年至今，是 Internet 在我国快速最为快速的阶段。国内 Internet 用户数 1997 年以后基本保持每半年翻一番的增长速度。截至 2010 年 12 月底，我国网民规模已达到 4.57 亿。

中国目前有五家具有独立国际出入口线路的商用性 Internet 骨干单位，还有面向教育、科技、经贸等领域的非营利性 Internet 骨干单位，共有 600 多家网络接入服务提供商（ISP），其中跨省经营的有 140 家。

3.2.2 Internet 相关的术语

1. WWW

WWW（world wide web，万维网）是 Internet 上最方便和最受用户欢迎的信息浏览方式。它是一种基于超文本技术的交互式信息浏览检索工具，通过它可以在 Internet 上浏览、传输、编辑超文本格式文件，它提供给用户的是一个容易被掌握、方便浏览的图形化界面，是 Internet 上应用普遍、功能丰富且使用方法简单的一种信息服务。

2. 统一资源定位器 URL

URL 完整地描述了 Internet 上超媒体文档的地址。简单地说，URL 就是 Web 地址，俗称“网址”。其一般格式为

Scheme://Host: Port/Path

其中，Scheme 为 Internet 的资源类型，如“http://”表示 WWW 服务，“ftp://”表示 FTP 服务，mailto://表示电子邮件服务，“gopher://”表示 Gopher 服务。当该部分省略时，缺省值是“http://”。

Host 为服务器地址，指出 Web 页所在的服务器域名。

Port 为端口号，当服务器提供的资源不是从缺省端口提供时，访问这些资源就需要给出相应服务器提供的端口号。

Path 为路径，指明服务器上某资源的位置（通常以目录/子目录/文件名这种结构组成）。与端口一样，路径并非必需的。

例如，http://www.pku.edu.cn/index.html 就是一个典型的 URL 地址。

3. 网页与主页

网页也称 Web 页，是公司、学校、团体乃至个人在 Internet 上建立的 Web 站点中的文档，这些站点通过 IP 地址或域名进行标识。Web 站点包括各种各样的文档（即 Web 页），每个 Web 页都有唯一的 URL 地址，通过该地址可以找到相应的文档。

主页是一种特殊的 Web 页，是公司、学校、团体乃至个人存放在 Web 服务器上的文档的基本信息页面，它如同一个网站的门面（入口点），通过主页中的超链接可以快速访问该网站的其他页面。

4. 超文本和超媒体

超文本是一种信息间的关系非线性存储、组织、管理和浏览信息的计算机技术。超文本主要以文字的形式表示信息，建立的链接关系主要是文字之间的链接关系。超媒体不仅可以包含文字而且还可以包含图形、图像、动画、声音等，这些媒体之间也是通过超链接组织的。

5. 超文本标记语言 HTML

HTML 超文本标记语言是用于创建 Web 网页的一种计算机程序语言。HTML 可以定义格式化的文本、图形与超文本链接等，使得声音、图像、视频等多媒体信息集成在一起。HTML 超文本和超媒体技术，使用户在浏览 Web 网页时，随意跳转到其他页面，极大促进了 WWW 的迅速发展。

3.3　Internet 的接入方式

要访问 Internet，必须将个人的计算机接入 Internet。目前比较常用的上网方式主要有：拨号上网、ADSL 上网及局域网上网等。

3.3.1　电话线接入

1. 普通电话线接入

普通电话线拨号接入方式费用便宜，接入方便，适合传输量比较小的个人用户，目前最高速率为 56Kb/s。拨号上网的用户名需要具备：一台 PC、普通的通信软件、一个调制解调器和一条电话线，并申请一个上网账号。其缺点是传输速率低，线路可靠性差。

2. ISDN 上网

ISDN（integrated services digital network，综合业务数字网）又称“一线通”。ISDN 使用的传输介质仍是普通电话线，但是 ISDN 的调制解调器和普通电话线接入使用的调制解调器不同，ISDN 接入与普通电话线接入最大的区别就在于是数字的。由于 ISDN 能够直接传递数字信号，所以它能够提供比普通电话更丰富、容量更大的服务。

3. ADSL 上网

ADSL（asymmetric digital subscriber line，非对称性数字用户线路），是一种通过普通电话线提供宽带数据业务的技术，已基本取代了 ISDN。ADSL 接入 Internet 主要有虚拟拨号和专线接入两种方式。采用虚拟拨号方式的用户采用类似调制解调器和 ISDN 的拨号程序，在使用程序上与原来的方式没什么不同。采用专线接入的用户只要开机即可以接入 Internet。ADSL 根据它接入互联网的方式不同，所使用的协议不同，不论 ADSL 采用怎样的协议，它都是基于 TCP/IP 并支持所有 TCP/IP 程序应用。

ADSL 是一种下行速率远大于上行速率的非对称结构的上网方式，理论上上行速率可达 1Mb/s，下行速率可达 512Kb/s～8Mb/s。速率比调制解调器拨号和 ISDN 专线上网都有较大的提高。

3.3.2 局域网接入

对具有局域网的单位用户，如教育网用户，通过局域网（校园网），接入 Internet 是最方便的一种方式。

通常情况下，校园网的网络中心给用户分配计算机入网的参数，具体包括 IP 地址、子网掩码、默认网关、DNS 等。通过局域网接入 Internet，一般要做如下工作。

1. 安装网卡

1）选择网卡：网卡是构成网络的基本部件，主要用途是连接局域网中的计算机与局域网的传输介质。根据所支持的物理层标准与计算机接口，网卡可以分为不同类型，目前一般选择 10/100Mb/s 自适应、PCI 总线的双绞线网卡。

2）安装网卡：将网卡插入计算机主板的相应插槽后启动计算机，然后安装网卡驱动程序。

2. 配置 TCP/IP 参数

1）在【控制面板】中双击【网络连接】图标，或者在桌上右击【网上邻居】图标，在快捷菜单中选择【属性】命令，打开【网络连接】窗口。

2）在【网络连接】窗口右击【本地连接】图标，在快捷菜单中选择【属性】命令，打开【本地连接 属性】对话框，如图 3-3-1 所示。

3）在【此连接使用下列项目】列表框选择【Internet 协议（TCP/IP)】，单击【属性】按钮。

4）在【Internet 协议（TCP/IP）属性】对话框中选中【使用下面的 IP 地址】单选按钮。输入网络中心分配的 IP 地址、子网掩码、默认网关、DNS 等参数，单击【确定】按钮，如图 3-3-2 所示。

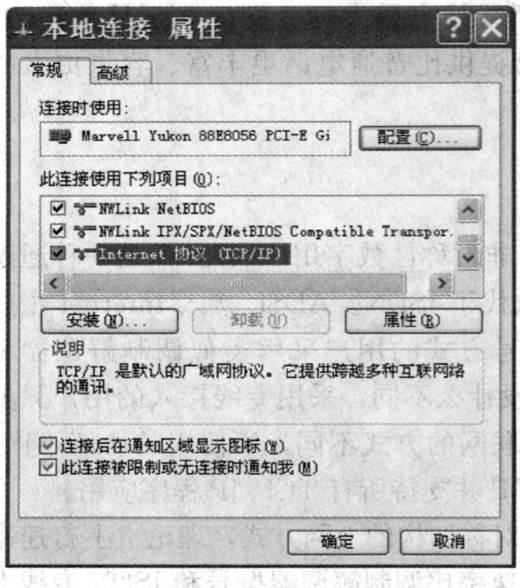

图 3-3-1 【本地连接 属性】对话框

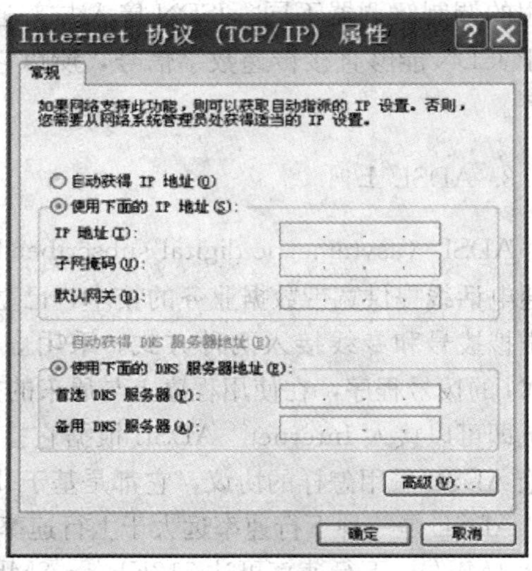

图 3-3-2 【Internet 协议（TCP/IP）属性】对话框

3.3.3 其他方式接入

1. 有线电视网接入

1）cable modem 方式：线缆调制解调器。用户的计算机通过 cable modem 连接到家中的有线电视线路上即可以上网，速率可达 10Mb/s 以上。

2）Web TV 方式：Web TV 是通过电视机来浏览 Web，这需要一个机顶盒设备。用户使用一个类似于遥控器的设备就可以在收看电视的同时浏览 Web。

2. 无线网接入

无线上网是近几年出现的一种新兴的接入方式，用户在个人计算机上插入一块无线网卡，然后通过 GPRS 或 CDMA 网络即可以接入 Internet。

无线网卡的功能相当于调制解调器，它可以拥有无线电话信号覆盖的任何地方，利用 GPRS 或 CDMA 网络连接到互联网上。利用无线上网，用户可以在机场、火车、餐桌上收发邮件，进行业务处理。

常见的无线接入技术有 GSM 接入技术、CDMA 接入技术、GPRS 接入技术、DBS 卫星接入技术、蓝牙技术、3G 技术和 4G 技术。

3.4 Internet 的应用

3.4.1 认识浏览器

1. 浏览器的基本概念

WWW 是基于超文本的信息查询工具，其方便迅捷的信息浏览使它成为 Internet 最重要的资源服务方式。为了能查看 WWW 上的网页信息，需要使用浏览器软件。

常用的浏览器有 NCSA 的 Mosaic、网景的 Netscape、微软的 Internet Explorer（简称 IE）、Opera 公司的 Opera 和 Mozilla 公司的 FireFox，还有一些基于 IE 内核的浏览器如微软的 MSN Explorer、腾讯的 Tencent Traveler（TT）及 MySoft Studio 的 Maxthon（MyIE）等。下面主要介绍 IE 浏览器。

2. 启动 IE 浏览器

在 Windows XP 中安装好 IE 之后，在桌面、状态栏和【开始】菜单中就会有 IE 浏览器的图标，双击图标，即可以运行浏览器。总的来说，启动 IE 浏览器主要有如下几种方式。

1）双击桌面上的 Internet Explorer 快捷方式图标。

2）单击任务栏中的快捷启动栏中的图标。

3）选择【开始】|【所有程序】中的 Internet Explorer 命令。

3. 认识浏览器

启动浏览器 IE 后，打开如图 3-4-1 所示的浏览器窗口。

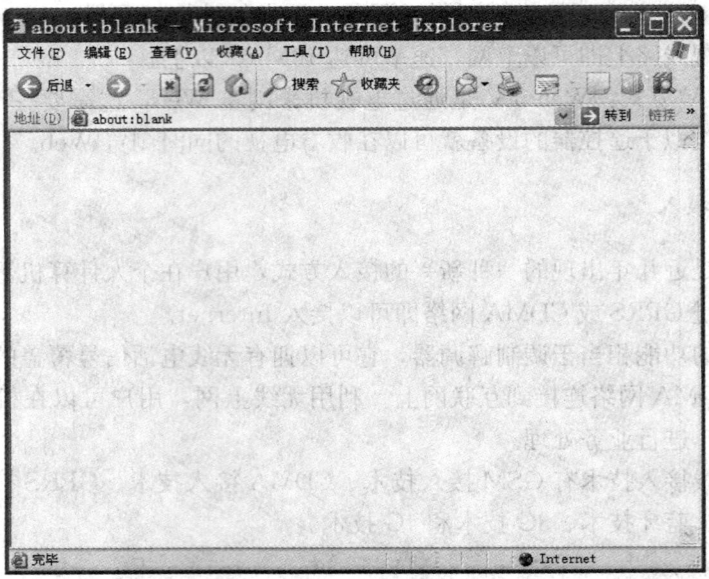

图 3-4-1 IE 浏览器窗口

IE 浏览器窗口界面主要由标题栏、菜单栏、工具栏、地址栏、链接栏、网页浏览区和状态栏等部分组成，其中部分的具体功能如下所述。

（1）标题栏

显示当前 Web 页面主题。

（2）菜单栏

菜单栏包括一系列的菜单，这些菜单控制 IE 的工作。

（3）工具栏

工具栏上的快捷图标提供了与某些菜单项相同的功能，使用户免于频繁单击菜单，使操作更加方便。主要包括【后退】、【前进】、【停止】、【刷新】、【主页】、【搜索】、【历史】等按钮，详细功能如下。

1）【后退】、【前进】按钮。如果在浏览过程中从某页（设为 A 页）链接或直接定位到另一页（设为 B 页）浏览，则 A 是 B 的前一页，而 B 是 A 的后一页。在 B 页用【后退】按钮可以回到 A 页，而回到 A 页可用【前进】按钮再进入 B 页。若浏览中没有发生前、后页浏览顺序，相应的【后退】、【前进】按钮呈不可用的灰色。

2）【停止】按钮。单击【停止】按钮将立即中止 IE 对某一资源的访问，如果访问的网页下载速度很慢，可通过此按钮中断访问。

3）【刷新】按钮。单击【刷新】按钮可以用最新的页面内容更新当前页。如果在频繁更新的 Web 页上看到旧信息或图形加载不正确，可以使用此按钮。

4）【主页】按钮。单击【主页】按钮可以进入浏览器中【Internet 选项】设置时预先设置的主页（启动浏览器时首先看到的页）。

5）【搜索】按钮。单击【搜索】按钮，在 IE 浏览器窗口左侧会打开一个搜索栏。在栏中输入需要搜索的内容，IE 浏览器即可开始搜索 Internet。

6）【收藏】按钮。当浏览网页时，如果觉得某个网站的内容很好，以后还想再次访问，可以利用【收藏夹】功能。单击此按钮可以打开【收藏夹】，将正在访问的页添加到收藏夹中。以后只要单击收藏夹中的网页标题就可链接到相应的网址。

7）【历史】按钮。用于查阅浏览的历史记录。单击历史记录栏中的【查看】按钮可选择排列历史记录的方式，如按站点名称排列、按访问频率排列或按访问顺序排列等；单击历史记录栏中的【搜索】按钮，则可以用站点名称中的关键词搜索列表。

（4）地址栏

主要用于输入要浏览的网页的地址或单击其右侧的下拉按钮，在弹出的下拉列表中选择曾经输入的网址。打开一个网页后，也会在地址栏中显示当前页面的 URL 地址。

（5）链接栏

链接栏中是微软公司推荐站点的快捷方式图标，单击某个快捷方式图标可快速在 IE 浏览器中打开相应的网站。也可以自行在其中创建或删除快捷方式图标。

（6）网页浏览区

显示所浏览网页内容的区域，也是浏览器中最主要的部分。

（7）状态栏

显示浏览器当前操作状态的相关信息。

3.4.2 使用浏览器

1. 打开并浏览已知网址的网站信息

在 IE 浏览器中浏览网页有多种方法，可以根据不同情况采用不同的方法，以提高浏览效率。打开并浏览网页的常用方法有以下几种。

（1）在地址栏中输入网页的 URL 地址

如果知道要访问网页的网址，只需直接在地址栏中输入该网址，再按 Enter 键或单击地址栏右侧的按钮即可。

（2）通过超链接浏览

当将鼠标指针移到网页中的某一段文字或某一幅图片上时，鼠标指针将变为手形。单击该段文字或该图像便可链接到其他网页或网页中的另一个位置上，这样的文字或图像便是超链接的载体。通过单击网页中的这些超链接可快速浏览相关的信息。

（3）利用工具栏按钮浏览

利用 IE 浏览器工具栏左侧的五个按钮可以快速切换、刷新网页或停止网页的加载。

（4）利用链接栏浏览

如果经常需要访问几个固定的网站，可以将其快捷方式添加到链接栏，当需要再次访问这些网站时，只需要在链接栏上单击相应的快捷按钮即可。

(5) 通过历史记录浏览

IE浏览器具有历史记录功能，记录用户在最近一段时间内浏览过的网页地址，通过历史记录也可以快速打开曾经浏览过的网页。其方法是：选择【查看】|【浏览器栏】|【历史记录】命令或单击工具栏上的按钮，在浏览器左边出现【历史】窗格，【历史】窗格中记录了按星期树列出的访问历史记录，单击某一天的图标即可展开列表显示该天访问过的所有网站记录。单击某个网站，可以继续展开访问过的该网站的网页列表。单击某个网页记录即可在右侧的浏览区显示该页面的内容。

(6) 利用收藏夹浏览

如果网页被保存到收藏夹中，可以打开【收藏】菜单，从子菜单中选择相应的网页标题。

2. 搜索未知信息、网页和网站

在IE浏览器中搜索未知网址的网站常用方法有以下几种。

(1) 在打开的网页中搜索

选择【编辑】|【查找】命令，弹出【查找】对话框，可在对话框中输入要查找的内容。

(2) 用搜索工具在网上搜索

单击工具栏上【搜索】按钮，在窗口的左边显示【搜索】窗口。在【搜索】窗格中可通过网络搜索需要的网页。

(3) 用搜索引擎在网上搜索

要在Internet中搜索需要的资源，可通过专业的搜索引擎进行。目前，常用的搜索引擎包括百度、谷歌及雅虎等。使用搜索引擎搜索资源的方法很简单，只需要在搜索引擎的首页文本框中输入需要搜索资源的关键字，然后进行搜索即可。

(4) 通过网络实名

网络实名功能是在浏览器的地址栏中输入需要搜索资源的关键字后，按Enter键，即可打开搜索结果的网页。

3. 保存Web页面与图片

Web页面被显示在浏览器中，其对应的HTML文档和图片文件也从远程计算机上传送到本地计算机上，并存储在Windows文件夹下的Temporary Internet Files文件夹中。但是这个文件夹是一个临时缓冲区，其容量很有限，一旦新的页面被下载，如果缓冲区已满，新的文档会覆盖以前的文档。

(1) 保存Web页面

选择【文件】菜单下的【另存为】菜单，把当前页面的HTML源程序存储在本地计算机的其他文件夹下。然后，只要在浏览器的地址栏中输入已保存的HTML文档的本地路径，所存储的Web页面就会显示出来，但用户会发现，Web页面中的图片没能显示出来。因为Web页面中的HTML文档与图片是分开存储的，选择【另存为】只保存了HTML文档，没有保存图像文件。要下载完整页面，还要进行图片下载。

（2）保存 Web 页面上的图片

网页中包含的图片一般是 JPG 格式或 GIF 格式。因为以这两种格式存储的图片比较适合网络传输。将鼠标移到一幅图片上，单击鼠标右键，在弹出的快捷菜单中选择【图片另存为】，就可以把图片永久存储在本地计算机的一个文件夹下。

4. 将网页添加到收藏夹

经常访问的网页较多，如果均在链接栏中创建快捷图标，则会显得非常杂乱。此时，可以使用 IE 浏览器的收藏夹将值得收藏的网页收藏起来，以备下次访问。

1）选择【收藏】|【添加到收藏夹】命令，弹出【添加到到收藏夹】对话框。在【添加到到收藏夹】对话框中设置收藏的位置和名称。

2）选择【收藏】|【整理收藏夹】命令，弹出【整理收藏夹】对话框，在【整理收藏夹】对话框中，可以进行相应操作。

5. 脱机浏览网页

在脱机浏览网页前需要将网页先保存起来。保存网页方法为：打开需要浏览的网页，选择【文件】|【脱机工作】命令，此时标题栏中有【脱机工作】字样，这时就可以断开网络连接阅读网页内容。再次进入 Internet 时，选择该命令即可取消脱机工作状态。

3.4.3　文件下载

从网上下载文件主要有两种方法：直接下载和使用软件下载。

1. 直接下载

用户所浏览的网页经常包含许多链接，有的链接可链接到 HTML 文档（网页），有的则链接到 FTP 服务中的某个文件。如果单击的链接项是链接到 FTP 服务中的某个文件，则会出现下载对话框，从而将该文件下载到本地计算机的硬盘上。

也可以利用搜索引擎直接搜索某个关键字，到达相应的网页后再单击相应的下载链接。目前很多网站都有专门的下载中心，提供下载链接来方便用户。

2. 使用软件下载

使用浏览器下载文件的优点是可靠性高，但由于是单线程下载，所以下载速度慢，并且一旦中途断线，将前功尽弃。所以当前大多数用户在下载软件时都使用下载工具，常用的下载工具有“迅雷”、“网络快车（FlashGet）”等。它们的优点是多线程下载，下载速度快，能够断点续传，缺点是可靠性较差。

3.4.4　电子邮件

电子邮件又称为 E-mail，是用户及用户组织通过计算机网络收发信息的服务。可以使用电子邮件发送或接收文字、图像和语音等多种形式的信息。目前，电子邮件已经成为网络之间快速、简便、可靠且成本低廉的现代通信手段，也是 Internet 上使用最广泛、最受欢迎的服务之一。

1. 注册电子邮箱

要想通过 Internet 收发邮件，必须先向 E-mail 服务商申请个人信箱。只有这样才能将电子邮件准确传达到每个 Internet 用户。个人信箱的密码只有自己知道，他人无法读取私人信件。

服务商提供的邮箱有两种：一种是免费邮箱，容量较低，服务比较少；另一种是收费邮箱，必须向服务商支付一定的费用，收费邮箱可以让用户得到更好的服务，无论是安全性、方便性，还是邮箱的容量都有很多的保证。

申请收费邮箱时，付费方式很多：通过手机付费；利用银行卡网上支付等。根据收费邮箱容量大小，其支付费用也不同。

常见的 E-mail 服务商有搜狐、雅虎、新浪、163、126、263、hotmail 等。

申请到邮箱后，如果要使用其他工具进行外部收信或者发信，可以设置收信和发信服务器，如 POP. sina. com. cn 和 SMTP. sina. com. cn。

下面以 126 免费邮箱的申请过程为例，介绍申请个人免费电子邮箱的步骤。

1）启动 Internet Explorer 浏览器，在地址栏中输入“http://www. 126. com”，单击【立即注册】按钮，如图 3-4-2 所示。

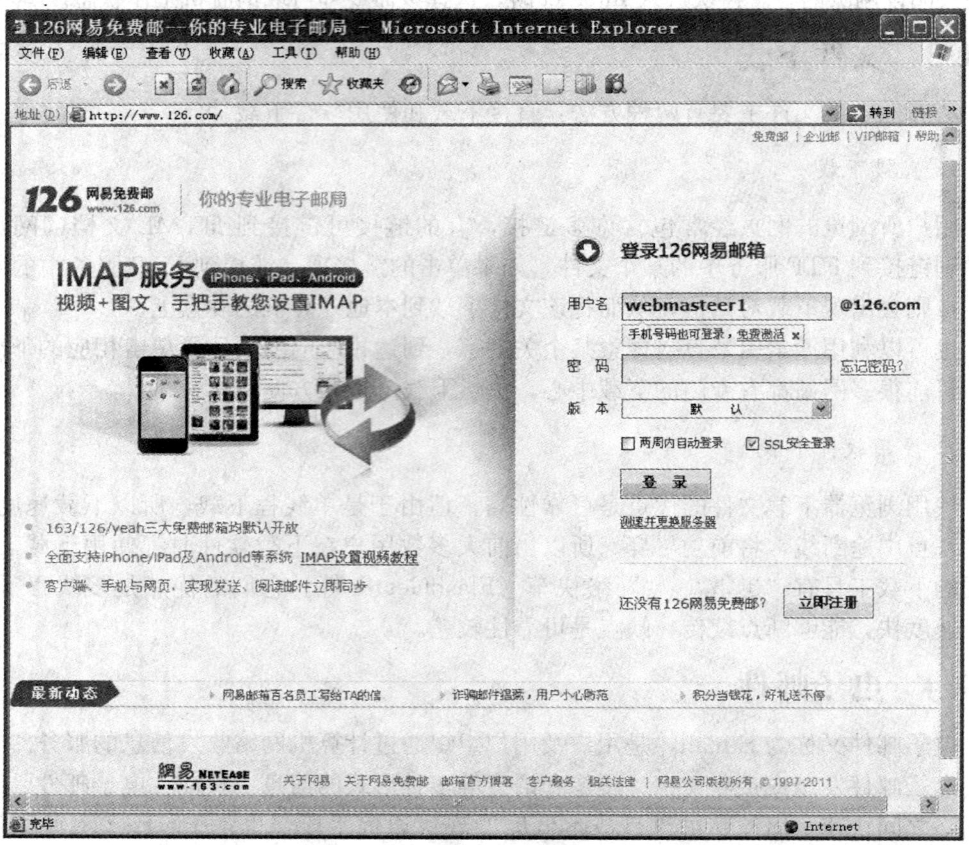

图 3-4-2　申请邮箱的步骤（1）

2）在【用户注册】页面，根据提示填写相应信息，如图 3-4-3 所示。在【用户名】文本框输入一个需要的用户名并进行检测。如果检测失败，就说明该名称已经与网站内其他用户重名，应更换名称。

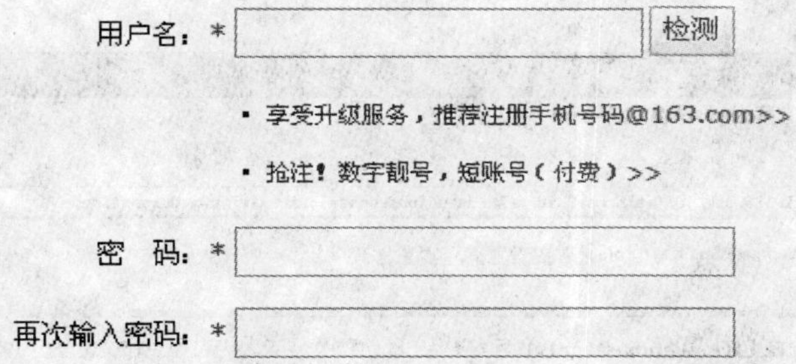

图 3-4-3　申请邮箱的步骤（2）

3）填好注册信息后，屏幕上出现如图 3-4-4 所示的提示页面，表明注册成功。这

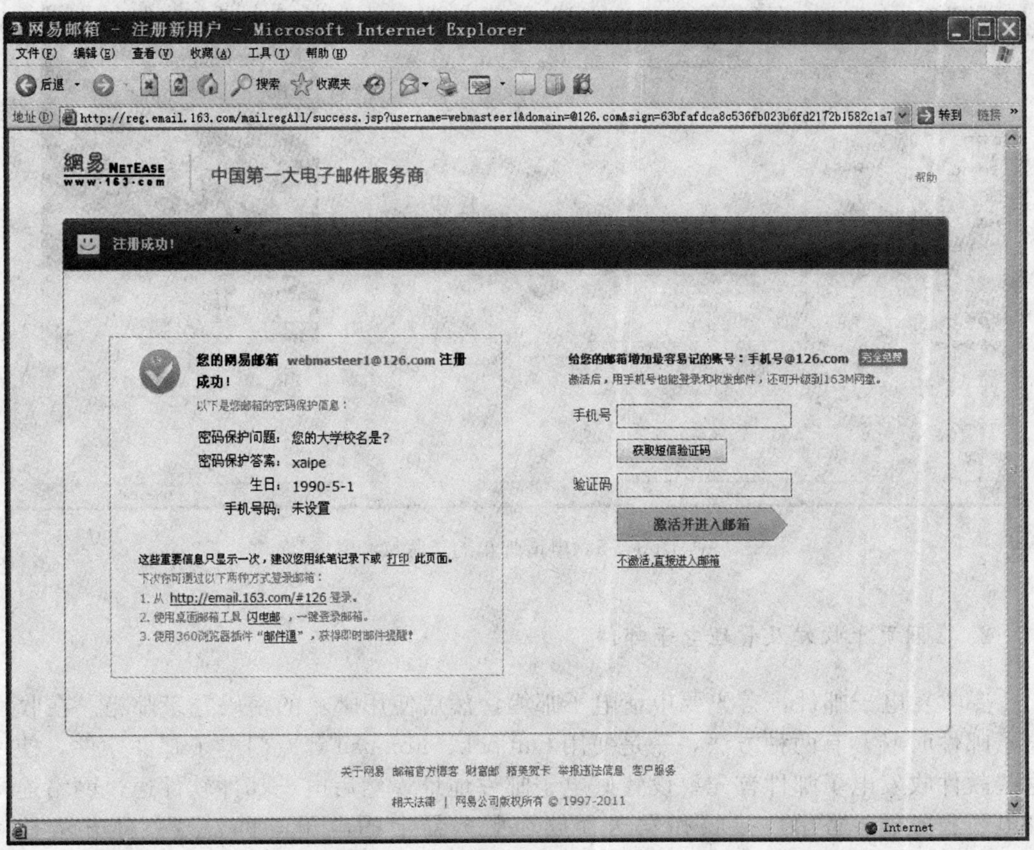

图 3-4-4　申请邮箱的步骤（3）

时就可以用刚才申请的免费邮箱收发电子邮件了。如果期间出现提示错误，可以根据错误提示修改错误信息，直至注册成功。

4）进入邮箱，就可以看到登录成功后的页面，如图 3-4-5 所示。这时，即可根据需要进行收发邮件、阅读邮件和写邮件等操作。

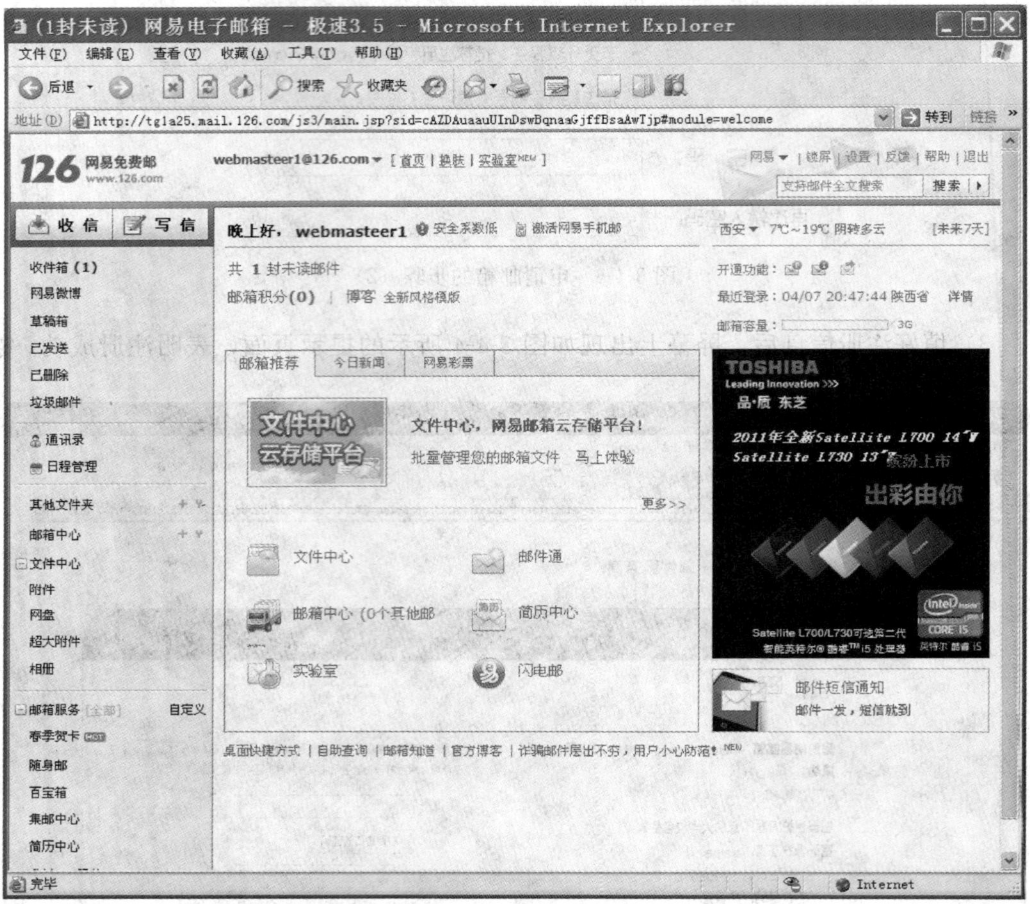

图 3-4-5 申请邮箱的步骤（4）

2. 在网页上收发及管理电子邮件

要收发电子邮件，首先要申请电子邮箱，然后使用邮箱的密码登录邮箱。在收发电子邮件时候，有两种方法，一是使用 Outlook、Foxmail 等专门电子邮件软件，使用这些软件收发电子邮件首先要设置好电子邮件地址，然后电子邮件软件通过网络连接到电子服务器，替用户接收和发送存放在服务器上的电子邮件。另一种方法是使用 Web 页面来收发邮件，在 Windows 环境中使用浏览器登录邮件系统网站，通过验证用户名和密码后，进入用户的电子邮件信箱处理电子邮件。具体操作如下。

首先在浏览器中打开邮件系统网站，然后输入用户名和密码，单击【登录】按钮，打开电子邮件窗口，进入用户邮箱，如图 3-4-6 所示。在该窗口左侧列出所有功能，如读邮件、发邮件等。收发电子邮件和访问网页一样方便，例如，进入写邮件、发邮件等操作，如图 3-4-7 所示。

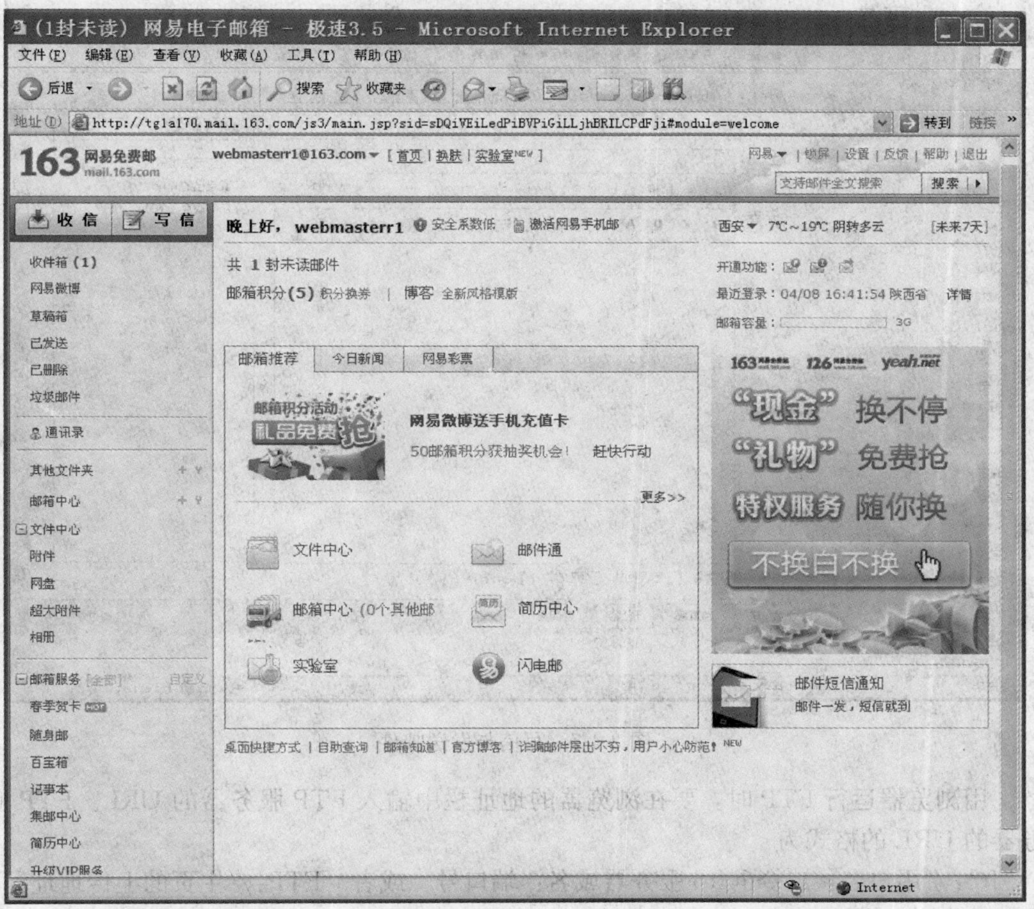

图 3-4-6　进入邮箱

3.4.5　FTP 文件传输

使用 FTP 协议进行文件传送大致有两种方法：使用浏览器和使用专用客户程序。

1. 使用浏览器进行文件下载

运行 FTP，用户的本地计算机上要有一个 FTP 客户程序，IE 浏览器支持 FTP 功能。

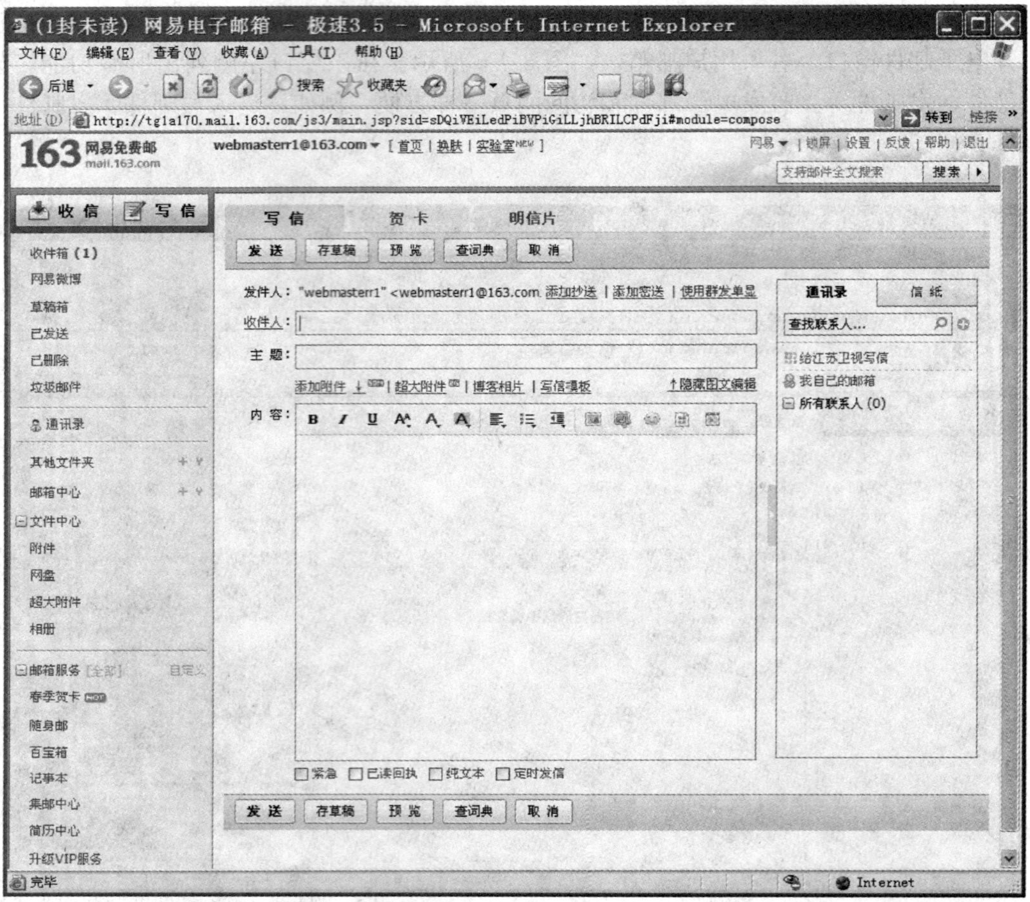

图 3-4-7　写信与发送邮件

用浏览器运行 FTP 时，要在浏览器的地址栏中输入 FTP 服务器的 URL。FTP 服务器的 URL 的格式为

ftp://用户名：口令@ftp 服务器域名：端口号　或者　FTP://主页的上传地址

如：ftp://yy_radio：yy_radio@202.96.114.97：8000 或 ftp://ftp.tsingha.edu.cn 或 ftp://61.184.246.90。

其中，ftp 代表 FTP 协议，ftp://ftp.tsingha.edu.cn 是清华大学 FTP 服务器的域名地址（也可以输入 IP 地址）。

使用 Web 浏览器下载文件的具体过程如下。

1）输入 URL。在 IE 浏览器的地址栏中输入 ftp 地址，如 ftp://ftp.tsingha.edu.cn 或 ftp://202.114.64.33。

2）浏览目录。如果用户知道自己需要的文件在 FTP 服务器中的位置，就可以直接找到文件进行下载。如果不知道自己需要的文件在服务器上是否存在或者不清楚存在哪个位置，就要在文件夹中进行查找。一般看文件夹名称就大致可以了解该文件夹下存储的文件类别。

3）下载文件。双击需要下载的文件，选择【将该文件保存到磁盘】选项后，单击【确定】按钮，选择在本地保存文件的路径和文件名称，然后单击【保存】按钮，系统开始传输文件。

2. 使用专用客户程序进行文件下载

除了利用浏览器从 FTP 服务器上下载文件外，还可以从专用的 FTP 客户程序上传或下载文件，如 CuteFTP、FlashFTP、LeapFTP、AbslouteFTP 等。CuteFTP 是小巧而强大的 FTP 工具之一，友好的用户界面，稳定的传输速度，其自带了许多免费的 FTP 站点，资源丰富。下面以 CuteFTP 为例讲述其使用方法。

可以从 http://www.crsky.com/soft/1027.html 处下载 CuteFTP Pro v8.3.2Build 09.02.2008.1 汉化版。安装并启动 CuteFTP 后，首先会出现 GlobalSCAPE-CuteFTP 8.3 Professional 窗口。在窗口的【站点管理器】选项卡的列表框中是一些 FTP 站点的文件夹。单击相应的文件夹，里面包含 FTP 的站点就会显示在右边的列表框中，如图 3-4-8 所示。执行【文件】|【退出】菜单可以关闭该窗口。

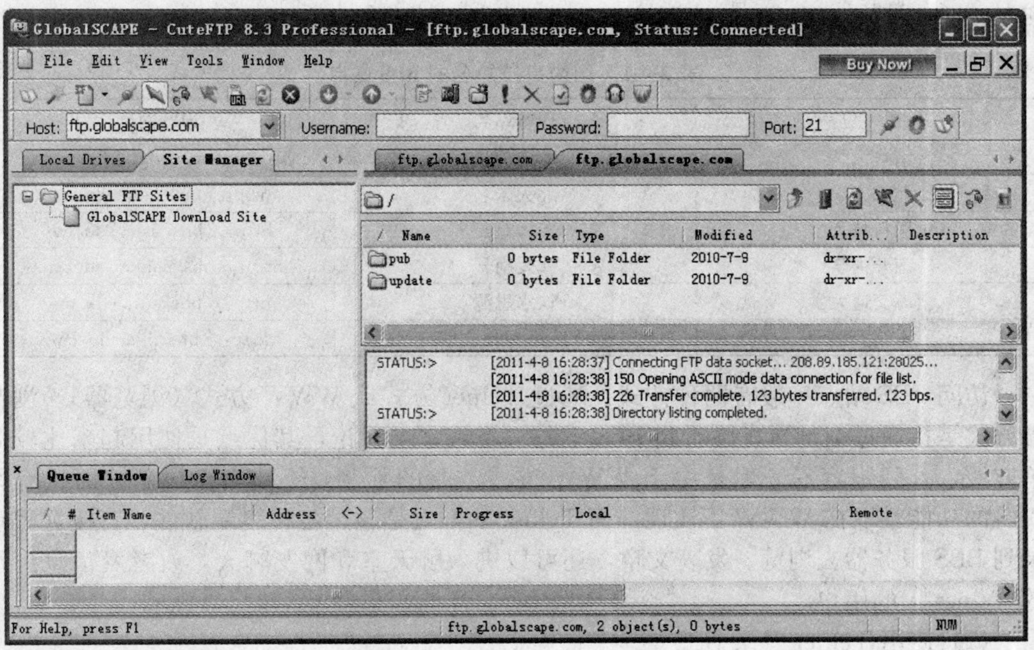

图 3-4-8　CuteFTP 的工作窗口

图 3-4-8 中所显示的窗口有五个区域。

1）主菜单和工具栏：这里包括系统菜单、常用工具栏及【快速链接】工具栏。

2）本地电脑和 FTP 远程主机窗口：若选择【本地驱动器】选项卡，则显示的是硬盘上要上传和要下载的文件所在目录，未设定前显示的是 CuteFTP 的根目录，以及设定方式等说明。若选择【站点管理器】选项卡，则显示的是所有 FTP 站点的超链接。

3）详细信息显示窗口：显示与【站点管理器】中所选择的FTP站点对应的要上传及下载的文件所在的目录。它们的使用与Windcws资源管理器类似，双击窗口中的文件夹即可打开，单击【上一级】按钮，即可进入一层目录。

4）状态信息窗口：是FTP站点所显示的信息区，可以在这里了解目前链接的情况，例如该站给使用者提供的信息：是否支持续传、正在抓哪个文件、连接是否已经中断等。

5）队列和日志窗口：是CuteFTP系统进行上传和下载的队列和日志的信息区域，可以在这里了解上传和下载的队列和日志的信息。

3.4.6 网上交流

1. 电子公告板BBS

BBS是Internet用户之间进行多对多交流的平台。提供BBS服务的站点称为BBS站点，不同的BBS站点提供不同的服务内容。国内知名高校的BBS站点如表3-4-1所示。

表3-4-1 国内高校知名的BBS站点

单　位	BBS站名	BBS网址
清华大学	水木清华	http://bbs.tsinghua.edu.cn/
北京大学	北大未名	http://bbs.pku.edu.cn/
中国科技大学	瀚海星云	http://bbs.ustc.edu.cn/
南开大学	我爱南开	http://bbs.nankai.edu.cn/
上海交通大学	饮水思源	http://bbs.sjtu.edu.cn/
南京大学	小百合	http://bbs.nju.edu.cn/

访问BBS站点一般有两种方式：通过Telnet方式或WWW方式（浏览器）。浏览器方式是指通过浏览器直接看到BBS上的文章或参与讨论，其优点是使用起来比较简单方便，入门很容易。但是由于WWW方式本身的限制，不能自动刷新，而且有些BBS的功能难以在WWW下实现。而Telnet的方式是通过各种终端软件，直接远程登录到BBS服务器去浏览、发表文章，还可以进入聊天室和网友聊天，或者发信息到别的Telnet上的用户。

（1）使用Telnet登录BBS

早期访问BBS主要通过远程登录Telnet的方式进入。使用该方式的好处是速度快，并且对计算机硬件档次要求不高，加之现在仍有些BBS站点只能通过Telnet的方式访问。

使用Telnet方式访问BBS，如访问“水木清华”站，其操作步骤如下。

1）执行【开始】|【运行】命令，在【运行】对话框的【打开】文本框中输入Telnet域名（或IP地址），如Telnet：smth.org或Telnet：202.112. 58.200，如图3-4-9所示。

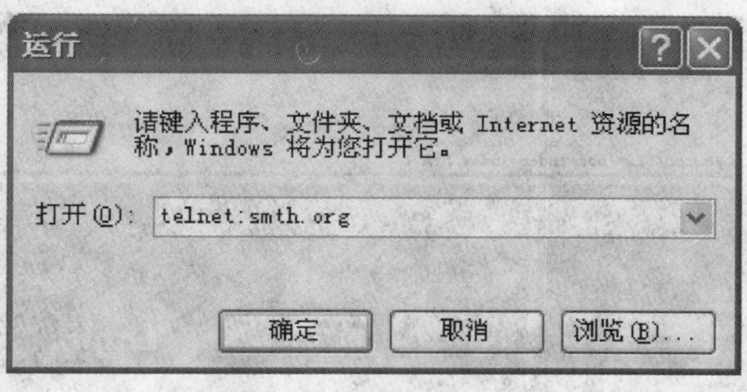

图 3-4-9 【运行】对话框

2）单击【确定】按钮，计算机将与 BBS 站点的主机连接并登录到 BBS 主机，进入 Telnet 窗口，如图 3-4-10 所示。

图 3-4-10 “BBS 水木清华”登录窗口

3）按提示输入 guest 或 new 显示登录“BBS 水木清华”窗口。

（2）使用浏览器访问 BBS

通过浏览器方式比用 Telnet 方式访问 BBS 更简单方便，大多数用户采用这种方式。以这种方式访问的 BBS 站点实际就是一个网站。

使用浏览器登录 BBS，如登录到“上海交大 BBS 饮水思源站”。启动浏览器，在地址栏中输入“http://bbs.sjtu.edu.cn”，然后按 Enter 键，如图 3-4-11 所示。

图 3-4-11 “上海交大 BBS 饮水思源站”登录窗口

2. 即时交流工具

（1）网路寻呼机 ICQ

ICQ 是 I Seek You 的谐音，它是 Internet 上的即时寻呼软件。用户到 www.icq.com 网址下载 ICQ 软件安装后，即可以链接到 ICQ 服务器注册 ICQ 号码。登录后，它的联系列表为用户找到在线的朋友。

（2）腾讯 QQ

国内开发的中文网络寻呼软件，用户可以使用 QQ 和其他 QQ 用户进行交流。QQ 具有即时信息收发、网络寻呼、聊天室、传输文字、手机短信服务等功能，对传统的无线寻呼和移动通信进行增值服务。QQ 不仅仅是虚拟网络寻呼机，更可与传统的无线寻呼网、GSM 移动电话的短信息系统互联。另外，用户还可以使用语音版的 QQ 互通 IP 电话。

（3）MSN

MSN 是微软公司推出的即时交流软件，凭借该软件自身优秀的性能，目前在国内拥有大量用户群。使用 MSN 可以与他人进行文字聊天、语音对话、视频会议等即时交流，还可以通过此软件查看联系人是否联机。

3.5 网络的最新发展

3.5.1 物联网

物联网是在 Internet 基础上，利用 RFID（射频识别）、无线数据通信等技术构造的一个实现全球物品信息实时共享的网络。它通过 RFID、红外感应器、全球定位系统、激光扫描等信息传感设备，按约定的协议，把任何物体与互联网连接，进行信息交换和通信，以实现对物体的智能化识别、定位、跟踪、监控和管理的一种网络。

1. 物联网的概念

顾名思义，物联网就是“物物连接的互联网”，其中有两层意思：第一，物联网的核心和基础仍然是互联网，是在互联网基础上延伸和扩展的网络；第二，其用户端延伸和扩展到了任何物品与物品之间，并进行信息交换和通信。也就是说物联网就是通过各种信息传感设备，例如射频识别设备、红外感应器、全球定位系统、激光扫描器等信息互联设备，按约定的协议，把任何物品与互联网连接起来，进行信息交换和通信，以实现智能化识别、定位、跟踪、监控和管理的一个巨大的网络，其目的是让所有的物品都与网络连接在一起，方便识别和管理。其中非常重要的技术是射频识别电子标签技术。物联网的运作流程如图 3-5-1 所示。

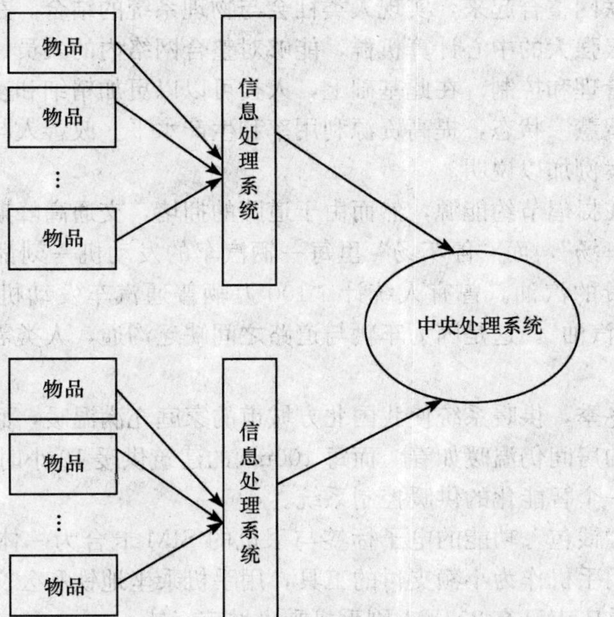

图 3-5-1 物联网的运作流程图

2. 物联网的形成

传感网在国际上统称为物联网（Internet of things，IOT），即把所有物品通过射频识别等信息传感设备与互联网连接起来，实现智能化识别和管理；是继计算机、互联网与移动通信网之后的又一次信息产业浪潮，是一个全新的技术领域。1999 年，在美国召开的移动计算机和网络国际会议提出“传感网是下个世纪人类面临的又一个发展”，2003 年美国《技术评论》提出传感网络技术是未来改变人们生活的十大技术之首；2005 年 11 月 17 日，在突尼斯举行的信息社会世界峰会上，国际电信联盟（ITU）发布了《ITU 互联网报告 2005：物联网》，在其中正式提出了“物联网”的概念。报告指出：无所不在的“物联网”通信时代即将来临，世界上所有的物体从轮胎到牙膏、从房屋到纸巾都可以通过因特网主动进行信息交换。根据 ITU 的描述，在物联网时代，通过在各种各样的日常用品上嵌入一种短距离的移动收发器，人类在信息与通信世界里将获得一个新的沟通维度，从任何时间、任何地点的人与人之间的沟通连接扩展到人与物和物与物之间的沟通连接。

曾经 EPOSS《*Internet of things in 2020*》报告中分析预测，未来物联网的发展将经历四个阶段，2010 年之前 RFID 被广泛应用于物流、零售和制药领域，2010～2015 年物体互联，2015～2020 年物体进入半智能化，2020 年之后进入全智能化。

3. 物联网的应用

物联网把新一代 IT 技术充分运用在各行各业之中，具体地说，就是把感应器嵌入和装备到电网、铁路、桥梁、隧道、公路、建筑、大坝等各种物体中，然后将“物联网”与现有的互联网整合起来，实现人类社会与物理系统的结合。在这个整合的网络当中，存在能力超级强大的中心计算机群，能够对整合网络内的人员、机器、设备和基础设施实施实时的管理和控制。在此基础上，人类可以以更加精细和动态的方式管理生产和生活，达到“智慧”状态，提高资源利用率和生产水平，改善人与自然间的关系。下面举一些实际的案例加以说明。

——全球都在提倡节约能源，然而由于道路的拥堵，交通高峰期间，大城市的街道成为巨大的“停车场”，而“停车场”里每一辆汽车的发动机一刻都没有停止转动，无休止地消耗着宝贵的汽油。曾有人统计“100 万辆普通汽车发动机停车空转 10 分钟，就会消耗 14 万升汽油”。这是因为车辆与道路之间缺乏沟通，人类需要一个智能化的交通控制系统。

——寒冷的冬季，供暖系统使我国北方城市的家庭充满温暖，而当白天大部分人上班的时候，空空的房间仍温暖如春。而每 $100m^3$ 的建筑供暖 10 小时需要耗煤 8～10kg。同样，这也需要一个智能化的供暖控制系统。

——将带有“钱包”功能的电子标签与手机的 SIM 卡合为一体，手机就有钱包的功能。消费者可用手机作为小额支付的工具，用手机乘坐地铁和公交车、超市购物、去电影院看电影。重庆市已有 20 万人刷手机乘坐城市轻轨。

——在电梯上安装传感器，当电梯发生故障时，无需乘客报警，电梯管理部门会借助网络在第一时间得到信息，以最快的速度去现场处理故障。重庆市已有 1200 部连接到电梯运行智能管理系统，效果很好。

——在煤矿等危险作业区，在机械设备和员工服装上配置传感器及电子标签，通过网络系统连接到管理中心，管理中心可以随时掌握煤矿内设备和人员的安全。

——存栏动物贴上二维码，即给羊群中的每只羊都贴上一个二维码，这个二维码会一直保持到超市出售的每一块羊肉上，消费者可以通过手机查阅二维码，知道羊的成长历程，确保食品安全。这就是“动物溯源系统”，今天，我国已经有 10 亿存栏动物贴上这种二维码。

综上所述，物联网用途广泛，涉及食品、卫生领域、工程控制领域、生产安全领域、能源金融和保险系统、智能交通、环境保护、政府工作、公共安全、平安家居、智能消防、花卉栽培、水系监控、食品溯源、敌情侦察、情报搜集、医疗保健系统、气候系统、基础设施等方面多个领域，这都需要建立能随时与物体沟通的智能系统。有专家预测 10 年内物联网就可能大规模普及，这一技术将会发展成为一个上万亿元规模的高科技市场，其产业比互联网大 30 倍。在这个物物连接的世界中，物品能够彼此进行交流，无需人的干预。可以说，物联网描绘的是充满智能化的世界。

3.5.2　3G 技术

在 1999 年 11 月的 ITU-R TG8/1 会议上，通过了 IMT-2000 的无线接口规范，包括 CDMA 和 TDMA 两大类共五种技术，并在 2000 年 5 月的 ITU-R 全会上正式通过，标志着第三代移动通信的规格的最终确定。

1. 3G 的含义

所谓 3G，就是英文 3rd Generation 的缩写，中文含义是指第三代移动通信技术。一般地讲，3G 就是无线通信与国际互联网等多媒体通信结合的新一代移动通信系统。它能够处理图像、音乐、视频流等多种媒体形式，提供包括网页浏览、电话会议、电子商务等多种信息服务。为提供这种服务，无线网络必须能够提供支持不同数据传输的速度，也就是说在室内室外和移动的环境中都能分别支持 2Mb/s、384Kb/s、144Kb/s 的传输速度。

2. 3G 的发展史

1995 年问世的第一代模拟制式手机能进行语音通话；而 1996—1997 年出现的第二代数字手机增加了接收数据的功能，如接收电子邮件或网页；第三代与前两代的主要区别是在传输声音和数据的速度上有所提升，它能够处理图像、音乐、视频流等多种媒体形式，提供包括网页浏览、电话会议、电子商务等多种信息服务。相对第一代模拟制手机和第二代 GSM、TDMA 等数字手机，3G 通信的名称繁多，国际电联规定为 IMT-2000 标准，欧洲的电信巨头则称其为 UMTS 通用移动通信系统。该标准规定，移动终端以车速移动时，其传输速率为 144Kb/s，室外静止或步行时速率达到 384Kb/s，而室内速率还将依赖于建筑物内详细的频率规划以及组织与运营商协作的紧密程度。

3. 3G的时代展望

3G时代的到来，将会给人们生活带来全新的感受，3G的核心应用主要有以下几个方面。

（1）宽带上网

宽带上网是3G手机的一项很重要的功能，人们能在手机上收发语音邮件、写博客、聊天、搜索、下载图铃等。尽管目前的GPRS网络速度还不能让人感到非常满意，但随着3G时代的到来，手机变成小型计算机就不再是梦想。

（2）视频通话

3G时代，传统的语音通话已经是个很弱的功能，而视频通话和语音信箱等新业务才是主流。传统的语音话费会降低，而视觉冲击力强、快速直接的视频通话会更加普遍和快速发展。

今后，依靠3G网络的高速数据传输，3G手机用户也可以“面谈”。当用户用3G手机拨打视频电话时，能在手机屏幕上看到对方影像，用户也可以录制自己的影像传送给对方。

（3）手机电视

从运营商的层次来说，3G牌照的发放解决了一个很大的技术障碍，TD和CMMB等标准的建设也推动了整个行业的发展。手机流媒体软件成为3G时代使用最多的手机电视软件，在视频影像和画面质量上不断提升，突破技术瓶颈，真正大规模地被应用。

（4）无线搜索

对用户来说，这是比较实用的移动网络服务，也让人快速接受。随时随地用手机搜索将会变成更多手机用户的一种生活习惯。

（5）手机音乐

在无线互联网发展成熟的日本，手机音乐是最为亮丽的一道风景线，通过手机上网下载音乐的流量是计算机的50倍。3G时代，只要在手机上安装一款手机音乐软件，就能通过手机网络，随时随地让手机变为音乐魔盒，轻松收纳无数首歌曲，下载速度更快，耗费流量几乎可忽略不计。

（6）手机购物

目前，日本和韩国有90%的用户都习惯在手机上消费，甚至是购买大米、洗衣粉这样的日常用品。专家预计，中国未来的手机购物会有一个高速增长期，用户只要开通手机上网服务，就可以通过手机查询商品信息，并在线支付购买产品。高速3G可以让手机购物更实在，高质量的图片与视频通话能拉近商家与消费者的距离，享受购物体验，让手机购物变为新潮流。

（7）手机网游

与计算机的网游相比，手机网游的体验并不好，但方便携带，随时可以玩，这种利用零碎时间玩网游的形式深受目前青年人的宠爱，也是3G时代一个重要的资本增长点。3G时代到来之后，游戏平台会更加稳定和快速，兼容性更高，让用户充分体验游戏的视觉效果。

习 题 三

一、选择题

1. 世界上出现最早的计算机网络是（ ）。

A. Internet　B. SNA　C. APPANet　D. LAN

2. 下面对计算机网络的描述中，错误的是（ ）。

A. 网络是计算机技术和通信技术结合的产物

B. 网络中的计算机按照共同的协议，有逻辑地相互联系

C. 计算机必须通过线缆进行物理连接

D. 网络中的计算机是独立的

3. 在 Internet 中传输文件用（ ），远程登录用（ ）。

A. Usenet　B. Telnet　C. Gopher　D. FTP

4. 传输速率的单位是（ ）。

A. 帧/秒　B. 文件/秒　C. 位/秒　D. 米/秒

5. 网络中各个站点相互连接的方法和形式称为（ ）。

A. 局域网　B. Internet　C. 网络拓扑　D. 网络协议

6. 在基于 PC 的局域网中，（ ）是网络的核心。

A. TCP/IP　B. 服务器　C. 路由器　D. 通信设备

7. ISO 的 OSI 参考模型将网络分为（ ）层。

A. 5　B. 6　C. 7　D. 8

8. 在计算机网络 IPv4 协议中的 IP 地址由（ ）个字节组成。

A. 3　B. 4　C. 5　D. 6

9. TCP 的主要功能是（ ）。

A. 进行数据分组　B. 保证可靠传输

C. 确定数据传输路径　D. 提高传输速度

10. 下列选项中，不属于 Internet 基本功能的是（ ）。

A. 电子邮件　B. 文件传输　C. 远程登录　D. 临时检测控制

11. 下列选项中，非法的 IP 地址是（ ）。

A. 126.96.2.6　B. 190.256.38.8

C. 203.113.7.5　D. 203.226.1.68

12. 下列 WWW 地址中，合法的是（ ）。

A. www.gogame.net.cn　B. gogame.www.net.cn

C. net.gogame.www.cn　D. www.gogame.cn.net

13. 将模拟信号转换成数字化的电子信号，这个处理过程被称为（ ）。

A. 调制　B. 解调　C. 压缩　D. 解压缩

14. FTP 是实现文件在网络上的（ ）。

A. 复制　B. 移动　C. 查询　D. 浏览

15. 网络中的任何一台计算机必须有一个地址，而且（ ）。

A. 不同网络中的两台计算机的地址不允许重复

B. 同一个网络中的两台计算机的地址不允许重复

C. 同一个网络中的两台计算机的地址允许重复

D. 两台不在同一个城市的计算机的地址允许重复

16. 域名 MAIL. HF. AH. CN 由四个子域组成，表示主机名的是（　　）。

A. MAIL　　B. HF　　C. AH　　D. CN

17. 国内一所高校要建立 WWW 网站，其域名的后缀应该是（　　）。

A. com　　B. edu. cn　　C. com. cn　　D. ac

18. 3G 的含义是指（　　）。

A. 第三代移动通信技术　　B. 第三次通信

C. 第三层结构　　D. 通信技术

19. 下面是一些 Internet 上常见的文件类型，则一般代表 WWW 页面文件是(　　)。

A. htm 或 html　　B. txt 或 text

C. gif 或 jpep　　D. wav 或 au

20. 下述（　　）不属于浏览器。

A. Internet Explorer　　B. Netscape

C. Opera　　D. Outlook

二、填空题

1. 计算机网络是________技术和________技术相结合的产物。
2. Web 上每一个页面都有一个独立的地址，这些地址称作统一资源定位器，即________。
3. 电子公告牌的缩写是________。
4. ________是 WWW 中最基本的网页构建语言，它用于标注文档，并通过________协议传送。
5. 电子邮件的地址格式是________。
6. TCP/IP 协议模型有四个层次，它们自下向上分别是________、________、________和________。
7. ________是用于计算机通信的一组协议，是用来连接计算机和计算机网络的多个协议的总称，其中________是网际协议，________是传输控制协议。
8. 网络依据其覆盖范围可分为________、________和________。

三、判断题

1. 只有 FTP 才能传输文件，E-mail 不能传输文件。　（　　）
2. Internet 是信息高速公路的主干网。　（　　）
3. WWW 是英文全球信息网的缩写。　（　　）
4. IP 地址与域名地址是一回事。　（　　）
5. IP 地址是 Internet 上唯一的通信地址。　（　　）
6. 网络中的两台计算机在通信之前，必须知道如何与对方联系。每台计算机都有唯一的物理地址用于明确身份。　（　　）
7. TCP/IP 体系结构将网络划分为五个层次，比 OSI 少了表示层和链路层。　（　　）

四、简答题

1. 什么是计算机网络？计算机网络的拓扑结构有哪几种？简述计算机网络的主要功能。
2. Internet 能提供哪些服务？
3. 计算机网络能够共享的资源包括哪几种？
4. 什么是 FTP？FTP 的服务包括哪几种类型？
5. 常见的 Internet 接入方法有哪几种？
6. 什么是 TCP/IP 协议？该协议有什么特点？

第4章

字处理软件 Word 2007

本章学习目标

◎ 熟悉Word 2007操作界面。

◎ 熟练掌握Word 2007文档编辑的基本操作。

◎ 掌握文本、段落及页面格式的设置方法。

◎ 能够制作图文并茂的文档、制作表格与创建Smart图形。

◎ 学会邮件合并及文档目录的生成。

Word 2007 是一款字处理软件，是 Microsoft（微软）公司推出的办公应用套件 Office 2007 中的一个重要组件，功能强大、操作方便、简单易学。Word 2007 可以方便地进行文字编辑、图文混排、表格制作及文档管理。适宜于制作各种文档，如日常办公文档、书刊、信函、论文、简历和网页等，在人们的工作、学习和生活中起着重要的作用。Word 提供了美观大方的操作界面，使用户能够轻而易举地编辑出不同风格且图文并茂的精美文档。

4.1 Office 2007 简介

Office 2007 运行环境为 Windows 2000、Windows 2003、Windows XP、Windows Vista、Windows 7 等，内容主要包括 Word（文字处理软件）、Excel（电子表格软件）、PowerPoint（演示文稿制作软件）、Outlook（桌面信息管理软件）、Access（数据库管理软件）、InfoPath（信息收集软件）、Publisher（出版应用软件）等应用程序或称组件。这些软件具有 Windows 应用程序的共同特点：易学易用，有形象的图形界面和方便的联机帮助功能。

4.2 Word 2007 概述

Word 充分利用了 Windows 良好的图形界面，实现了真正的“所见即所得”。近些年来，Microsoft 公司不断对 Word 的功能进行改进，先后推出 Word 5.0、Word 6.0、Word 97、Word 2000、Word XP（即 Word 2002）及 Word 2007 等。随着版本的不断更新，Word 功能更强大，使用更方便。目前，Word 已成为文字处理的流行软件之一。

4.2.1 Word 的基本功能

Word 在处理文档方面非常方便，可以进行编辑操作、制作表格、图文混排。在 Word 中还提供了各种文档的向导和模板，可为用户制作文档节省大量的工作时间。其基本功能主要包括以下五个方面。

1. 文档编辑和排版

编辑功能是字处理软件的基本功能之一，主要包括：文本及特殊字符的输入与修改，字符、段落、页面和节格式设置，分栏排版等。使用 Word 提供的排版功能可以制作出精美的文档。

2. 制作规范表格

表格作为一种简洁明了的信息组织形式，结构严谨、直观。在 Word 中可以制作简单、规则的表格，也可以制作复杂、不规则的表格。使用不同形式的表格边框和底纹工具还可以使表格的外观更具魅力。

3. 图文混排

Word 不仅可以处理文字，还可以绘制出各种各样的图形，如自选图形、艺术字、文本框与 SmartArt 图形，或插入各种各样的剪贴画、图片。文字与图形、图片对象的混合排版，使整个文档丰富多彩，具有表现力。

4. 预览及打印文档

文档打印通常是文档编辑处理过程中的最后一道工序，为保证文档的打印质量，一般需要在打印前对文档进行预览。Word 提供了打印预览、快速打印、缩放打印、双面打印等功能。

5. 日常办公文档管理

利用 Word 可以实现办公文档的自动更正、字数统计、智能标记、修订与批注、网络资源共享、密码保护及大批量文档的简化处理等，使用户能得心应手地对日常办公文档进行管理。

4.2.2 Word 2007 的启动与退出

1. 启动 Word 2007

(1) 常规启动方法

单击【开始】|【所有程序】|【Microsoft Office】|【Microsoft Office Word 2007】。

(2) 使用快捷方式

如果桌面有 Word 2007 的快捷方式，双击该图标，即可启动 Word 2007。

(3) 通过文件启动

双击扩展名为 docx 的文档，则启动 Word 2007 的同时打开该文档。

2. 退出 Word 2007

退出 Word 2007，即关闭它的应用程序窗口，可以选择下列任意一种方法。

1) 单击 Word 窗口右上角的【关闭】按钮 ×。

2) 单击【Office】按钮，在弹出的菜单中单击【退出 Word】按钮。

3) 按 Alt+F 组合键打开 Office 菜单，再按 X 键。

4) 右击任务栏中 Word 2007 程序图标，在弹出的快捷菜单中选择【关闭】命令。

4.2.3 工作界面

Word 2007 操作界面与早期版本的操作界面不同，它采用了全新的界面分布，使操作更加简单和快捷。窗口主要由【Office】按钮、快速访问工具栏、标题栏、功能选项卡、功能区、文档编辑区、状态栏等组成，如图 4-2-1 所示。操作界面的主要组成部分功能介绍如下。

图 4-2-1　Word 2007 界面

1. Office 按钮

位于窗口左上角，其功能与之前版本 Word 菜单栏中的【文件】菜单功能相似，单击该按钮弹出【Office】菜单。菜单中包含了文档的各种操作命令，如【新建】、【打开】、【保存】、【打印】等，右侧显示用户最近使用的文档记录。

2. 快速访问工具栏

默认状态下，快速访问工具栏位于标题栏左边，包括三个功能：【保存】、【撤销】和【恢复】，用户也可根据需要利用右侧的（自定义快速访问工具栏按钮）添加【新建】、【保存】等快速访问按钮。

3. 标题栏

标题栏位于窗口的顶部，中间为当前编辑的文档名和应用程序名，如“文档 1-Microsoft Word”；右侧为控制窗口的三个按钮：、、。

4. 功能选项卡

功能选项卡也称动态命令标签，默认包括【开始】、【插入】、【页面布局】、【引用】、【邮件】、【审阅】和【视图】七个选项卡。单击选项卡标签，即可切换到对应的功能区。除基本的七个选项卡外，当在文档中插入图片、表格等对象时，还会自动显示出对应的工具选项卡。

5. 功能区

功能区与功能选项卡是对应关系，选择某个选项卡即可打开相应的功能区。功能区是 Word 2007 中实现操作的重要组成部分，通过选择不同的功能按钮可以对文档进行不同的编辑操作。有的工具组右下角有一个按钮，称之为【功能扩展】按钮，单击该按钮即可弹出相关的对话框。

6. 文档编辑区

文档编辑区是 Word 2007 操作窗口中面积最大的一块空白区域，是进行编辑操作最重要的工作区域，可以进行文字输入、图形插入、表格制作、字体和段落格式设置等。

7. 快速浏览按钮

快速浏览按钮位于垂直滚动条下部，包括三个按钮：、和。默认状态下，分别为“前一页”、“选择浏览对象”、“后一页”。单击时，光标移到上一页处；单击时，光标移到下一页处；单击时，弹出【选择浏览对象】对话框，该对话框提供了 12 种浏览对象。如果选择浏览对象为图形，这时再单击则光标移到上一张图形处，单击时，光标移到下一张图形处。

8. 状态栏

状态栏在窗口的底部，显示当前文档的状态信息，包括页数/总页数、字数、语言等。状态栏的右侧是【视图】工具栏，包括视图模式按钮、当前显示比例和显示比例滑块。

4.3　文档的基本操作

4.3.1　创建新文档

1. 新建空白文档

一般情况下，启动 Word 2007 后，就自动新建一个空白文档，标题栏显示“文档 1-Microsoft Word”。如果启动 Word 后还需要创建新文档，使用下述方法可以建立一个空白文档。

1）单击窗口左上角的【Office】按钮，在打开的菜单中选择【新建】命令。

2）弹出【新建文档】对话框，在中间一栏的列表框中选择“空白文档”，单击【创建】按钮即可。

“空白文档”虽然内容上空无一字，但它仍然包含了的一些最基本的格式。比如，缺省状态下，空白文档的纸张大小为“A4”，中文字体为“宋体”、字号是“五号”等。

在新建文档时，Word 按照新建文档的顺序，分别赋予新文档一个临时的文档名，如“文档 1”、“文档 2”等。

提示：单击【自定义快速访问工具栏】按钮，在打开的菜单中选择【新建】命令，则在【快速访问工具栏】中显示【新建】按钮，单击该按钮也可快速创建一个空白的 Word 文档。

快速启动栏中其他按钮（如【打开】、【打印预览】、【绘制表格】等）的显示与【新建】按钮显示方法相同，用户可根据需要单击将其显示或隐藏，后文不再赘述。

2. 使用模板新建文档

所谓模板，是具备某些默认格式（如字体、字号、行宽、行间距、纸张大小等）的示范文档。Word 中的模板文件分为两种：一种是系统定义的模板，称为默认模板或标准模板，它的英文名称是 Normal.dotm；另一种是用户自定义的模板，它的文件扩展名是 dotx，文件名由用户确定。一般情况下，新建空白文档是按 Word 提供的"Normal"模板而建立的。

Word 除了提供标准文档模板外，同时还提供了大量的实用文档模板，例如，"传真"、"信函"、"报告"、"简历"、"书法字帖"、"贺卡"等。这些模板已经定义了文档的轮廓和架构等，用户只要填写或修改相应的内容就可以了。在【新建文档】对话框中，选择【已安装的模板】或【Microsoft Office Online】列表中某一项创建文档即可，如图 4-3-1 所示为使用"贺卡"中的"致谢卡"模板创建新文档。

图 4-3-1 【新建文档】对话框

4.3.2 文档的保存

在 Word 中编辑文档时，先将文档临时存放在计算机的内存中，当退出 Word 或者关闭计算机之后，内存中的信息就会丢失。为了将输入的文字资料长期保存，必须将它们保存在外存储器中。

1. 保存新建文档

保存新建文档实际上是对文档进行首次保存操作，可应用以下三种方法之一打开【另存为】对话框。

1）单击【快速访问工具栏】中的【保存】按钮。

2）选择【Office】|【保存】命令。

3）使用快捷键 Ctrl+S。

在【另存为】对话框中，选择保存位置，输入文件名，单击【保存】按钮即可。

保存文档后，标题栏中会显示出文档的名称，再次对文档进行保存将不再弹出【另存为】对话框并直接对原文档进行覆盖保存。

注意：如果未存盘就单击了关闭按钮，Word 会进行特别提醒，让用户存盘后再退出。

2. 另外保存文档

在修改和编辑已经保存过的文档后，如果直接保存，会将原文档全部覆盖，不想破坏原文档或者想在计算机的其他位置备份文档，可以采用其他方式保存文档。选择【Office】|【另存为】命令，在弹出的子菜单中选择文档的另存格式，如保存为模板或 Word 97-2003 版本的文档等，会兼顾到在较低版本的 Word 中打开此文档。

注意：Word 2007 与较低版本的 Word 操作界面区别较大，且扩展名也不同，Word 97-2003 文档的扩展名为 doc，而 Word 2007 文档的扩展名为 docx。

3. 自动保存文档

为了避免某些突发状况（如突然断电、死机）而导致当前编辑内容的丢失，Word 2007 提供了自动保存文档的功能，每间隔一段时间自动对文档进行保存，系统默认时间为 10 分钟，也可修改间隔时间，操作步骤如下。

1）单击【Office】按钮，在打开的菜单中选择【Word 选项】按钮。

2）在【Word 选项】对话框中，单击【保存】项，在右边一栏的【保存自动恢复信息时间间隔】中输入间隔时间（如 5 分钟），最后单击【确定】按钮，如图 4-3-2 所示。

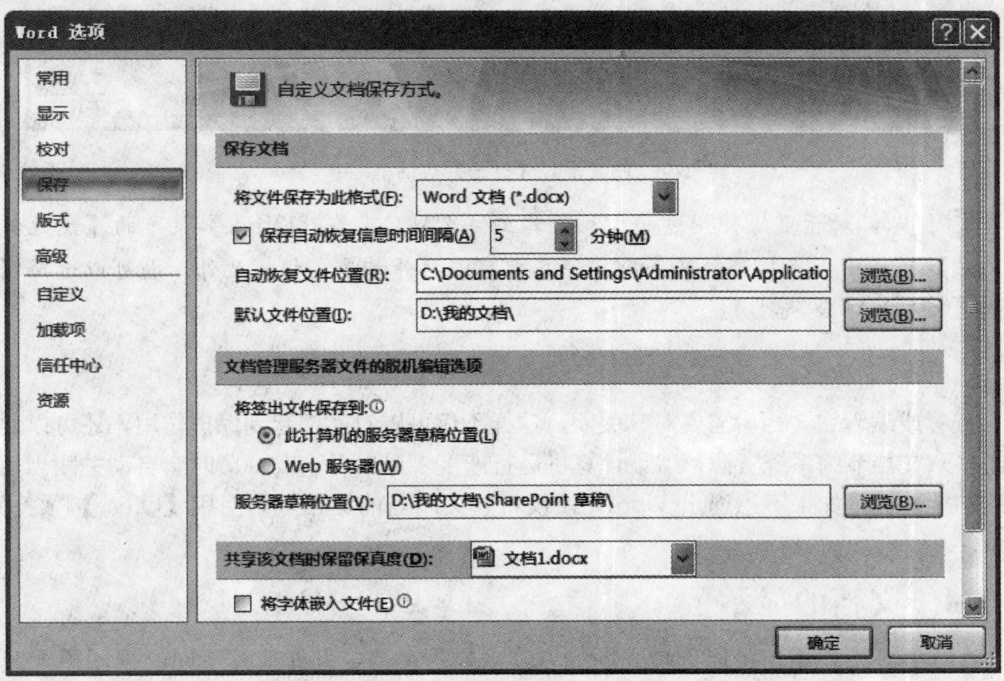

图 4-3-2　设置自动保存文档间隔时间

4.3.3 打开与关闭文档

1. 文档的打开

如果要对已经保存的 Word 文档进行查看、编辑、修改等操作，首先应该打开此文档。打开已有文档本质上是将其从外存调入内存并显示出来。打开文件的操作步骤如下。

1）选择【Office】|【打开】。

2）在弹出的【打开】对话框中，如图 4-3-3 所示，选择文件路径及名称，单击【打开】按钮。

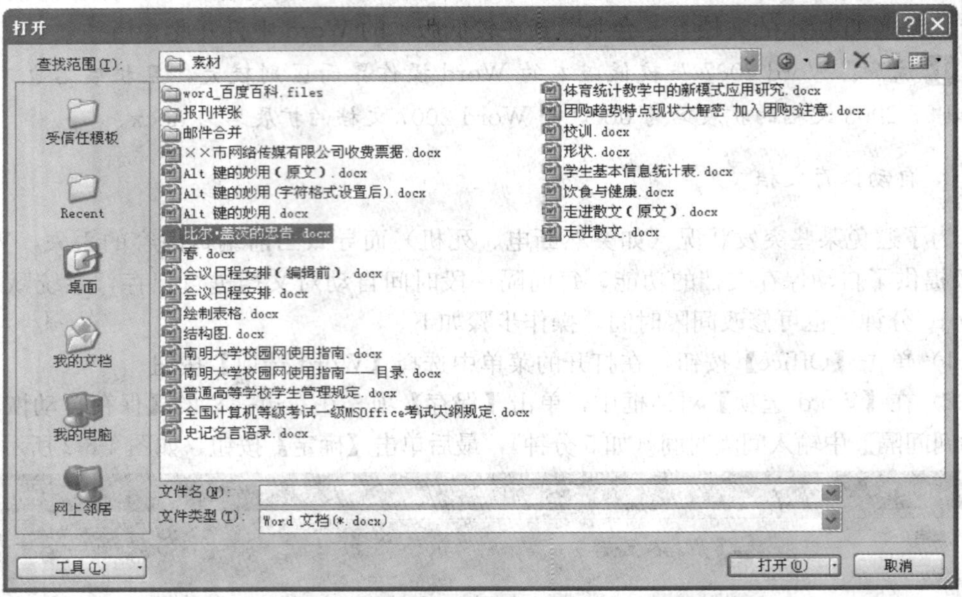

图 4-3-3 【打开】对话框

提示：对于最近使用过的文档，其文件名将显示在【Office】菜单的【最近使用的文档】列表中。直接选择某一个文件名就可以打开相应文档；此外，也可以选择【开始】|【文档】命令来打开。

2. 文档的关闭

查看或编辑完文档后需要对其关闭，这样不仅可以对文档起到保护作用，还可以通过关闭多余文档节约系统资源，保证计算机运行速度。退出 Word 2007 时会自动关闭当前打开的文档，但是如果不想退出 Word，仅仅希望关闭当前文档，则使用【Office】|【关闭】即可。

4.3.4 文档的显示

在 Word 中，用户可以选择不同的方式来显示文档，例如选择不同的视图模式或用不同的比例来显示文档。

1. 视图模式

所谓视图模式是指文档的浏览方式。Word 中提供了五种视图模式，即页面视图、阅读版式视图、Web 版式视图、大纲视图和普通视图。各种模式应用于不同的场合，默认状态为页面视图，改变文档视图模式对文档本身不会做任何修改。

切换视图模式可以选择“状态栏”右侧的 ，或通过【视图】|【文档视图】命令。下面以同一文档“南明大学校园网使用指南”的不同显示效果为例，介绍 Word 2007 中各种视图的功能。

（1）页面视图

在页面视图模式下，文件内容的显示效果与打印效果相同，即具有“所见即所得”的显示效果，如图 4-3-4 所示。

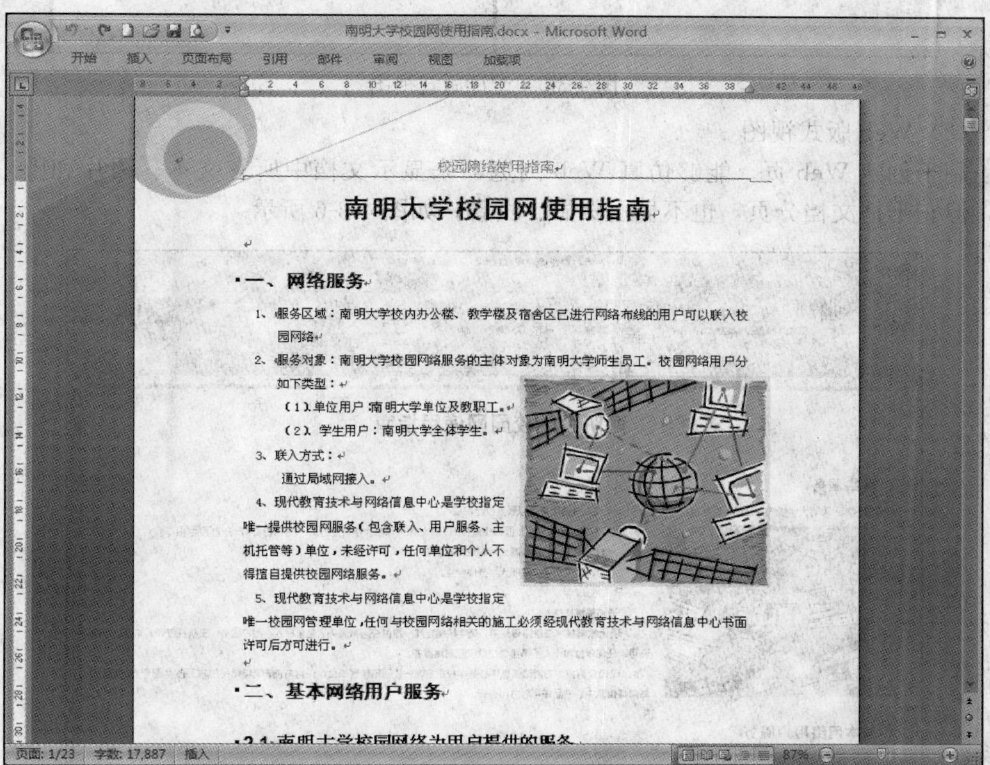

图 4-3-4 页面视图

在页面视图中，将鼠标指针移到分页标志处，当其变为“ ”时双击，就可以隐藏文档顶部和底部空白区域，快速消除屏幕中多余的空行。

（2）阅读版式视图

采用 Word 2007 阅读版式视图便于在计算机屏幕上阅读文档。在阅读版式视图中，可以选择文档在打印页上的显示效果进行查看，也可以突出显示内容，修订、添加批注和审阅修订，如图 4-3-5 所示。

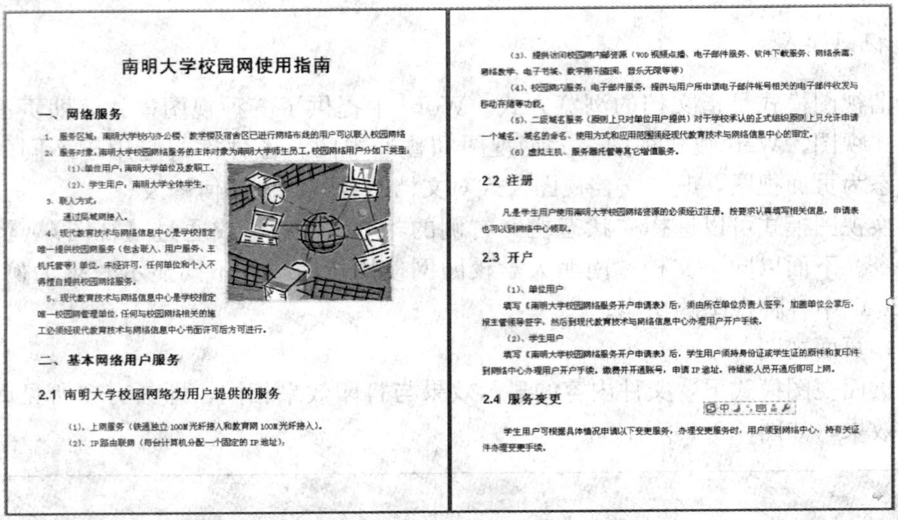

图 4-3-5　阅读版式视图

（3）Web 版式视图

用于创建 Web 页，能够仿真 Web 浏览器来显示文档中所有文本、图片和图形对象，但它不把文档分页，也不显示页眉、页脚，如图 4-3-6 所示。

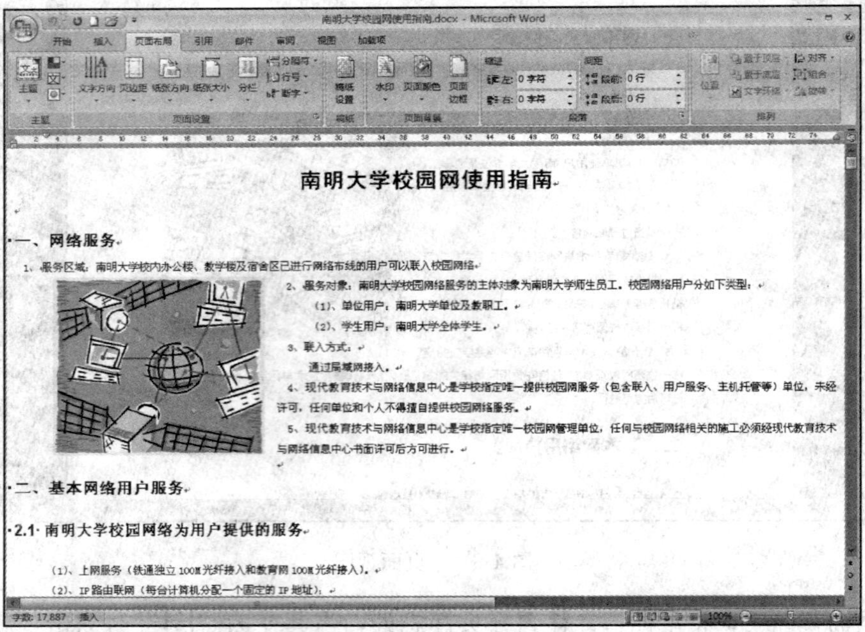

图 4-3-6　Web 版式视图

（4）大纲视图

大纲视图可以很方便地查看文档的结构，这对于编辑论文，尤其是撰写书籍是特别方便的。可折叠文档，只查看主标题，或者扩展文档，查看整个文档等。如图 4-3-7 显示的是将文档显示级别设置为 2 级后的折叠效果。

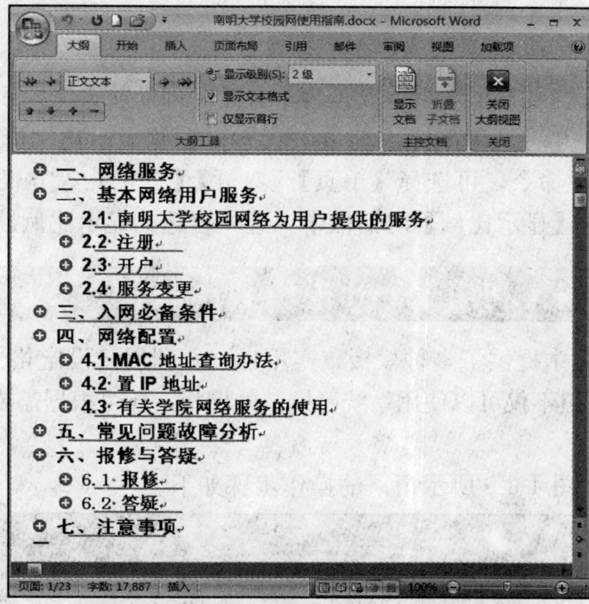

图 4-3-7　大纲视图

（5）普通视图

普通视图模式可用于文本的录入与编辑，在输入大量的文字信息时，可采用这种视图模式来提高显示速度。屏幕上一条虚线表示分页的位置，看不到页眉、页脚、分栏等效果，如图 4-3-8 所示。这种视图版面简单，占据内存小，工作速度快。

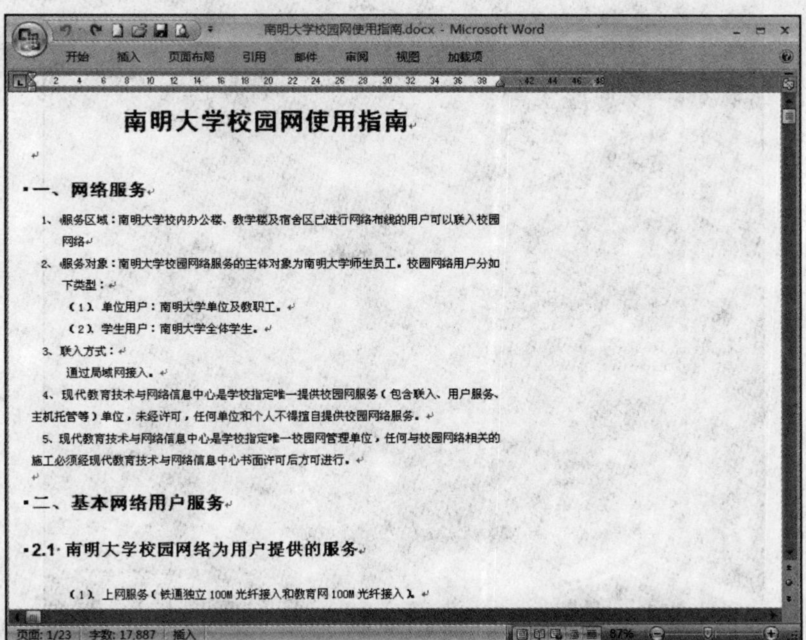

图 4-3-8　普通视图

2. 显示比例

如果为了看到全貌而缩小文档，或是为了关注局部而放大文档，则需要改变文档页面的显示比例。一种方法是用鼠标拖动位于状态栏右侧显示比例滑块；另一种是执行【视图】|【显示比例】命令，可选择【单页】/【双页】/【页宽】等方式，或单击【显示比例】按钮，在打开的【显示比例】对话框中，选择合适的显示比例。

4.3.5 案例：利用 Word 模板制作假日聚会请柬

案例分析： Word 中提供了多种模板，实用性强，利用已设定格式的模板创建文档，可使操作更简捷。用户不仅可以使用系统已安装的模板，还可根据需要下载丰富多彩的模板样式。

使用模板完成如图 4-3-9 所示请柬的操作步骤如下。

图 4-3-9　请柬效果图

1）选择左上角的【Office】|【新建】命令。

2）弹出【新建文档】对话框，在左侧一栏中，有“模板”和“Microsoft Office Online”两种类型。单击“Microsoft Office Online”中的“邀请”项，系统将搜索微软公司提供的网上资源，如果计算机已连接 Internet，将在中间一栏显示“邀请”的子类，如“婚礼”、“聚会”、“商务”、“事件”等，在此案例中，选择“聚会”。

3）在【新建文档】对话框中间一栏显示“聚会”模板的缩略图，选择其中的“假日聚会请柬（公事）”，右侧一栏会显示本模板的预览效果、文件大小、下载估计时间等，单击【下载】按钮。下载结束后，系统会根据模板自动创建一个新文档。

4）保存文档，单击快速访问工具栏中的【保存】按钮。

5）弹出【另存为】对话框，确定文件保存位置，比如选择“我的文档”，在“文件名”文本框中输入文档名称，比如“假日聚会请柬”。“保存类型”区中默认类型是“Word 文档”，用户也可选择其他类型。最后单击【确定】按钮，如图 4-3-10 所示。

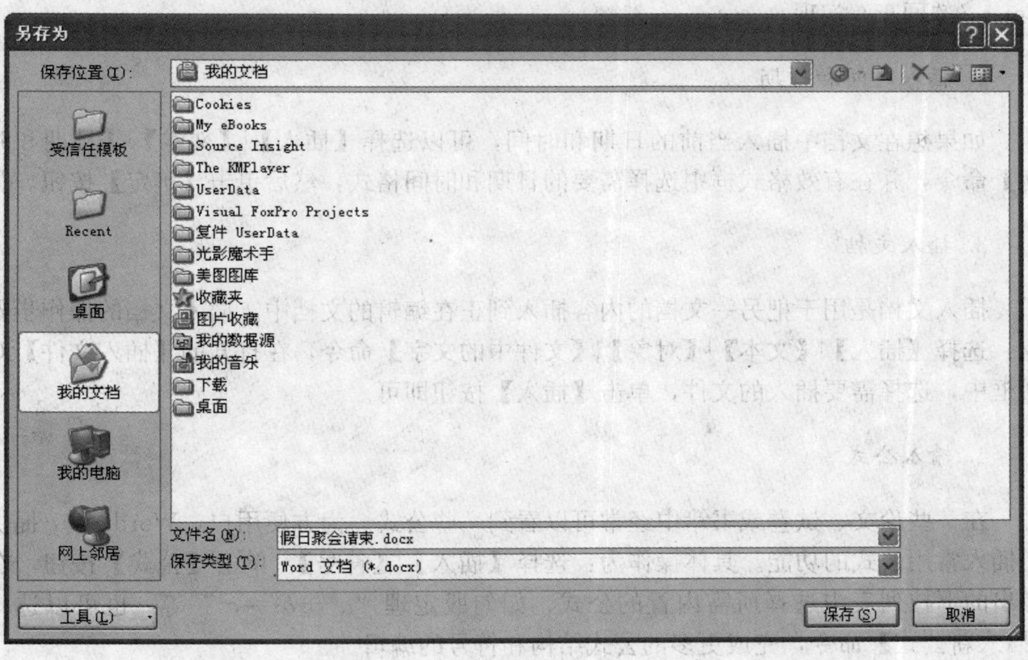

图 4-3-10　保存文件

通过以上操作步骤即可完成“假日聚会请柬”文档的创建及保存。

4.4　文档的编辑操作

4.4.1　输入文本

1. 基本概念

输入文本，就是在 Word 的文档编辑区录入文字、数字、符号等字符的操作。在输入文字之前需要了解以下几个基本概念。

1）插入点：插入点就是当前光标所在的位置。输入文字时，文字总是从插入点插入到文档中去。

2）段结束符：输入一段文字后，按一次 Enter 键（称为硬回车）表示完成一段。

! 提示：在输入文字时，Word 会为新输入的文本选择一种缺省字体，中文的缺省字体为“宋体”；英文的缺省字体为“Calibri（西文正文）”，字号均为“五号”。

输入文本时，有两种方式可供选择：插入和改写，默认为“插入”方式。按下键盘上的 Ins 键或单击状态栏的【插入】按钮进入“改写”方式，此时输入的文本就会覆盖插入点处原有的文本。

一般情况下，选用“插入”方式操作。从插入点开始输入文字，输入到所设页面的右边界时，Word 自动将插入点移到下一行。在一个段落的结尾处按 Enter 键，可产生一个段落标记。如果在一个段落中的输入还没有到达行尾但想另起一行，可以用 Shift＋Enter（软回车）实现。

2. 插入时间和日期

如果想在文档中插入当前的日期和时间，可以选择【插入】|【文本】|【日期和时间】命令，并在有效格式框中选择需要的日期和时间格式，然后单击【确定】按钮。

3. 插入文档

插入文档是用于把另一文档的内容插入到正在编辑的文档中。插入文档的操作步骤为：选择【插入】|【文本】|【对象】|【文件中的文字】命令，在打开的【插入文件】对话框中，选择需要插入的文件，单击【插入】按钮即可。

4. 输入公式

在一些论文、试卷或书籍中经常可以看到一些公式。为方便用户，Word 2007 提供了插入常用公式的功能。具体操作为：选择【插入】|【符号】，单击【公式】按钮，在弹出的下拉列表中选择所需内置的公式，如勾股定理“$a^2+b^2=c^2$”等，也可以选择【插入新公式】命令，完成更多的公式结构和符号的编辑。

4.4.2 选定对象

Word 排版时，在进行对象的移动、设置格式等操作之前，都需要先选择操作对象。针对不同任务，选定对象的方法也不同。选定对象后，鼠标指针和被选定对象都会发生一些变化，以比较明显的方式表示出来。如图 4-4-1 所示为字符的选中特征。

未选中的文字　　被选中的文字

图 4-4-1　被选定字符的特征

1. 鼠标拖动的方法

在 Word 中，大部分工作是由操作鼠标左键完成的，使用鼠标选定文字或图片，既方便又快捷，Word 中常用的鼠标操作如表 4-4-1 所示。

表 4-4-1　Word 中的鼠标操作

要进行的操作	具体的操作方法
选定任何数量的文本	拖过这些文本
选定图片	单击图片
选定一行文本	在该行左侧的选定区单击鼠标
选定一个段落	在该段左侧的选定区双击鼠标
选定整个文档	在该文档左侧的选定区三击鼠标

❗ 提示：连续按下鼠标左键三次并马上松开，称为三击。

2. 使用键盘

在操作中，也可以使用键盘选定文本或图片，提高工作效率。例如，将光标移到所选文本的开始处，按下 Shift 键的同时进行光标定位操作就可以选取连续区域的文本。常用于选择文本的快捷键操作如表 4-4-2 所示。

表 4-4-2　Word 中的键盘操作

要进行的操作	操作方法
将选定范围扩展到行尾	按 Shift＋End 键
将选定范围扩展到行首	按 Shift＋Home 键
将选定范围扩展到文档结尾	按 Ctrl＋Shift＋End 键
将选定范围扩展到文档开头	按 Ctrl＋Shift＋Home 键
将选定范围扩展到包括整个文档	按 Ctrl＋A 键
选定文档中的矩形范围	按住 Alt 键，再按住鼠标左键拖动的矩形区域

4.4.3　移动、复制、剪切和粘贴

1. 拖动

当用户在同一个文档中进行短距离的复制和移动文本时，可使用拖动方法。由于使用拖动方法复制或移动文本时不经过“剪贴板”，因此，该方法较为快捷。其操作步骤如下。

1）选中要复制或移动的文本。

2）将鼠标指针移到选中区域内，使鼠标变成斜向上的箭头。

3）按住鼠标左键拖动文本到插入点即可实现文本的移动；如果首先按住 Ctrl 键，然后按住鼠标左键拖动，可将选中的文本复制到新的位置。

2. 利用剪贴板进行操作

剪贴板是 Windows 内存提供的一个临时存储空间，用来存储操作过程中涉及的一些文本或图片数据。

选取对象后，可以使用【开始】|【剪贴板】中的 剪切(T)、 复制(C)、 粘贴(P) 命令实现选定对象的剪切、复制和粘贴。经过剪切和复制后，该对象则分别被移动或复制到 Windows 的剪贴板中了。而粘贴操作则是将 Windows 剪贴板中的内容插入到用户光标所在的位置。

Word 2007 中提供了三种粘贴方式。

1）直接粘贴：将剪贴板内容直接粘贴到指定位置。

2）选择性粘贴：将剪贴板内容以选定的形式粘贴到指定位置，如图 4-4-2 所示的是【选择性粘贴】对话框。

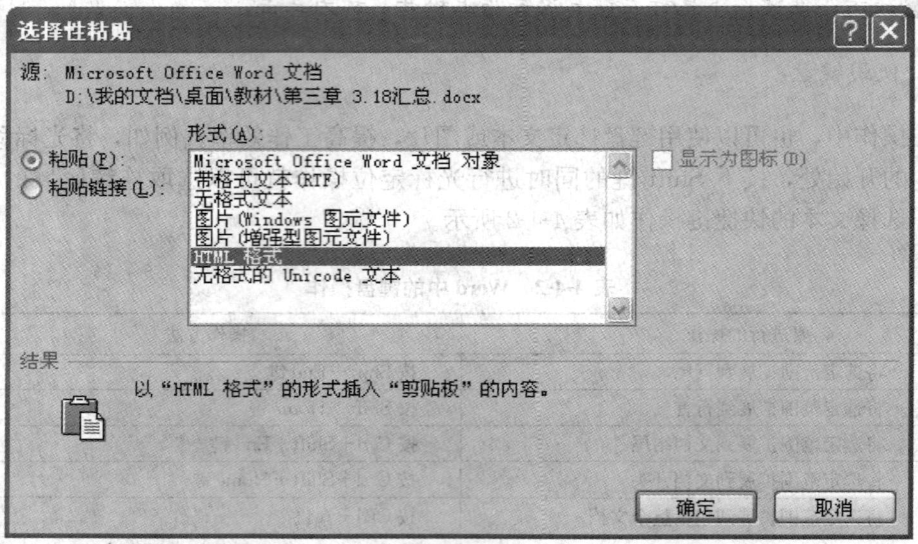

图 4-4-2 【选择性粘贴】对话框

3）粘贴为超链接：可以在原始文档和目标文档之间建立一个动态链接，当原始文档的内容更新后，目标文档中的内容会同步更新。

4.4.4 查找和替换操作

查找操作的目的是为了快速地找到所需要的对象，在文档中有时可能会出现多处相同的问题，例如，把"西安体育学院"简称为"西体"，需要通篇改正，如果用人工在屏幕上一一查看和修改，不仅效率低，而且可能出现遗漏和错误。对此，可以使用 Word 中提供的"查找"/"替换"功能，由计算机自动查找和更正。

选择【开始】|【编辑】|【查找】，单击 查找 或 替换 按钮，打开【查找和替换】对话框，如图 4-4-3 所示为【查找】选项卡。

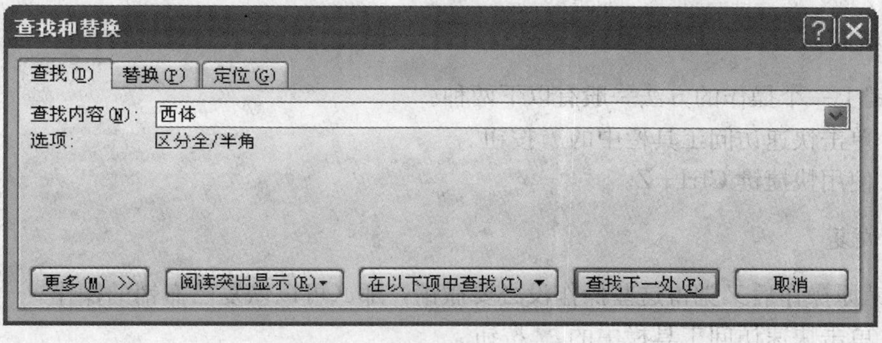

图 4-4-3　【查找】选项卡

根据操作需要输入查找内容及替换内容，按照对话框中的按钮提示做下一步操作。

另外，Word 2007 中还可以进行“格式”和“特殊格式”的查找和替换，在【查找和替换】对话框中，单击【更多】按钮，则对话框向下展开，用户可进行特定格式的设置。如图 4-4-4 所示为将文档中的“西体”替换为“西安体育学院”，并设置格式为“字体：（中文）方正舒体，加粗，倾斜，字体颜色：红色”。

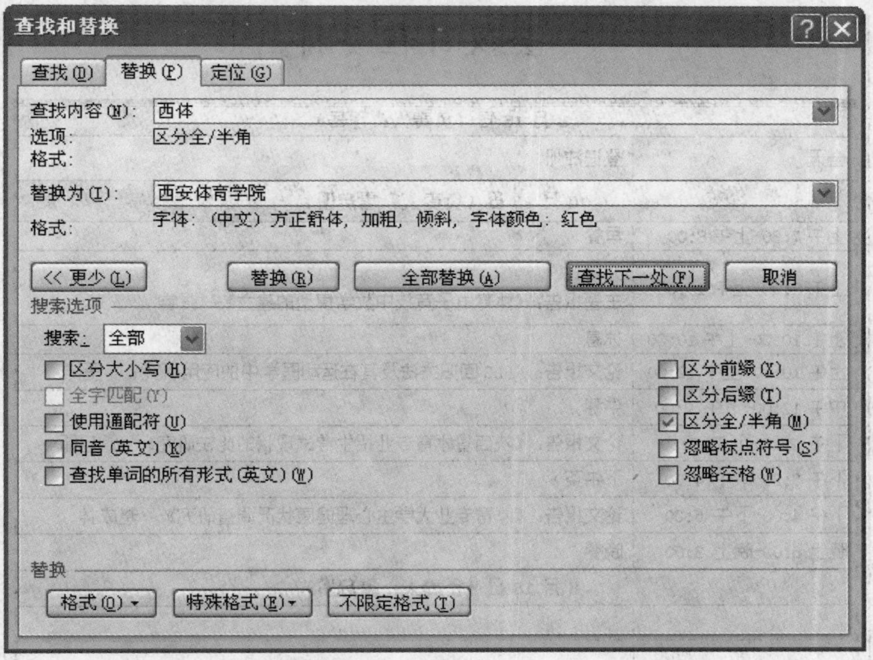

图 4-4-4　设置格式替换文本

4.4.5　错误操作处理

在编辑操作过程中，往往会出现一些误操作或对某个对象进行操作之后又觉得不合适，使用 Word 提供的错误操作处理功能，就可以撤销这些操作，使文档恢复到初始状态。

1. 撤销

撤销上一个操作的方法一般有以下两种。

1）单击快速访问工具栏中的按钮。

2）使用快捷键 Ctrl+Z。

2. 恢复

撤销原操作后又觉得这些操作没必要撤销，那么可以恢复已撤销的操作。

1）单击快速访问工具栏中的按钮。

2）使用快捷键 Ctrl+Y。

4.4.6 案例：编辑“会议日程安排”文档

案例分析：对原文档进行插入文本及特殊符号，删除错误文字，复制相同信息、人名的快速替换等操作后，即可达到预期效果。已保存有一个“会议日程安排”文档，如图 4-4-5 所示，编辑后实现如图 4-4-6 所示的效果。

会议日程安排

8 月 16 日（负责人：程岳）	
全天	登记注册
8 月 17 日（负责人：雷启朋）	
上午 7:30-上午 8:00	早餐
上午 8:00-上午 10:00	开幕式； 主题报告：《体育电子竞技中数学模型的建立》　张睿
上午 10:00-上午 10:30	休息
上午 10:30-上午 12:00	论文报告：《PLS 回归方法及其在运动医学中的应用研究》　王洋
中午 12:00-下午 2:00	午餐
下午 2:00-下午 3:30	论文报告：《陕西省体育专业招生考试现状的比较研究》　雷启朋
下午 3:30-下午 4:00	下午茶
下午 4:00-下午 5:30	论文报告：《体育专业大学生心理健康状况调查研究》　赵成林
晚上 6:00-晚上 8:00	晚餐
8 月 18 日（负责人：雷启朋）	

图 4-4-5　已保存的原始文档

第十八届体育数据分析会议日程安排	
8 月 16 日（负责人：程　岳）	
全天	登记注册
8 月 17 日（负责人：雷启鹏）	
上午 7:30-上午 8:00	早餐
上午 8:00-上午 10:00	开幕式； 主题报告：《体育电子竞技中数学模型的建立》——张　睿
上午 10:00-上午 10:30	休息
上午 10:30-上午 12:00	论文报告：《PLS 回归方法及其在运动医学中的应用研究》——王　洋
中午 12:00-下午 2:00	午餐
下午 2:00-下午 3:30	论文报告：《陕西省体育专业招生考试现状的比较研究》——雷启鹏
下午 3:30-下午 4:00	下午茶
下午 4:00-下午 5:30	论文报告：《体育专业大学生心理健康状况调查研究》——赵成林
晚上 6:00-晚上 8:00	晚宴
8 月 18 日（负责人：雷启鹏）	
上午 7:30-上午 8:00	早餐
上午 8:00-上午 10:00	论文报告：《政治经济学之父、统计学创始人威廉·配第(Willian Petty)解读》——徐艳艳
上午 10:00-上午 10:30	休息
上午 10:30-上午 12:00	论文报告：《问卷调查表中信度、效度检验方法的应用》——侯亚辉
中午 12:00-下午 2:00	午餐
下午 2:00-下午 4:00	讨论及交流
下午 4:00-下午 5:30	各小组总结发言； 闭幕式
晚上 6:00-晚上 8:00	晚宴

图 4-4-6　编辑后效果

具体操作步骤如下。

1）打开原始文档“会议日程安排”。

2）将光标定位在首行第一个字之前，将输入法切换到中文输入方式中，输入“第十八届体育数据分析”。

在正式文件中，如果姓名是两个汉字，则中间添加空格，从而达到对齐的效果。将光标定位在第二行“程岳”两个字中间，按两次空格即可。实例中的“张睿”、“王洋”修改方法相同。

3）在作者名前添加破折号。常用的标点符号可以通过键盘直接输入，比如顿号（、）、分号（；）、冒号（：）、书名号（《 》）、问号（？）等，本例中的破折号可以按“Shift＋减号”组合键输入。

4）将“晚餐”更改为“晚宴”。将光标定位在“餐”字后，按一次键盘上的

Backspace 键，删除“餐”，再输入“宴”即可。

5）完成 8 月 18 日会议日程安排中文字的输入。对于与 17 日相同的内容，可以使用复制、粘贴操作快速完成。比如将光标定位在表格第 4 行，选中“上午 7:30—上午 8:00”，按住 Ctrl 键，将其拖动至 18 日时间栏的第 1 行，则完成短距离内文字的复制操作，其他时间复制方法相同。

6）输入“威廉·配第”中间的特殊符号。可使用【插入】|【特殊符号】中的符号按钮，选择符号“·”；也可单击【更多】按钮，打开【插入特殊符号】对话框，如图 4-4-7 所示，选择所需的特殊符号插入。

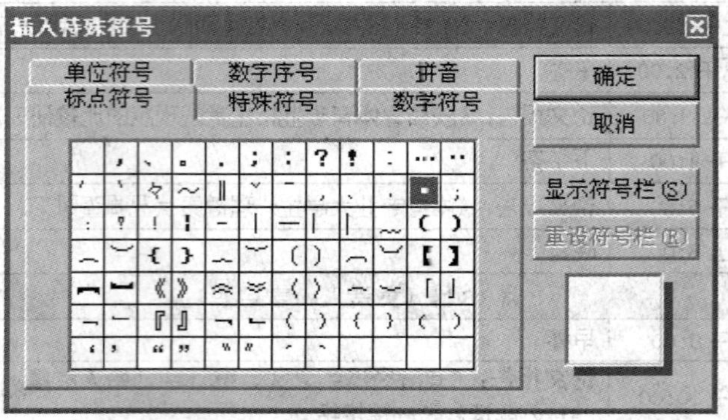

图 4-4-7 【插入特殊符号】对话框

7）成批替换输入错误的姓名。选择【开始】|【编辑】|【替换】，打开【查找和替换】对话框。在查找内容一栏输入“雷启朋”，“替换为”一栏输入“雷启鹏”，单击【全部替换】按钮。

8）文档编辑完后，可以进行字数统计。操作方法为：选择【审阅】|【校对】组中的【字数统计】按钮，即可显示字数统计信息。

9）单击快速访问工具栏中的【保存】按钮，将编辑好的文档保存在外存。

4.5 文档的排版

Word 文档的排版是对字符、段落、文档格式进行设置，以增强文档可读性及艺术性。排版主要包括改变文字的字体及大小、调整字符间距、段落的编排、页面设置等操作。

4.5.1 字符格式的设置

在 Word 中字符可以是一个汉字，也可以是一个字母、一个数字或一个单独符号。字符格式的设置包括选择字符的字体、大小、粗细及颜色等。设置字符前首先要选择需要设置字体格式的字符，然后可以通过以下三种方式进行字符格式设置。

1. 通过常用工具按钮设置

选择【开始】|【字体】，利用其中提供的各种常用工具按钮来进行设置，包括字体、字号、增大字号等，如图 4-5-1 所示。

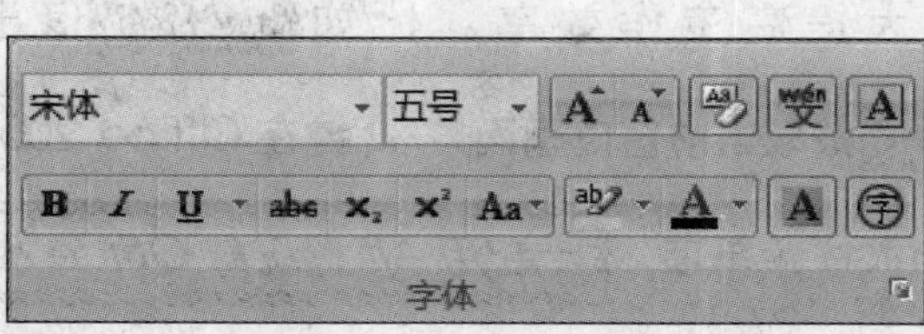

图 4-5-1　【字体】组按钮

将鼠标移至字体组的按钮时，屏幕会自动弹出提示信息，说明该按钮的作用。

注意：字号有两种表示方法：一种是用“一、二、三……”等数目字表示字号，如一号字、小五号字等；另一种是用阿拉伯数字表示，如 20，48，120 等，单位是磅。后一种表示法的数字越大，字符的尺寸也越大，而前者则恰恰相反。

2. 通过浮动工具栏设置

选中字符对象后，将光标停留在所选对象上，会出现一个半透明的矩形区域。此时将光标移动至矩形区域后，该区域可清晰地显示出来，称作浮动工具栏，它包含了最常用的字体格式设置按钮，如图 4-5-2 所示。单击各按钮可完成相应的设置。

图 4-5-2　浮动工具栏

3. 通过【字体】对话框

单击【开始】|【字体】右下角的功能扩展按钮，弹出【字体】对话框。【字体】对话框中包含了更加丰富的字符格式，添加了更多的文字效果及字符间距的设置。使用方法见 4.5.2 节中的案例。

4.5.2　案例：美化“Alt 键的妙用”文档

案例分析：在如图 4-5-3 所示的案例中应用到字体、字号、突出显示、边框和底纹、首字下沉、繁体字、带圈文字等多种效果，可以使用字体工具栏、【字体】对话框、格式刷等完成字符格式的设置。

具体操作步骤如下。

1）打开原始文档“Alt 键的妙用”。

2）设置标题行。用鼠标单击第一行左侧的选择区选中标题，单击【开始】|【段落】组中的【居中】按钮，使标题居中；单击打开【字体】组中的字体下拉列表，选择“黑体”，在字号下拉列表选择“小初”，单击“加粗”按钮、“倾斜”按钮，在“下划线”按钮下拉列表中选择“粗线”；在“字体颜色”下拉列表中选择标准

Alt 键的妙用

键盘上的 Alt 键中虽不起眼，但如果我们将 Alt 键与某些键搭配使用，则会大大提高工作效率。比如“Alt+F4”退出应用程序；“Alt+PrintScreen”截取当前窗口画面。Alt 键在 Office 2007 中同样有特别之处——呼出 Office 菜单项，*一起用 Alt 鍵玩轉 Office 小魔術吧！*

以 Word 2007 为例，*按下 Alt 键*，菜单项上马上就会显示出一个个小方框，这些圈住的字母或数字就是对应的快捷方式，可以看到“开始 H”、“插入 N”、F 对应 Office 按钮、1 对应保存等。比如在这里我们*接着按下“N”*表示选择“插入”选项卡，“插入”下面的分支项界面马上呈现出来。*最后按下“W”*，选择插入艺术字，则弹出艺术字图库。

如果取消操作，按 ESC 键即可。怎么样？这种快捷键的使用方式在以前还没有尝试过吧？这个方法在 *Excel 2007、PowerPoint2007* 等 Office2007 组件中都可以运用，非常方便！

图 4-5-3　字符格式设置效果

色“红色”，在“突出显示”按钮下拉列表中选择“黄色”。

3）设置各段文字格式。在正文第一段任何一行左侧选择区双击，选中第一段。通过常用工具按钮，设置第一段文字格式为“华文细黑”、“12.5”、深绿色。同样的方法将第二段文字格式设置为“楷体 _ GB2312”、“四号”、紫色；第三段文字格式设置为“幼圆”、“12.5”、蓝色。

4）设置首字下沉。将光标定位在第一段，选择【插入】|【文本】，单击【首字下沉】样式列表中的首字下沉选项(D)...。在打开的【首字下沉】对话框中，选择“下沉”，下沉行数为“2”，单击【确定】按钮。选中“键”字，将字体设为“橙色”。

5）设置边框和底纹。选中“Alt＋F4”，设置字体为“Arial”；选择【开始】|【段落】，单击【底纹】按钮右侧下拉箭头，弹出颜色列表，如图 4-5-4 所示，选择底纹颜色。边框的设置可选择【边框】按钮右侧的下拉箭头，在弹出的列表中选择“边框和底纹”，打开【边框和底纹】对话框，可以选择线型样式、颜色及宽度，如图 4-5-5 所示。当然，在此对话框中也可完成底纹的设置。

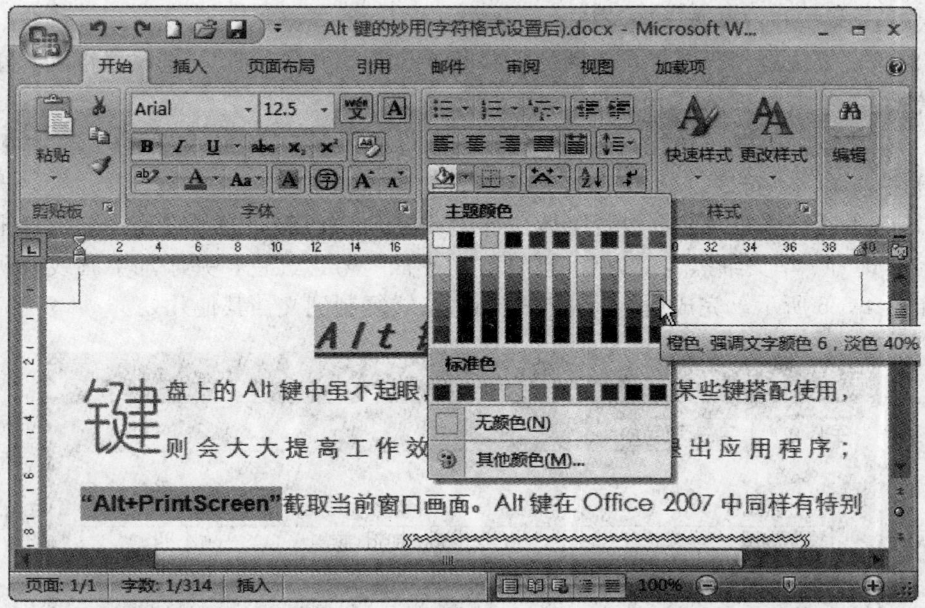

图 4-5-4　设置底纹

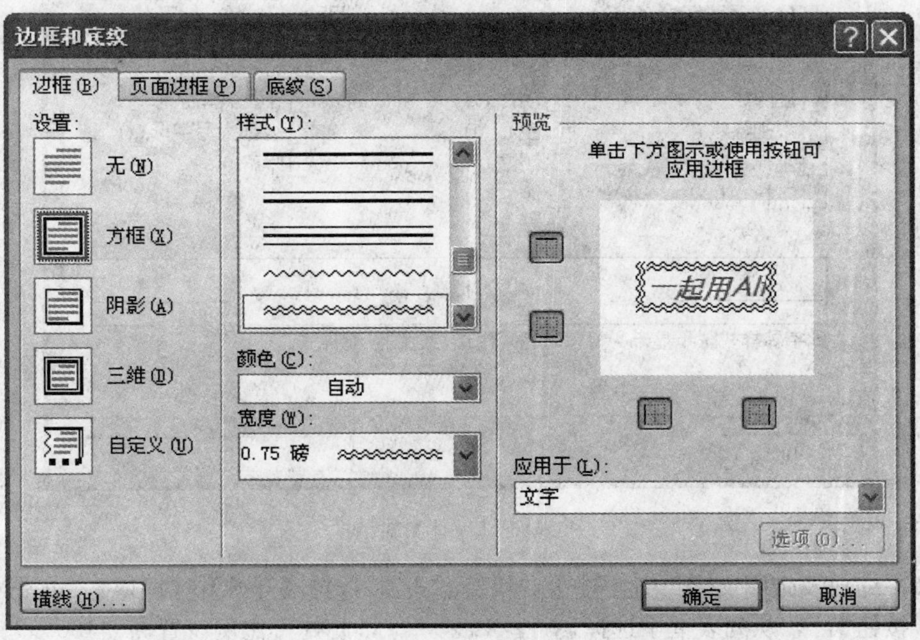

图 4-5-5　设置边框

6）复制格式。文中还有两处格式与“**“Alt+F4”**”相同，可以通过格式刷快速复制格式。选中“**“Alt+F4”**”，选择【开始】|【剪贴板】，双击格式刷按钮格式刷，此时鼠标变为 。按下左键，用鼠标拖过“Alt＋PrintScreen”、“Alt＋空格”，即可完成格式的复

制，最后再次单击格式刷，取消格式化状态。

7）简繁体转换。选中“一起用 Alt 键玩转 Office 小魔术吧”，选择【审阅】|【中文简繁转换】，单击繁简转繁即可。

8）快速设置边框和底纹。选中“圈住的字母或数字”，单击【开始】|【字体】组中的字符边框A和字符底纹A。

9）应用【字体】对话框设置字体。选中“按下 Alt 键”，打开【字体】对话框。设置文字格式为“华文细黑”、“加粗 倾斜”、“小四”号、红色，并添加下画线及阴影效果，如图 4-5-6 所示。完成后，应用格式刷将格式复制到文档其他几处。

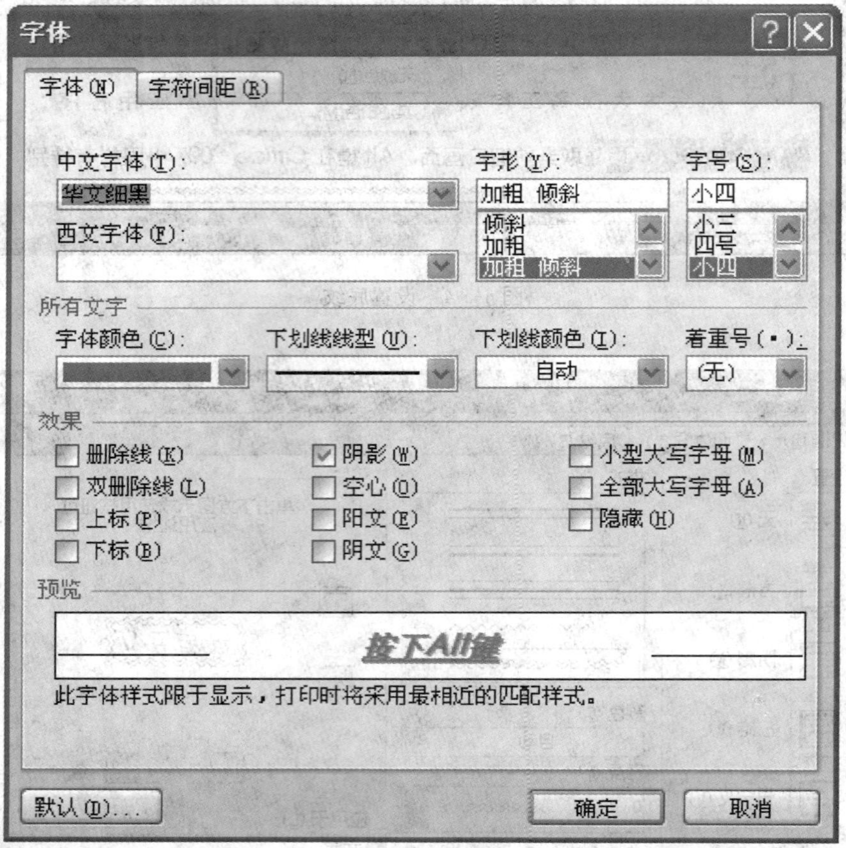

图 4-5-6 【字体】对话框

10）缩放及带圈文字设置。选中“快捷方式”，选择【开始】|【段落】，单击【中文版式】按钮，从列表框中选择字符缩放(C)，此处将比例设置为“150%”。带圈文字的设置可选【字体】组中的带圈字符字，弹出【带圈字符】对话框。设置样式为“增大圈号”，圈号为“圆圈”，如图 4-5-7 所示。

11）保存文档。

提示：Word 中提供了一些符合中文习惯的文字效果，称为中文版式，包括拼音指南、带圈字符、纵横混排、合并字符和双行合一，效果如图 4-5-8 所示。

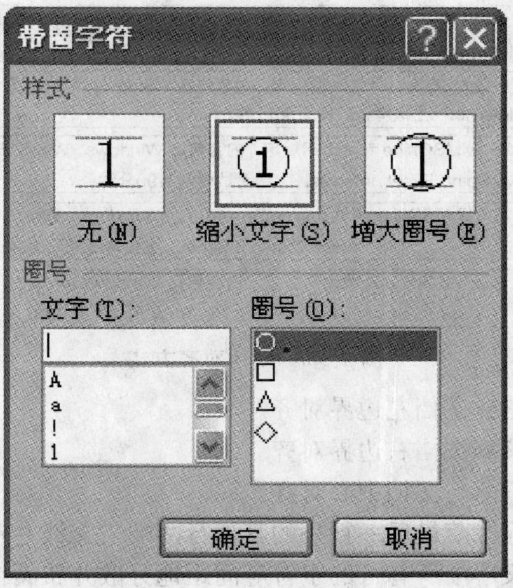

图 4-5-7　【带圈字符】对话框

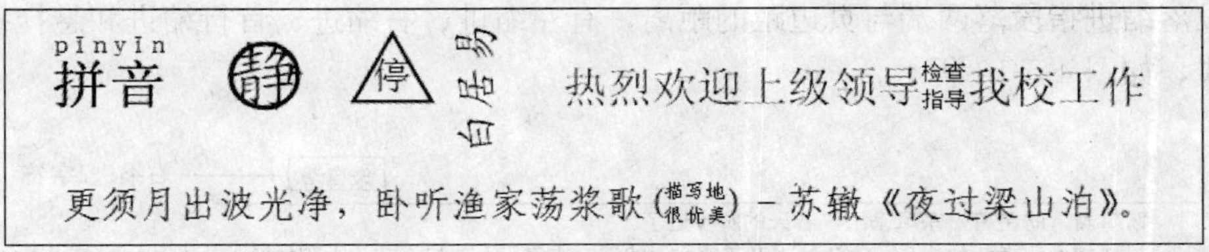

图 4-5-8　中文版式

拼音指南、带圈字符效果的设置可分别通过【开始】|【字体】组中的拼音指南按钮和带圈字符按钮完成。

纵横混排、合并字符和双行合一效果则可通过【开始】|【段落】组中的【中文版式】按钮完成，对应的命令项分别为 纵横混排(T)... 、 合并字符(M)... 和 双行合一(W)... 。

4.5.3　段落格式的设置

Office 中将两个段落标记之间的内容称为一个段落。如果文档中没有显示出任何段落标记，可单击【开始】|【段落】组中的【显示/隐藏编辑标记】按钮。

段落格式指控制段落外观的格式设置，包括段落的对齐方式、缩进方式、行间距和段间距等。段落格式设置时，通常不用选定整个段落，只把光标置于段落中任意位置即可。

1. 段落对齐

Word 2007 提供了五种段落对齐方式：左对齐、居中对齐、右对齐、两端对齐、分散对齐，如图 4-5-9 所示。默认对齐方式是两端对齐。

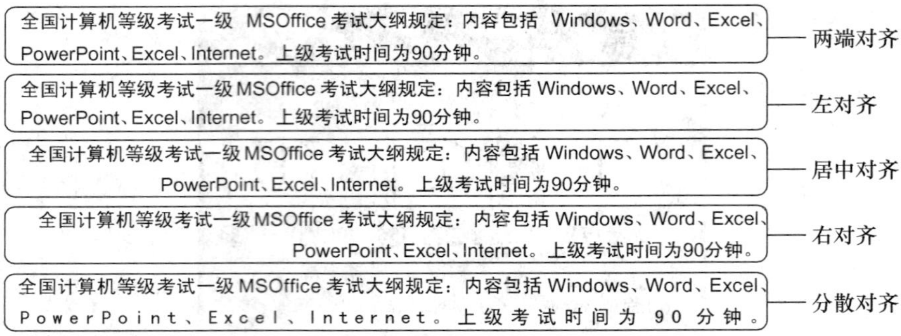

图 4-5-9　段落对齐方式

1）左对齐：使段落靠文档左边界对齐。
2）右对齐：使段落靠文档右边界对齐。
3）居中对齐：使段落与文档中心对齐。
4）两端对齐：使除段落最后一行外的其他行两端与文档左右边界对齐。
5）分散对齐：使段落中所有行的字符等间距地分散并布满在各行中。

2. 段落缩进

段落缩进指段落两端与页边距的距离，有左缩进、右缩进、首行缩进和悬挂缩进四种方式，如图 4-5-10 所示。

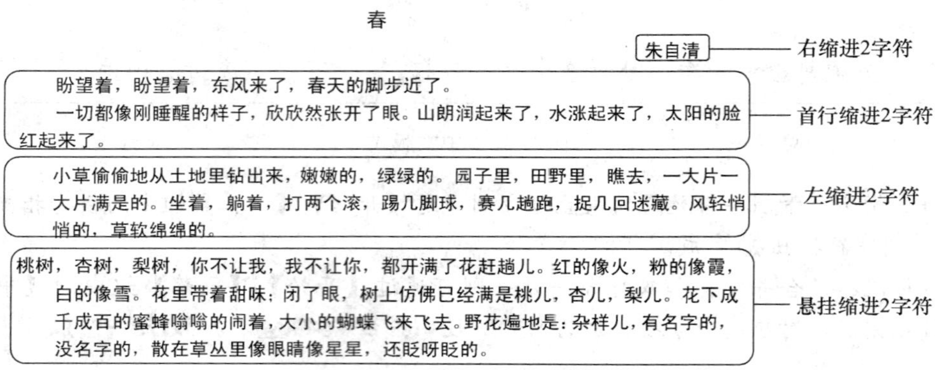

图 4-5-10　段落缩进方式

1）左缩进：段落在页面左侧的缩进。
2）右缩进：段落在页面右侧的缩进。
3）首行缩进：段落中首行第一个字符的缩进。
4）悬挂缩进：段落中除首行外其他行第一个字符的缩进。

通过水平标尺滑块可直观地调整段落缩进，如图 4-5-11 所示。

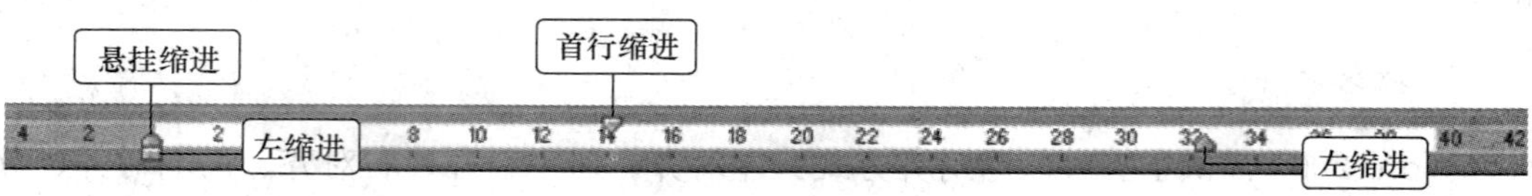

图 4-5-11　水平标尺上的滑块按钮

3. 行间距和段间距

行间距是指一行底部到下一行底部之间的距离。在默认情况下，Word 采用单倍行距。行间距有三种定义标准：一种是按着倍数来划分，有单倍、1.5 倍、2 倍和多倍几种规格；另一种是最小值标准（12 磅）；还有一种是设置固定值。

段间距包括段前间距和段后间距，本段首行与上段末行之间的距离叫做段前间距，本段末行与下段首行之间的距离叫做段后间距。

通常情况下，段落基本格式可通过以下三种方式设置。

（1）通过常用工具按钮设置

选择【开始】|【段落】组中的相应按钮，如图 4-5-12 所示。其中 分别对应左对齐、居中对齐、右对齐、两端对齐、分散对齐和行距； 为减少缩进量和增加缩进量按钮。

图 4-5-12　【段落】组工具栏

（2）通过浮动工具栏设置

使用方法与字符格式的设置相同。

（3）通过【段落】对话框设置

单击【开始】|【段落】组右下角的功能扩展按钮 ，则弹出【段落】对话框，其中包含了丰富的段落格式，如段落对齐、段落缩进、行间距等。

4. 项目符号和编号

使用项目符号和编号可使文档内容清晰、层次分明。创建项目符号和编号的方法基本相同，单击【开始】|【段落】中的项目符号 和编号 按钮即可完成。如图 4-5-13 所示的是为选中文字添加项目符号操作界面。

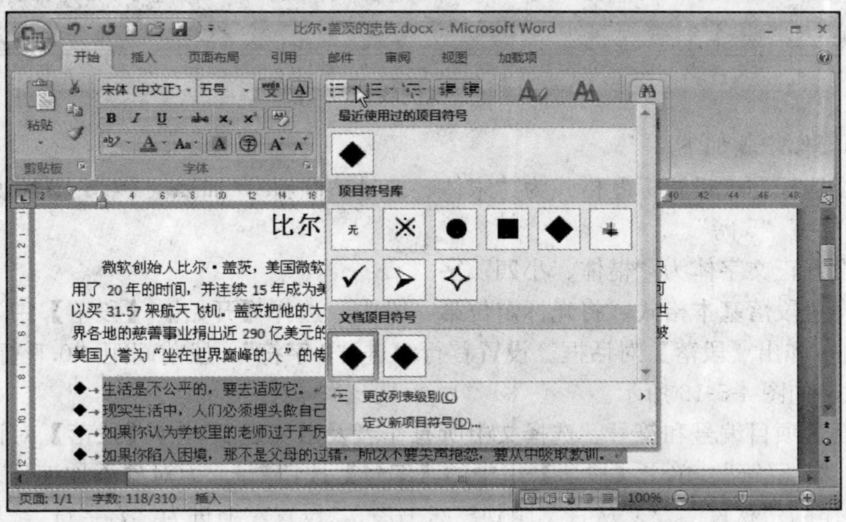

图 4-5-13　添加项目符号

4.5.4 案例:“走进散文”文档的格式化设置

案例分析:案例中用到的格式有段落的缩进、段落的行距、字符边框和底纹效果、项目编号和符号等,可通过【段落】对话框及功能选项卡完成操作。“走进散文”的排版效果图如图 4-5-14 所示。

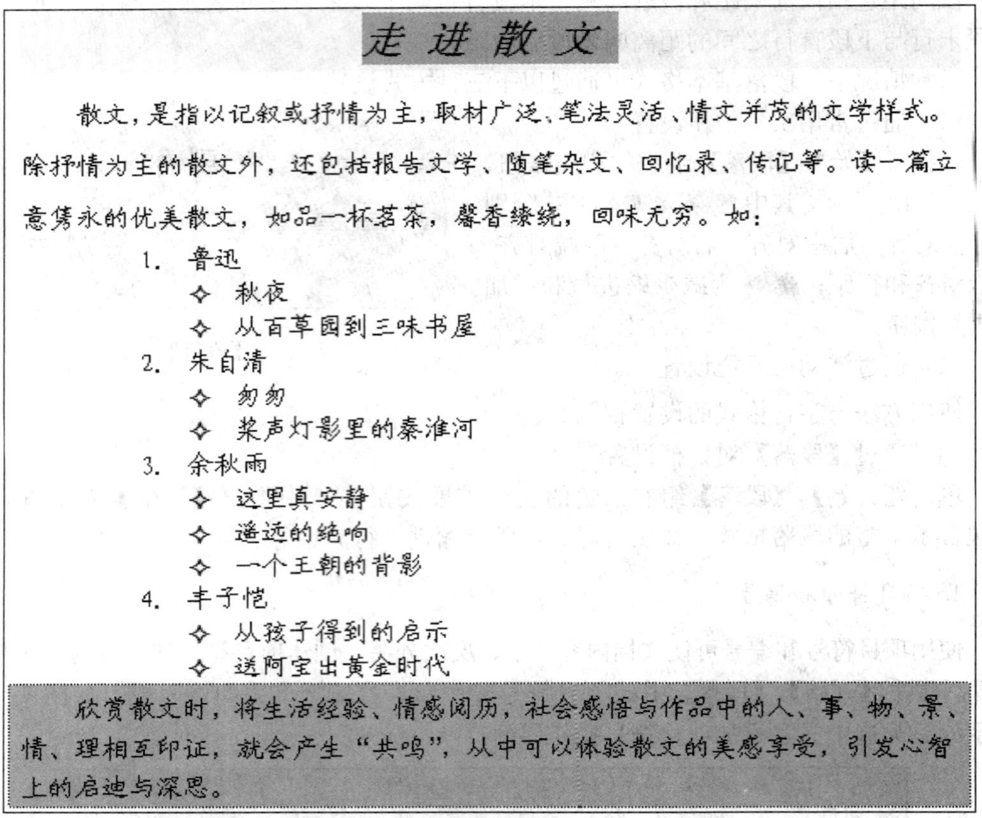

走 进 散 文

散文,是指以记叙或抒情为主,取材广泛、笔法灵活、情文并茂的文学样式。除抒情为主的散文外,还包括报告文学、随笔杂文、回忆录、传记等。读一篇立意隽永的优美散文,如品一杯茗茶,馨香缭绕,回味无穷。如:

1. 鲁迅
   - ✧ 秋夜
   - ✧ 从百草园到三味书屋
2. 朱自清
   - ✧ 匆匆
   - ✧ 桨声灯影里的秦淮河
3. 余秋雨
   - ✧ 这里真安静
   - ✧ 遥远的绝响
   - ✧ 一个王朝的背影
4. 丰子恺
   - ✧ 从孩子得到的启示
   - ✧ 送阿宝出黄金时代

欣赏散文时,将生活经验、情感阅历,社会感悟与作品中的人、事、物、景、情、理相互印证,就会产生“共鸣”,从中可以体验散文的美感享受,引发心智上的启迪与深思。

图 4-5-14 案例效果参考图

具体操作步骤如下。

1)设置标题。设置标题格式为“宋体、二号、倾斜”,加 白色,背景 1,深色 15% 底纹,字符间距加宽“5 磅”。

2)设置正文字体为“楷体、小四”字。

3)设置段落基本格式。将光标定位第一段中,选择【开始】|【段落】中的功能扩展按钮,弹出【段落】对话框。设置首行缩进“2 字符”、段前间距“0.5 行”、“1.5 倍”行距,如图 4-5-15 所示。

4)设置项目编号和符号。选择文中所有作者及散文题目,在【段落】对话框中设置左缩进“5 字符”。单击【段落】组中的【编号】按钮,为对象添加编号。再次选中鲁迅的作品“秋夜”及“从百草园到三味书屋”,设置左缩进为“7 字符”,然后添加项目符号✧。

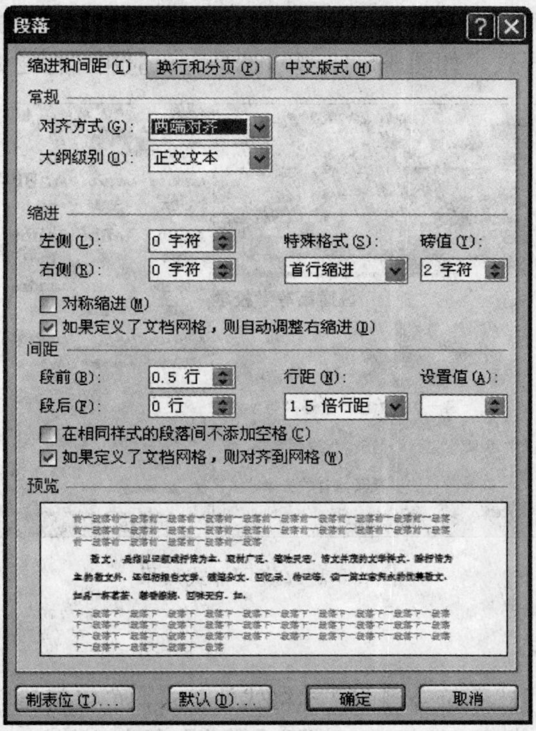

图 4-5-15 【段落】对话框

5）设置段落的边框和底纹。选中最后一段，打开【边框与底纹】对话框。在【边框】选项卡中，设置选择“方框”，样式为“虚线”，宽度“0.5 磅”。在【底纹】选项卡中，设置该段底纹为 橄榄色, 强调文字颜色 3，淡色 60%。

6）设置最后一段首行缩进“2 字符”。

7）保存文档“走进散文”。

4.5.5 样式的应用

样式是指字符格式和段落格式的集合。应用样式可以快速套用对象的格式，避免重复格式化操作。

1. 查看与应用样式

在文档编辑区选择文本，【开始】|【样式】中处于选中的按钮即表示该文本应用的样式。如图 4-5-16 表示当前文本的样式为“标题”，如需应用“副标题”样式，单击【副标题】即可。

图 4-5-16 【样式】组列表

在 Word 2007 中，包括多种内置样式。单击【样式】组中的按钮可弹出样式列表，从中选择准备应用的样式，如图 4-5-17 显示选择对象应用“标题 2”的效果。

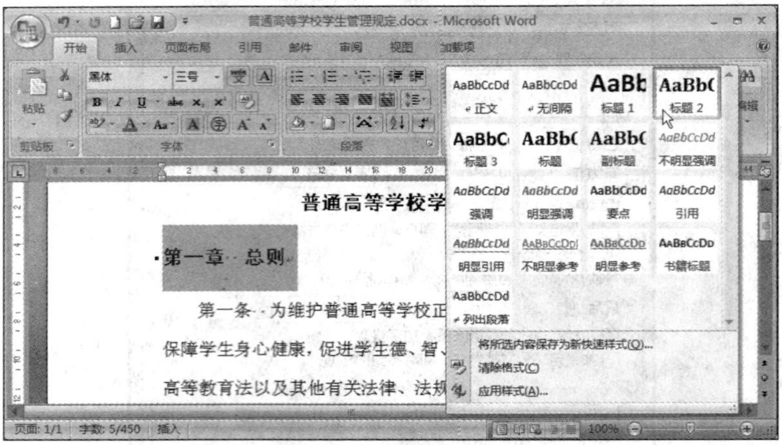

图 4-5-17 应用样式效果

2. 新建与修改样式

如果样式库中的样式不符合当前文本格式的要求，可以新建样式及修改样式。单击【样式】组右下角的功能扩展按钮，打开【样式】任务窗格，如图 4-5-18 所示。单击任务窗格左下角的【新建样式】按钮，打开【根据格式设置创建新样式】对话框，指定“名称”和“样式类型”，具体设置排版格式案例如图 4-5-19 所示。

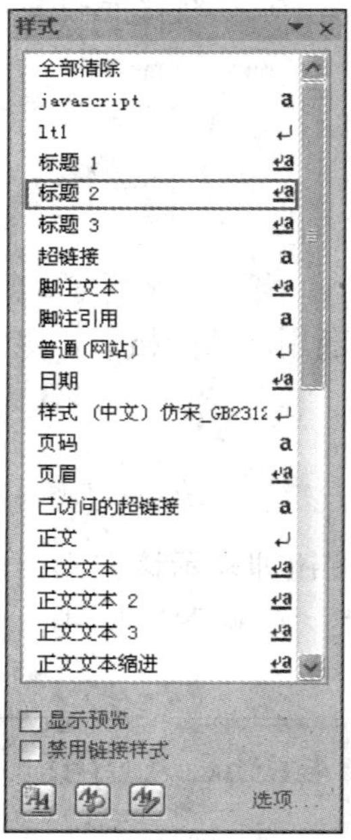

图 4-5-18 【样式】任务窗格

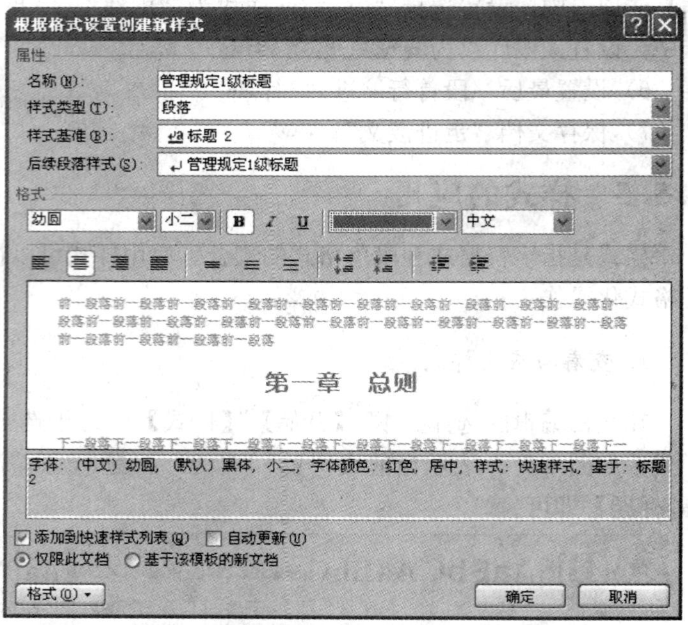

图 4-5-19 新建与修改样式

若要修改某一个已经建立的样式，可在【样式】任务窗格将鼠标移动至该样式名称上单击右键，从弹出的菜单中选择【修改】命令，打开【修改样式】对话框，然后使用与新建样式相同的方法对样式进行修改。

4.5.6　页面设计

文档最终是以页打印输出的，因此页面的美观显得尤为重要。输出文档之前首先应该选择纸张的大小及方向等，即进行页面的编排。

1. 纸张大小

Word 中，默认的纸张大小为 A4，有时希望采用 B5、16K 等其他型号的纸张，就需要对纸张大小进行设置。操作方法为：选择【页面布局】|【页面设置】，单击 纸张大小 按钮，显示系统提供的纸张型号，如图 4-5-20 所示。如果希望使用其他页面，可选择 其他页面大小(A)...，打开【页面设置】对话框，自定义纸张大小，如图 4-5-21 所示。

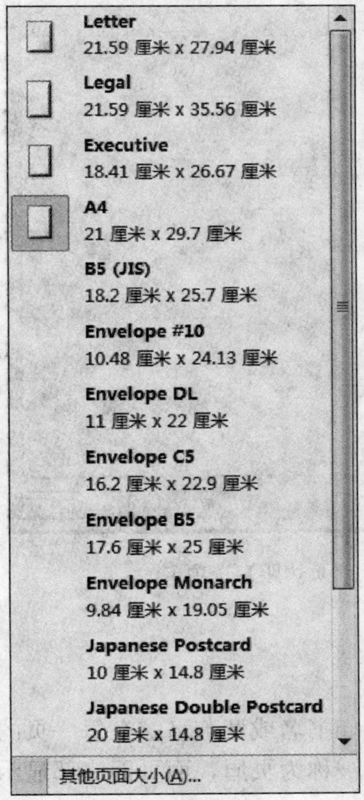

图 4-5-20　设置页面大小

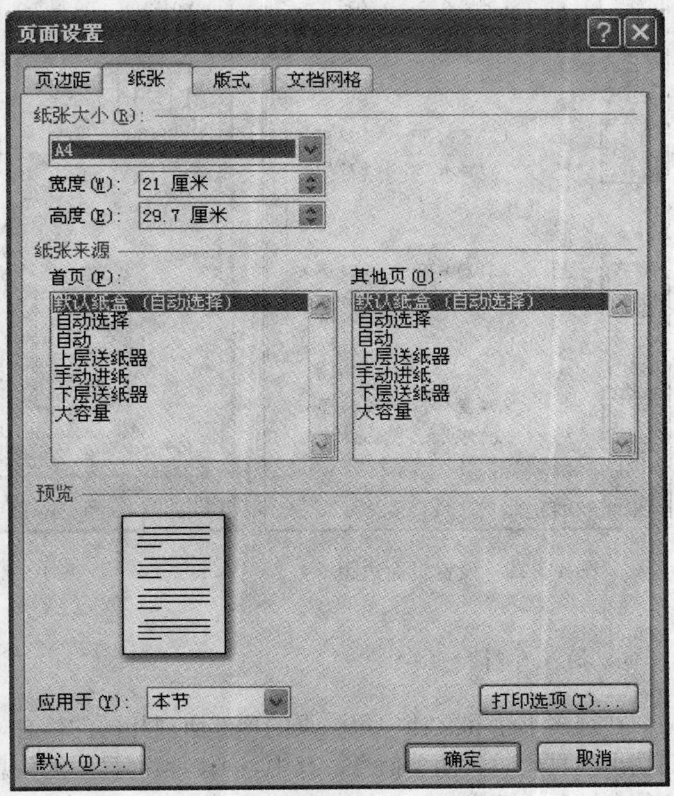

图 4-5-21　【纸张】选项卡

2. 纸张方向

纸张方向有“横向”和“纵向”两种，Word 2007 中默认的纸张方向为纵向，可根

据文字方向与打印机纸张方向来调整文档的纸张方向。选择【页面布局】|【页面设置】，单击纸张方向，弹出“纵向”与“横向”两种方式，根据需要选择即可。

3. 页边距

页边距是指文档内容与纸张边缘之间的距离，包括上、下、左、右四个边距。选择【页面布局】|【页面设置】，单击【页边距】按钮，显示预设的边距样式，如图 4-5-22 所示。还可以选择自定义边距(A)...，打开【页面边距】对话框进行设置，如图 4-5-23 所示。如果文档需要装订成册，还可以设置装订线距离。

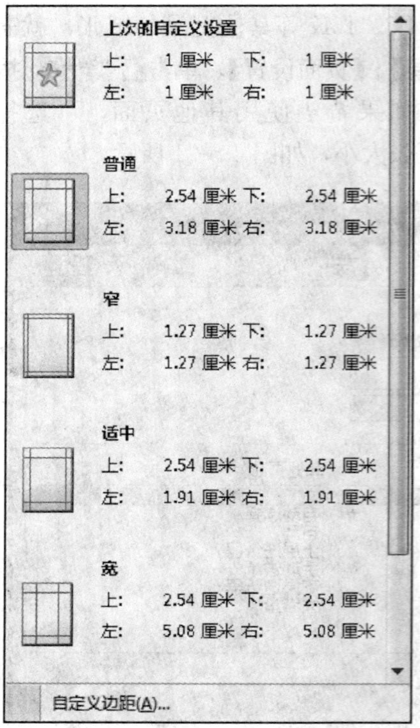

图 4-5-22　设置页面边距

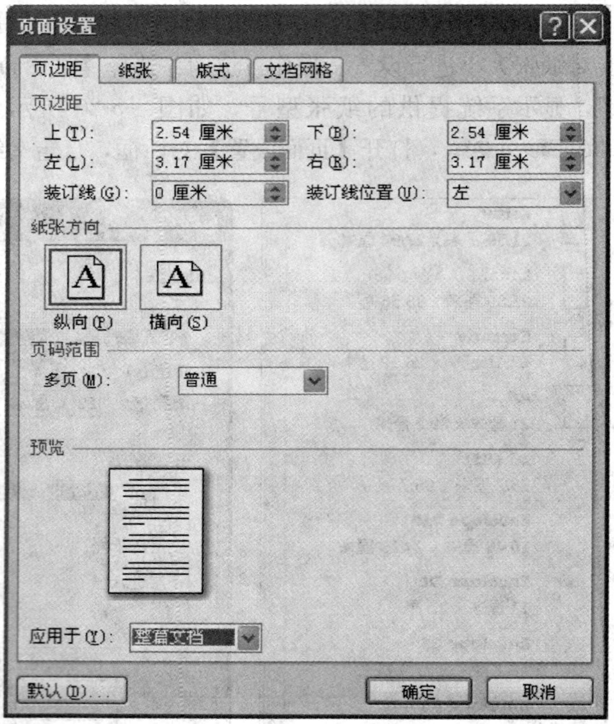

图 4-5-23　【页边距】选项卡

4. 插入页眉和页脚

在很多书籍和文档中每一页的顶部出现相同的信息，如书名或章节名，在每一页的底端出现页码、日期等信息。其中，页面顶部显示的信息被称为页眉，而页面底部显示的信息被称为页脚。

插入页眉的具体操作步骤为：选择【插入】|【页眉和页脚】，单击按钮页眉，显示内置的页面样式，如“空白”、“传统”等。如果选择“空白”样式，激活页眉区域，输入文字即可，如图 4-5-24 所示。页脚的插入方法与页眉相同。

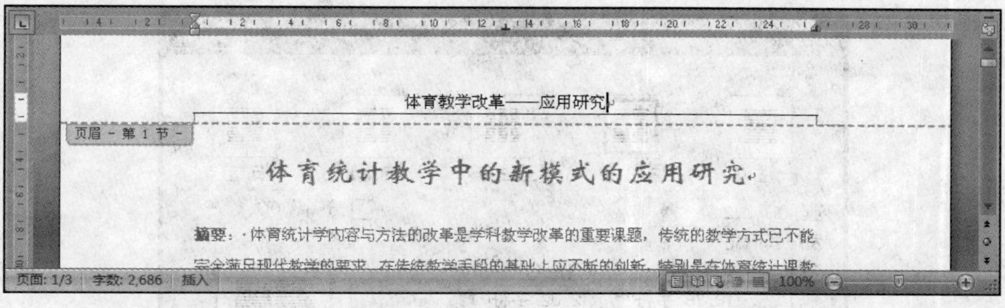

图 4-5-24 设置页眉

此外，对于已插入的页眉和页脚，可以设置字符、段落格式。双击页眉或页脚，进入编辑状态，其中格式设置方法与在正文中相同。

5. 插入页码

可以将页码添加到文档的顶部、底部或页边距。插入页眉或页脚时，一些内置的样式已包含了页码。此外，用户还可以选择【插入】|【页眉和页脚】组中的按钮 页码 ，按位置插入页码及设置页码格式，如图 4-5-25 所示。如果需要自定义页码，可选择【设置页码格式】命令，打开【页码格式】对话框做进一步操作，如图 4-5-26 所示。

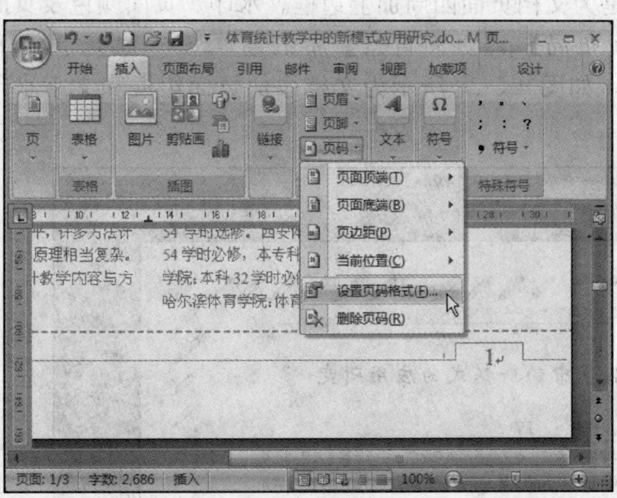

图 4-5-25 插入页码

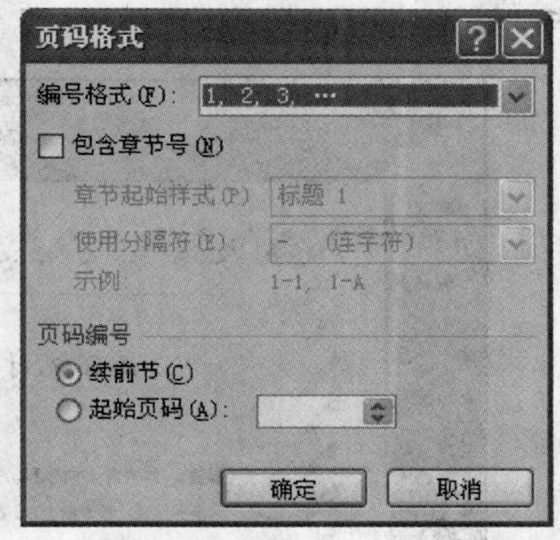

图 4-5-26 【页码格式】对话框

6. 分栏

通常对文档中的文本进行分栏排版，可使文档更具有多样性。选中需要分栏的文本，选择【页面布局】|【页面设置】，单击 分栏 按钮，在弹出的菜单中可直接设置分栏效果。也可以选择 更多分栏(C)... 命令按钮，打开【分栏】对话框进行更多设置，如栏宽、栏间距等，如图 4-5-27 所示。

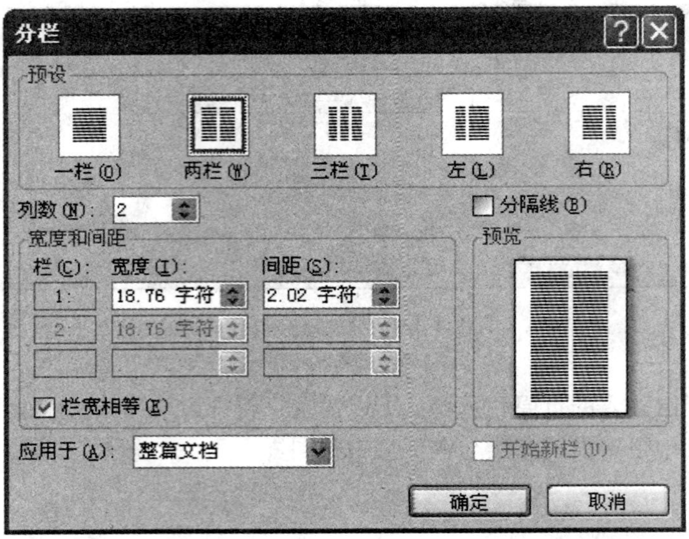

图 4-5-27 【分栏】对话框

7. 水印、页面颜色及页面边框

水印是出现在文档文本背后的文字或图片，通常用于增加趣味或标识文档状态；页面颜色即页面的背景色；页面边框是为文档页面四周加上边框。水印、页面颜色及页面边框的设置方法是分别选择【页面布局】|【页面背景】中的 水印、页面颜色 和 页面边框，按照屏幕提示进行操作。如图 4-5-28 所示为文档添加页面边框和文字水印后的效果。

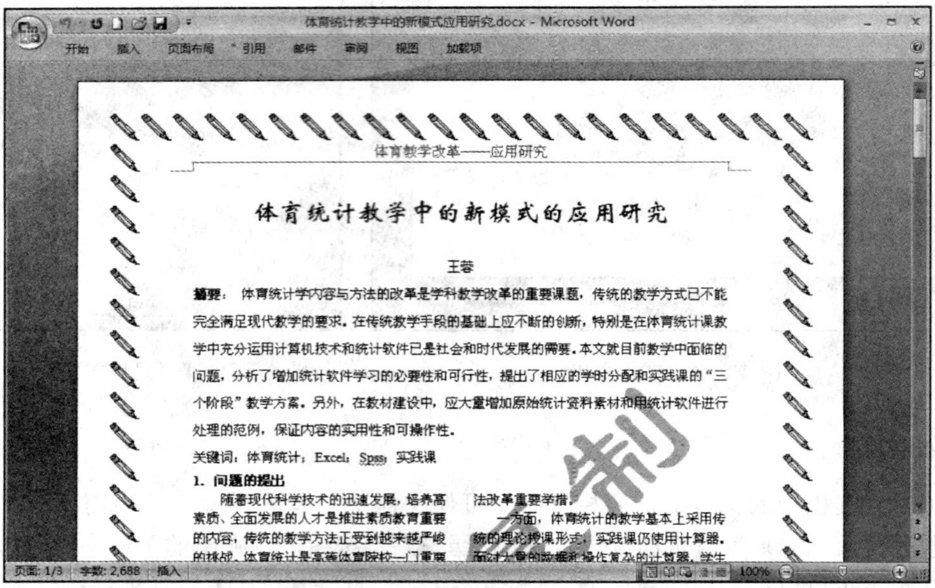

图 4-5-28 页面边框和水印效果图

4.6　图文混排

在 Word 中，用户不仅可以将文档排版出各种所需要的格式、样式，还可以利用 Word 提供的插入图片、艺术字、绘图等功能，制作图文并茂的文档效果，如图 4-6-1 所示。

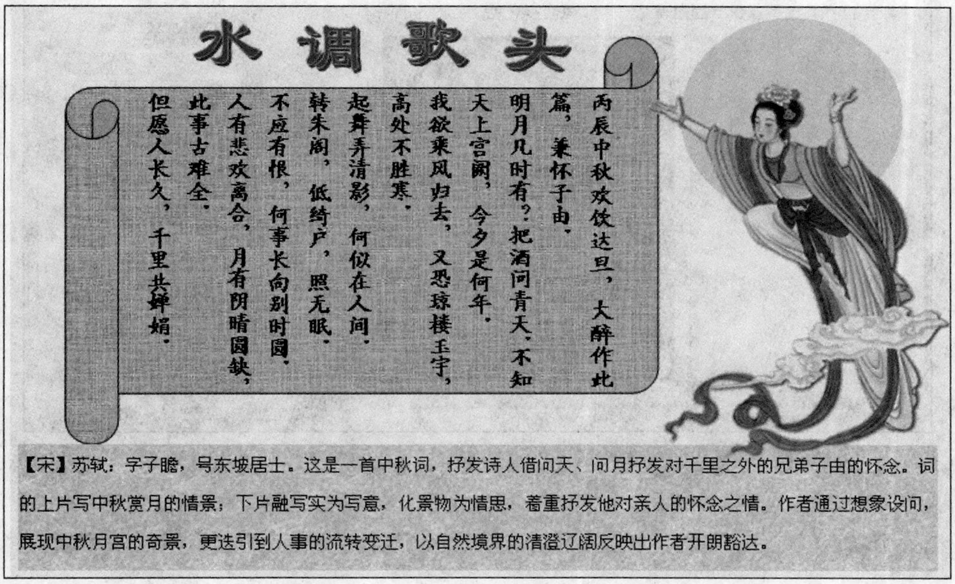

图 4-6-1　图文并茂的文档效果

4.6.1　插入剪贴画和外部图片

1. 插入剪贴画

在 Word 中，可以插入剪贴画来达到修饰文档的目的，与其他格式的图片相比，剪贴画具有特殊的优势，空间占用小、色彩鲜艳、线条流畅等。

选择【插入】|【插图】中的【剪贴画】按钮，在弹出的任务窗格中输入搜索文字，单击【搜索】按钮，显示相关的剪贴画缩略图。单击需要的剪贴画，即可将其插入到文档中，如图 4-6-2 所示。

2. 插入外部图片

插入外部图片是指在文档中插入计算机中已保存的图片。具体操作方法如下。

1）选择【插入】|【插图】|【图片】，打开【插入图片】对话框。

2）指定图片位置，选择需要插入的图片文件。

3）单击【插入】按钮。

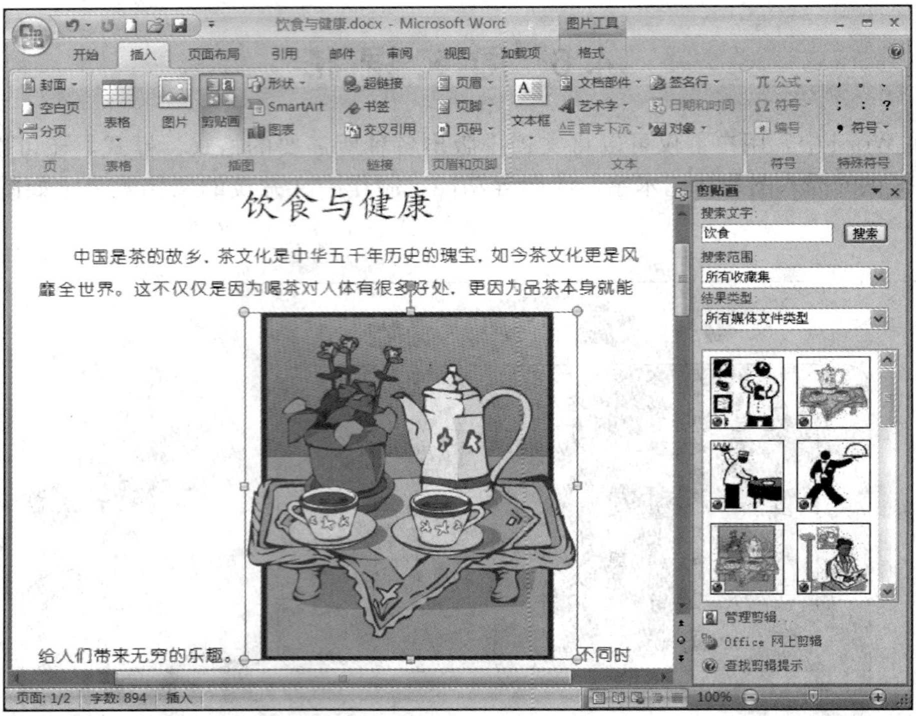

图 4-6-2 插入剪贴画

3. 选定图片

单击图片的任意位置，图片四周将显示 8 个控点，表示已经选定了该图片。在对图片的大小、位置、样式等设置前，首先应选定图片。

4. 缩放图片

插入图片后，经常要对图片的大小进行调整从而更好地适应版面。可以使用拖拽控点或应用【大小】对话框缩放图片。

1）用控制点调整。将光标移动到控点上，光标呈双向箭头显示，然后进行拖拽操作，图片随即放大或缩小。

2）精确调整图片大小。如果对图片的大小要求比较精确，则应指定图片的高度和宽度。选择【格式】选项卡，在【大小】组中输入高度和宽度值即可，如图 4-6-3 所示。

图 4-6-3 图片【格式】选项卡

5. 裁剪图片

单击【大小】组中的【裁剪】按钮，光标将变为，将其移动到图片边框的控点，然后进行拖拽操作即可裁剪图片。

6. 图片的版式

在 Word 中还可以设置图片的环绕方式，将其放在文档中的任何位置。选择【格式】|【排列】，单击 文字环绕 按钮，显示 嵌入型(I)、 四周型环绕(S)、 紧密型环绕(T) 等多种版式，可根据需要进行选择。

7. 应用图片样式

在 Word 2007 中，可以为图片添加多种图片样式，包括对图片形状、边框等效果等进行设置。

图片样式的设置可在【格式】|【图片样式】组中完成。单击样式列表右下角的其他按钮，显示系统预设的所有样式示意图，单击某一样式即可将其应用在选定的图片中，如图 4-6-4 所示。对图片形状、边框和效果的更改可分别选定【图片样式】组中的 图片形状、图片边框、图片效果，逐步完成不同效果的设置。

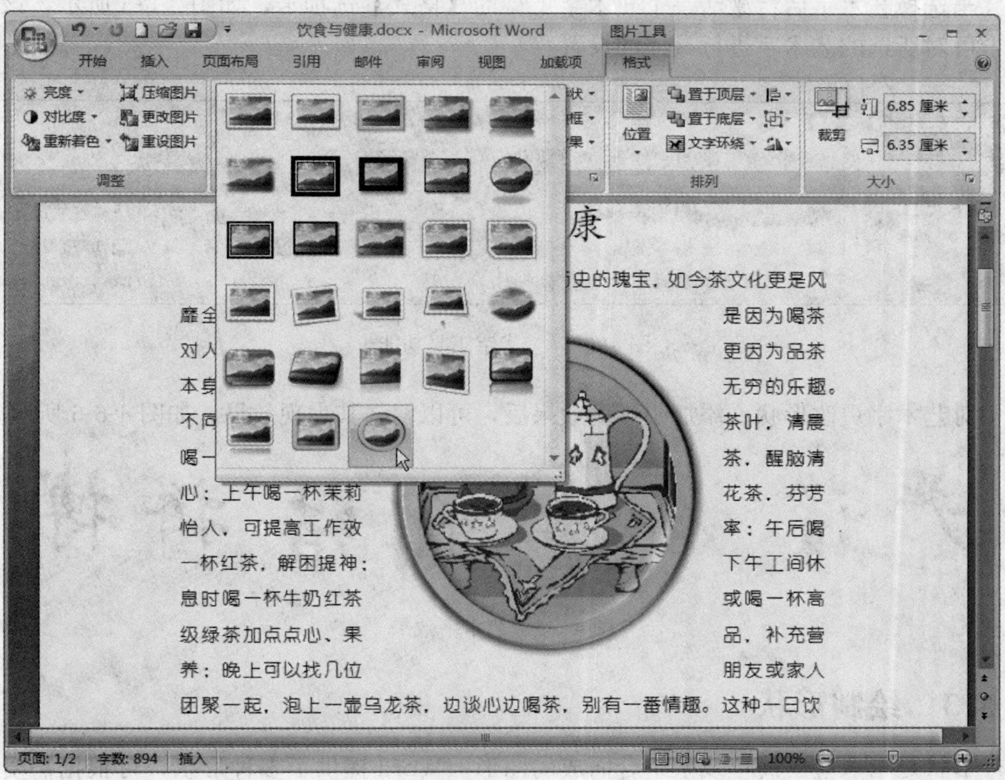

图 4-6-4　更改图片样式

8. 调整图片

选择【格式】|【调整】，单击 亮度 、 对比度 、 重新着色 等按钮可以完成对图片的调整，使图片更加符合整个文档的风格和要求。

需要指出的是，当对图片的大小、边框、样式等进行调整后，若需要返回到原图片样式，可选择【调整】组中的 重设图片 撤销对图片的所有更改。

4.6.2 插入艺术字

在编排报头、广告、请柬等文档时，经常需要插入一些奇特、新颖、活泼的字体，Word 提供了“艺术字”的功能。艺术字是特殊文字效果，属图形对象。

1. 插入艺术字

选择【插入】|【文本】，单击【艺术字】按钮，显示艺术字式样，单击所需样式，打开【编辑艺术字文字】对话框。在“文本”下的文本框内输入要设置为艺术字的文本，并设置文本格式，单击【确定】按钮。

2. 设置艺术字格式

当选择艺术字后将激活一个艺术字工具的【格式】选项卡，如图 4-6-5 所示，该选项卡可对所选的艺术字进行具体的设置。

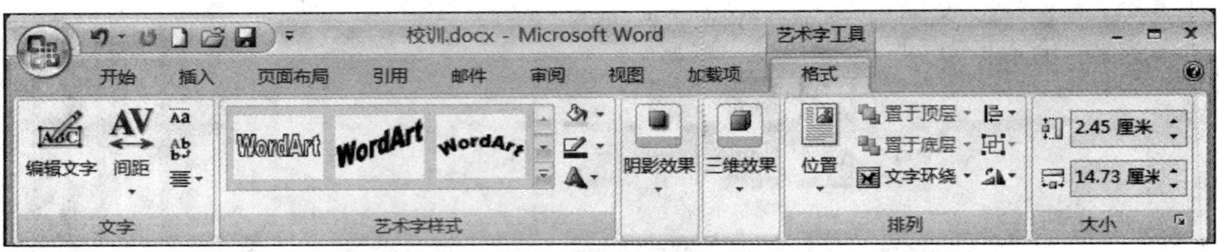

图 4-6-5 艺术字工具功能卡

对艺术字更改形状、添加阴影等效果后，可以增强其表现效果，如图 4-6-6 所示。

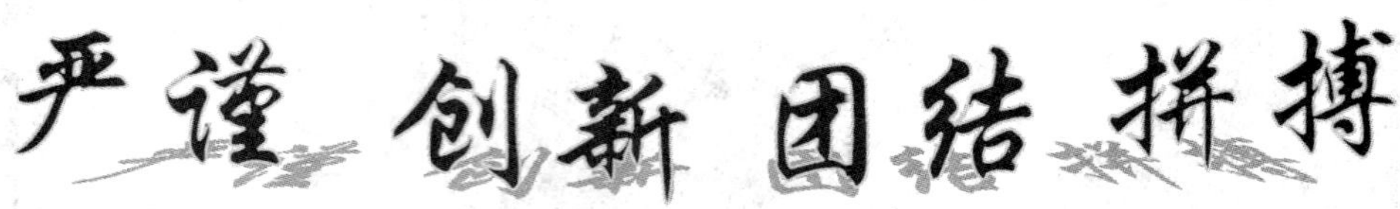

图 4-6-6 艺术字效果

4.6.3 绘制形状

形状是指一些由简单线条组合而成的图形。Word 提供了多种形状，可根据需要将形状绘制到文档中，对其进行修饰或将多个形状组合为一个新的形状。

1. 绘制形状

选择【插入】|【插图】，单击形状按钮 形状，打开形状列表，从中选择所需的形状，此时光标将变为＋，在文档中拖动鼠标即可绘制形状。

2. 修饰形状

绘制形状后，将激活一个形状工具的【格式】选项卡，如图 4-6-7 所示。该选项卡可对形状进行具体的设置，如样式、阴影效果等。

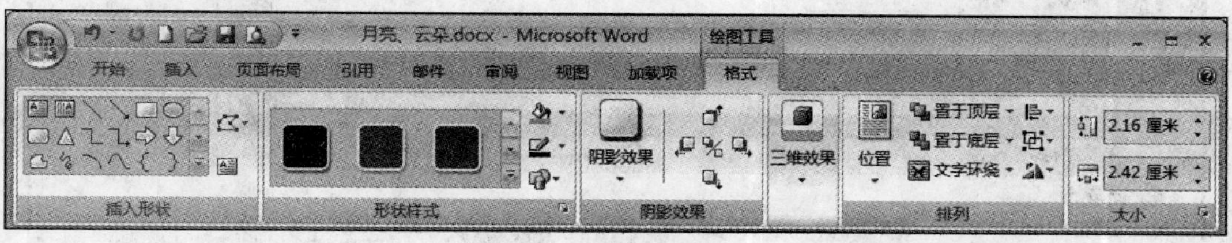

图 4-6-7　格式工具功能卡

3. 组合形状

为了方便整体调整形状大小和移动形状，可以将多个形状组合为一个形状。如在文档中绘制五个基本形状，并为每个形状设置不同的样式。按住 Ctrl 键或者 Shift 键，逐一选择五个形状，如图 4-6-8 所示。完成选择后，释放鼠标及 Ctrl 键或者 Shift 键，单击【排列】组中的【组合】按钮。

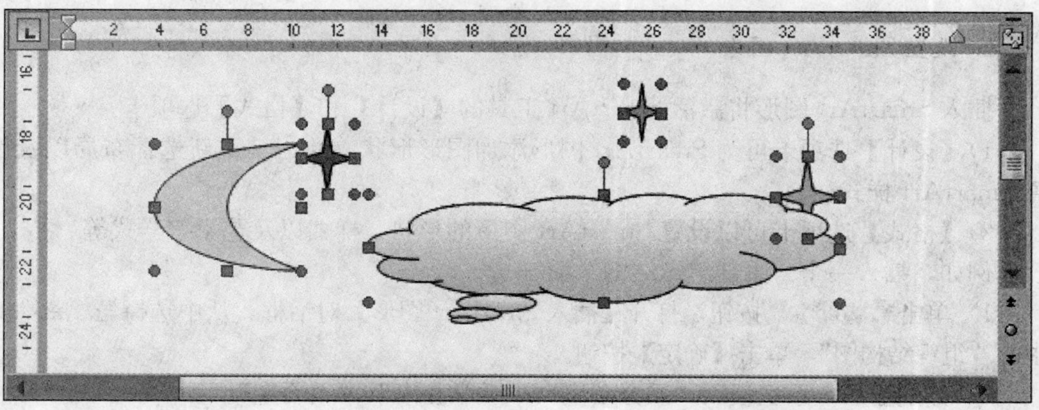

图 4-6-8　组合图形

4.6.4 插入 SmartArt 图形

SmartArt 图形主要用于制作流程图、组织结构图等，使用它可以将文字间复杂的关系简洁明了地表现出来。

1. 插入 SmartArt 图形

选择【插入】|【插画】，单击 SmartArt 按钮 SmartArt，打开【选择 SmartArt 图形】对话框，如图 4-6-9 所示。从中选择所需样式后，单击【确定】按钮。返回文档编辑区中即可看到图形已经插入，在"文本"字样处输入文本内容。

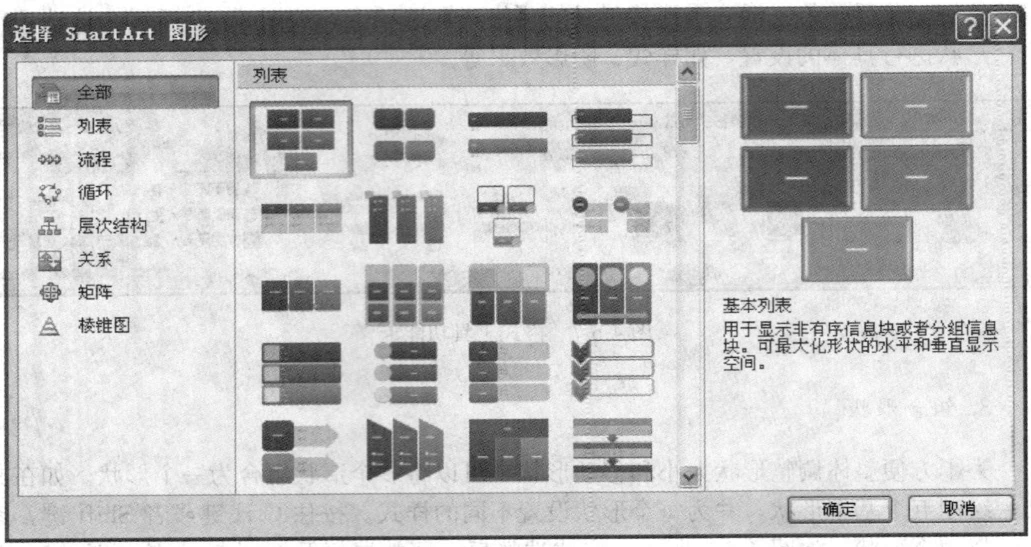

图 4-6-9 【选择 SmartArt 图形】对话框

2. 设置 SmartArt 图形

插入 SmartArt 图形将激活 SmartArt 工具的【设计】和【格式】选项卡。

1）【设计】选项卡可为 SmartArt 图形添加图形形状，并为其重新选择布局以及设置 SmartArt 样式。

2）【格式】选项卡可以设置 SmartArt 图形的形状、样式以及艺术字样式等。

例如，插入一个"系部组织结构"图。

1）单击 SmartArt 按钮，打开【插入 SmartArt 图形】对话框，从中选择 层次结构 中的"组织结构图"，单击【确定】按钮。

2）分别输入"系主任"、"系办公室"、"教学秘书"、"教研室"。

3）添加按钮。选中"系主任"，单击【设计】|【创建图形】|【添加形状】按钮下方的箭头，选择 在下方添加形状(W)，则添加了新按钮，输入"辅导员"。

4）同样的方法，选中"教研室"，在下方添加三个新的按钮。单击【创建图形】组 布局 右侧的箭头，显示布局列表，选择其中的 标准(S)，依次输入各教研室名称。

5）样式更改。单击【设计】|【SmartArt 样式】组，选择【嵌入】样式。

6）格式更改。单击【格式】|【艺术字样式】，选择文本的外观为 填充 - 强调文字颜色 2，粗糙棱台。

制作完成的效果如图 4-6-10 所示。

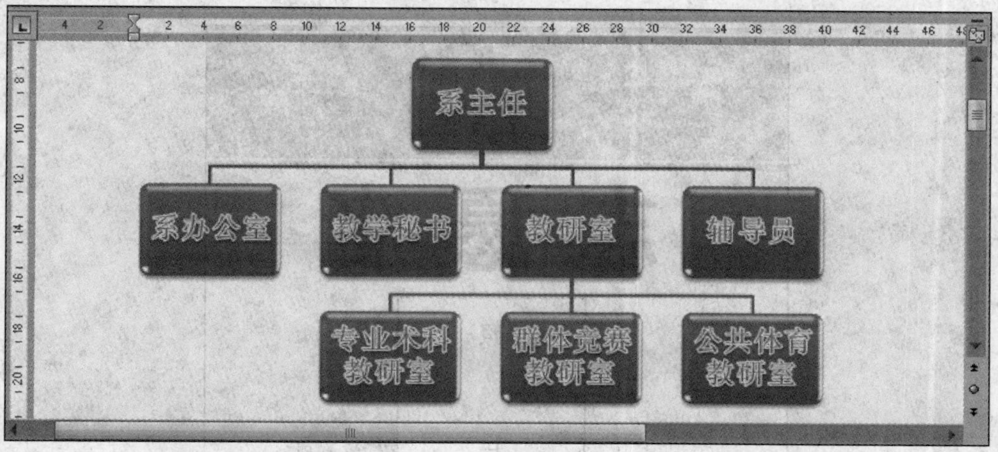

图 4-6-10 SmartArt 图形实例

4.6.5 插入文本框

文本框是一种特殊的图形对象，在文本框中可以输入文本和插入图片等。文本框也属于图形对象，所有编辑和处理图形的方法对文本框也都适用。

1. 插入/绘制文本框

Word 2007 中提供了多种不同风格的文本框，选择【插入】|【文本】，单击【文本框】下拉按钮，在弹出的列表中选择所需样式。如果对这些内置文本框样式不满意，用户可以单击样式列表下方的 绘制文本框(D) 或 绘制竖排文本框(V)，绘制文本框。插入或绘制文本框到文档后，修改或输入其中的内容。

2. 设置文本框格式

在文档中插入或绘制文本框后，文档将自动显示文本框【格式】选项卡，通过选项卡中的各功能组，可对文本框进行相应的设置。例如，要制作如图 4-6-11 所示的文本框，首先绘制文本框并输入文字；然后设置文本框格式：文本框样式为 线性向上渐变 - 强调文字颜色 4，形状填充为“线性向左”渐变，更改样式为“圆角矩形”。

图 4-6-11 设置文本框格式

4.6.6 案例：制作“志愿者”胸卡

案例分析：完成如图 4-6-12 所示的胸卡。首先要设置页面大小，再结合 Word 中的文本框、艺术字、页面背景等效果，完成文档制作。

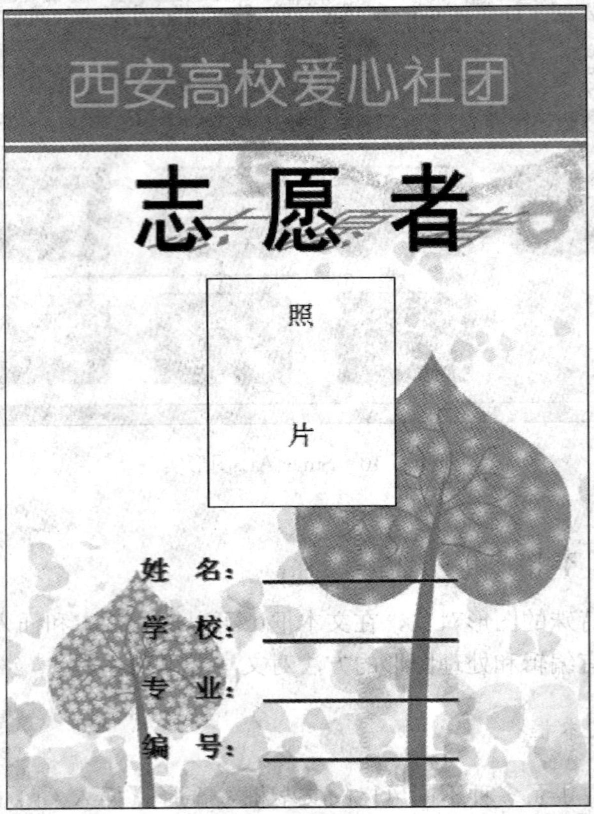

图 4-6-12 胸卡

具体操作步骤如下。

1）新建 Word 文档，自定义纸张大小，设置宽度为 10.5 厘米，高度为 15 厘米，上、下、左、右边距均为 1 厘米。

2）为文档设置背景图片。选择【页面布局】|【页面背景】，单击【页面颜色】按钮，在弹出的菜单中选择 填充效果(F)... ，打开【效果填充】对话框。单击【图片】选项卡中的 选择图片(L)... 按钮，打开【选择图片】对话框，选择背景图片，单击 插入(S) 按钮。

3）绘制顶端横幅。选择【插入】|【插图】组，单击【形状】按钮下方的箭头，在弹出的列表中选择矩形，此时鼠标变为十字形，按下左键绘制顶端横幅。设置图形大小为高度 2.3 厘米，宽度 10.5 厘米，然后调整图形位置。

4）设置横幅样式。选择绘图工具中【格式】|【形状样式】组右下角的【其他】按钮，在弹出的样式列表中单击 纯色填充，复合型轮廓 - 强调文字颜色 6。

5）为横幅添加文字。将鼠标指针移至文本框边缘，使鼠标指针变成 时单击右键，在弹出的快捷菜单中选择 编辑文字(X)，输入“西安高校爱心社团”，设置字体为“幼圆”，字号“30”，字体颜色为“金色”，字体间距加宽“1磅”，居中显示。

6）插入艺术字。选择【插入】|【文本】，单击“艺术字”，在弹出样式中选择艺术字样式1，打开【编辑艺术字文字】对话框。在“文本”框中输入“志愿者”，并设置字体为“黑体”。

7）设置艺术字格式。选择艺术字工具【格式】|【排列】，单击 文字环绕 按钮，选择 浮于文字上方(N)，调整艺术字位置到横幅下方。单击【艺术字样式】组中的 形状填充，从弹出的列表选择“主题颜色”为黑色, 文字 1, 淡色 15%。单击【阴影样式】组中的【阴影效果】按钮，选择“透视阴影”为阴影样式 7。

8）绘制文本框，制作照片矩形外框。选择【插入】|【文本】，单击【文本框】按钮下方的箭头，在弹出的列表中选择 绘制文本框(D)，此时鼠标变为十字形。绘制文本框，调整大小和位置，并在其中输入文字“照片”，设置两个字居中显示、字体为“宋体”、字号“四号”。

9）绘制文本框，输入“姓名”等基本信息。如步骤8）绘制文本框，在其中输入“姓名、学校、专业、编号”等信息。设置字体为“宋体”，字号“四号”，颜色为深蓝, 文字 2, 深色 25%，并添加阴影效果。

10）隐藏文本框边框。选择步骤9）绘制的文本框，选择文本框工具【格式】|【文本框样式】，单击 形状轮廓 右侧的箭头，从弹出的列表中选择 无轮廓(N)。

11）保存文档，并命名为“西安高校爱心社团志愿者胸卡”。

4.7 制作表格

表格作为一种简明扼要的表达方式，以行和列的形式来组织信息，具有结构严谨、效果直观、信息量大的特点。

1）表格：由行和列组成，信息可以是文本，也可以是图形。

2）单元格：表格中容纳资料的基本单元。

3）单元格名称：行号以1、2、3、…命名，列号以A、B、C、…命名，单元格名称由其列号和行号组成，如第B列第3行交叉点的单元格名称为B3。

4.7.1 创建表格

1. 使用【插入表格】按钮创建表格

选择【插入】|【表格】，单击【表格】按钮，在弹出列表的“插入表格”栏中拖动鼠标，文档中随即预览出表格创建效果，如图4-7-1所示，选择要创建的表格行、列数并单击鼠标即可。

2. 插入指定行列数的表格

如果插入的表格有较多的行或列，选择如图4-7-1所示下拉列表中的 插入表格(I)...，打开【插入表格】对话框，精确设置表格行列数后即可插入表格。如

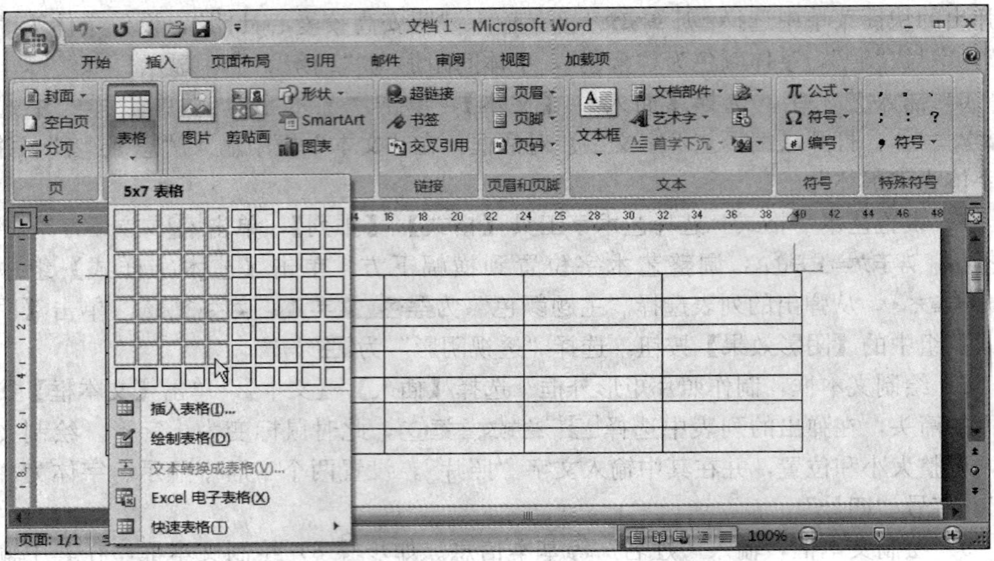

图 4-7-1 使用【插入表格】按钮创建表格

果单击此对话框中的【自动套用格式（A）...】按钮，则显示数十种表格样式。选定某一种样式后，在插入表格的同时，表格将自动套用这种格式。

3. 绘制表格

对于一些不规则的表格，可以使用绘制表格的方法来创建表格。选择图 4-7-1 所示下拉列表中的 绘制表格(D)，这时鼠标指针变为一支笔，可以用它在页面中绘制表格边框线。绘制表格时，激活表格的【设计】选项卡，如图 4-7-2 所示。绘制完表格后单击【绘制表格】按钮完成操作。如果绘制了多余的边框线，可以使用【擦除】按钮擦除。

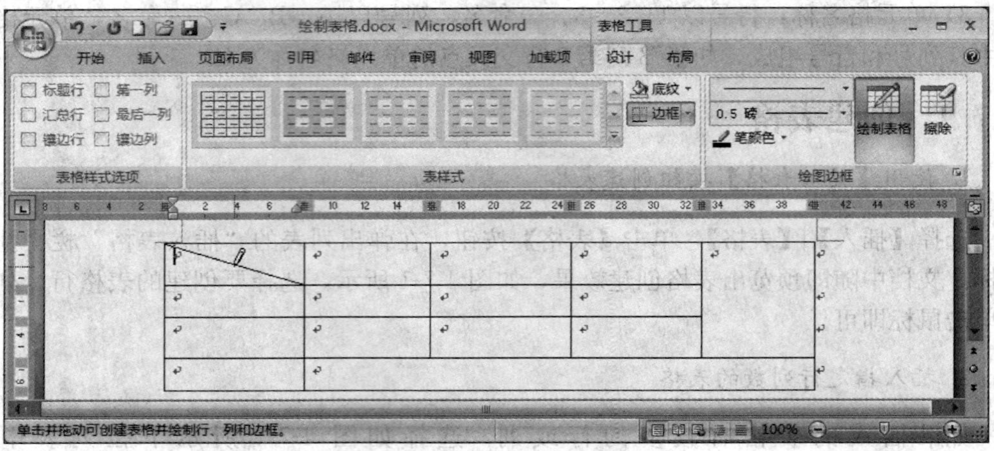

图 4-7-2 绘制表格

4.7.2　表格的编辑

1. 在表格中移动光标位置

除了单击鼠标或按←和→键，直接把光标置入单元格之外，还可以按 Tab 键，每按一次 Tab 键，光标可以向右移动一个单元格，如果按住 Shift 键的同时，再按一次 Tab 键，可以向左移动一个单元格。

2. 选定表格内容

要对表格中的内容进行选定，方法如表 4-7-1 所示。此外，对于单元格、列、行或整个表格的选定，也可选择【布局】|【表格】，然后单击【选择】按钮。

表 4-7-1　选定表格的方法

选定对象	操　作
一个单元格	单击单元格左端的选定标记⬈
一行	单击该行的左侧
一列	把光标移动到某列顶端呈现⬇时，单击鼠标
多个单元格、行或列	在要选定的单元格、行或列上拖动鼠标
选定整个表格	单击表格左上角的⊞图标

3. 将文本转换成表格

为了使用方便，对于相同的内容，可以用文本或表格来表示。在 Word 中，提供了文本和表格之间相互转换功能。

（1）文本转换成表格

若将文本转换成表格，那么数据之间均由特殊的分隔符（如空格、逗号、制表符、段落标记等）分隔开，且分隔符不能用全角字符。如图 4-7-3 所示的是一种文本文件的格式，如果要将其转换成表格，则操作步骤如下。

```
系别        →  专业代号  →  专业          →  学制  →  招生计划
计算机信息学院 →  0810    →  通信工程       →  四年  →  60↵
文学院      →  0216    →  广播电视新闻学  →  四年  →  40↵
外国语学院   →  0501    →  英语          →  四年  →  20↵
教育系      →  0616    →  心理学        →  四年  →  40↵
数字艺术系   →  1114    →  艺术摄影       →  二年  →  30↵
```

图 4-7-3　文本格式

1）选定需转换成表格的文本块。

2）选择【插入】|【表格】，单击【表格】下方的箭头，在弹出的菜单中选择 文本转换成表格(V)...，弹出如图 4-7-4 所示的对话框。

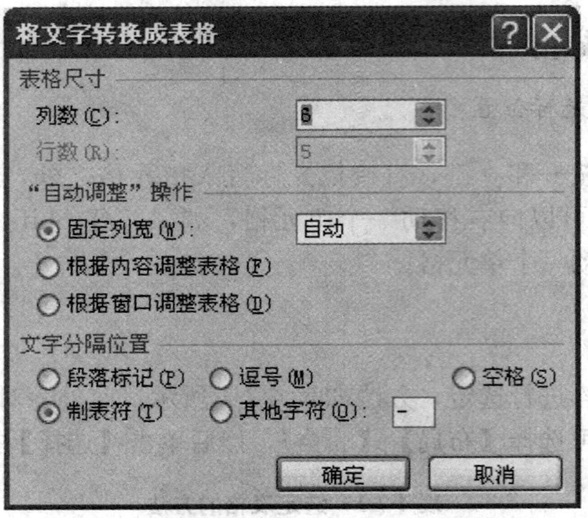

图 4-7-4 【将文字转换成表格】对话框

3）单击【确定】按钮。

（2）表格转换成文本

将光标定位在需转换成文本的表格中，选择【布局】|【数据】，单击转换为文本按钮，在打开的【表格转换成文本】对话框中选择文字分隔符，单击【确定】按钮。

4. 删除表格

1）删除表格内容：首先选定要删除的表格项，然后按下 Del 键。

2）删除表格、单元格、行或列：首先选定删除对象，选择【布局】|【行和列】，单击【删除】按钮下方的箭头，弹出下拉菜单，从中选择所需的命令；也可使用【开始】|【剪贴板】组中的【剪贴】按钮。

4.7.3 修改表格

1. 在表格中插入行或列

首先在表格中选中某一行或列，选择【布局】|【行和列】，根据需要单击插入方式，如在下方插入等。

2. 改变表格的行高和列宽

创建表格时，表格的行高和列宽都采用默认值，而在表格各单元格输入的内容多少通常不等，因此需要对表格的行高和列宽进行适当调整。

（1）使用鼠标拖动

将鼠标指针放在需要调整的线条上，如果是竖线，光标变成+||+；如果是横线，光标变成÷。按住左键不放，拖动鼠标，到达适合宽度或高度，放开左键，即可完成操作。

（2）通过组命令调整

选定需要调整的列或行，选择【布局】|【单元格大小】，在【自动调整】按钮弹出

的菜单中选择 根据内容自动调整表格(C)、 根据窗口自动调整表格(W) 或 固定列宽(N)。如果对行高和列宽有具体值的要求，则可在 高度: 和 宽度: 后的数值框里输入相应的数值。

要将多行或多列表格的高度或宽度设置为相同时，可以在选定行或列后，单击 分布行 或 分布列 按钮实现平均分布行与列。

3. 设置斜线表头

绘制简单的斜线表头，可以使用【绘制表格】按钮，在单元格内绘制对角线即可。

也可以通过【插入斜线表头】对话框创建斜线表头。选择【布局】|【表】，单击【绘制斜线表头】按钮，打开【插入斜线表头】对话框。选择表头样式，输入标题名称，如图 4-7-5 所示，单击【确定】按钮即可完成操作。

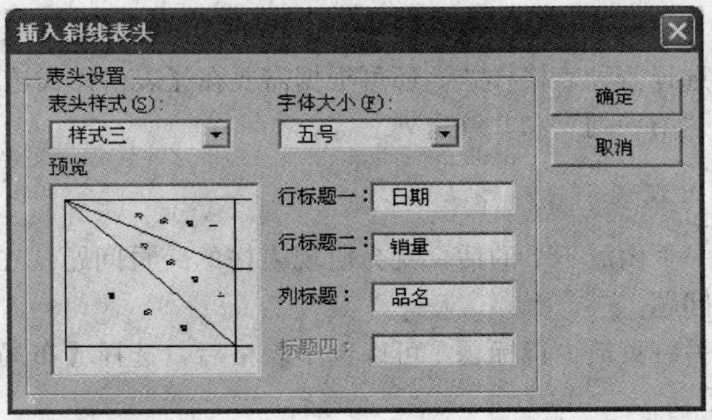

图 4-7-5　绘制斜线头

4. 单元格的合并或拆分

合并是指将多个对象（单元格或表格）合并成一个；拆分是指将一个或多个对象分成若干个。

单元格的合并或拆分首先选定要操作的单元格，选择【布局】|【合并】，单击 合并单元格 或 拆分单元格 按钮，在拆分单元格时，将打开【拆分单元格】对话框，设置拆分单元格的列数和行数。

5. 设置对齐方式

为了表格美观，可以设置表格和单元格的对齐方式。

（1）表格的对齐方式

将插入点定位到表格中，选择【布局】|【表】，单击【属性】按钮，弹出【表格属性】对话框。选择【表格】选项卡，在【对齐方式】栏中选择“居中”等方式。

（2）单元格的对齐方式

将插入点定位到需要设置的单元格中，选择【布局】|【对齐方式】，其中显示了“水平居中”等九种对齐方式，单击所需的对齐方式即可。

4.7.4 美化表格

为了使表格更加美化，可以对表格进行添加边框和底纹或套用表格样式等操作。

1. 设置表格边框和底纹

将插入点定位在表格中，然后选择【设计】|【绘图边框】，单击功能扩展按钮，弹出【边框和底纹】对话框，设置边框样式和底纹颜色。

2. 套用表格样式

Word 2007 预定义了多种表格样式，如网格型、典雅型和彩色型等，并可在应用样式后再根据需要进行修改。

将插入点定位在表格中，选择【设计】|【表样式】，单击【其他】下拉按钮，在弹出的下拉列表中选择一种表格样式。还可根据需要在【表格样式选项】组中设定子样式，如“行标题”、“第一列”和“镶边列”等。

3. 表格的跨页处理

若一张表格在一页内放不下的话，就会出现表格的跨页问题。在出现表格跨页时，可能出现表格断行问题。

为防止表格在另一页缺少行标题，可以选中表格后，选择【布局】|【数据】，单击【重复标题行】按钮。

4.7.5 案例：制作收费票据

案例分析：在如图 4-7-6 所示的票据中，应用的知识点包括表格列宽、行高的调整，平均分布各行、各列，单元格的合并和拆分，以及表格边框的设置。

××市网络传媒有限公司收费票据

用户名称：　　　　　　　　　　　　　　　　年　　　月　　　日

收费项目	单位	数量	单价	金额							
				十	万	千	百	十	元	角	分
合计金额（大写）　拾　万　仟　佰　拾　元　角　分											
备注	本发票不盖章、不写明收费项目无效。										

开票人单位（盖章）　　　　　　　　收款人：　　　　　　　　开票人：

图 4-7-6　收费票据样图

具体操作步骤如下。

1）输入表格之前的两行信息，包括表格标题及用户名称、年、月、日等内容，第一行标题的字号为“四号”。

2）插入表格。将插入点定位在第 3 行，选择【插入】|【表格】，单击【表格】按钮，指定表格大小为 5×7，即在文档中插入 7 行 5 列的表格。

3）在表格的第 1 行输入图示中的内容。

4）调整列宽。将鼠标指针移至列之间的分隔线上，根据图示调整各列的宽度。选中“单位”、“数量”、“单价”三列，选择表格工具【布局】|【单元格大小】，单击 分布列 按钮，平均分布这三列列宽。

5）拆分单元格。选中“金额”单元格，选择【布局】|【合并】组中的 拆分单元格 按钮，打开【拆分单元格】对话框。指定拆分单元格的列数为 1，行数为 2，单击【确定】按钮。选中如图 4-7-7 中所示的单元格，按相同的方法，将选中的单元格拆分成 8 列 7 行。

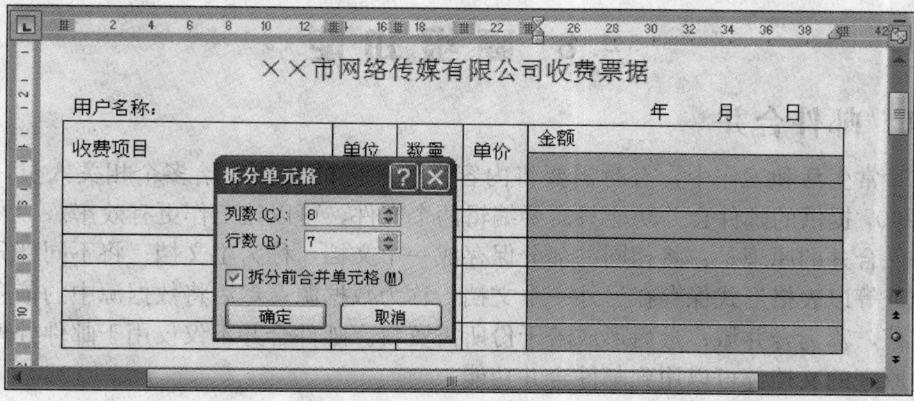

图 4-7-7　拆分单元格

6）调整行高。将光标移至表格下边沿，调整最后一行行高。选中第 2～7 行，如图 4-7-8 所示，选择【布局】|【单元格大小】，单击 分布行 按钮，平均所选行行高。

图 4-7-8　选中行

7）设置单元格对齐方式。选中表格，选择表格工具【布局】|【对齐方式】中的【水平居中】按钮。

8）合并单元格。选择表格第6行左边4个单元格，选择【合并】组中的【合并单元格】按钮。同理，合并表格第7行除第1个单元格之外的其他单元格。

9）输入其他内容。将表格内容补充完整，并输入表格下方文字，如“开票人单位”等。

10）美化表格。选中表格，单击表格工具【设计】|【绘图边框】组右下角的功能扩展按钮，弹出【边框和底纹】对话框。选择“网格”边框，线型为“上粗下细型”，颜色为蓝色, 强调文字颜色 1，深色 25%，1.5磅。

11）文字及段落格式设置。将光标定位在最后一行第2个单元格，设置段落对齐为两端对齐。选中文档，设置所有字符格式为蓝色, 强调文字颜色 1，深色 25%、宋体。

12）保存文件，将文件命名为“××市网络传媒有限公司收费票据”。

4.8 高级功能

4.8.1 邮件合并

在日常生活和工作中，有时需要将内容大体相同的文档发给多个相关人员，利用Word 2007提供的邮件合并功能只需要编辑两个文件，可以让工作更有效率。

邮件合并的原理是：将相同的部分保存成一个文档，称为主文档；将不同部分如姓名或地址等以表格形式保存在另外一个文档，称为数据源；然后将数据源中的信息合并到主文档，称为合并域；最后形成若干份所需资料。邮件合并不仅仅用于邮件处理，具有上述原理的文档都可以用到邮件合并功能。

邮件合并需要建立主文档和数据源两个文档，这两个文档可预先分别建立，也可在编辑的过程中临时创建并使用。邮件合并通常包含以下四个步骤。

1）创建主文档。

2）创建数据文档。

3）建立邮件合并域。

4）预览和打印信函。

4.8.2 案例：批量合成“志愿者”胸卡

案例分析：“志愿者”胸卡中除了个人信息不同，其他内容基本相同，符合邮件合并原理，可以利用邮件合并功能完成批量胸卡的制作。

具体操作步骤如下。

1. 创建主文档

新建Word文档，制作如图4-6-12所示的文档，并将其另存为“志愿者胸卡.docx”。需要说明的是，志愿者的个人信息是以插入的方式合并到主文档中，所以需要将图中的下画线缩短。

2. 创建数据源文档

1）建立一个空白文档。

2）创建一个 4 列 6 行的表格，数据源文档（志愿者信息 . docx）如图 4-8-1 所示。

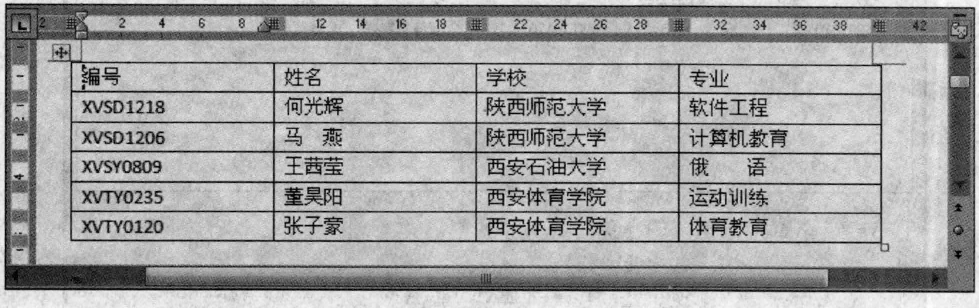

编号	姓名	学校	专业
XVSD1218	何光辉	陕西师范大学	软件工程
XVSD1206	马　燕	陕西师范大学	计算机教育
XVSY0809	王茜莹	西安石油大学	俄　　语
XVTY0235	董昊阳	西安体育学院	运动训练
XVTY0120	张子豪	西安体育学院	体育教育

图 4-8-1　数据文档

数据源中的数据通过行和列来表示，表格第一行为域名行，表格从第二行开始为记录（一行为一个记录）。

3. 建立邮件合并域

建立邮件合并域是指在主文档中的相应位置插入合并域。具体操作步骤如下。

1）打开邮件合并时的主文档（志愿者胸卡 . docx）。

2）选择【邮件】|【开始邮件合并】，单击 开始邮件合并 按钮，在弹出的下拉列表中选择 邮件合并分步向导(W)...，打开【邮件合并】任务窗格。

3）选择 信函 单选框，单击 下一步：正在启动文档。

4）选择 使用当前文档 单选框，单击 下一步：选取收件人。

5）单击 浏览... 按钮，打开【选取数据源】对话框。此实例中，可选择数据表文件“志愿者信息 . docx”，单击【打开】按钮。

6）在打开的【邮件合并收件人】对话框中，选中【全选】复选框。另外，在此对话框中，还可以完成数据的排序、筛选、编辑等操作，如图 4-8-2 所示。单击【确定】按钮。

7）选择 下一步：撰写信函。

8）将光标定位到主文档的“姓名”后的下画线上，单击【其他项目】选项，弹出【插入合并域】对话框。

9）选择【数据库域】，单击“姓名”域，再依次单击【插入】、【关闭】按钮，“姓名”域便插入到主文档“姓名”后的下画线上。

10）重复步骤 8)～9)，分别将“学校”域、“专业”域、“编号”域插入到主文档相应位置。

4. 预览信函

在邮件合并 第 4 步，共 6 步 中，单击 下一步：预览信函，弹出主文档与数据源合并后的效果图。单击按钮 »，可预览所有合并后的信函。单击 下一步：完成合并，再单击 打印... 按钮便可打印所有志愿者的胸卡。

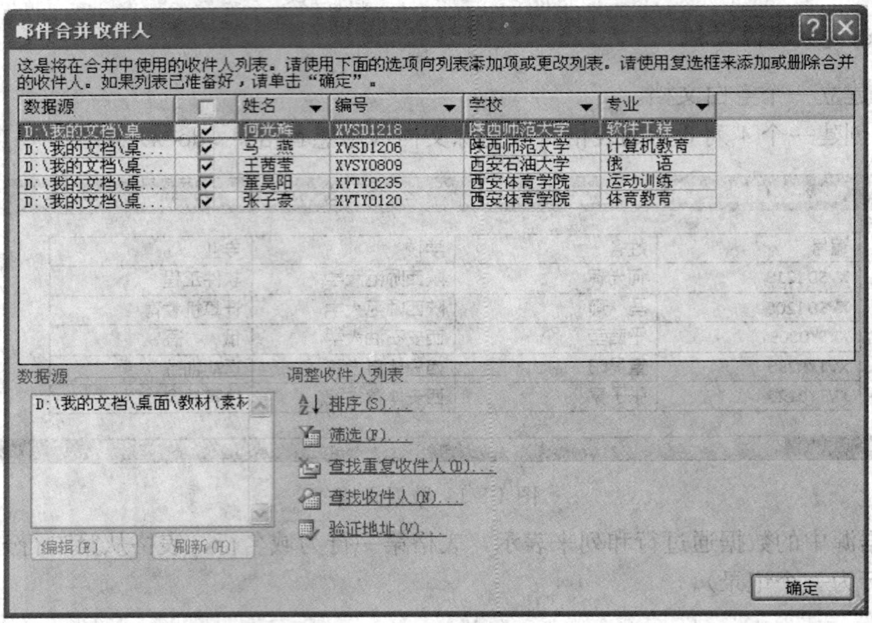

图 4-8-2 【邮件合并收件人】对话框

在邮件合并过程中，也可以使用【邮件】选项卡中的各组功能按钮。例如，单击【预览结果】组中的【预览结果】按钮，可实现“域名”及“预览”显示效果之间的切换，如图 4-8-3 所示。

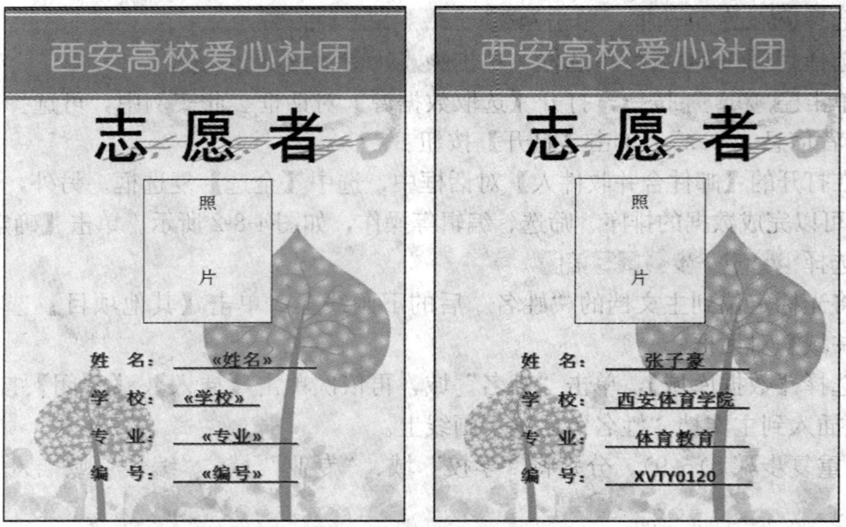

图 4-8-3 “域名”及“预览”效果对照图

4.8.3 创建文档目录

Word 能够为用户快速地编制文档（如书籍、论文等）目录，这样不仅可以方便读者查阅，还有助于纵览全文结构和管理文档。

创建目录前，首先应在文档中对目录项进行标注，如对文档添加标题样式等，其方法在本章“样式的应用”一节中有详细介绍。标记好目录项之后，即可利用插入目录的方法创建目录。

创建目录的操作步骤如下。

1）将插入点定位到要存放目录的位置。

2）选择【引用】|【目录】，单击【目录】按钮，弹出下拉列表。可以选择 Word 提供的内置样式直接插入目录，如图 4-8-4 所示为选择“自动目录 1”样式后生成的目录示意图。也可以选择 插入目录(I)...，打开【目录】对话框，进一步对目录的显示级别等进行设置，如图 4-8-5 所示。如果不要页码，则取消 显示页码(S) 的选择，否则单击 制表符前导符(B):。

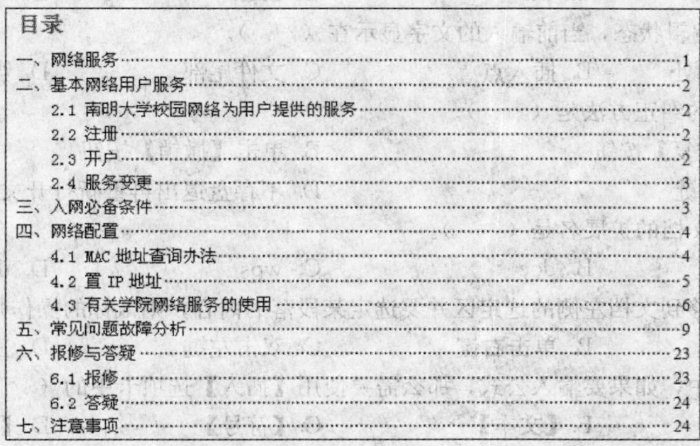

目录

一、网络服务……1
二、基本网络用户服务……2
2.1 南明大学校园网络为用户提供的服务……2
2.2 注册……2
2.3 开户……2
2.4 服务变更……3
三、入网必备条件……3
四、网络配置……4
4.1 MAC 地址查询办法……4
4.2 置 IP 地址……5
4.3 有关学院网络服务的使用……6
五、常见问题故障分析……9
六、报修与答疑……23
6.1 报修……23
6.2 答疑……24
七、注意事项……24

图 4-8-4　使用“自动目录 1”生成的目录实例

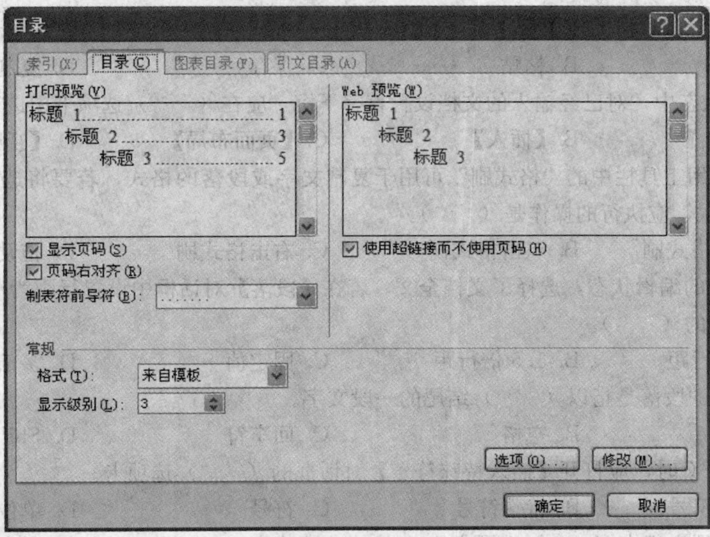

图 4-8-5　【目录】对话框

后的下拉式按钮，从中选择目录名与页码之间的连接符；单击【格式】后的下拉式按钮 来自模板 ，从列表框中选择目录显示格式；单击【显示级别】后的调节按钮 3 ，选择提取目录的级别；设置完成后，单击【确定】按钮。

习　题　四

一、选择题

1. Word 具有的基本功能是（　　）。

A. 绘制表格　　B. 图文混排　　C. 文档编辑　　D. 以上三项都是

2. 在 Word 中，按（　　）键可以在插入和改写中进行切换。

A. Alt　　B. Ctrl　　C. Shift　　D. Ins

3. 在 Word 的编辑状态，当前输入的文字显示在（　　）。

A. 鼠标光标处　　B. 插入点　　C. 文件尾部　　D. 当前行尾部

4. 对于误操作的纠正方法是（　　）。

A. 单击【重复】按钮　　B. 单击【撤销】按钮

C. 单击 Esc 键　　D. 不存盘退出再重新打开文档

5. Word 2007 文档的扩展名是（　　）。

A. txt　　B. doc　　C. wps　　D. docx

6. 将鼠标指针移到文档左侧的选定区并要选定某段落的内容，则鼠标的操作是（　　）。

A. 单击左键　　B. 单击右键　　C. 双击左键　　D. 三击左键

7. 在编辑状态中，如果要输入公式，那么需要使用【插入】选项卡中的（　　）组。

A.【插图】　　B.【文本】　　C.【符号】　　D.【特殊符号】

8. 在 Word 中选定文本块后，（　　）拖曳文本到需要处即可实现文本块的移动。

A. 按住 Ctrl 键的同时　　B. 按住 Esc 键的同时

C. 按住 Alt 键的同时　　D. 无需按键

9. Word 中，按钮  的作用是（　　）。

A. 打开　　B. 粘贴　　C. 保存　　D. 复制

10. 在编辑状态中，对已经输入的文档设置首字下沉，应在（　　）选项卡中进行。

A.【开始】　　B.【插入】　　C.【页面布局】　　D.【视图】

11. Word 常用工具栏中的“格式刷”可用于复制文字或段落的格式，若要将选中的文字或段落格式重复应用多次，应执行的操作是（　　）。

A. 单击格式刷　　B. 双击格式刷　　C. 右击格式刷　　D. 拖动格式刷

12. 在 Word 的编辑状态，选择了文档全文，若在【段落】对话框中设置行距为 20 磅，应当选择“行距”列表框中的（　　）。

A. 单倍行距　　B. 1.5 倍行距　　C. 固定值　　D. 多倍行距

13. Word 中的段落是指以（　　）结尾的一段文字。

A. 句号　　B. 空格　　C. 回车符　　D. Shift＋回车符

14. 输入符号℃时，应打开【插入特殊符号】对话框的（　　）选项卡。

A. 标点符号　　B. 特殊符号　　C. 符号　　D. 单位符号

15.【页面设置】组在（　　）选项卡中。

A.【开始】　　B.【插入】　　C.【页面布局】　　D.【引用】

16. 在 Word 2007 中，【分栏】工具在（　　）组中。

A.【主题】　　B.【页面设置】　　C.【页面背景】　　D.【排列】

17. 要插入文本框，应使用【插入】选项卡（　　）组中的工具。

A.【表格】　　B.【插图】　　C.【链接】　　D.【文本】

18. 在 Word 2007 中，（　　）不能生成一个表格。

A. 使用【插入表格】对话框　　B. 绘制表格

C. 绘制形状　　D. 将文字转换成表格

19. 若想打印第 3～6 页及第 8 页的内容，在打印对话框中的页码范围中应输入（　　）。

A. 3，6，8　　B. 3-6，8　　C. 3～6-8　　D. 3～6-8

20. 邮件合并前需要建立（　　）个文件。

A. 5　　B. 3　　C. 2　　D. 4

二、填空题

1. 在 Word ________视图模式下，可以方便地查看文档结构，便于论文、书籍等文档的编辑。

2. Word 的默认中文字体及字号分别是________和________。

3. 段落对齐方式可以有左对齐、________、右对齐、________和________五种方式。

4. 若要对已经输入的若干段落增设编号，应先________这些段落，然后可以选择【开始】|【段落】组，单击________按钮。

5. 在 Word 表格编辑中，按________键，插入点将移到右边的单元格内；按________键，插入点将移到左边的单元格。

6. 在 Word 中，要插入页眉、页脚，可以选择【________】|【页眉和页脚】组中的按钮。

7. 打印之前最好能进行________，以确保取得满意的打印效果。

8. 用户要清除文本中的格式，可以选中要清除格式的文本或段落，在【开始】|【________】组单击【________】按钮即可。

三、判断题

1. 设置段落格式时，必须选定该段落的全部文字。（　　）

2. 使用【字体】组中的工具可设置段落对齐方式。（　　）

3. 表格既可以合并单元格，也可拆分单元格。（　　）

4. 插入艺术字后，还可改变艺术字中的文字。（　　）

5. 设置分栏后，各栏的宽度一定相同。（　　）

6. 表格和文本可以相互转换。（　　）

四、操作题

1. 在“我的文档”中建立一个文件夹，文件夹的名字可以是自己的工作编号、学号或考号（比如 N803，以下题目中的 N803 用来指代本题所创建的文件夹）。

1）输入下列文字（三段内容如下，字体为五号宋体），并以 wda. docx 为文件名保存在文件夹 N803 下。

随着计算机技术的发展与普及，

计算机已经成为各行各业最基本的工具之一，

而且正迅速进入千家万户，有人还把它称为“第二文化”。

2）将上述内容连接成一个段落，字体为“四号、楷体 _ GB2312、加粗、倾斜”，首字下沉（距正文 0.2 厘米），以 wdb. docx 为文件名保存在文件夹 N803 下，wda. docx 保持不变。

3）新建一个文件，插入 wda. docx 的内容。将第一段文字加波浪线，第二段文字下加着重号、设置字符边框，第三段文字加红色字符底纹。以 wdc. docx 存储在文件夹 N803 下。

2. 完成如下图所示的文档格式设置。

《周易》名言摘录

《周易》堪称我国文化的源头。它的内容极其丰富，对中国几千年来的政治、经济、文化等各个领域都产生了极其深刻的影响。经过历代哲学家的阐释，发展成为一部博大精深的哲学著作，值得我们认真的品读。现摘录部分名言，重温先哲们那丰富而深刻、极富哲理性的思想。

1. **天行健，君子以自强不息；**
2. **地势坤，君子以厚德载物；**
3. **学以聚之，问以辩之，宽以居之，仁以行之；**
4. **水流湿，火就燥，云从龙，风从虎，各从其类也；**
5. **劳谦君子，万民服也。**

注解： 天道的特点刚强劲健，君子处事也应自立自强，奋发向上，永不松懈；地的气势厚实温顺，君子应效法大地以深厚的德行来包容万物；通过学习积累知识，通过讨论明辨事理，用宽厚的态度处事，用仁义行事，物以类聚，人以群分；劳苦功高而又谦逊的君子，得到了百姓的敬服。

3. 表格制作。根据下图制作课程表。

本学期课表

时间 节数		周 一	周 二	周 三	周 四	周 五
上午	1/2	英语	计算机	英语	教育学	心理学
	3/4	教育学	英语	高等数学	统计学	计算机
下午	5/6	音乐	统计学	政治学习	体育	
	7/8	自 由 活 动				

4. 图文混排。

1）完成如下所示的文档格式。图中的纸张尺寸为 32K，文档中用到的效果有添加页面边框、绘图与艺术字、水印。

2）根据图例完成如下文档的创建。该页面大小为 A4，文档中使用的设置包括文字的底纹、首字下沉、图文混排、分栏、项目符号、艺术字、绘制自选图形、插入时间和日期等。

第5章

电子表格软件 Excel 2007

本章学习目标

◎ 熟悉Excel 2007的界面。

◎ 了解Excel2007中工作簿、工作表、单元格的基本概念。

◎ 掌握Excel 2007中常用数据类型和数据的输入方法。

◎ 掌握Excel 2007中创建工作表以及编辑工作表的方法。

◎ 掌握Excel 2007中公式和函数的使用方法。

◎ 掌握Excel 2007中数据管理的方法。

◎ 掌握Excel 2007中创建图表的方法。

Excel 是微软（Microsoft）公司的办公系统软件 Office 的核心组件之一，它是 Windows 环境下的一个性能优越的电子表格处理软件，用户界面友好、操作简单、易学易用。它强大的数据处理功能被广泛应用于制作财务报表，进行数据分析，以及对数据表格进行排序、筛选、分类汇总和数据透视表等数据库方面的操作。

5.1 Excel 2007 基础知识介绍

Excel 有多个版本（例如 Excel 95、Excel 97、Excel 2000、Excel 2002、Excel 2003 以及现在最新推出的 Excel 2007），Excel 2007 不仅具有以往 Excel 强大的计算和分析能力，以及出色的图表功能，而且具有丰富的条件格式，改进的排序和筛选功能以及增加的新的 OLAP 公式和多维数据集函数等，使操作更为方便、公式编写更加轻松，从而能够胜任从简单的家庭理财到各种复杂的财务分析、数学分析和科学计算等各种工作。

电子表格软件与字处理软件、数据库软件可以协同工作，如可以在字处理软件的文档中使用电子表格软件建立的工作簿中的数据；在电子表格软件处理表格时，也可以利用数据库中的数据源。

5.1.1 Excel 2007 的启动与退出

1. Excel 2007 的启动

启动 Excel2007 有多种方法，下面介绍两种最常用的方法。

1）从【开始】菜单进入。单击【开始】按钮，选择【所有程序】|【Microsoft Office】|【Microsoft Office Excel 2007】命令就可以进入 Excel 2007。

2）双击桌面上的图标进入。双击桌面上 Excel 快捷方式图标即可快速进入 Excel 2007 工作环境。

2. Excel 2007 的退出

退出 Excel 的方法也有几种，常用的方法如下。

1）单击【Office】按钮，在下拉菜单中选择【关闭】命令。

2）单击 Excel 窗口右上角的【关闭】按钮。

3）按快捷键 A1t+F4。

在执行关闭操作时，如果没有对工作簿文件进行修改则可以立即关闭退出 Excel；如果有未保存的修改，会弹出对话框询问是否对修改进行保存，在给出选择后才可以关闭 Excel。

5.1.2 Excel 2007 的界面

Office 2007 的界面和以往版本相比有很大的变化，最大的变化就是使用功能区（ribbon）代替了以前版本中的菜单和工具栏。

Excel 2007 应用程序窗口如图 5-1-1 所示，主要由 Office 按钮、快速访问工具栏、标题栏、功能区、名称框和编辑栏、工作表区以及状态栏组成。其大部分与 Word 类似，下面只介绍名称框和编辑栏、工作表区以及状态栏。

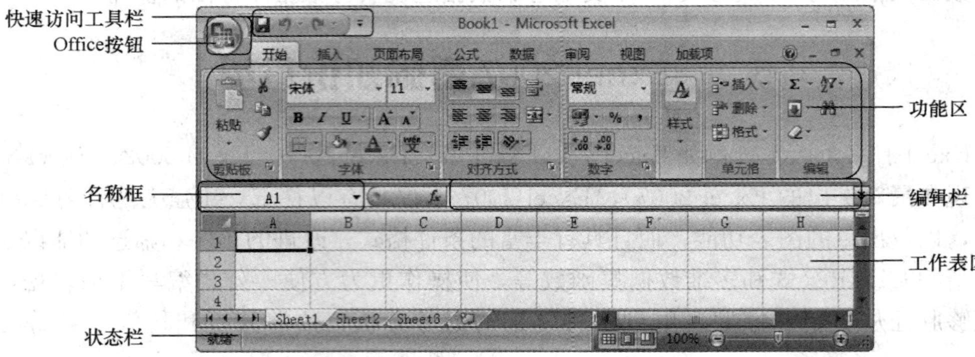

图 5-1-1　Excel 2007 窗口组成

1. 名称框和编辑栏

名称框显示了活动单元格的地址，用于指示当前选定的单元格、图表项或绘图对象；编辑栏用于输入数据及编辑公式和函数。可以在编辑栏中方便地创建各种复杂的计算公式，也可以使用编辑栏编辑当前活动单元格的内容。单击【取消】按钮取消输入的内容；单击【输入】按钮确定输入的内容；单击【插入函数】按钮可插入函数。

2. 工作表区

工作表区由行号、列标、单元格、工作表标签和滚动条组成，在工作表中可以输入不同类型的数据，它是最直观显示所有输入内容的区域。工作表区域内的每一个小方块称为单元格，在一个工作表区域中最多可以有 1 048 576 行和 16 384 列。

工作表标签位于工作表区的最下面，用于标识当前工作表的位置和工作表的名称，默认会显示三个工作表标签。当工作表数量很多时，可以使用其左侧的浏览按钮来查看。

3. 状态栏

状态栏位于窗口底部，用于显示当前数据的编辑情况和调整页面显示比例。页面显示控制区由视图切换、缩放级别和显示比例三部分组成。视图切换可以实现普通、页面布局和分页预览视图之间的切换，缩放级别随着显示比例滑块的拖动而改变。

5.2　Excel 2007 基本操作

学习 Excel 2007 操作之前，应该首先了解 Excel 的基本概念。

5.2.1　工作簿、工作表、单元格

1. 工作簿

工作簿是处理和存储用户资料的文件，能在一个文件中管理多种类型的相关信息。启动 Excel 2007，系统就会自动建立一个默认名为 Book1.xlsx 的文件。这个在 Excel 中创建的文件叫做工作簿，扩展名为 xlsx。工作簿由工作表组成，新建工作簿包含默认的三个工作表，即 Sheetl、Sheet2 和 Sheet3。

2. 工作表

工作表，即电子表格，是 Excel 中用于存储和处理数据的主要空间，是完成一项工作的最基本单位。由一些横向和纵向的网格组成，横向的称为行，纵向的称为列。Excel 2007的一个工作表最多可有 1 048 576 行、16 384 列数据。当前正在使用的工作表称为活动工作表。

3. 单元格

单元格是组成工作表的最小单位，它用来存放文字、数据和公式等信息。工作表左侧的数字表示行号，工作表上方的字母表示列标，行列交叉处即为一个单元格，单元格的名称由列标和行号构成。例如，C5 表示 5 行 C 列处的单元格。有时（如跨工作表引用）为了区分不同工作表中的单元格，在单元格名前面要增加工作表名称并且用“!”分隔。例如，Sheet2!A5，表示 Sheet2 工作表中的 A5 单元格。

5.2.2　单元格区域的选择

1. 选取单个单元格

单击要选取的单元格，当鼠标指针为空心十字形状时，将光标移到所选的单元格上单击，该单元格被激活为活动单元格。

2. 选取单元格区域

当选择了两个以上连续或不连续的单元格后就形成了单元格区域，选择单元格区域的方法如下。

1）选择连续的单元格区域：先单击要选择的第一个单元格（如 B1），然后按住鼠标左键拖动到待选区域的右下角的一个单元格（如 C7），释放鼠标即可选择从 B1 到 C7 的连续单元格区域，表示为 B1：C7。

2）选择不连续的单元格区域：可以先单击其中一个单元格（如 A1），然后在按住 Ctrl 键的同时单击其他的单元格（如 C3 和 E6），这样就可以同时选择 A1、C3 和 E6 三个不连续的单元格，表示为 A1，C3，E6。

! 提示：1）表示单元格区域的“:”（冒号）与“,”（逗号）一定要使用半角符号，否则在进行公式引用时会出现错误。

2）在工作表的行号与列标的相交处有一个按钮，称为全选按钮，单击该按钮就可以将工作表中的所有单元格都选中。

3. 选取行或列

1）选择一行：将光标移至要选定行的行号上，单击鼠标即可选定该行。

2）选择多个连续的行：将光标移至要选定多行的开始行号上，然后按住鼠标左键并拖动至待选定行的最后行号上，释放鼠标即可选定多个连续的行。

3）选择多个不连续的行：将光标移至要选定多行的某个行号上，然后在按住 Ctrl 键的同时单击其他要选定行的行号，即可选定多个不连续的行。

选取列的方法与行相同。

5.2.3 数据输入

1. Excel 数据类型

Excel 具有一些常见的数据类型：数字型、日期型、文本型、逻辑型数据，并且数字型数据又包括货币、小数、百分数、科学计数法、各种编号、邮政编码、电话号码等多种形式。在 Excel 中将多种数据形式归纳为两类：常量和公式。常量是指文字、数字、日期和时间等一些不可变的数据；公式则指包含“＝”的函数、宏、命令等。

2. 数据输入

（1）输入文本

文本可由数字、字母、文字、空格或其他有效字符组成。输入文本时，单元格中的文本数据自动左对齐。

注意：1）对于身份证号、0 开头的编号等全部由数字组成的文本数据，输入时应在数字前加一个（‘）。Excel 会将其后的数字作为文本处理；也可以先将该单元格设置为文本型，再输入数据。

2）当输入的文本长度超出单元格宽度时，会扩展到右边显示；当右边单元格非空时，则截断显示。尽管显示的内容可能不完整，但是输入的内容仍然存储到该单元格中，并且从编辑栏可以查看输入的全部内容。

（2）输入数值

数值数据可以用不同格式显示，如整数、小数、分数、百分比、科学记数和货币等。

Excel 2007 的单元格中默认显示 11 位的有效数字，如果输入的数字长度超过 11 位，将用科学记数法显示，如图 5-2-1 所示。

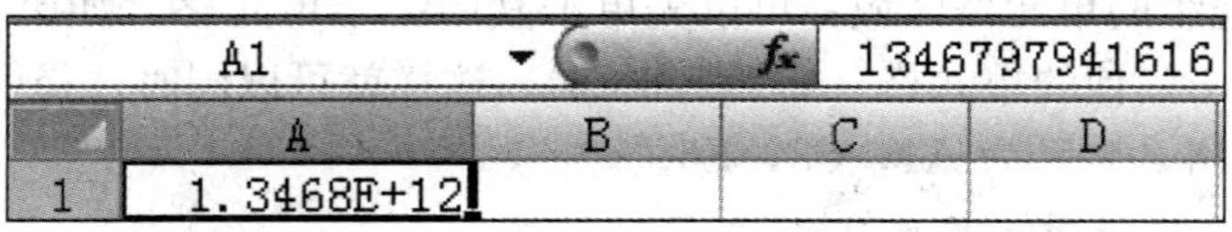

图 5-2-1　使用科学计数法显示数字

数值数据输入后，如果要求数字以货币方式、百分比方式、分节方式、不同的小数方式显示，则可通过选择【开始】|【数字】命令，打开【设置单元格格式】对话框来设置数据的格式。

例如设置小数格式，可在对话框中选择【数值】选项，输入小数位数，选择数据的显示格式，如图 5-2-2 所示。

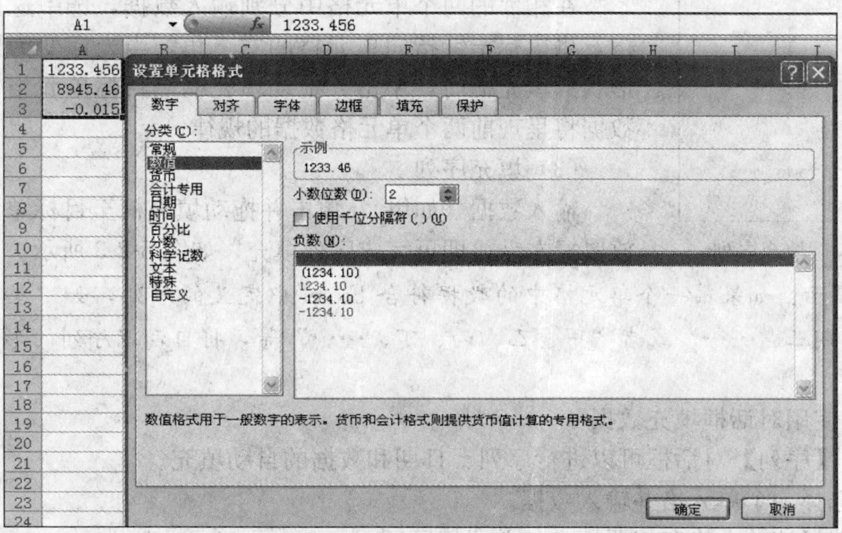

图 5-2-2　【设置单元格格式】对话框——设置小数型数据格式

（3）输入日期时间

在 Excel 中输入日期时，应以斜杠“/”或者“-”来分隔日期中的年、月、日部分；如果省略年份，则系统以当前的年份作为默认值。

在如图 5-2-2 所示的【设置单元格格式】对话框中，选择【日期】选项，可以选择日期显示的样式。

输入时间的方法和输入日期的方法类似，应以冒号“:”来分隔时间中的时、分、秒。

! 提示：如果按 Ctrl＋；组合键，显示系统当前日期；按组合键 Ctrl＋Shift＋；组合键，显示系统当前时间；同时输入日期和时间时，则要在日期和时间之间加一个空格，如 2014-02-08　5：26。

（4）输入公式

在单元格中输入公式总是以“＝”开头。对于公式的输入，本节暂不做介绍，在后面章节中将会详细叙述。

3. 自动填充数据

为了提高数据输入的效率，Excel 提供了自动填充数据功能。利用填充特性既可以复制数据，也可以自动填充序列数据到周围的任何单元格，如编号、序号、星期等，从而实现快速输入数据。

（1）填充相同的数据

在单元格中输入数据后，将鼠标指针指向单元格的右下角，当光标变为黑色十字形填充柄时，单击并拖动填充柄至目标单元格后释放鼠标左键，即可完成相同数据的填充。

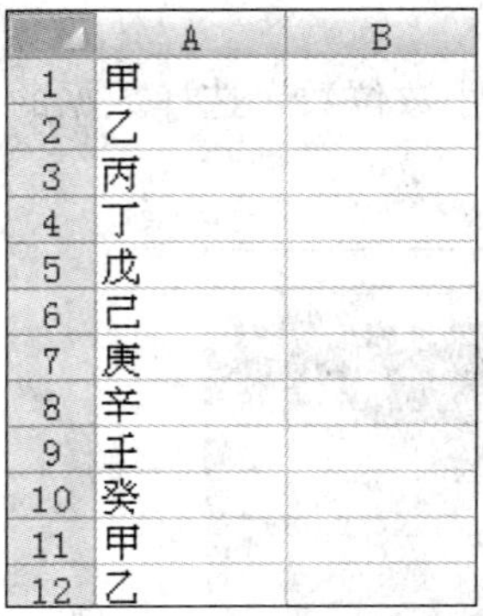

图 5-2-3　填充序列

（2）填充有规律的数据

在相邻的两个单元格中分别输入数据，选中这两个单元格，将鼠标指针指向单元格的右下角，当光标变为黑色十字形状的填充柄时，单击并拖动填充柄至目标单元格，填充的数据将呈现前两个单元格数据的规律。

（3）填充序列

输入数据（如甲），单击并拖动填充柄至目标单元格后释放鼠标左键，即可完成序列填充，如图 5-2-3 所示。

提示：如果第一个单元格中的数据符合 Excel 中定义的序列，如“星期一、星期二、星期三、……”或者“甲、乙、丙、丁、……”等，将自动以序列的形式填充单元格区域。

（4）使用对话框填充数据

使用【序列】对话框可以进行序列、日期和数据的自动填充。

1）选择一个单元格并输入数据。

2）选择该单元格和想要填充的单元格区域。

3）单击【开始】|【编辑】|【填充】按钮，选择下拉列表中的【序列】命令，弹出【序列】对话框。

4）在【序列】对话框中，选择序列类型，输入步长值，如图 5-2-4 所示。

5）单击【确定】按钮，选择的单元格区域将按照第 4）步设置的序列类型及步长值自动填充，如图 5-2-5 所示。

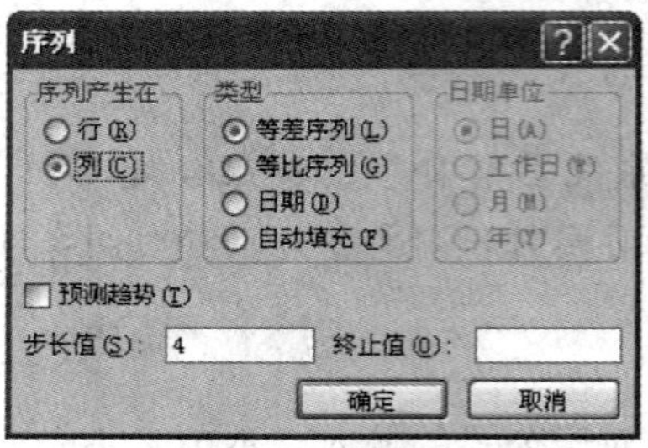

图 5-2-4　使用【序列】对话框填充序列

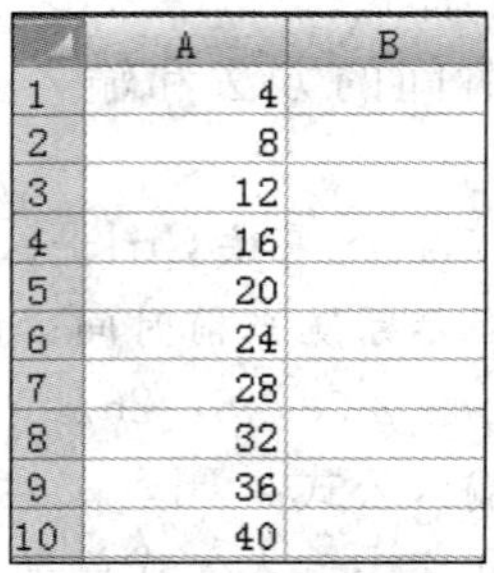

图 5-2-5　自动填充后的结果

5.2.4　案例：创建工作表

在 Excel 2007 中创建名为“体育教育专业学生信息表.xlsx”的工作簿文件，学生基本信息如图 5-2-6 所示。

	A	B	C	D	E	F	G	H	I
1	体育教育专业学生信息表								
2									
3							日期	2011-2-8	
4	班级	学号	姓名	性别	年龄	出生日期	民族	身份证号	电话
5	一班	080101001	耿超	男	19	1989-1-12	回	610126198901120021	88409800
6	一班	080101002	胡腾	女	18	1990-11-12	回	610126199011120027	84101054
7	一班	080101003	肖裴	男	18	1990-1-12	汉	610126199001120031	15302155662
8	二班	080102001	薛炎	女	19	1989-12-23	汉	610126198912230022	88409510
9	二班	080102002	周辉	男	18	1990-1-25	汉	610126199001250026	13009712354
10	二班	080102003	刘富才	男	17	1991-1-10	汉	610126197002030032	
11	三班	080103001	贾丽华	女	19	1989-3-15	满	610126198903150023	13103163461
12	三班	080103002	王军	男	17	1991-1-12	汉	610126199101120028	19845678123
13	三班	080103003	肖力裴	男	20	1988-8-12	回	610126195902040033	
14	三班	080103004	李谷平	男	19	1989-11-28	汉	610126198402070027	18601265321
15	三班	080103005	郑文裕	男	19	1989-5-16	满	610126197502090029	
16	四班	080104001	梁靓	女	18	1990-3-18	回	610126199003180024	13015454747
17	四班	080104002	李家兴	女	19	1989-1-12	满	610126198901120029	17813266884
18	四班	080104003	刘才	男	19	1989-10-13	汉	610126196402050034	
19	四班	080104004	马文超	女	18	1990-5-12	回	610126198002080028	18756200235
20	五班	080105001	张哲峰	男	19	1989-3-19	汉	610126198903190025	72510145
21	五班	080105002	肖华	女	19	1989-2-25	汉	610126198902250030	18666588780
22	五班	080105003	肖美裴	男		1989-5-21	汉	610126196102060026	

图 5-2-6　基本信息表数据

案例分析：创建空白工作簿，录入体育教育专业学生信息，数据类型包括文本类型、数值类型和日期时间类型的数据。

具体操作步骤如下。

1）启动 Excel 2007，创建一个空白工作簿，名为 Book1. xlsx.

2）在 Sheet1 工作表的 A1 单元格中录入表格标题“体育教育专业学生信息表”。

3）在 G3 单元格中输入文本“日期”，在 H3 单元格中输入当前日期。

4）选择单元格 A4：I4，依次输入字段名“班级”、“学号”、“姓名”、“性别”、“年龄”、“出生日期”、“民族”、“身份证号”、“电话”。

5）选择单元格区域 A5：A22 输入班级，输入时可以使用前面讲过的快速填充法。

6）选择单元格区域 B5：B22 输入学号，单击鼠标右键，选择【插入批注】命令，在批注框中输入批注“请输入文本型数据”。如果直接输入，学号序列第一位的“0”将消失，这是因为学号在自动格式中以数字方式显示，所以数字前面的“0”被忽略。因此在输入前先要输入西文单引号（'），或者设置单元格格式为“文本”型，然后再输入学号。

! 提示：1）该例中的身份证号、电话号码也用同样方法输入。

2）同一班的连续学号可以使用快速填充法向下快速输入。

7）选择单元格区域 C5：C22，手动输入文本型数据学生姓名。

8）选择单元格区域 D5：D22，手动输入学生性别，也可以使用填充法快速输入。

9）选择单元格区域 E5：E22，单击【数据】|【数据工具】|【数据有效性】，弹出【数据有效性】对话框。设置数据类型为整数，输入范围控制为 15～35，如图 5-2-7 所示，然后手动输入学生年龄。

10）选择单元格区域 F5：F22，输入每个学生的出生日期。日期型数据在输入时中间用“—”或“/”将年、月、日分隔开。

11）选择单元格区域 G5：G22，在【数据有效性】对话框中【设置】选项卡下的【允许】下拉列表中选择“序列”，【来源】中输入“汉，回，满”，如图 5-2-8 所示（注意：“汉，回，满”之间用英文逗号）。单击【输入信息】选项卡，选中【选定单元格时显示输入信息】复选框，在【输入信息】框中输入要显示的内容，如图 5-2-9 所示。

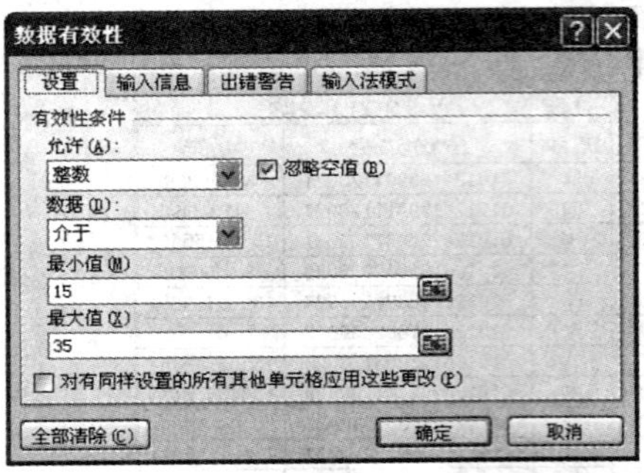

图 5-2-7 【数据有效性】对话框中数据的设置

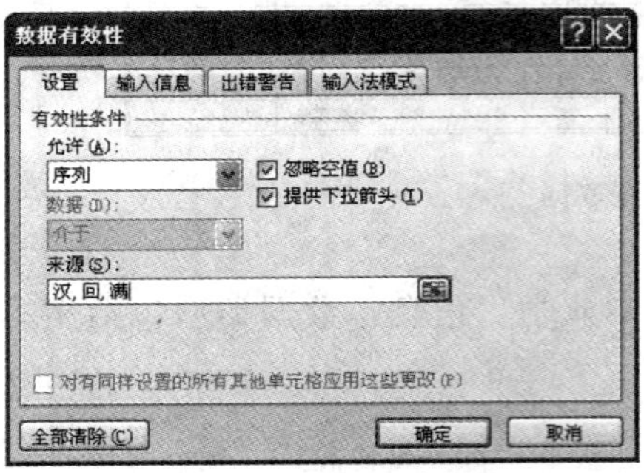

图 5-2-8 【数据有效性】对话框中序列的设置

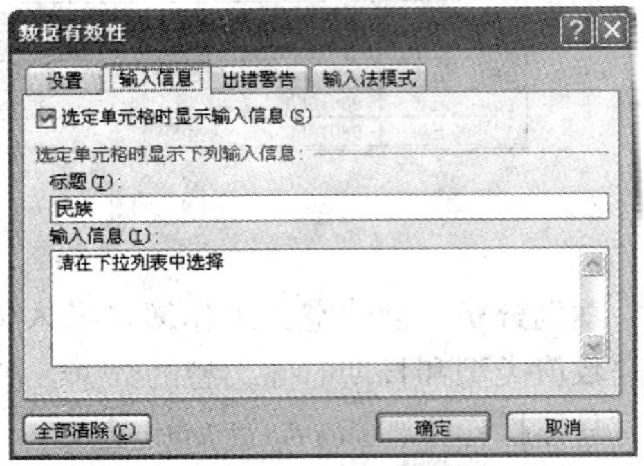

图 5-2-9 【数据有效性】对话框中的【输入信息】选项卡

12）选择单元格区域 G5：G22，先设置输入文本长度为 18，然后再手动输入文本型数据身份证号码。

13）选择单元格区域 I5：I22，输入文本型数据电话号码。

14）将 Sheet1 工作表重命名为“学生信息表”，最后以“体育教育专业学生信息表 . xlsx”为名保存工作簿文件。

5.3 工作表的编辑

对于已经建立的工作表，根据需要可以编辑修改其中的数据，主要包括对数据进行增、删、改。另外，还可以对工作表进行激活、插入、删除、重命名、移动、复制等编辑操作。

5.3.1 激活工作表

一个工作簿通常包含多个相关的工作表，但当前工作表（即活动工作表）只有一个，如需要对某个工作表进行操作，必须先激活该工作表。根据需要，既可以激活单张工作表，也可以激活多张工作表。

1. 选择单张工作表

如果要选择当前工作簿中的某张工作表，用鼠标单击工作表标签即可。

2. 选择多张工作表

在当前工作簿文件中选择多张工作表，分为以下三种情况。

1）单击选择一张工作表的标签，按住 Ctrl 键不放，再单击其他工作表名，可以选择不连续的多张工作表。

2）单击第一张工作表的标签，按住 Shift 键不放，再单击另一张工作表标签，可以选择这两张工作表之间连续的多张工作表。

3）选定所有工作表。用鼠标右键单击工作表标签，在弹出的快捷菜单中选择【选定全部工作表】命令即可。

5.3.2　插入工作表

工作簿默认生成的三张工作表有时不能满足实际工作需要，可根据需要增加工作表的数目，插入新的工作表。插入工作表包括插入单张工作表和插入多张工作表。

1. 插入单张工作表

1）单击工作表标签，确定要插入工作表的位置。例如，要在 Sheetl 与 Sheet2 之间插入一张工作表，则单击（Sheet2）标签，选择【开始】|【单元格】工具组，单击【插入】按钮，从弹出的下拉菜单中选择【插入工作表】命令，即可在 Sheetl 和 Sheet2 之间插入一张工作表 Sheet4。也可以单击工作表标签后面的【插入工作表】按钮，在最后插入一张新的工作表。

2）在工作表标签中单击鼠标右键，从弹出的快捷菜单中选择【插入】命令，再从弹出的【插入】对话框中选中【工作表】图标，单击【确定】按钮。反复操作，可依次添加多张工作表。

2. 同时插入多张工作表

1）同时添加多张工作表时，按住 Shift 键，选定与添加工作表相同数目的工作表标签。再从弹出的【插入】对话框中选中【工作表】命令，即可同时添加多张工作表。

2）在【开始】选项卡的【单元格】选项组中单击【插入】按钮，从弹出的下拉菜单中选择【插入工作表】命令，即可同时添加多张工作表。

5.3.3　重命名工作表

系统默认工作表名为 Sheet，编号从 1 开始。为方便用户使用有意义的名称，Excel 允许用户为工作表重新命名。工作表名中可有空格，但长度不能超过 31 个字符。

重命名工作表的方法是：双击需重命名的工作表标签，或右击标签，从快捷菜单中选择【重命名】命令，光标出现在标签处，输入新工作表名，然后单击工作表其他任意位置，或按 Enter 键即可。

5.3.4 移动或复制工作表

1. 通过鼠标移动和复制工作表

1）移动工作表。选中要移动的工作表标签（这里选择 Sheet3），并按住鼠标左键不放，此时鼠标指针变成白色方块和箭头的结合。同时在标签栏上方出现一个小黑三角形（用于指示当前工作表要插入的位置），如图 5-3-1 所示。沿着工作表标签拖动鼠标指针，使小黑三角形指向目标位置，然后松开鼠标左键，即可将工作表移到指定位置。

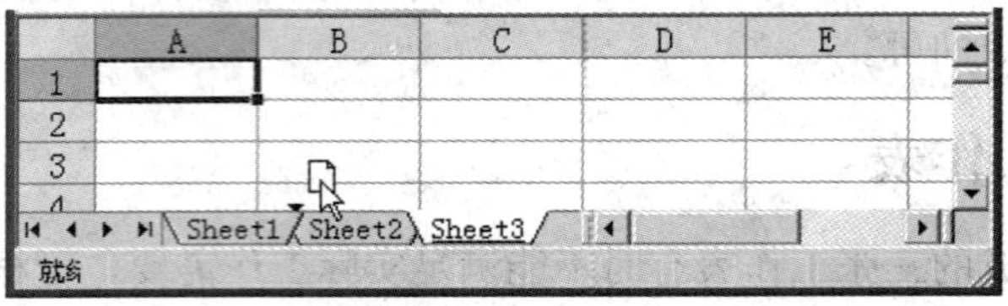

图 5-3-1　用鼠标移动工作表

2）复制工作表。选中要移动的工作表标签，按住 Ctrl 键，然后按住鼠标左键并拖动，同时在标签栏上方出现一个小黑三角形（用于指示当前工作表要插入的位置）。沿着工作表标签拖动鼠标指针，使小黑三角形指向目标位置，然后松开鼠标左键，即可将工作表复制到指定位置。

2. 使用菜单移动和复制工作表

1）选中要移动或复制的工作表。

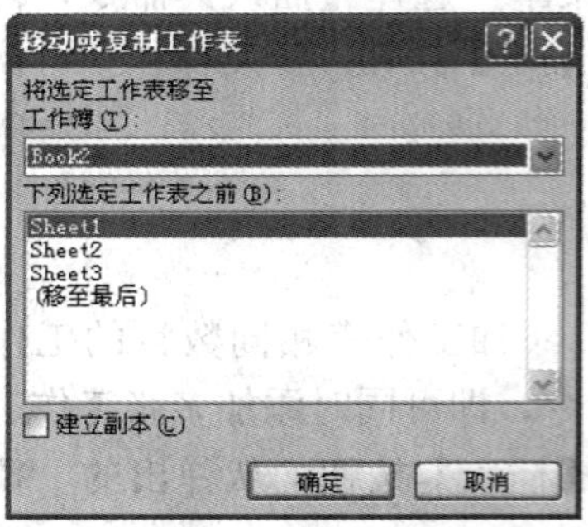

图 5-3-2　【移动或复制工作表】对话框

2）单击鼠标右键，从弹出的快捷菜单中选择【移动或复制工作表】命令，弹出【移动或复制工作表】对话框，如图 5-3-2 所示。

3）在【工作簿】列表中选择要移动或复制工作表的目标工作簿。在【下列选定工作表之前】列表中选择要移动或复制的位置。如果要移动工作表，在该对话框中取消【建立副本】复选框的选择；如果要复制工作表，则选中【建立副本】复选框，单击【确定】按钮即可。

5.3.5 工作表的隐藏/恢复

用户可以将含有重要数据的工作表或者暂时不使用的工作表隐藏起来。对于隐藏的工作表，即使用户看不见隐藏的窗口，它仍是打开的。

1. 隐藏工作表

1）选定要隐藏的工作表。

2）单击【开始】|【单元格】|【格式】按钮，选择【隐藏和取消隐藏】|【隐藏工作

表】命令，即可隐藏工作表。

2. 恢复工作表

1）单击【开始】|【单元格】|【格式】按钮，选择【隐藏和取消隐藏】|【取消隐藏工作表】命令，打开【取消隐藏工作表】对话框。

2）在【取消隐藏工作表】对话框列表中选择要恢复显示的工作表。

3）单击【确定】按钮。

5.3.6　保护工作表

Excel 2007 可以对工作表进行保护，防止其他人使用工作表或对工作表的内容进行删除、复制、移动和编辑等改变工作表性质的操作。

要设置以密码方式保护工作表，具体操作步骤如下。

1）选定要保护的工作表。

2）单击【开始】|【单元格】|【格式】按钮，选择【保护工作表】命令，弹出【保护工作表】对话框，如图 5-3-3 所示。

3）在【允许此工作表的所有用户进行】列表框中选择相应的选项，在【取消工作表保护时使用的密码】框中输入密码。

4）单击【确定】按钮，打开【确认密码】对话框。重新输入密码，单击【确定】按钮。

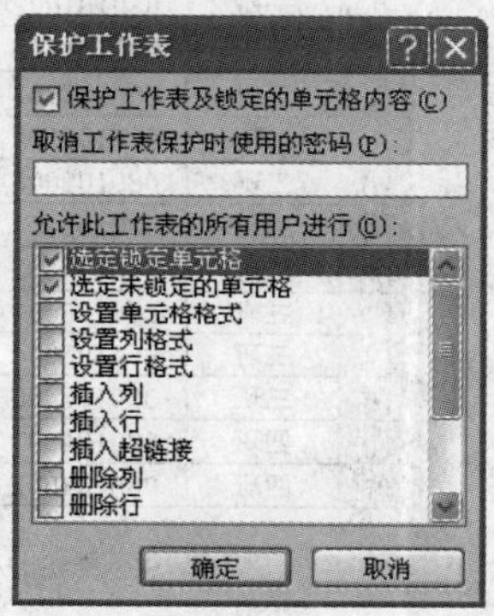

图 5-3-3　【保护工作表】对话框

如果要撤销对工作表的保护，具体操作步骤如下。

1）单击【开始】|【单元格】|【格式】按钮，选择【撤销工作表保护】命令，在弹出的【撤销工作表】对话框中输入密码。

2）输入密码之后，单击【确定】按钮，则可撤销对工作表的保护。

5.3.7　删除工作表

如果当前工作簿中有不用的工作表，可将其删除。选择要删除的工作表标签（将其置于当前位置但不能处于编辑状态，否则将无法删除），单击鼠标右键，从弹出的快捷菜单中选择【删除】命令。系统弹出提示对话框，如图 5-3-4 所示。如果确定删除就单击【删除】按钮，否则单击【取消】按钮。

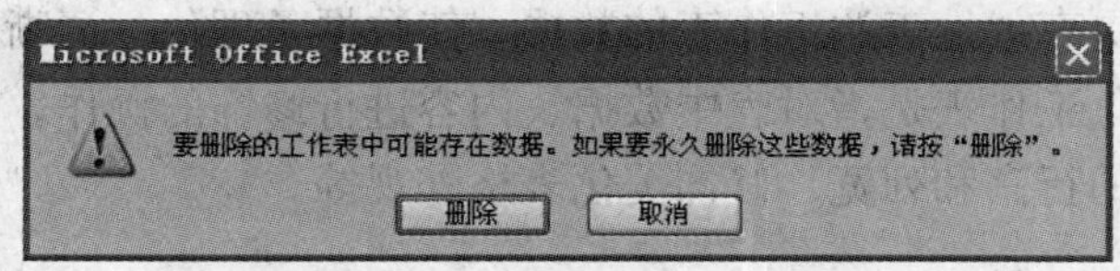

图 5-3-4　提示对话框

5.3.8 案例：工作表的操作

案例分析：打开前面创建的“体育教育专业学生信息表.xlsx”工作簿文件，复制“学生信息表”工作表并重命名为“学生成绩表”。删除年龄、出生日期、民族、身份证号、电话字段所在列，增加外语、高等数学、生理、计算机、总分字段，输入这几门课程的学生成绩，如图 5-3-5 所示。

	A	B	C	D	E	F	G	H	I
1–2	体育教育专业学生成绩表								
3							日期:	2011.2.12	
4	班级	学号	姓名	性别	外语	高等数学	生理	计算机	总分
5	一班	080101001	耿超	男	87	92	93	96	
6	一班	080101002	胡腾	女	85	88	78	82	
7	一班	080101003	肖裴	男	92	92	96	84	
8	二班	080102001	薛炎	女	73	93	84	88	
9	二班	080102002	周辉	男	86	87	71	76	
10	二班	080102003	刘富才	男	94	88	74	78	
11	三班	080103001	贾丽华	女	88	87	77	68	
12	三班	080103002	王军	男	89	87	85	88	
13	三班	080103003	肖力裴	男	50	72	78	66	
14	三班	080103004	李谷平	男	90	37	68	76	
15	三班	080103005	郑文裕	男	86	40	50	91	
16	四班	080104001	梁靓	女	69	89	87	79	
17	四班	080104002	李家兴	女	86	66	87	94	

图 5-3-5 学生成绩表

具体操作步骤如下。

1）打开工作簿文件“体育教育专业学生信息表.xlsx”，单击“学生信息表”工作表。

2）复制“学生信息表”工作表，并重命名为“学生成绩表”。选择 E～I 列，删除年龄、出生日期、民族、身份证号、电话字段数据列。

3）选择 E4：I4 区域，依次输入“外语”、“高等数学”、“生理”、“计算机”、“总分”字段名。

4）选择 E5：I17 区域，依次输入四门课程的考试成绩。

5）单击【保存】按钮，以原文件名保存工作簿。

5.4 格式化工作表

为了更直观、更有效地表达工作表的数据，使数据条理化、清晰化，可以适当地格式化工作表。格式化工作表是指对表中数据、内容进行修饰的操作，包括设置表中的字符格式、调整表格的行高和列宽、修饰美化表格外观等。

5.4.1 设置字符格式

设置字符格式包括设置字体、字形、字号、颜色、下画线、特殊效果等。设置字符格式时，先选定要设置字符格式的单元格或单元格区域。

单击【开始】|【字体】|【格式】按钮，弹出【设置单元格格式】对话框。打开【字体】选项卡，如图 5-4-1 所示。

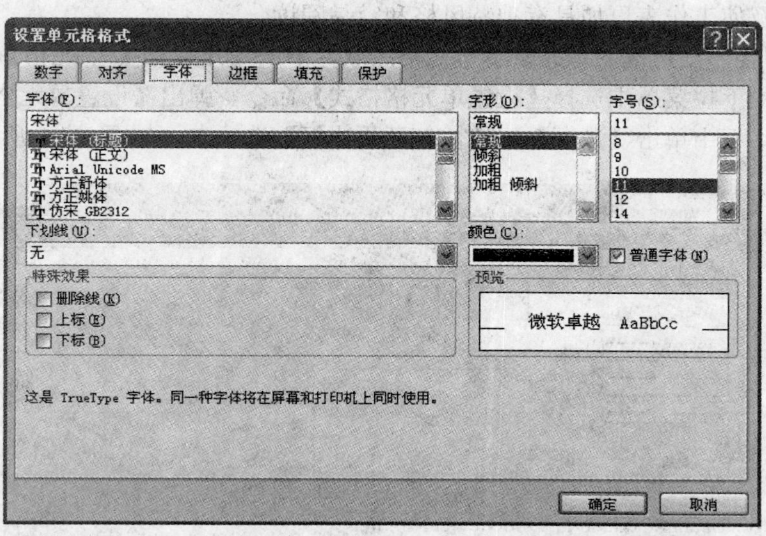

图 5-4-1　【设置单元格格式】对话框

1）在【字体】选项卡中选择需要的字体。

2）在【字形】列表框中选择合适的字形。

3）在【字号】列表框中选择字号大小。

4）在【下画线】下拉列表中可以为文本添加合适的下画线。

5）在【特殊效果】选项区中可以选中某个复选框，为字符添加特殊效果。

6）单击颜色框右侧的下拉按钮，弹出【颜色】下拉列表，选择其中一种颜色作为字符颜色。

5.4.2　对齐方式

Excel 在默认情况下，单元格中的文本靠左对齐，数字靠右对齐，逻辑值和错误值居中对齐。设置单元格中的对齐方式，既能提高阅读速度，又能使表格更加美观。

对齐方式的设置方法是：选中要设置对齐方式的单元格，在【开始】选项卡中的【对齐】工作组中，根据需要单击相应的按钮设置单元格中数据的对齐方式。

单元格数据的对齐方式包括顶端对齐、垂直居中对齐、底端对齐、左对齐、居中对齐、右对齐，如图 5-4-2 所示。同时，在该工作组中还有减少缩进量和增大缩进量两个按钮。

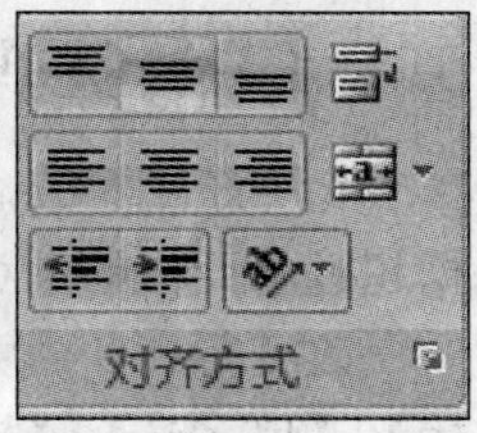

图 5-4-2　【对齐】选择卡

注意：设置对齐方式还可以通过如图 5-4-1 所示的【设置单元格格式】对话框中的【对齐】选项卡进行设置。

5.4.3 边框和底纹

在 Excel 工作表中使用边框和底纹，可以使工作表突出显示重点内容，区分工作表不同部分以及使工作表更加具有独特风格和容易阅读。

1）选中要添加边框的单元格或单元格区域，单击【开始】|【单元格】|【格式】按钮，在弹出的下拉菜单中选择【设置单元格格式】命令，弹出【设置单元格格式】对话框。在该对话框中单击【边框】标签，打开【边框】选项卡，如图 5-4-3 所示。

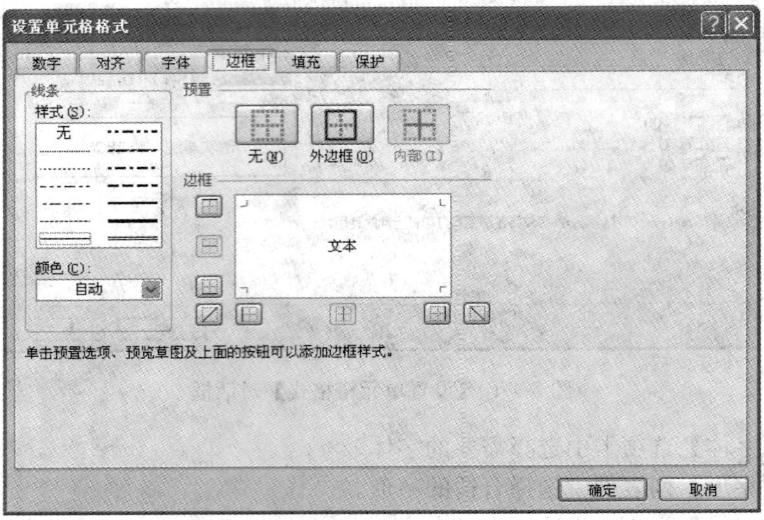

图 5-4-3 【边框】选项卡

2）在【预置】选区中选择相应的选项，设置单元格或单元格区域的内边框和外边框，也可以在【边框】选区的预览框内需要添加边框处单击鼠标。

3）在【线条】选区中选择一种线型；在【颜色】下拉列表中选择一种边框颜色。

4）如果要为单元格区域添加底纹，可在【设置单元格格式】对话框中单击【填充】标签，打开【填充】选项卡对话框。在【背景色】列表框中选择一种颜色作为工作表的底纹，也可以在【图案颜色】下拉列表框中选择一种图案作为工作表的底纹。

5.4.4 调整单元格的行高与列宽

在 Excel 2007 中，工作表的默认行高是 13.5，列宽是 8.38。当单元格中输入的数据超过单元格的大小时，为了把单元格中的数据完全显示出来，就要改变行高和列宽。

改变行高和列宽有两种方法，一种是使用鼠标拖放进行调整；另一种通过单击【开始】|【单元格】|【格式】按钮进行精确设置。

5.4.5 显示/隐藏行与列

工作表中有时会有部分过渡的数据，为了美观，一般需要将它们隐藏起来。下面来介绍一下具体的操作方法。

（1）隐藏行和列

选中要隐藏的行或列，单击【开始】|【单元格】|【格式】按钮，在弹出的下拉列表中选择【隐藏和取消隐藏】|【隐藏行】或【隐藏列】命令，即可把该行或列隐藏起来。

提示：选中要隐藏的行或列并右击，在快捷菜单中选择【隐藏】命令，也可以将所选行隐藏。鼠标将行或列的高度或宽度调整到 0 值时，也可以达到隐藏的效果。

（2）取消行和列的隐藏

移动鼠标指针到被隐藏列的右侧，使鼠标指针变为形。按住鼠标左键向右拖动，到达所需列宽时松开鼠标，即可以将被隐藏的列重新显示在工作表中。

还有另外一种取消隐藏的方法：单击【开始】|【单元格】|【格式】按钮，在弹出的下拉列表中选择【隐藏和取消隐藏】|【取消隐藏行】或【取消隐藏列】命令，即可把该行或列显示起来。

提示：在打印的时候，隐藏的行或列不会被打印出来。

5.4.6　单元格的合并与拆分

Excel 的“合并后居中”功能可以将多个单元格合并成一个单元格，可以为表格设置突出的标题。如果要将每行的多个单元格合并成一个单元格，在之前的版本中只能一行一行地进行操作。在 Excel 2007 中，可以一次性操作完成。

选中需要合并的多行单元格区域，单击【开始】|【对齐方式】|【合并后居中】按钮右侧的下拉按钮，在弹出的下拉列表中选择【跨越合并】选项，如图 5-4-4 所示。

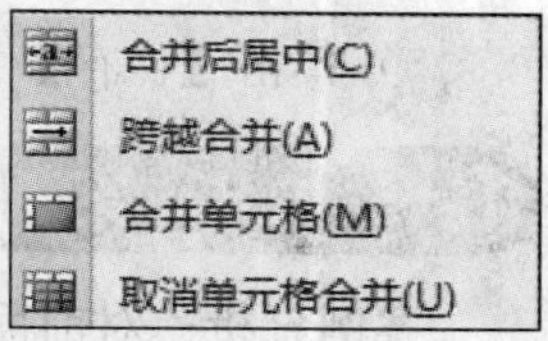

图 5-4-4　【合并后居中】下拉列表

提示：选中一个合并后的单元格，再次单击【合并后居中】按钮，就可以取消其合并状态，恢复单元格默认的显示状态。

5.4.7　案例：美化工作表

案例分析：修饰前面创建的“体育教育专业学生信息表 .xlsx”工作簿文件中的“学生成绩表”工作表，使其成为如图 5-4-5 所示的工作表样式。

具体操作步骤如下。

1）打开“体育教育专业学生信息表 .xlsx”工作簿文件，选中“学生成绩表”工作表。

2）选中单元格区域 A1：I2，单击【开始】|【对齐方式】|【合并后居中】中的按钮，选择【合并后居中】，将表格标题居中，设置行高为“30”，文字为“黑体、20”，颜色为“蓝色”，填充为“白色、深色 5%”。

3）选中表格表头栏单元格区域 A4：I4，设置文字为“隶书、14”，加粗、居中、黄色底纹，行高为“20”，列宽正好能容纳内容。

4）表体使用黑色表格线，表格内文字为“宋体、10”，居中，行高为“15”，整个表格使用深红色双线外框。

	A	B	C	D	E	F	G	H	I
1–2	体育教育专业学生成绩表								
3							日期：	2011.2.12	
4	班级	学号	姓名	性别	外语	高等数学	生理	计算机	总分
5	一班	080101001	耿超	男	87	92	93	96	
6	一班	080101002	胡腾	女	85	88	78	82	
7	一班	080101003	肖裴	男	92	92	96	84	
8	二班	080102001	薛炎	女	73	93	84	88	
9	二班	080102002	周辉	男	86	87	71	76	
10	二班	080102003	刘富才	男	94	88	74	78	
11	三班	080103001	贾丽华	女	88	87	77	68	
12	三班	080103002	王军	男	89	87	85	88	
13	三班	080103003	肖力裴	男	50	72	78	66	
14	三班	080103004	李谷平	男	90	37	68	76	
15	三班	080103005	郑文裕	男	86	40	50	91	
16	四班	080104001	梁靓	女	69	89	87	79	
17	四班	080104002	李家兴	女	86	66	87	94	

图 5-4-5 “学生成绩表”工作表样式

5）单击【保存】按钮，以原文件名保存工作簿文件。

5.4.8 案例：设置工作表中不同成绩档的格式

案例分析： 对前面建立的“体育教育专业学生信息表.xlsx”工作簿文件中的“学生成绩表”工作表中单科成绩大于 90 分的数据设置为“浅红填充色深红色文本”，单科成绩小于 60 分的设置为“浅灰色填充蓝色文本”。

具体操作步骤如下。

1）打开“体育教育专业学生信息表.xlsx”工作簿文件，选中“学生成绩表”工作表。

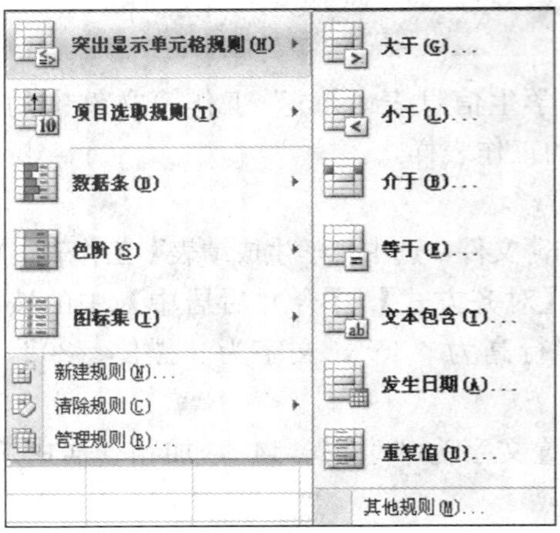

图 5-4-6 【条件格式】按钮

2）选中要应用条件格式的单元格区域 E5：I17。

3）单击【开始】|【样式】|【条件格式】按钮，如图 5-4-6 所示，在弹出的下拉列表中选择【突出显示单元格规则】|【大于】命令，弹出图 5-4-7 所示对话框。在左边文本框设置条件，在右边文本框设置满足条件的单元格格式。

4）同样方法设置小于 60 分的格式。单击【突出显示单元格规则】|【小于】命令，弹出如图 5-4-8 所示对话框。由于预设单元格格式中没有所需的格式，所以要选择自定义格式，弹出【设置单元格格式】对话框。

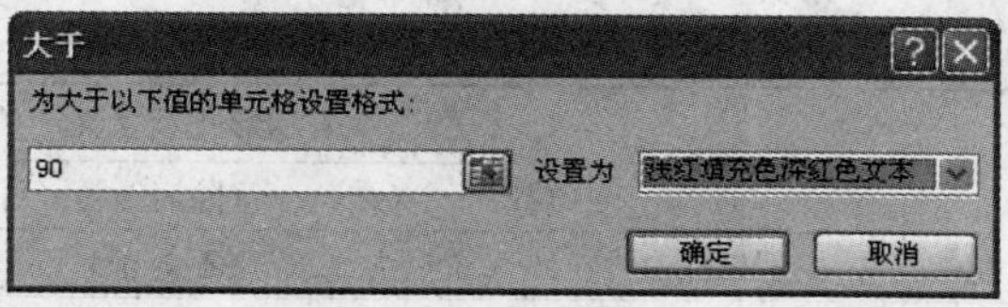

图 5-4-7 【大于】对话框

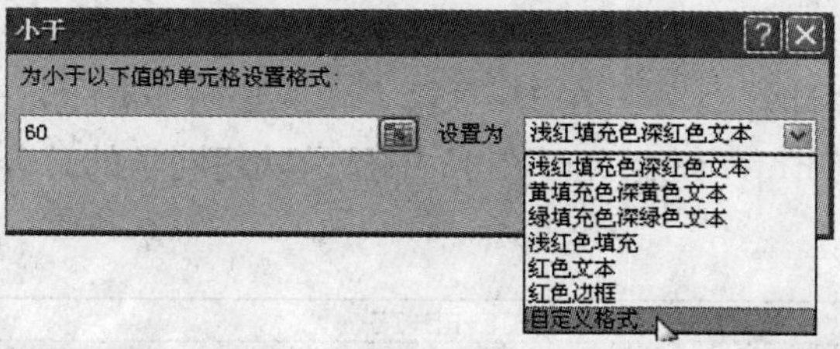

图 5-4-8 【小于】对话框

5）在【设置单元格格式】对话框中，设置为“浅灰色填充蓝色文本”格式。

6）单击【确定】按钮，可以看到满足条件的单元格将自动应用指定的格式。

7）保存工作簿文件。

提示：1）也可以使用下拉列表中【其他规则】|【新建格式规则】，在弹出的对话框中设置条件，单击【格式】按钮，在弹出的【设置单元格格式】对话框中设置所需的格式。

2）设置后的单元格格式可以使用【编辑】|【清除】命令进行彻底清除。

5.5 公式与函数

公式与函数作为 Excel 的重要组成部分，具有强大的数据计算功能，为用户提供了分析、处理数据的方便。在 Excel 中，不仅可以使用公式对各种数值进行加、减、乘、除等计算，还可以对数据进行逻辑和比较运算。对于一些复杂、特殊的问题，当无法通过直接创建公式来计算时，可以使用函数进行处理。

5.5.1 创建公式

在 Excel 中，一切公式均以“＝”开始，例如“＝A3＋C1”。如果用户省略“＝”，系统就把输入内容视为文本并在相应的单元格中显示它，而不计算其数值。Excel 公式主要由运算符和运算数构成，运算数可以是常量、单元格或引用单元格区域等，参与计算的运算数通过运算符隔开。只有正确使用运算符，并确定正确的运算顺序，才能创建正确的公式。

1. 公式中的运算符及其应用

Excel 包含四种类型的运算符：算术运算符、比较运算符、文本运算符和引用运算符。如表 5-5-1 所示为 Excel 公式中的运算符。

表 5-5-1　Excel 公式中的运算符

运算符名称	表示形式及含义
算术运算符	＋（加）、－（减）、*（乘）、/（除）、%（百分比）、∧（乘方）
比较运算符	＝、＜、＞、＜＝、＞＝、＜＞（不等于）
文本运算符	&（文本字符串连接）
引用运算符	：（冒号）、，（逗号）、■（空格）

（1）算术运算符

例如在图 5-5-1 中计算总分：在 J5 中输入“＝E5＋F5＋G5＋H5＋I5”后，单击【输入】按钮✓，或按 Enter 键。此时在 J5 中显示耿超同学的总分，编辑栏中显示输入的公式。

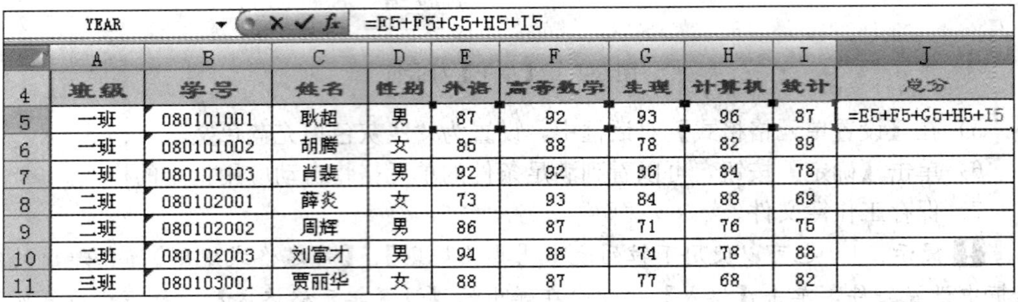

YEAR　=E5+F5+G5+H5+I5

	A	B	C	D	E	F	G	H	I	J
4	班级	学号	姓名	性别	外语	高等数学	生理	计算机	统计	总分
5	一班	080101001	耿超	男	87	92	93	96	87	=E5+F5+G5+H5+I5
6	一班	080101002	胡腾	女	85	88	78	82	89	
7	一班	080101003	肖裴	男	92	92	96	84	78	
8	二班	080102001	薛炎	女	73	93	84	88	69	
9	二班	080102002	周辉	男	86	87	71	76	75	
10	二班	080102003	刘富才	男	94	88	74	78	88	
11	三班	080103001	贾丽华	女	88	87	77	68	82	

图 5-5-1　用公式进行计算示例

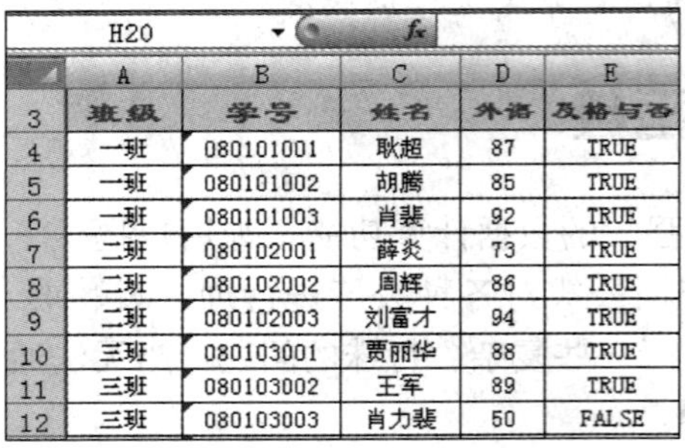

H20

	A	B	C	D	E
3	班级	学号	姓名	外语	及格与否
4	一班	080101001	耿超	87	TRUE
5	一班	080101002	胡腾	85	TRUE
6	一班	080101003	肖裴	92	TRUE
7	二班	080102001	薛炎	73	TRUE
8	二班	080102002	周辉	86	TRUE
9	二班	080102003	刘富才	94	TRUE
10	三班	080103001	贾丽华	88	TRUE
11	三班	080103002	王军	89	TRUE
12	三班	080103003	肖力裴	50	FALSE

图 5-5-2　比较运算符的应用

（2）比较运算符

在公式中使用一个比较运算符，其结果为“真”或“假”，它们被称为逻辑值。如在图 5-5-2 中的 E4 中输入公式“＝D4＞＝60”，计算结果显示“TRUE”。拖动填充柄至 E12 可计算出其他学生的情况。

（3）文本运算符

& 能够连接多个文本。如在图 5-5-2 的 F4 中输入公式“＝C4&D3&D4”，确认后，单元格 F4 中将显示“耿超外语 87”。

（4）引用运算符

引用的作用在于标识工作表上的单元格或单元格区域，并指明公式中所使用的数据的位置。

冒号“:”称为区域运算符。如 C1 表示一个单元格引用，而 A1：E4 就表示从 A1 到 E4 的单元格区域。如果用户在公式中引用工作表的一行或一列的所有单元格，那么可以用 2：2 表示第二行的所有单元格，用 A：B 表示 A 列和 B 列的所有单元格。

逗号“,”是一种联合运算符，用于将多个引用合并为一个引用。例如，(A1：C3，C6：E8) 表示区域 A1：C3 和 C6：E8。

注意：当用户用鼠标选择公式中的区域时，Excel 自动插入区域运算符“:”，如果用户选择不连续的单元格或区域时，Excel 自动插入联合运算符“,”。

2. 输入公式

输入公式的方法并不是单一的，用户既可以在编辑栏中输入公式，也可以在单元格中直接输入公式。

1）在编辑栏中输入公式的方法是：单击要输入公式的单元格，在编辑栏中输入公式，输入完毕后，按 Enter 键。如果输入有误或需重新输入，可在 Enter 键之前单击编辑栏左边的【取消】按钮。如果已按了 Enter 键，可先选中该单元格，然后直接输入新的公式即可。

2）在单元格中直接输入公式的方法是：选择要输入公式的单元格，在单元格中输入“=”，然后输入公式的运算数和运算符。输入完毕后，按 Enter 键。

3. 公式的显示与编辑

Excel 单元格只显示计算的结果，而不显示公式。若想查看公式，单击该单元格，其公式即显示在编辑栏中。如果要编辑公式，单击含有公式的单元格，然后在编辑栏中对公式做出修改后，单击【输入】按钮或按 Enter 键。若要在单元格内快速编辑，双击该单元格或按功能键 F2，即可对公式进行修正。

4. 复制公式

在 Excel 中编辑好一个公式之后，如果在其他单元格中需要编辑的公式与此单元格中的公式相同，就可以使用 Excel 的复制功能。例如，在图 5-5-3 所示的成绩单中，若要求计算其余学生的总分，单击 J5，此时编辑栏显示的是 J5 中输入的公式，而单元格 J5 直接显示公式计算出来的数值“455”。将鼠标指针移到填充柄上，使之变成“+”字光标，按下鼠标左键拖动至 J13 松开。这样，就将 J5 中的公式“=E5+F5+G5+H5+I5”一次性地复制到 J6：J13 区域中，避免了对所有单元格重复输入公式的麻烦。

J5 =E5+F5+G5+H5+I5

	A	B	C	D	E	F	G	H	I	J
4	班级	学号	姓名	性别	外语	高等数学	生理	计算机	统计	总分
5	一班	080101001	耿超	男	87	92	93	96	87	455
6	一班	080101002	胡腾	女	85	88	78	82	89	422
7	一班	080101003	肖斐	男	92	92	96	84	78	442
8	二班	080102001	薛炎	女	73	93	84	88	69	407
9	二班	080102002	周辉	男	86	87	71	76	75	395
10	二班	080102003	刘富才	男	94	88	74	78	88	422
11	三班	080103001	贾丽华	女	88	87	77	68	82	402
12	三班	080103002	王军	男	89	87	85	88	80	429
13	三班	080103003	肖力斐	男	50	72	78	66	76	342

图 5-5-3 复制公式的结果

❗注意：1）上述公式中引用的单元格地址 E5、F5、G5、H5、I5 均为“相对地址”。在复制公式时，相对地址会随目标地址的变化而变化。例如，复制到 J6 中的公式为“=E6+F6+G6+H6+I6，复制到 J7 中的公式为“=E7+F7+G7+H7+I7”，依此类推。

2）复制带有公式的单元格，只是将单元格的公式进行复制和粘贴，而不是粘贴单元格的结果。

5.5.2 单元格的引用

一个引用位置代表工作表上的一个或者一组单元格，它的作用在于标识工作表上的单元格或单元格区域，并指明公式中所使用数据的位置。Excel 通过对单元格的引用来访问单元格数据。

单元格的引用具有三种类型，分别是相对单元格引用、绝对单元格引用和混合单元格引用。

1. 相对单元格引用

相对单元格引用是指以某一特定目标为基准来定出其他目标位置。如果公式所在单元格的位置改变，引用也随之改变；如果对多行或多列复制公式，引用会自动调整。在默认情况下，新公式使用相对引用。

2. 绝对单元格引用

绝对单元格引用是在单元格中引用一个或多个指定位置的单元格，如果在公式中引用了绝对地址，则不论行、列怎样改变，地址始终不变。

要在公式中使用绝对单元格引用，必须在构成单元格地址的字母和数字前增加一个“$”（美元符）。

3. 混合单元格引用

混合单元格引用是指有部分绝对的引用，例如 E$2 或 $E2。在将混合引用的公式复制到另一个单元格时，只需调整相对单元格引用即可。

5.5.3 使用函数

函数是 Excel 中预先编写的公式，可以对一个或多个值进行运算，并返回一个或多个值。应用函数可以简化和缩短工作表中的公式，尤其在用公式进行很长或复杂的计算时，利用函数计算更方便。

函数由函数名和参数组成，具体格式为

函数名（参数 1，参数 2，……）

其中，函数的参数可以是常量、逻辑值、单元格地址、区域或其他函数表达式等。如果函数没有参数，也必须带上括号。

1. 手工输入函数

简单的函数可以采用手工输入，方法与在单元格中输入公式的方法相同。先在需要输入公式的单元格或编辑栏中输入“＝”，然后直接输入函数即可。

2. 利用函数向导输入

如果要输入比较复杂的函数或者为了避免在输入过程中产生错误，可以通过向导来输入函数。

选定要使用函数的单元格，单击【公式】|【函数库】|【插入函数】按钮，或者单击编辑栏中的【插入函数】按钮，均弹出【插入函数】对话框，如图 5-5-4 所示，可在该对话框中选择要使用的函数。

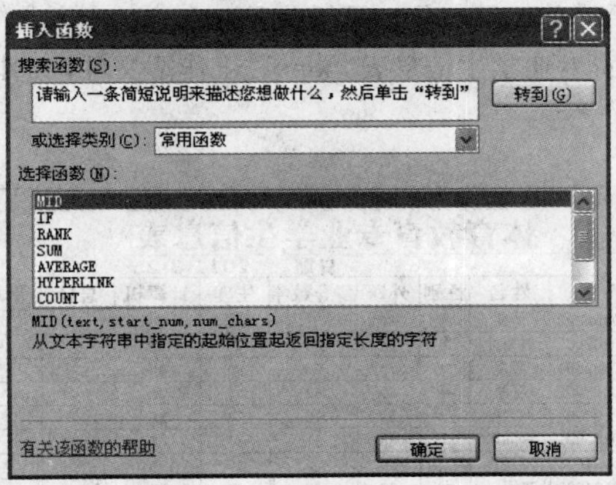

图 5-5-4 【插入函数】对话框

3. 常用函数

Excel 为用户提供了十一种类型共上百个函数，主要类别包括数学函数、工程函数、财务函数、统计函数、逻辑函数、文本函数、信息函数、外部函数、时间和日期函数、多维数据集以及数据库函数等。下面介绍几个常用函数。

1）求和函数 SUM，计算某单元格区域中所有数值的和。

2）条件求和函数 SUMIF，计算满足条件的单元格区域中数值的和。

3）求平均值函数 AVERAGE，计算给定区域的算术平均值。

4）计数函数 COUNT，统计某单元格区域中包含数字的单元格个数。

5）条件统计函数 COUNTIF，统计某单元格区域中满足给定条件的单元格个数。

6）条件函数 IF，根据逻辑表达式的真假返回不同的结果，从而执行数值或公式的条件检测任务。

7）最大值函数 MAX，返回给定参数表中的最大值。

8）最小值函数 MIN，返回给定参数表中的最小值。

9）日期函数 TODAY，返回系统当前日期的序列号。

10）时间函数 YEAR，返回给定日期的年份。

11）函数 RANK，返回某数字在一列数序中相对其他数字的大小排名。

5.5.4 案例：使用函数进行学生成绩分析

案例分析：

1）打开前面创建的“体育教育专业学生信息表.xlsx”工作簿文件中的“学生成绩表”工作表，计算总分、平均分、最高分、最低分、名次。

2）新建“成绩分析”工作表，统计计算机课程的各分数段人数、总人数、各分数段百分比（保留 1 位小数）、标准差。

具体操作方法如下。

（1）计算总合、平均分、最高分、最低分和名次

1）打开“体育教育专业学生信息表.xlsx”工作簿文件，选择“学生成绩表”工作表，如图 5-5-5 所示。

	A	B	C	D	E	F	G	H	I	J	K
1–2	体育教育专业学生信息表										
3						日期	2011-3-25				
4	班级	学号	姓名	性别	外语	高等数学	生理	计算机	总分	平均分	名次
5	二班	080102002	周辉	男	86	87	71	76			
6	二班	080102003	刘富才	男	94	88	74	78			
7	二班	080102001	薛炎	女	73	93	84	88			
8	三班	080103002	王军	男	89	87	85	88			
9	三班	080103003	肖力裴	男	50	72	78	66			
10	三班	080103001	贾丽华	女	88	87	77	68			
11	四班	080104001	梁靓	女	69	89	87	79			
12	四班	080104002	李家兴	女	86	66	87	94			
13	五班	080105001	张哲峰	男	85	68	85	85			
14	五班	080105002	肖华	女	84	70	83	81			
15	一班	080101001	耿超	男	87	92	93	96			
16	一班	080101003	肖裴	男	92	92	96	84			
17	一班	080101002	胡鹏	女	85	88	78	82			
18		最高分									
19		最低分									
20	各科平均分										

图 5-5-5 “学生成绩表”工作表计算示例

2）用 SUM 函数计算总分。选取 I5 单元格，单击【开始】|【编辑】组中的自动求和按钮 Σ，执行下拉列表中的求和命令。拖动鼠标选取 E5：H5 单元格区域，按 Enter 键计算第一名同学的总分，然后移动光标到 I6 单元格的右下角，当光标变为黑色实心“十”字时，拖动鼠标至 I17 即可求出所有同学的总分。

3）用 AVERAGE 函数计算平均分。选取 J5 单元格，执行【开始】|【编辑】组中的自动求和按钮 Σ 下拉列表中的平均值命令，使用与上面类似的方法求出每位同学的平均值。执行【格式】按钮中的【设置单元格格式】，打开如图 5-5-6 所示的对话框，设置平均分保留一位小数。

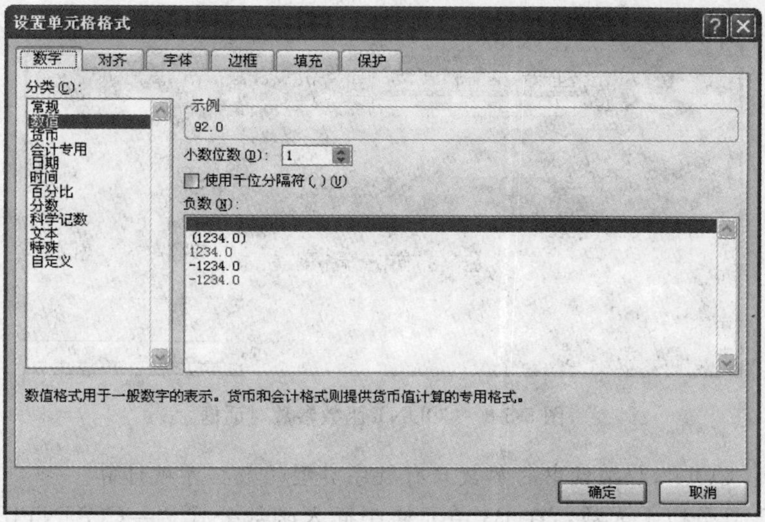

图 5-5-6 【设置单元格格式】对话框

4）与上面类似的方法，用 MAX 函数计算最高分，用 MIN 函数计算最低分。

5）用 RANK 函数计算名次。选取 K5 单元格，输入公式“＝RANK（K5，K$5：K$17)”，然后拖动填充柄向下填充，即可得到每个同学的名次。

6）保存工作簿文件。

! 提示：对于上面的 SUM、AVERAGE、MAX、MIN、RANK 函数均可以使用【公式】选项卡中的【函数库】工具组中的【插入函数】按钮 *fx*，或者单击编辑栏中的【插入函数】按钮 *fx*，弹出【插入函数】对话框，在该对话框中选择使用的函数。

（2）统计计算机课程的各分数段人数、总人数、各分数段百分比（保留 1 位小数）、标准差

1）在“体育教育专业学生信息表.xlsx”工作簿文件中新建一张空白工作表，命名为“成绩分析”工作表。在“成绩分析”工作表中输入内容，根据需要自行设置格式，如图 5-5-7 所示。

	A	B	C	D	E	F	G
1	成绩分析						
2		>90分	80-89分	70-79分	60-69分	<60分	总人数
3	人数						
4	所占比例						

图 5-5-7 “成绩分析”工作表示例

2）计算总人数。在 G3 单元格中插入函数公式“＝COUNT（学生成绩表！H5：H17)”，或者单击编辑栏中的【插入函数】按钮 *fx*，在【插入函数】对话框中选择 COUNT 函数。使用鼠标选择学生成绩表中的 H5：H17 单元格区域，如图 5-5-8 所示，单击【确定】按钮，即可产生结果。

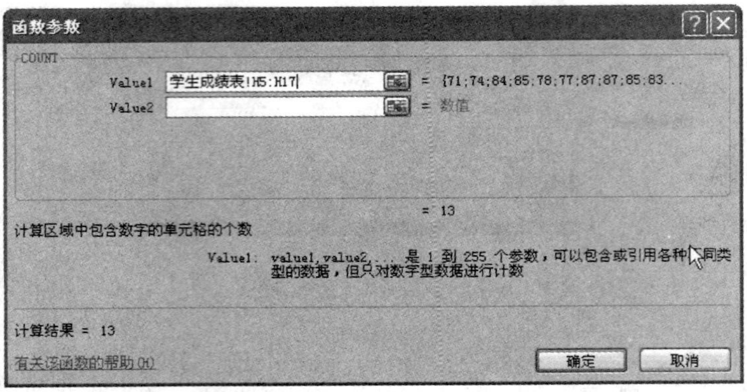

图 5-5-8　COUNT 函数参数对话框

提示：COUNT 函数中的参数只有数字类型的数据才被计算。

3）计算 90 分以上人数：在 B3 单元格中插入函数公式“=COUNTIF（学生成绩表！H5：H17,″>=90″)”。

4）计算 80～89 分人数：在 C3 单元格中插入函数公式“=COUNTIF（学生成绩表！H5：H17,″>=80″）−COUNTIF（学生成绩表！H5：H17,″>=90″)”。

5）计算 70～79 分人数：在 D3 单元格中插入函数公式“=COUNTIF（学生成绩表！H5：H17,″>=70″）−COUNTIF（学生成绩表！H5：H17,″>=80″)”。

6）计算 60～69 分人数：在 E3 单元格中插入函数公式“=COUNTIF（学生成绩表！H5：H17,″>=60″）−COUNTIF（学生成绩表！H5：H17,″>=70″)”。

7）计算 60 分以下人数：在 F3 单元格中插入函数公式“=COUNTIF（学生成绩表！H5：H17,″<60″)。

8）计算各分数段百分比：在 B4 中插入函数公式“=B3/＄G3”，拖动填充柄向右填充至 F4，并设置 B4～F4 的格式为百分比，保留一位小数。

9）计算标准差：选择 H4 单元格，插入函数公式“=STDEV（学生成绩表！H5：H16)”。

10）保存工作簿文件。

5.6　数据管理

Excel 2007 的数据管理功能非常强大，可以对数据记录进行组织分析，如排序、筛选、分类汇总等操作，从而使数据结构更加清晰，数据关系更加清楚。

5.6.1　数据的排序

数据的排序是按照一定的规则对数据进行整理和重新排列，把一列或多列无序的数据变成有序的数据，这样更能方便地管理数据。不同类型数据的排序标准不同，下面介绍几种常见数据类型的排序标准。

1）数字从最小的负数到最大的正数进行排序。

2）字母按先后顺序排序，即一般按字典顺序进行排序。

3）汉字按汉语拼音的顺序进行排列。

4）在逻辑值中，FALSE 排在 TRUE 之前。

5）空格始终排在最后。

6）以降序排序时，除空格外，以上情况全部反转。

Excel 中进行排序的方法主要有两种：简单排序和复杂排序。

1. 简单排序

选中准备排序列的任意一个单元格，选择【开始】|【编辑】组，单击【排序和筛选】按钮，如图 5-6-1 所示。在弹出的下拉列表中选择【降序】或【升序】，即可将选中的列按照要求排序。

或者单击【数据】|【排序和筛选】组中的 A↓Z 或 Z↓A 按钮，也可以进行简单排序。

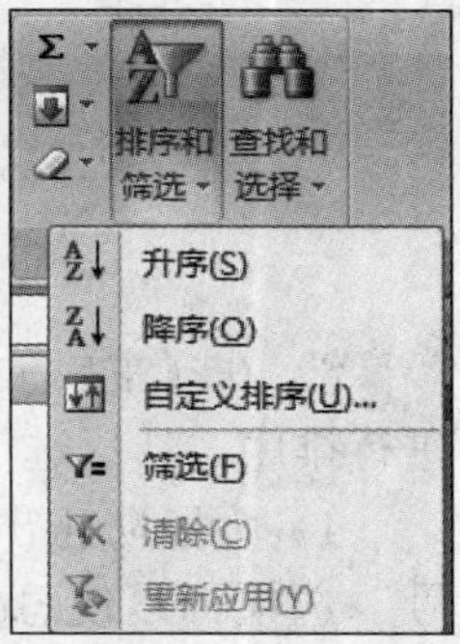

图 5-6-1 【排序和筛选】下拉菜单

2. 多关键字排序

进行复杂排序一般用于多关键字排序。要进行复杂排序，方法一是通过单击【开始】|【编辑】|【排序和筛选】按钮，在弹出的下拉列表中选择【自定义排序】命令；方法二是通过单击【数据】|【排序和筛选】|【排序】按钮，两种方法都可弹出【排序】对话框，如图 5-6-2 所示。

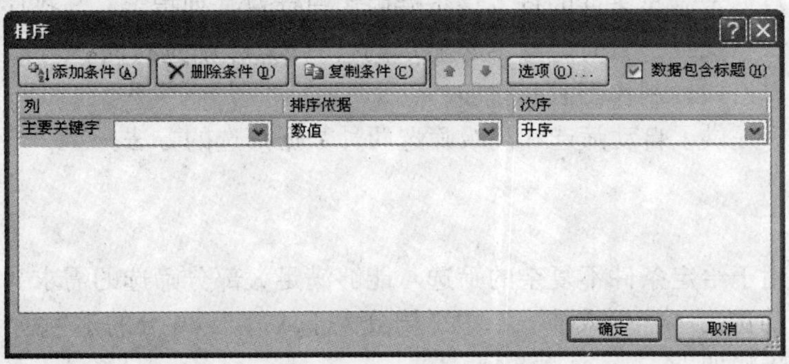

图 5-6-2 【排序】对话框

在【排序】对话框中的【列】选项区中依次添加排序的主要关键字和次要关键字；在【排序依据】选项区中选择排序类型；在【次序】下拉列表中选择排序方式。下面以实例介绍排序的基本操作。

【例 5-1】 将“体育教育专业学生信息表 . xlsx”工作簿文件中的“学生成绩表”工作表按照总分的降序进行排序。

具体操作步骤如下。

1）打开“体育教育专业学生信息表 . xlsx”工作簿文件，选择“学生成绩表”工作表。

2）在数据清单中任意选定一个单元格，然后选择【数据】|【排序】命令，打开【排序】对话框，如图 5-6-3 所示。

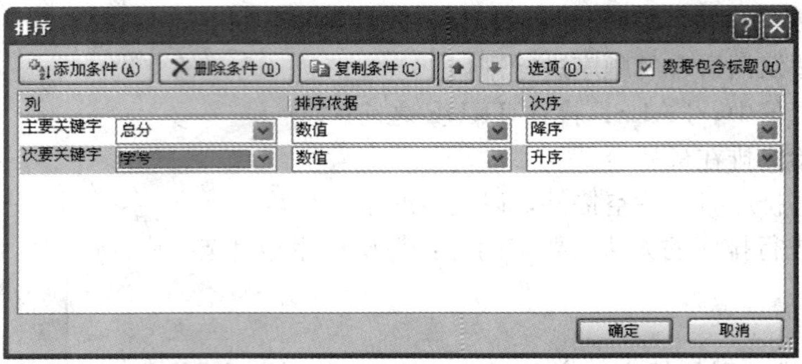

图 5-6-3 【排序】对话框

3）在【主要关键字】下拉列表框中选择“总分”选项，以便按照学生的总分成绩进行排序，然后选定“降序”单选按钮，以便学生按照总分的降序排列。

4）为了防止出现总分相同的情况，可在【次要关键字】下拉列表框中选择“学号”选项，以使总分相同的学生再按学号排序，然后选定后面的【升序】单选按钮。

5）完成排序条件设置后，单击【确定】按钮即可。

5.6.2 数据的筛选

筛选是从数据清单中查找和分析具备特定条件记录数据子集的快捷方法。经过筛选的数据清单中只显示满足条件的行，该条件由用户针对某列指定。与排序不同，筛选并不重排工作表。筛选只是暂时隐藏不必显示的行。Excel 筛选行时，可以对工作表子集进行编辑、设置格式、制作图表和打印。

Excel 2007 提供了自动筛选和高级筛选两种数据筛选的方法。

1. 自动筛选

自动筛选用于给定条件不复杂的筛选，能够满足大部分筛选的需求。

【例 5-2】筛选出“学生成绩表”中平均分大于或等于 80 分的学生。

具体操作步骤如下。

1）通过鼠标拖动选定 A4：K17 单元区域，选择【数据】|【排序和筛选】组，单击【筛选】按钮，每个字段名称旁会显示自动筛选标记。

2）单击【平均分】字段旁的自动筛选标记，如图 5-6-4 所示。在弹出的下拉列表中选择【数字筛选】|【大于或等于】，弹出【自定义自动筛选方式】对话框，如图 5-6-5 所示。

3）在该对话框的【平均分】选项组中，设置筛选条件为“大于或等于 80”，单击【确定】按钮后，“平均分”大于或等于 80 分的所有学生便被挑选出来。

提示：如果想恢复显示原始数据，单击【排序和筛选】|【清除】按钮，则将数据全部显示出来；或单击【排序和筛选】|【筛选】按钮也可恢复数据。

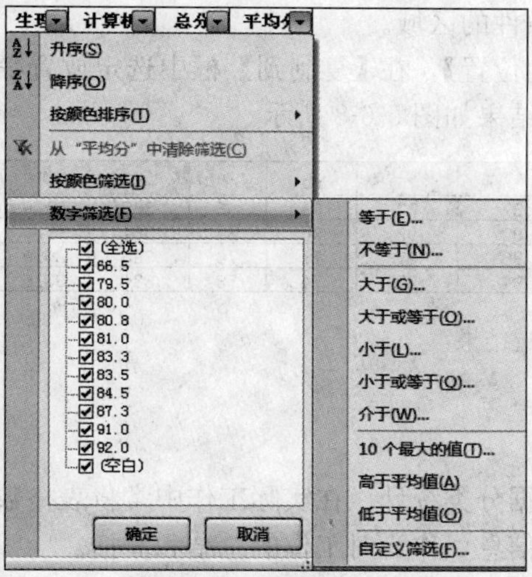

图 5-6-4　【自动筛选】下拉列表

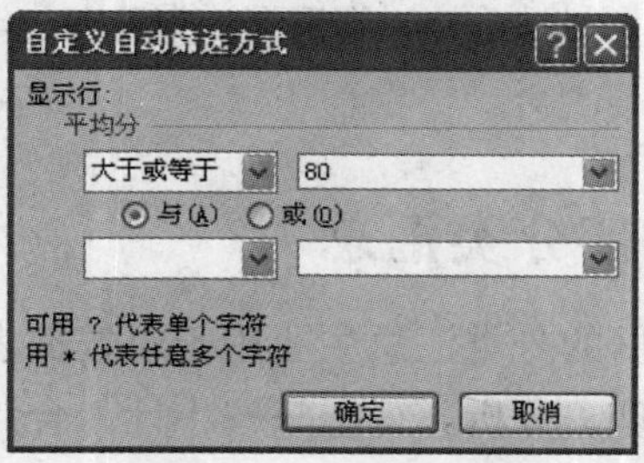

图 5-6-5　【自定义自动筛选方式】对话框

2. 高级筛选

高级筛选是通过已经设置好的条件来对工作表中的数据进行筛选，适用于条件比较复杂的筛选。高级筛选需要在工作表中无数据的地方指定一个区域用于存放筛选条件，这个区域就是条件区域。下面通过实例讲解高级筛选的具体操作方法。

【例 5-3】 筛选出“体育教育专业学生信息表 . xlsx”工作簿文件中“学生成绩表”里的一、二班全体男生。

具体操作步骤如下。

1）打开“体育教育专业学生信息表 . xlsx”工作簿文件，选择“学生成绩表”工作表。

2）在工作表中选定一个条件区域，输入筛选条件，如图 5-6-6 所示。

3）单击数据清单中的任一单元格。

4）选择【数据】|【排序和筛选】|【高级】，弹出【高级筛选】对话框，如图 5-6-7 所示。

班级	性别
一班	男
二班	男

图 5-6-6　条件区域

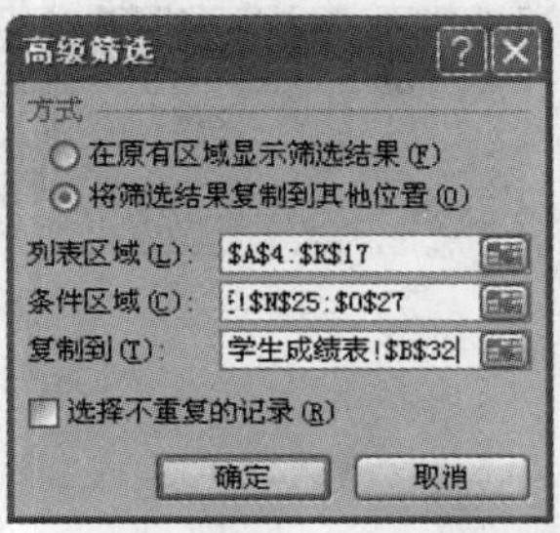

图 5-6-7　【高级筛选】对话框

5）在【列表区域】框中，选定被筛选的数据清单的范围。

6）在【条件区域】框中，选定放置筛选条件的区域。

7）显示方式选择【将筛选结果复制到其他位置】，在【复制到】框中选定放置筛选结果的起始单元格，单击【确定】按钮，筛选结果如图 5-6-8 所示。

	班级	学号	姓名	性别	年龄	外语	高等数学	生理	计算机	总分	平均分
32											
33	一班	080101001	耿超	男	19	87	92	93	96	368	92.0
34	一班	080101003	肖裴	男	18	92	92	96	84	364	91.0
35	二班	080102002	周辉	男	18	86	87	71	76	320	80.0
36	二班	080102003	刘富才	男	17	94	88	74	78	334	83.5

图 5-6-8 筛选结果

5.6.3 分类汇总

数据的分类汇总主要用于对数据表中的数据分类统计。在实际工作中常将表格数据进行整理、分析，得出一些小计、合计等汇总信息，作为对工作的总结和概括。

在对某字段进行分类汇总前，必须先对该字段进行排序，以使分类字段值相同的记录排在一起。

在 Excel 中能够实现多种形式的分类汇总，如求和、计数、平均值、最大值、最小值、乘积、标准偏差、总体标准偏差、方差、总体方差等。系统默认方式是求和。

1. 简单分类汇总

在插入分类汇总前，要确保分类汇总的数据第一行的每一列都有标志，并且同一列中应包含同一类型的数据，在数据清单中不应有空行或空列。下面以实例讲解其操作方法。

【例 5-4】以“体育教育专业学生信息表 . xlsx”工作簿文件中的“学生成绩表”工作表为例，计算男、女生外语、高等数学、生理、计算机的平均成绩。

具体操作方法如下。

1）打开“体育教育专业学生信息表 . xlsx”工作簿文件，选择“学生成绩表”工作表。

2）选定要分类汇总的工作表中的单元格区域 A4：J17。

3）排序要分类汇总的列表。单击【数据】|【排序和筛选】|【排序】按钮，弹出【排序】对话框，在该对话框中设置如图 5-6-9 所示的参数，按“性别 ”的升序进行排序。

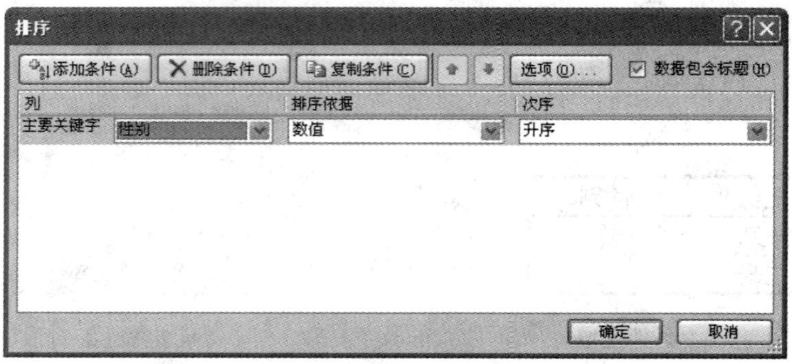

图 5-6-9 【排序】对话框

4）单击【确定】按钮，数据表格按照“性别”字段排序。

5）单击【数据】|【分级显示】|【分类汇总】按钮，弹出【分类汇总】对话框，在该对话框中设置如图 5-6-10 所示的参数。

6）单击【确定】按钮，分类汇总后的表格如图 5-6-11 所示。

为数据清单添加分类汇总时，Excel 自动将数据清单分级显示（见工作表左侧的分级显示符号），以便用户根据需要查看其结构。

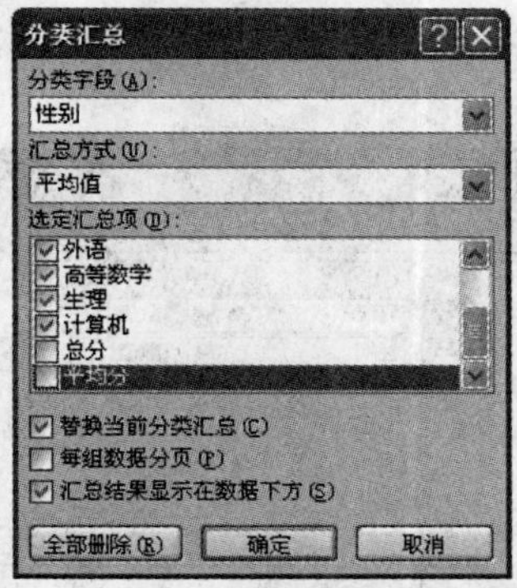

图 5-6-10　【分类汇总】对话框

	A	B	C	D	E	F	G	H	I	J
1–2	体育教育专业学生信息表									
3						日期	2011-3-28			
4	班级	学号	姓名	性别	外语	高等数学	生理	计算机	总分	平均分
5	二班	080102002	周辉	男	86	87	71	76	320	80.0
6	二班	0102003	刘富才	男	94	88	74	78	334	83.5
7	三班	080103002	王军	男	89	87	85	88	349	87.3
8	三班	080103003	肖力裴	男	50	72	78	66	266	66.5
9	五班	080105001	张哲峰	男	85	68	85	85	323	80.8
10	一班	080101001	耿超	男	87	92	93	96	368	92.0
11	一班	080101003	肖裴	男	92	92	96	84	364	91.0
12				男 平均值	83.29	83.71	83.14	81.86		
13	二班	080102001	薛炎	女	73	93	84	88	338	84.5
14	三班	080103001	贾丽华	女	88	87	77	68	320	80.0
15	四班	080104001	梁靓	女	69	89	87	79	324	81.0
16	四班	080104002	李家兴	女	86	66	87	94	333	83.3
17	五班	080105002	肖华	女	84	70	83	81	318	79.5
18	一班	080101002	胡腾	女	85	88	78	82	333	83.3
19				女 平均值	80.83	82.17	82.67	82.00		
20				总计平均值	82.15	83	82.923	81.9231		

图 5-6-11　分类汇总后的结果

2. 嵌套分类汇总

嵌套分类汇总是指将更小分组的分类汇总插入到现有的分类汇总组中。下面以实例讲解其具体操作方法。

【例 5-5】在“学生成绩表”工作表中计算每个班男、女生的外语、高等数学、生理、计算机的平均成绩。

具体操作步骤如下。

1）打开“体育教育专业学生信息表 . xlsx”工作簿文件，选择“学生成绩表”工作表。

2）选定要分类汇总的单元格区域 A4：J17。

3）排序要分类汇总的列表。单击【数据】|【排序和筛选】|【排序】按钮，弹出【排序】对话框。在该对话框中设置如图 5-6-12 所示的参数，主要关键字选择“班级”，次要关键字选择“性别”。

4）依照上面的方法先按“班级”执行第一次分类汇总。【分类汇总】对话框设置如图 5-6-13 所示，汇总结果如图 5-6-14 所示。

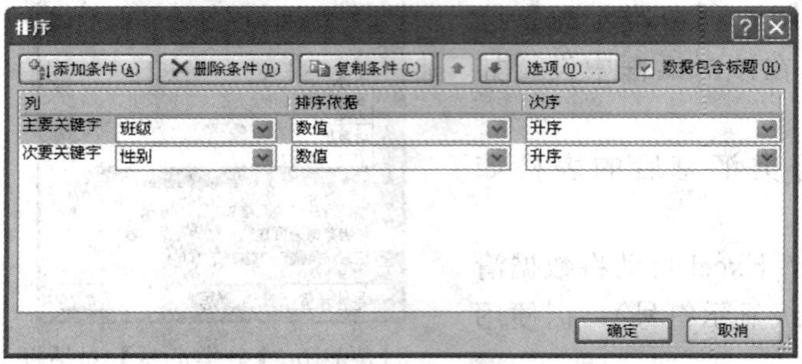

图 5-6-12 【排序】对话框中参数的设置

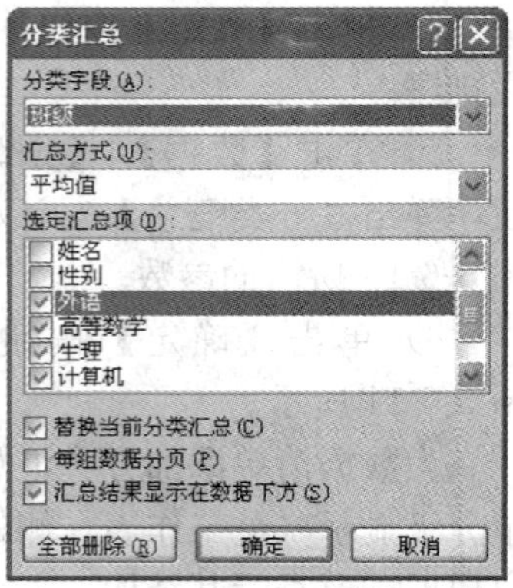

图 5-6-13 设置好的【分类汇总】对话框

	A	B	C	D	E	F	G	H	I	J
1–2	体育教育专业学生信息表									
3						日期	2011-3-25			
4	班级	学号	姓名	性别	外语	高等数学	生理	计算机	总分	平均分
5	二班	080102002	周辉	男	86	87	71	76	320	80.0
6	二班	080102003	刘富才	男	94	88	74	78	334	83.5
7	二班	080102001	薛炎	女	73	93	84	88	338	84.5
8	二班 平均值				84.33	89.33	76.33	80.67		
9	三班	080103002	王军	男	89	87	85	88	349	87.3
10	三班	080103003	肖力裴	男	50	72	78	66	266	66.5
11	三班	080103001	贾丽华	女	88	87	77	68	320	80.0
12	三班 平均值				75.67	82.00	80.00	74.00		
13	四班	080104001	梁靓	女	69	89	87	79	324	81.0
14	四班	080104002	李家兴	女	86	66	87	94	333	83.3
15	四班 平均值				77.50	77.50	87.00	86.50		
16	五班	080105001	张哲峰	男	85	68	85	85	323	80.8
17	五班	080105002	肖华	女	84	70	83	81	318	79.5
18	五班 平均值				84.5	69	84	83		
19	一班	080101001	耿超	男	87	92	93	96	368	92.0
20	一班	080101003	肖裴	男	92	92	96	84	364	91.0
21	一班	080101002	胡鹏	女	85	88	78	82	333	83.3
22	一班 平均值				88.00	90.67	89.00	87.33		
23	总计平均值				82.15	83.00	82.92	81.92		

图 5-6-14 按“班级”分类汇总后的表格

5）按照“性别”插入嵌套分类汇总，为防止覆盖已存在的分类汇总，取消选中【分类汇总】对话框中的【替换当前分类汇总】复选框。

6）设置完成后，单击【确定】按钮，结果如图 5-6-15 所示。

3. 删除分类汇总

进行分类汇总后，若恢复到汇总之前的状态，可通过单击【分类汇总】对话框中的【全部删除】按钮，即可清除当前的分类汇总。

	A	B	C	D	E	F	G	H	I	J
4	班级	学号	姓名	性别	外语	高等数学	生理	计算机	总分	平均分
5	二班	080102002	周辉	男	86	87	71	76	320	80.0
6	二班	080102003	刘富才	男	94	88	74	78	334	83.5
7				男 平均值	90	87.5	72.5	77		
8	二班	080102001	薛炎	女	73	93	84	88	338	84.5
9				女 平均值	73	93	84	88		
10	二班 平均值				84.33	89.33	76.33	80.67		
11	三班	080103002	王军	男	89	87	85	88	349	87.3
12	三班	080103003	肖力裴	男	50	72	78	66	266	66.5
13				男 平均值	69.5	79.5	81.5	77		
14	三班	080103001	贾丽华	女	88	87	77	68	320	80.0
15				女 平均值	88	87	77	68		
16	三班 平均值				75.67	82.00	80.00	74.00		
17	四班	080104001	梁靓	女	69	89	87	79	324	81.0
18	四班	080104002	李家兴	女	86	66	87	94	333	83.3
19				女 平均值	77.5	77.5	87	86.5		
20	四班 平均值				77.50	77.50	87.00	86.50		
21	五班	080105001	张哲峰	男	85	68	85	85	323	80.8
22				男 平均值	85	68	85	85		
23	五班	080105002	肖华	女	84	70	83	81	318	79.5
24				女 平均值	84	70	83	81		
25	五班 平均值				84.5	69	84	83		
26	一班	080101001	耿超	男	87	92	93	96	368	92.0
27	一班	080101003	肖裴	男	92	92	96	84	364	91.0
28				男 平均值	89.5	92	94.5	90		
29	一班	080101002	胡腾	女	85	88	78	82	333	83.3
30				女 平均值	85	88	78	82		
31	一班 平均值				88.00	90.67	89.00	87.33		
32	总计平均值				82.15	83.00	82.92	81.92		

图 5-6-15　嵌套分类汇总后的表格

5.6.4　数据透视表

数据透视表是一种对大量数据进行快速汇总和建立交叉列表的交互式表格，它不仅可以对多个字段进行汇总，也可以转换行和列来查看源数据的不同汇总结果，还可以根据需要显示某区域中的数据细节。

1. 创建数据透视表

创建数据透视表时，首先要保证数据源表的每列都有列标题，如果某列数据没有列标题，应加上列标题。创建数据透视表可以使用向导完成。下面以具体实例讲解操作步骤。

【例 5-6】某商场笔记本电脑的销售记录如图 5-6-16 所示。根据该表创建数据透视表，分析每位职工的销售业绩和不同产品的销售情况。

1	某商场笔记本电脑销售日志						
2	序号	日期	销售员姓名	产品名称	单价	数量	总价
3	10701	2010-2-5	张明	IBM	14,900	1	14,900
4	10702	2010-2-5	王海	联想	3,200	3	9,600
5	10703	2010-2-5	惠智	戴尔	4,300	2	8,600
6	10704	2010-2-5	徐飞	东芝	7,600	7	53,200
7	10705	2010-2-5	张明	IBM	14,900	5	74,500
8	10706	2010-2-18	王海	联想	3,200	4	12,800
9	10707	2010-2-18	惠智	IBM	18,200	6	109,200
10	10708	2010-2-18	徐飞	联想	3,400	8	27,200
11	10709	2010-2-5	张明	IBM	14,900	10	149,000
12	10710	2010-2-5	王海	联想	5,899	9	53,091
13	10711	2010-2-5	惠智	联想	3,500	7	24,500

图 5-6-16　某商场笔记本电脑的销售记录

具体操作步骤如下。

1）打开创建好的“电脑销售记录”工作表，选取区域中的任意一个单元格，选择【插入】|【数据透视表】按钮，启动【创建数据透视表】对话框，如图 5-6-17 所示。在该对话框中选择建立数据透视表的数据源区域和选择放置数据透视表的位置。

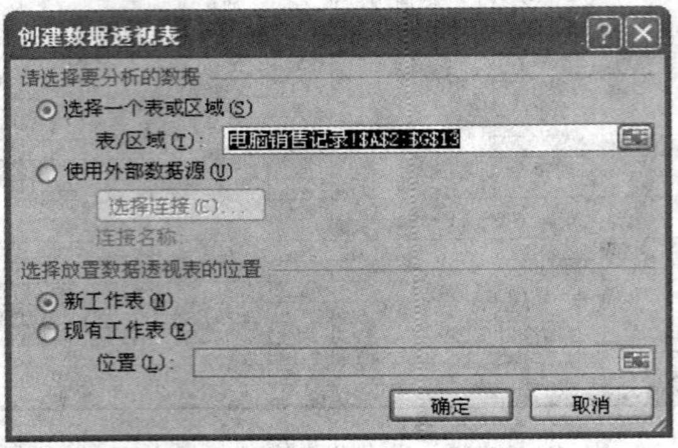

图 5-6-17 【创建数据透视表】对话框

2）单击【确定】按钮后，就会显示如图 5-6-18 所示的创建数据透视表的界面，工作表的左边是数据透视表的布局式样，右边的界面用于设置和调整数据透视表的内容。

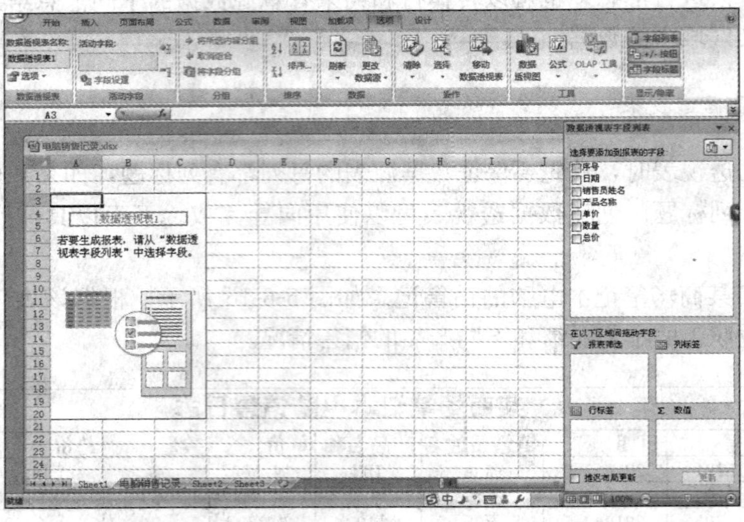

图 5-6-18 设置数据透视表的页、行、列和汇总函数界面

3）把“日期”拖放到【报表筛选】下面的文本框中，把“销售员姓名”拖放到【行标签】下面的文本框中，把“产品名称”拖放到【列标签】下面的文本框中，把“数量”拖放到【Σ 数值】下面的文本框中。在拖放数据源到对应栏目的过程中，位于左边的区域将会显示出数据透视表的相应内容。完成拖放后，就会显示如图 5-6-19 所示的数据透视表。

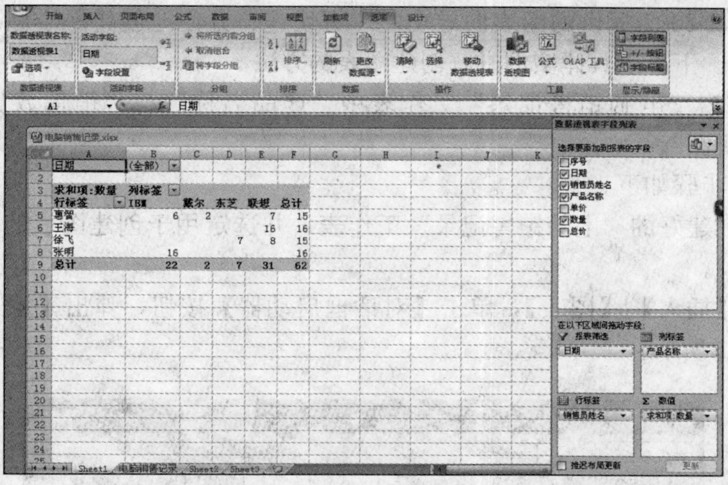

图 5-6-19　销售记录数据透视表

提示：单击透视表之外的空白单元格，数据透视表操作界面就会隐藏起来；如果需要再显示该操作界面，只需单击数据透视表区域内的任一单元格。

4）根据该表可以分析每位职工的业绩和不同产品的销售情况。例如，单击 B1 的【全部】下拉列表，从中选择某个日期，图 5-6-19 就会显示选中日期的汇总统计透视表。

提示：上面创建的数据透视表可以随时调整和修改其中的内容。如果不想在数据透视表中显示某些字段的相关数据，只需要直接将该字段从【报表筛选】、【行标签】、【列表签】和【Σ 数值】下面的文本框中拖放到数据透视表操作界面之外即可（也可以直接取消【选择要添加到报表的字段】复选框中的勾选标志。）

数据透视图是根据数据透视的结果建立的图表，数据透视图总是与数据透视表关联，它们具有彼此独立的字段。数据透视表中的行字段对应于数据透视图中的分类字段，数据透视表中的列字段对应于数据透视图中的系列字段。数据透视表中的页字段和数据字段分别对应于数据透视图中的页字段和数据字段。数据透视图与常规图表的意义与操作方法大致相同，在此不作详细讲解。

5.7　数据图表化

图表是工作表数据的图形表示，将工作表中的数据经过分析、运算、统计后可生成图表。图表往往更能形象地表现出数据间的关系，增强数据表的直观性和可读性。

Excel 有两种类型的图表，一是嵌入式图表；二是图表工作表。嵌入式图表就是将图表看作是一个图形对象直接插入到数据所在的工作表中，并作为工作表的一部分进行保存。图表工作表是工作簿中具有特定工作表名称的独立工作表，它是作为一个独立的工作表存在的。两类图表都可链接到它表示的工作表数据中，所以在改变工作表的数据时，图表中对应的数据项将自动更新。

利用 Excel 2007 提供的图表向导功能，可快速、方便地创建一个标准类型或自定义类型的图表。下面以具体实例讲解创建图表的方法。

【例 5-7】 为“电脑销售记录”工作表中“产品名称”与“销售数量”建立一个“分离型三维饼图”。

具体操作步骤如下。

1）打开创建好的“电脑销售记录”工作表，并选定用于创建图表的数据区域 D2：D13，F2：F13。

2）选择【插入】|【图表】，单击【对话框启动器】按钮，弹出【插入图表】对话框，如图 5-7-1 所示。

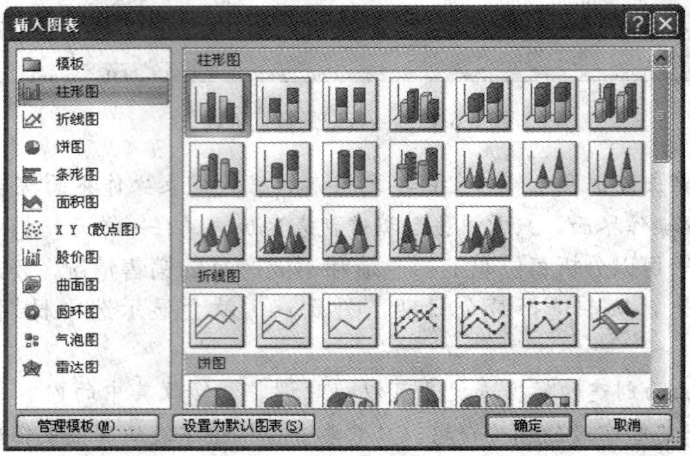

图 5-7-1 【插入图表】对话框

3）在对话框中选择图表类型，本例选择“分离型三维饼图”，单击【确定】按钮，即可创建分离型三维饼图图表，如图 5-7-2 所示。

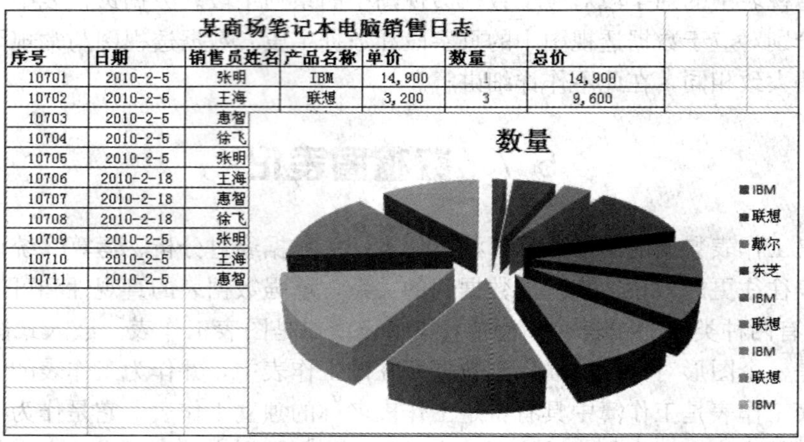

图 5-7-2 创建图表效果

创建好图表后，还可以对图表的类型、布局、样式等进行编辑设置，使图表更加符合要求。

5.8　打印工作表

5.8.1　了解视图

Excel 为用户提供的视图有普通视图、页面布局视图、分页预览视图、自定义视图以及全屏显示视图。为了使打印效果符合要求，在打印之前可以使用不同的视图查看工作表，以便对打印效果有所了解，从而对不满意的地方在打印前进行调整。

1）普通视图是默认的工作表视图，可以用于屏幕查看和处理，是制作表格时最常用的视图方式，但在该视图下无法看到相关的打印信息。

2）页面布局视图可查看文档的打印外观，使用此视图可以看到页面的起始位置和结束位置，并可查看页面上的页眉和页脚。

3）分页预览视图显示了每一页中所包含的数据，以便快速调整打印区域和分页情况。

4）自定义视图是将一组显示和打印保存为自定义视图。保存当前视图后，可以从可用自定义视图列表中选择该视图，将其应用为文档。

5）全屏显示视图可以全屏模式查看文档。

5.8.2　页面设置

在打印工作表之前需对其页面进行适当设置，这样可使打印出的工作表的页面布局和表格结构更加合理。页面设置主要有以下两种方法。

一种方法是打开【页面布局】选项卡，单击【页面设置】组中每一项可以对工作表页面进行详细设置，如图 5-8-1 所示。

图 5-8-1　【页面设置】组

另一种方法是执行【Office】|【打印】|【打印预览】|【页面设置】命令，打开【页面设置】对话框，如图 5-8-2 所示，通过每一个选项卡对页面进行设置。

有关打印的设置，如纸张类型、方向和页边距、页眉和页脚等，在这里不作详细讲解，请参照第 4 章中 Word 的设置。这里主要讲解一下 Excel 的特色设置。

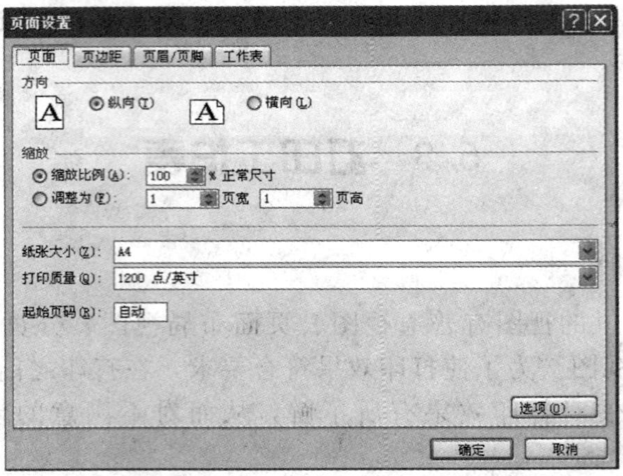

图 5-8-2 【页面设置】对话框

1. 设置打印区域

在打印 Excel 工作表时，并不是每次都要打印整张工作表，事实上，用户往往只需要打印工作表的一部分，这时就要设置打印区域。方法是：在分页预览视图中，选中要设置打印区域的单元格，单击【页面布局】|【页面设置】|【打印区域】按钮，在下拉列表中选择【设置打印区域】命令。

当被选中的单元格设置为打印区域后，其他不被打印的单元格会变为灰色。在工作表中设置了打印区域后，将只打印区域中的内容。

删除打印区域的操作方法是：单击【页面布局】|【页面设置】|【打印区域】按钮，在下拉列表中选择【取消打印区域】命令即可。

2. 居中打印表格

对于较小的表格，常常希望将其打印在纸张的中央。通过设置页边距可以使表格的左、右、上、下页边距对称，从而达到居中的目的，也可以通过选项让其在页面居中。可以使表格在纸张的水平方向居中，或者工作表中的数据在上、下页边距之间垂直居中。

3. 缩放打印

打印时，有些表格会多出几行或几列而无法完整地打印在一页中，这时可以让 Excel自动调整表格的大小，将其缩小之后再进行打印。设置方法为：单击【页面布局】|【页面设置】，打开【页面设置】对话框。单击【页面】选项卡，选择【调整为】单选按钮，在其旁边的编辑框中即可输入页宽和页高。

4. 重复打印标题

在制作工作表时，常常使用表头来识别行或列中的数据。若表格较大，在打印时对其自动分页，表头就不会在每个页面上显示，这样会影响数据的阅读。为了在每一页上都显示工作表的表头，设置方法为：在【页面设置】对话框的【工作表】选项卡中，单击【顶端标题行】框右侧的【拾取】按钮，在工作表中单击要重复打印的行标志。

习　题　五

一、选择题

1. 在 Excel 单元格中输入 1/2/3 并按 Enter 键，单元格会显示（　　）的日期格式。

A. 1/2/3　　B. 2001/2/3　　C. 2001-2-3　　D. 1-2-32

2. 在 Excel 中，用来存储一个具体数据的名称是（　　）。

A. 行标题　　B. 列标题　　C. 单元格　　D. 编辑栏

3. 对于工作表中多个单元格具有相同内容的情况，在输入完第一个单元格后，再输入其余的单元格，可使用单元格的（　　）操作来简化数据的输入。

A. 移动　　B. 复制　　C. 插入　　D. 删除

4. 如果要计算 A2、B3、C4 和 F9 的平均值，正确的数学公式为（　　）。

A. =(A2+B3+C4+F9)/4　　B. (A2+B3+C4+F9)/4

C. A2+B3+C4+F9/4　　D. =AVERAGE（A2+B3+C4+F9）

5. 输入公式与输入数据的操作基本相同，其不同的地方是：公式必须以（　　）开头，后跟数值、文字、运算符、函数、单元格引用地址等元素。

A. X　　B. =　　C. ()　　D. /

6. 在常用的函数中，用于计算单元格区域中所有数值和的函数是（　　）。

A. SUM　　B. AVERAGE　　C. MAX　　D. COUNTNUMS

7. 在常用的函数中，用于统计单元格区域中所有数值中最大值的函数为（　　）。

A. MAX　　B. COUNT　　C. SUM　　D. AVERAGE

8. 在打印工作表前就能看到实际打印效果的操作是（　　）。

A. 仔细观察工作表　　B. 打印预览　　C. 按 F8 键　　D. 分页显示

9. 工作表标签是用来标识工作簿中工作表的（　　）。

A. 当前状态　　B. 位置　　C. 标题　　D. 名称

10. 如果希望通过设置一定的条件，从数据清单中查找和分析具备特定条件记录的数据子集，可以启用（　　）功能来完成。

A. 排序　　B. 筛选　　C. 图表　　D. 函数计算

11. 在 Excel 中，将下列概念按由大到小的次序排列，正确的次序是（　　）。

A. 工作表、单元格、工作簿　　B. 工作表、工作簿、单元格

C. 工作簿、单元格、工作表　　D. 工作簿、工作表、单元格

12. 退出 Excel 2007 窗口的快捷键是（　　）。

A. Shift+F4　　B. Ctrl+F4　　C. Alt+F4　　D. F4

13. 下列选项中，属于对单元格的绝对引用是（　　）。

A. B2　　B. ￥B￥2　　C. $B2　　D. B2

14. 一个新建的 Excel 工作簿中，默认的工作表个数是（　　）个。

A. 5　　B. 3　　C. 255　　D. 254

15. 给当前单元格输入数值型数据时，默认为（　　）。

A. 居中　　B. 左对齐　　C. 右对齐　　D. 随机

16. 要在单元格中输入数字字符“234567”，下列正确的是（　　）。

A. “234567”　　B. =234567　　C. 234567　　D. ’234567

17. 若在某单元格中输入“=8^2”，则显示结果为（　　）。

A. 16　　B. 64　　C. =8^2　　D. 8^2

18. 若在某单元格中输入“=56>=57”，则显示结果为（　　）。

A. 56<57　　B. =56<=57　　C. true　　D. false

19. 在 Excel 中选择不连续单元格的方法是按（　　）和单击单元格。

A. Shift　　B. Alt　　C. Ctrl　　D. Enter

20. 在 Excel 单元格中出现一连串的“###”符号，则表示（　　）。

A. 需重新输入数据　　B. 需调整单元格的宽度

C. 需删去该单元格　　D. 需删去这些符号

21. 在 E4 单元格中输入公式“=A3+B4”，把公式复制到 F6 单元后，F6 中的公式是（　　）。

A. =A3+B4　　B. =A5+B5　　C. =A3+C4　　D. =B5+C6

22. 在 Excel 中，单元格区域 A2：C4 共有（　　）个单元格。

A. 12　　B. 7　　C. 8　　D. 9

23. 在 Excel2007 中，【图表】组在（　　）选项卡中。

A.【开始】　　B.【插入】　　C.【数据】　　D.【视图】

24. 在 Excel2007 中，公式“=IF（1>2，3，4）”的值是（　　）。

A. 1　　B. 2　　C. 3　　D. 4

25. 如果希望打印内容处于页面中心，可以选择【页面设置】中的（　　）。

A. 水平居中　　B. 垂直居中　　C. 水平居中和垂直居中　　D. 无法办到

二、填空题

1. Excel 2007 工作表的最大行可达________，最大列可达________。

2. Excel 2007 的数据类型很多，包括________、________、日期、公式等。

3. 在 Excel 中，一个工作簿文件就是一个扩展名为________的文件。

4. 如要删除某个区域的内容，可以先选定________，然后按________键。

5. 函数 SUM（A1：C3）相当于求________。

6. Excel 2007 中，除了可以直接在单元格中输入函数外，还可以单击常用工具栏上的________按钮来输入函数。

7. 在 Excel 中，对数据进行分类汇总之前，必须先对作为分类依据的字段进行的操作是________。

8. 选择【插入】选项卡中的【________】工具组，可以为数据表插入图表。

9. 选择【________】选项卡中的【页面设置】工具组中相应的命令可以设置打印方向、纸张大小、页边距、页眉和页脚等信息。

10. 要对某一区域进行排序，先选取数据清单中的一个单元格，然后使用【________】选项卡中的【________】工具组命令进行排序。

11. 任一时刻所操作的单元格称为________单元格，又叫________单元格。

12. 在 Excel 中，假设在 B1 单元格引用了地址 A$5，将其复制到 D1 单元格后，地址变为________。

13. 在 Excel 2007 中，已知某单元格的格式为 0.00，值为 23.7865，则显示的内容是________。

三、判断题

1. 在 Excel 2007 中，日期数据在单元格中自动左对齐。（　　）

2. 在 Excel 2007 中，输入 1/2 和输入 0.5 是一样的。（　　）

3. 在 Excel 2007 中，MIN 函数是求最小值的函数。（　　）

4. 在 Excel 2007 中，图表只能建立在新工作表中。（ ）

5. 在 Excel 2007 中，当前工作表默认是三个。（ ）

6. 在 Excel 2007 中，复杂排序的关键字最多只能是三个。（ ）

四、操作题

1. 在以自己名字命名的文件夹中，新建一个 Excel 工作簿，名称为“教职工信息表 . xlsx”，如下图所示，完成下面题目。

1）将标题“教职工信息表”设置为：隶书、24 磅、加粗、合并居中；表格内容文字为宋体、14 磅，表头字体为黑体，单元格为“黄色”底纹；为表格添加蓝色粗实线的外框，黑色细实线内框线。

2）除标题行外，设置表格行高为 23，列宽自定。

3）将此表更名为“教职工信息表”。

4）利用公式计算“工资总计”和“平均工资”的数值，保留两位小数。

5）将此表复制到 Sheet2 工作表中。

6）将 Sheet2 工作表命名为“排序”，以“出生年月”为主要关键字，按照年龄由小到大对表格数据排序。

7）将“教职工信息表”复制到 Sheet3 工作表中，命名为“筛选”。

8）在“筛选”工作表中筛选出“基本工资”＞2000 元的职工。

9）将“教职工信息表”复制到 Sheet4 工作表中，命名为“分类汇总”。

10）在“分类汇总”工作表中，按照部门计算“基本工资”的平均值。

11）在“教职工信息表”中，筛选出“性别”为“男”、“民族”为“汉”族的教职工，将筛选结果置于原表下面的区域。

12）在“教职工信息表”中透视出各部门不同职称的人数，结果存放在一张新工作表中，并将该工作表命名为“透视数据表”。

13）在“筛选”工作表中设置页面纸张为 B5，上、下、左、右间距为 2cm，表格内容在水平与垂直方向居中。

<table>
<tr><th colspan="8">教职工信息表</th></tr>
<tr><th>编　号</th><th>部　门</th><th>性别</th><th>出生年月</th><th>民　族</th><th>文化程度</th><th>职　称</th><th>基本工资</th></tr>
<tr><td>021211</td><td>电路实验室</td><td>男</td><td>1968-7-11</td><td>汉</td><td>博研</td><td>研究员</td><td>￥2，480.00</td></tr>
<tr><td>021212</td><td>电路实验室</td><td>女</td><td>1984-2-3</td><td>汉</td><td>大学</td><td>助教</td><td>￥1，530.00</td></tr>
<tr><td>021213</td><td>电路实验室</td><td>男</td><td>1978-11-23</td><td>汉</td><td>大学</td><td>高工</td><td>￥2，156.00</td></tr>
<tr><td>021214</td><td>电路实验室</td><td>男</td><td>1954-5-1</td><td>回</td><td>大学</td><td>研究员</td><td>￥1，780.00</td></tr>
<tr><td>021215</td><td>电路实验室</td><td>女</td><td>1966-6-8</td><td>汉</td><td>大专</td><td>工程师</td><td>￥1，980.00</td></tr>
<tr><td>021216</td><td>电路实验室</td><td>男</td><td>1979-7-8</td><td>汉</td><td>中专</td><td>助工</td><td>￥1，780.00</td></tr>
<tr><td>021217</td><td>仿真实验室</td><td>男</td><td>1968-11-23</td><td>回</td><td>大学</td><td>工程师</td><td>￥1，989.00</td></tr>
<tr><td>021218</td><td>仿真实验室</td><td>女</td><td>1975-11-11</td><td>汉</td><td>大学</td><td>教授</td><td>￥1，980.00</td></tr>
<tr><td>021219</td><td>仿真实验室</td><td>男</td><td>1966-7-7</td><td>回</td><td>大专</td><td>研究员</td><td>￥2，012.00</td></tr>
<tr><td>021220</td><td>培训中心</td><td>男</td><td>1955-8-8</td><td>汉</td><td>大学</td><td>高工</td><td>￥2，491.00</td></tr>
<tr><td>021221</td><td>培训中心</td><td>女</td><td>1975-4-25</td><td>满</td><td>大专</td><td>助工</td><td>￥1，480.00</td></tr>
<tr><td>021222</td><td>培训中心</td><td>男</td><td>1971-7-26</td><td>汉</td><td>硕研</td><td>高工</td><td>￥2，018.00</td></tr>
<tr><td>021223</td><td>培训中心</td><td>男</td><td>1960-1-24</td><td>汉</td><td>中专</td><td>讲师</td><td>￥1，780.00</td></tr>
<tr><td>021224</td><td>软件中心</td><td>女</td><td>1970-1-1</td><td>汉</td><td>博研</td><td>研究员</td><td>￥2，356.00</td></tr>
<tr><td>021225</td><td>软件中心</td><td>女</td><td>1963-3-12</td><td>满</td><td>大学</td><td>工程师</td><td>￥1，780.00</td></tr>
<tr><td>021226</td><td>软件中心</td><td>男</td><td>1954-2-12</td><td>汉</td><td>大学</td><td>副教授</td><td>￥2，057.00</td></tr>
<tr><td>021227</td><td>软件中心</td><td>女</td><td>1970-5-15</td><td>汉</td><td>大专</td><td>工程师</td><td>￥1，290.00</td></tr>
<tr><td>021228</td><td>软件中心</td><td>男</td><td>1972-11-23</td><td>汉</td><td>硕研</td><td>副教授</td><td>￥1，480.00</td></tr>
<tr><td colspan="6">工资总计</td><td></td><td></td></tr>
<tr><td colspan="6">平均工资</td><td></td><td></td></tr>
</table>

2. 在以自己名字命名的文件夹中，新建一个 Excel 工作簿，名称为“学生成绩表 . xlsx”，如下图所示，完成下面题目。

学生成绩表								
学　号	姓　名	英　语	高等数学	计算机	统　计	总　分	平均分	名　次
2008001	耿超	87	92	65	87			
2008002	贾丽华	92	92		78			
	王军	89	87		80			
	周辉	94	88		88			
	薛炎	85	88		89			
	肖裴	86	66		85			
	刘富才	69	89		91			
	梁靓	73	93		69			
	胡腾	88	87		82			
各科最高分								
各科最低分								
各科平均分								

1）在 Sheet1 工作表中输入表格中的内容，重命名工作表为“学生成绩表”。

2）使用自动填充功能对学号按序填充，对“计算机”成绩按步长为 4 递增填充。

3）将表格第一行合并居中，设置表格标题“学生成绩表”为黑体、18 磅、黄色底纹；表格内容文字为宋体、12 磅，表头字体为隶书；表中所有内容对齐方式为垂直居中、水平居中；为表格添加蓝色粗实线的外框、黑色细实线内框线。

4）将表中“学号”列设为“文本”型，“平均分”设为“数字”型并保留两位小数。

5）使用函数求出每位学生的总分、平均分以及名次。

6）使用函数求出每门课程的最高分、最低分、平均分。

7）将工作表“学生成绩表”复制四次，分别将复制的工作表命名为“排序”、“筛选”、“高级筛选”、“分类汇总”，多余的工作表删除。

8）在“排序”工作表中，以“总分”作为主要关键字、“英语”为次要关键字，均降序排序。

9）在“筛选”工作表中，筛选出“英语”＞85 分且“总分”＞330 分的学生。

10）在“高级筛选”工作表中，筛选出“英语”、“高等数学”、“计算机”、“统计”任一科目大于 80 分的学生，将筛选结果放置原数据表下面的区域。

11）在“分类汇总”工作表中，在“姓名”列后添加“性别”列，内容为“男、女、女、男”。

12）以“性别”作为分类字段，以“平均值”为汇总方式，对“平均分”进行汇总。

13）打开“学生成绩表”，根据学生的姓名和计算机成绩两个字段创建一个“三维簇状柱型图”，图表标题为“学生英语成绩图”，X 轴为“学生姓名”，Z 轴为“学生成绩”，图例在“右上角”，数据标志显示学生分数值。将此图表置于“学生成绩表”的 A15：F22 区域。

14）保存工作簿文件。

第6章

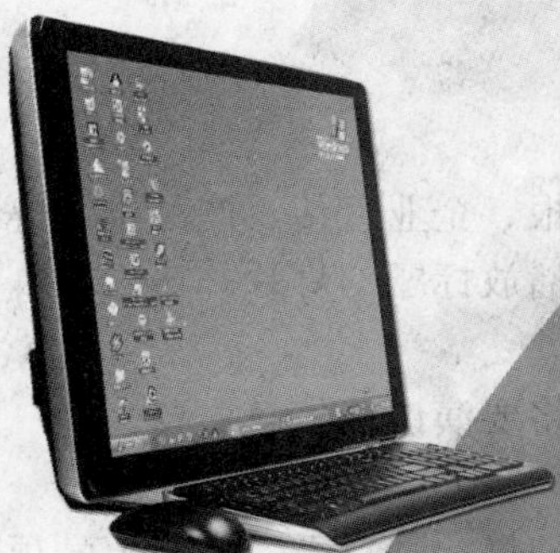

演示文稿制作软件 PowerPoint 2007

本章学习目标

◎ 了解PowerPoint 2007基础知识。
◎ 掌握制作幻灯片的方法。
◎ 掌握美化演示文稿的方法。
◎ 掌握动画及交互效果的设置方法。
◎ 掌握演示文稿的放映和打包的方法。

PowerPoint 2007 是 Microsoft Office 2007 办公自动化软件包里的一个组件，是目前制作演示文稿最常用的工具软件之一，利用它能够制作集文字、图形、图像、声音、动画以及视频等多媒体元素于一体的演示文稿，因此被广泛用于工作汇报、企业宣传、产品推介、项目介绍、学术交流、培训课件、管理咨询等信息传播活动中。

6.1 PowerPoint 2007 基础知识

6.1.1 设计演示文稿的基本原则

逻辑结构清晰、层次鲜明的演示文稿可以让观众明确演示目的。设计演示文稿时要注意文字不要过多，颜色搭配要合理，恰当使用动画效果和幻灯片切换效果。

1. 常用的演示文稿结构

通常来说，演示文稿的结构包括以下几项。

（1）标题幻灯片

一个演示文稿通常有一个主题，如××年度工作汇报、企业宣传、产品推介等。标题幻灯片用于体现主题，很多演讲者会在开场白的时候播放标题幻灯片。

（2）目录幻灯片

目录幻灯片是演示文稿的目录页，用于向观众介绍将要演讲的信息概要。

（3）内容幻灯片

目录幻灯片的每个项目都链接有一张相对应的内容幻灯片。目录幻灯片上的项目成为内容幻灯片的标题。有时，用户可能会需要用更多张幻灯片阐述一个项目，这时，每张幻灯片的标题都是相同的，也可以使用副标题来区分它们。

2. 外观要求

（1）色彩搭配与对比度

要注意选择合适的背景和文字颜色，以保证观众可以看清演示文稿中的文字和图片内容。一般而言，选择背景和文字对比大的颜色搭配。例如，选择蓝色背景，应选择黄色和白色的文字等，所以建议选择三基色（红、黄、蓝）进行搭配。

（2）字体与字号

在字体方面，要注意选择线条粗的字体，建议选择黑体字并加粗；字号建议在保证演示文稿美观和整洁的基础上，尽量加大。

3. 动态效果要求

动态效果不要超过三种，好的 PPT 不是靠效果堆砌出来的，朴素一点比花哨的更受欢迎。这个原则也适用于切换效果。

6.1.2 PowerPoint 2007 的工作界面

选择【开始】|【所有程序】|【Microsoft Office】|【Microsoft Office PowerPoint 2007】命令，启动 PowerPoint 2007 后，将打开如图 6-1-1 所示的窗口。

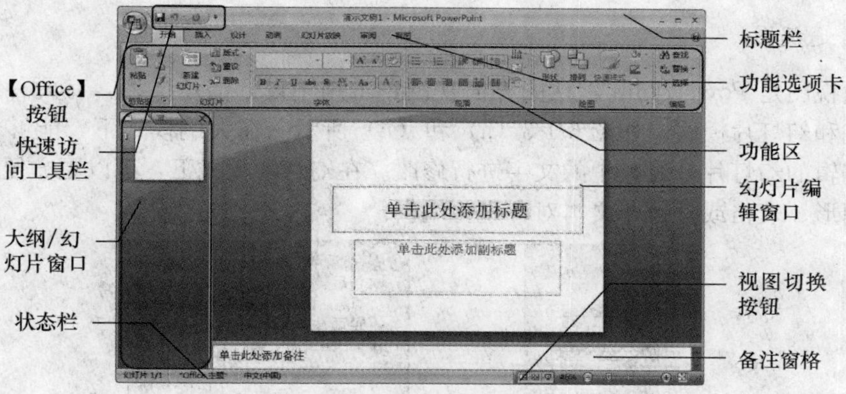

图 6-1-1　PowerPoint 2007 的工作界面

1.【Office】按钮

单击【Office】按钮，打开 Office 菜单。该菜单主要提供新建、打开、保存和关闭等文件管理操作。

2. 大纲/幻灯片窗口

大纲/幻灯片窗口位于幻灯片编辑区的左侧，用来显示当前演示文稿的幻灯片数量及位置。它包括【大纲】和【幻灯片】两个选项卡，单击选项卡的名称可以在这两个选项之间进行切换。

3. 幻灯片编辑窗口

幻灯片编辑窗口用于显示和编辑当前幻灯片。

4. 备注窗格

备注窗格用于输入与幻灯片内容相关的备注，这些备注一般包含演讲者在讲演时所需的一些提示信息。

6.1.3　认识 PowerPoint 2007 视图方式

PowerPoint 2007 有四种主要的视图方式，即普通视图、幻灯片浏览、备注页和幻灯片放映视图。用户可通过【视图】|【演示文稿视图】选项组单击相应的图示按钮而随意切换视图模式，如图 6-1-2 所示。

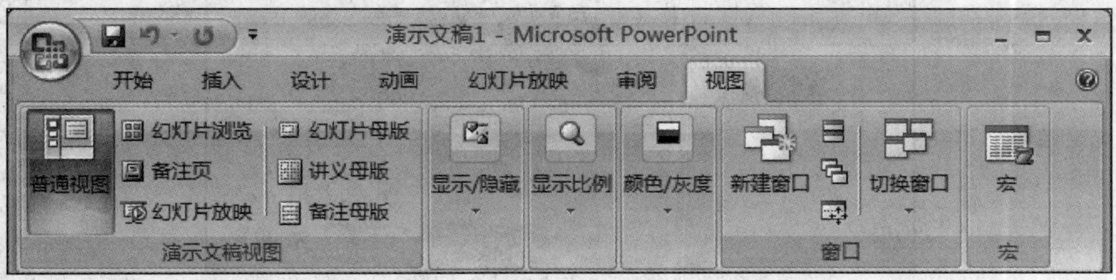

图 6-1-2　【演示文稿视图】选项组

1. 普通视图

普通视图是 PowerPoint 默认的界面视图，常用于设计演示文稿，有两种模式，即大纲模式和幻灯片模式，如图 6-1-3（a）和（b）所示。在大纲模式下，能够快速定位到所要编辑的幻灯片，对其中的文字进行修改。在幻灯片模式下，可以更方便地对幻灯片中的图形、表格或其他非文本对象进行编辑。

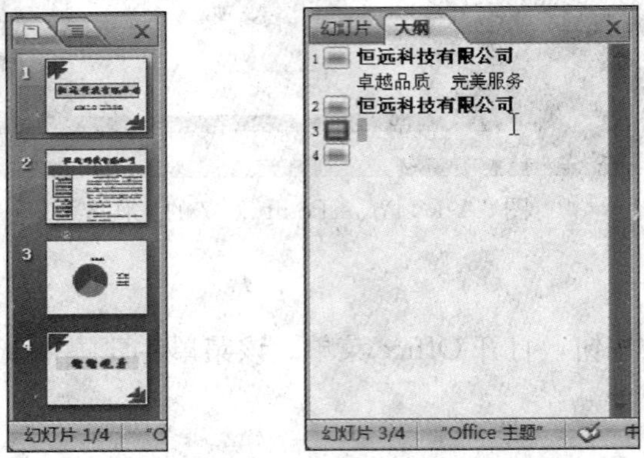

(a) 普通视图的幻灯片模式　　(b) 普通视图的大纲模式

图 6-1-3　视图模式

2. 幻灯片浏览视图

幻灯片浏览视图是以缩略图的形式显示当前演示文稿的全部幻灯片。在此视图下，可以对幻灯片进行调序、添加、复制和删除等操作，但不能对幻灯片的具体内容进行修改。

3. 幻灯片放映视图

幻灯片放映视图以全屏幕放映方式显示当前幻灯片中的内容，可以查看动画元素、声音效果和放映效果以及每张幻灯片的切换效果，如图 6-1-4 所示。

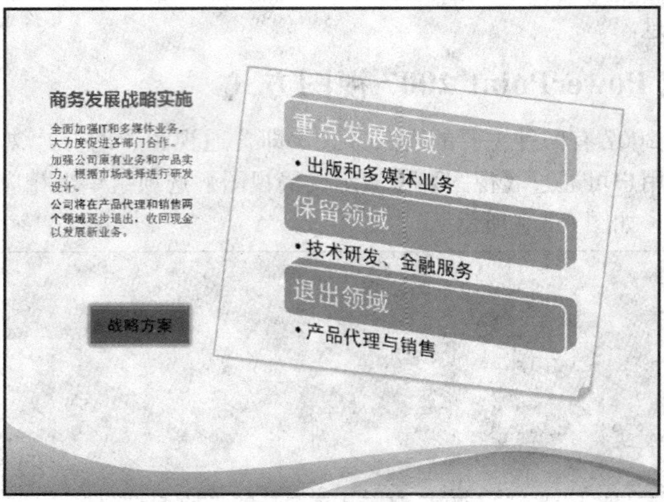

图 6-1-4　幻灯片放映视图

4. 备注页视图

备注页视图下，不能编辑幻灯片的内容，只能输入和编辑备注内容，备注的作用是为作者记录创作思路及参考信息。在放映时备注内容不会显示，如图 6-1-5 所示。

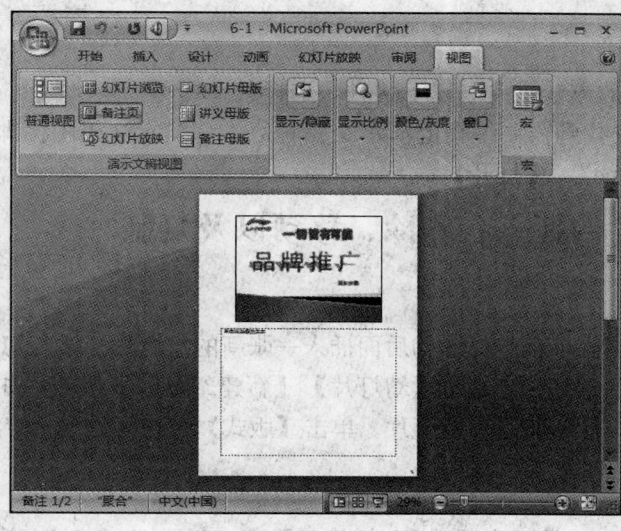

图 6-1-5　备注页视图

! 提示：在默认情况下，PowerPoint 2007 的普通视图会在编辑区下方显示备注区，该区域显示的内容就是备注页视图中编辑的内容。要注意的是，备注区只能编辑纯文本的备注信息。

6.1.4　演示文稿的创建、保存和打开

1. 新建演示文稿

选择【Office】|【新建】命令，在打开的【新建演示文稿】对话框中，可选择以下四种方法之一来新建演示文稿。

1）新建空白文档。

2）根据【以安装的模板】新建演示文稿。

3）根据【以安装的主题】新建演示文稿。

4）根据【我的模板】新建演示文稿。

2. 保存演示文稿

1）【保存】命令：如果演示文稿为第一次保存，则会打开【另存为】对话框。在该对话框中设置保存位置、文档格式和名称，单击【保存】按钮即可保存新建文档。如果不是第一次保存，则不出现【另存为】对话框，以文档原有保存方式保存。

2）【另存为】命令：打开【另存为】对话框，对当前演示文稿可以用其他文件名保

存，或重新设置文档格式与保存位置来保存文件。

提示：用 PowerPoint 2007 创建的文件称为演示文稿，演示文稿中可包含多张幻灯片，默认的扩展名是 pptx。如果考虑有可能在 PowerPoint 2003 中打开该文稿，可在保存类型中选择“PowerPoint 97-2003 演示文稿（*.ppt）”选项保存该文稿。

3. 打开演示文稿

打开演示文稿的方法主要有以下两种，选择其一即可。

1）在存储器中找到需要编辑的演示文稿，双击该演示文稿图标即可。

2）选择【Office】|【打开】命令。

6.1.5 幻灯片的插入、删除、移动以及复制

1. 插入幻灯片

插入幻灯片是指在当前幻灯片的后面插入一张新的幻灯片。插入幻灯片的方法是：选择某张幻灯片为当前幻灯片，单击【幻灯片】|【新建幻灯片】按钮，如图 6-1-6 所示，即可在当前幻灯片后添加一张空白幻灯片。单击【版式】按钮可插入指定版式的幻灯片。

2. 删除幻灯片

删除幻灯片的方法是：在【大纲/幻灯片】窗口中，右击要删除的幻灯片缩略图，在弹出的快捷菜单中选择【删除幻灯片】命令或按 Delete 键，如图 6-1-7 所示。

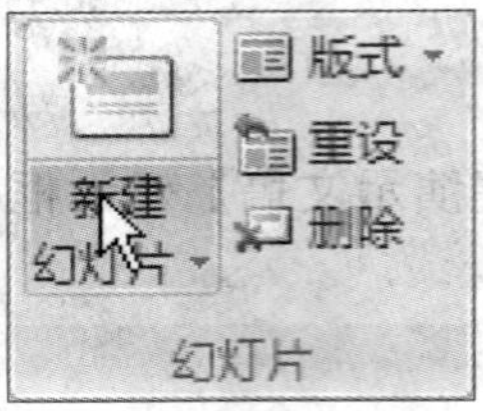

图 6-1-6 【新建幻灯片】选项组

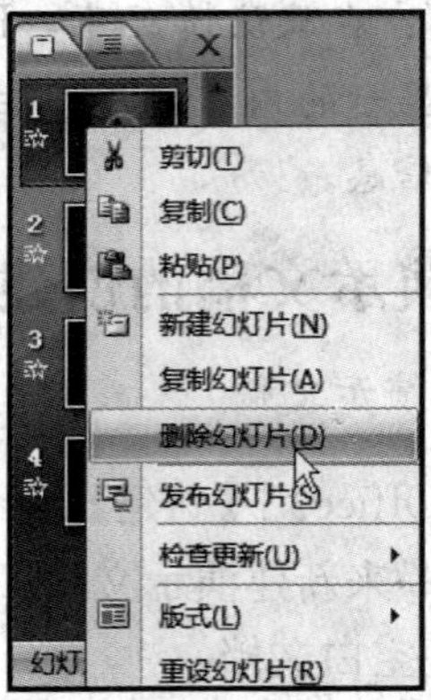

图 6-1-7 删除幻灯片

3. 移动幻灯片

移动幻灯片的方法是：按住鼠标左键不放，拖动幻灯片图标到目的幻灯片的后面，当出现一条横线时，释放鼠标左键即可完成移动。

4. 复制幻灯片

复制幻灯片的方法与移动幻灯片相似，要注意的是，按下鼠标拖动幻灯片的同时要按住 Ctrl 键。

6.1.6　案例：制作“北京奥运·精彩瞬间”影集

案例分析：举世瞩目的北京奥运在世人心中留下了深刻的印象，奥运健儿的顽强、拼搏精神震撼了每个人！本案例将利用 PowerPoint 2007 的相册模板，创建关于奥运健儿精彩瞬间的相册。“北京奥运·精彩瞬间”影集效果图如图 6-1-8 所示。

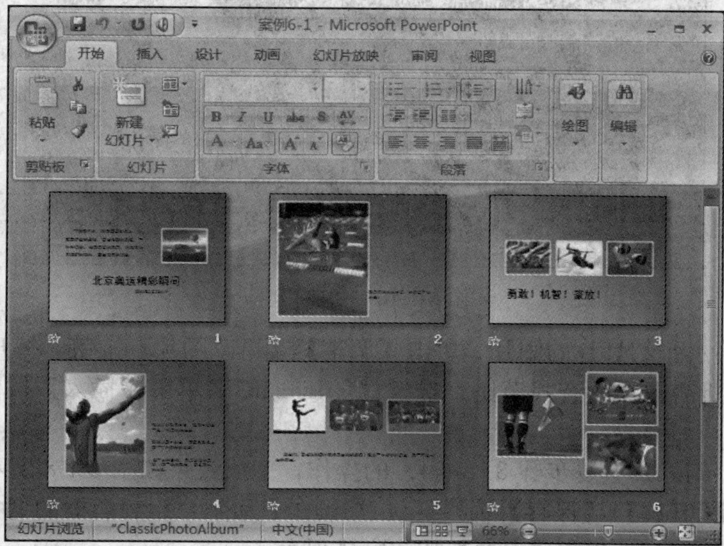

图 6-1-8　案例效果图

具体操作步骤如下。

1）启动 PowerPoint 2007。单击【Office】|【新建】命令，打开【新建演示文稿】对话框，如图 6-1-9 所示。选择【模板】|【已安装的模板】选项，在【已安装的模板】中选择“古典型相册”，然后单击【创建】按钮，进入如图 6-1-10 所示的界面。

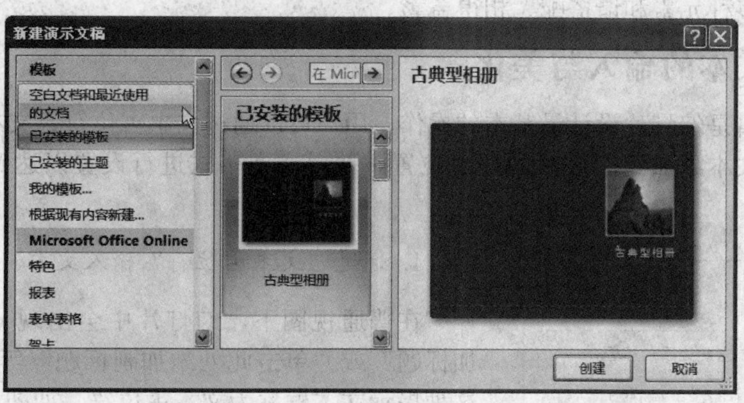

图 6-1-9　根据已安装的模板新建相册

2）在【大纲/幻灯片】窗口中选择第一张幻灯片，按图 6-1-10 中提示修改标题和副标题。

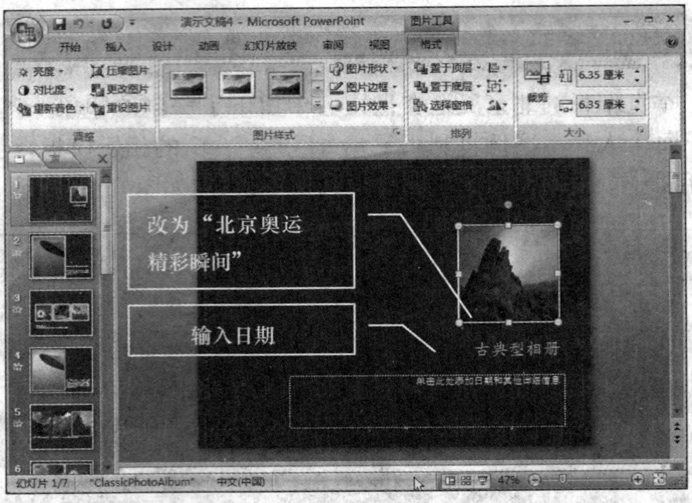

图 6-1-10　初建相册

3）双击第一张幻灯片的图片，单击【调整】|【更改图片】按钮，打开【插入图片】对话框。设定所需图片的查找范围，选定“fengmian”，单击【插入】按钮即可更换当前选中的图片。

4）对剩余幻灯片重复步骤 3）和 4）的操作，完成效果如图 6-1-8 所示。

5）单击【Office】|【保存】命令，在弹出的【另存为】对话框的【文件名】文本框中输入“案例 6-1”，单击【保存】按钮完成保存。

6.2　演示文稿内容的编辑

在幻灯片中，文字、图片等多种元素相互搭配，才能将信息更好地展示给观众。通过本节的讲解，可掌握将文字、图片、图表、视频和音频等多种元素添加到幻灯片中的方法，并使多种元素和谐搭配、相得益彰。

6.2.1　文本的输入与美化

文字编辑是幻灯片设计最基本的操作，用户可以通过文本占位符、文本框、艺术字等多方式将文本添加到幻灯片的任意位置，并对文本格式进行设置以达到美化文本的作用。

1. 通过“文本占位符”输入文本

在普通视图下，幻灯片中会出现“单击此处添加标题”或“单击此处添加副标题”等提示文本框，这种提示文本框称为文本占位符，如图 6-2-1 所示。

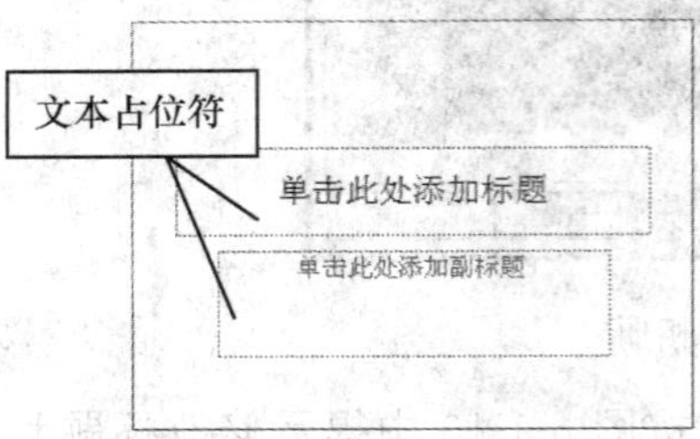

图 6-2-1　文本占位符

在“文本占位符”中输入文字的方法是：在文本占位符上单击，即可输入文本。新输入的文本会自动替换文本占位符中原有的提示文字。

2. 在【大纲】任务窗格中输入文本

操作方法：在【大纲】任务窗格的幻灯片图标的后面输入文字，输入的文字会自动转换为该幻灯片的标题。按 Ctrl＋Enter 组合键则会自动建立下一级小标题或进入正文内容输入状态，如图 6-2-2 所示。

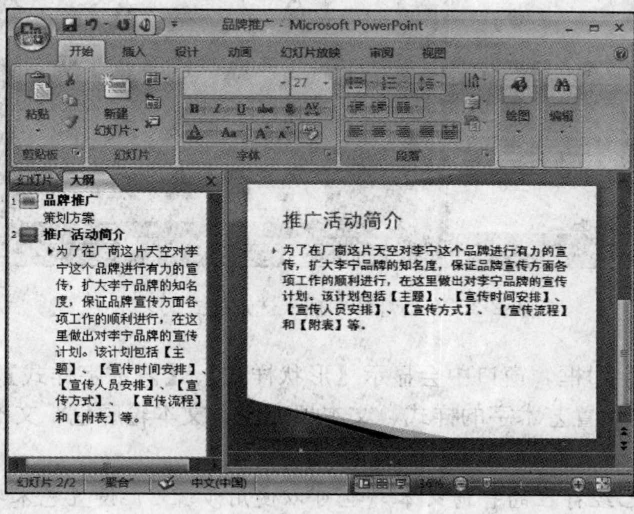

图 6-2-2　通过【大纲】任务窗格输入标题和正文内容

3. 通过文本框输入文字

幻灯片中文本占位符的数量和位置是固定的，如果需要在幻灯片的其他位置输入文本，可以通过绘制文本框，在文本框中输入文字来实现。

! 提示：文本框与文本占位符的作用都是输入文字。两者不同的是，文本框的大小会随文本数量而自动变化，文本占位符的位置和大小不会随其中文本数量而变化。

4. 通过艺术字美化文本

PowerPoint 除了对文本可以进行基本的字体、段落格式设置之外，还可以凭借 PowerPoint 2007 全新的艺术字功能，设计各种精美的艺术字标题，为幻灯片的文本格式锦上添花。

在幻灯片中插入艺术字的方法如下。

1）单击【插入】|【艺术字】|【艺术字】按钮，在【艺术字】下拉列表中选择某种样式并单击，则会将该样式的艺术字插入到幻灯片中，然后在艺术字提示位置输入文本，效果如图 6-2-3 所示。

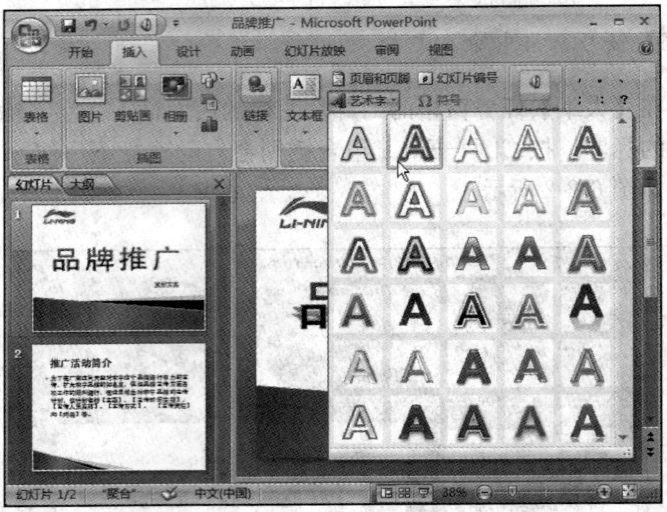

图 6-2-3 在幻灯片中插入选定样式的艺术字

2）双击艺术字边框，窗口中会显示【形状样式】、【艺术字样式】、【排列】等选项组，利用它们可以设置艺术字的样式、文本填充色、文本轮廓色、文本效果、艺术字外框、排列层次等格式。

提示：对已经存在的普通文本，也可以使用步骤 2）设置艺术字效果。

6.2.2 图片与剪贴画的应用

倘若幻灯片中都是文本，难免会使人觉得乏味。因此，在幻灯片中巧用图片、图表和视频等内容，可使幻灯片内容更加生动形象。

1. 插入图片

插入图片的方法是：选择要插入图片的幻灯片，单击幻灯片编辑窗口中的【插入来自文件的图片】按钮，或者单击【插入】|【插图】|【图片】选项，如图 6-2-4 所示，在打开的【插入图片】对话框中，选择图片位置，选定所选图片，单击【确定】按钮即可将该图片插入到幻灯片中。

2. 插入剪贴画

PowerPoint 自带剪辑库中的图片统称为剪贴画。

插入剪贴画的方法是：选择要插入剪贴画的幻灯片，单击幻灯片编辑窗口中的【剪贴画】按钮，或者单击【插入】|【插图】|【剪贴画】按钮，如图 6-2-4 所示。在弹出【剪贴画】任务窗格后，搜索适当的图片，并将其插入幻灯片中。

对插入的图片或剪贴画，可以进行大小、位置、旋转、叠放顺序和裁剪等调整，还可以进行图片样式，包括图片形状、边框和效果等的设置。

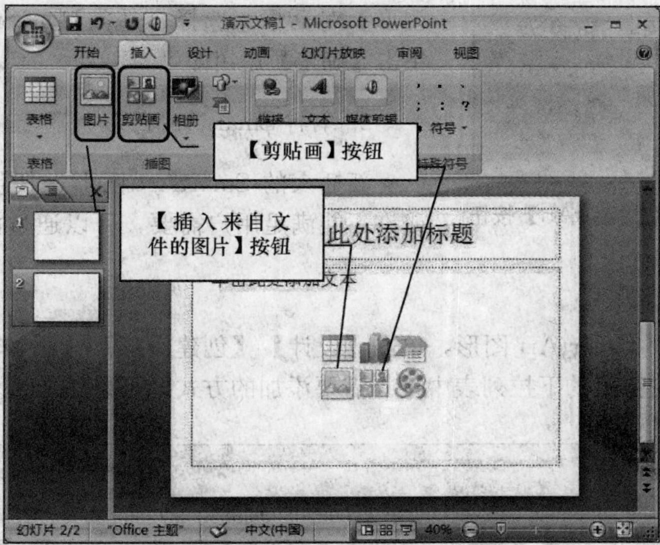

图 6-2-4 在幻灯片中插入图片或剪贴画

6.2.3 自绘形状的设计和应用

PowerPoint 2007 自带了一组现成的形状，如基本形状、星与旗帜、标注、动作按钮和流程图等，用户可以根据当前演示文稿的需要，在演示文稿中插入相应的形状以丰富幻灯片的内容。

1. 绘制形状

单击【插入】|【插图】|【形状】按钮，在下拉列表中单击需要的形状按钮，然后将鼠标指针移到当前幻灯片中，当鼠标指针变成“十”字形，按下鼠标左键并拖动即可绘制形状。

2. 设置形状格式

设置形状格式包括对形状的大小、样式等进行设置，方法是：双击要编辑的形状的边框，选择【绘图工具】|【格式】|【插入形状】选项组可以改变形状的样式；通过【形状样式】选项组可以设置填充色、边框样式和效果来美化形状；通过【艺术字样式】选项组可以设置形状内文字的格式；通过【排列】选项组可以设置形状的上下层次和排列位置。

6.2.4 SmartArt 图形的设计和应用

SmartArt 图形可以更加生动形象地呈现层次关系或流程。SmartArt 图形类型有多种，如流程、循环、层次结构或关系等类型。

1. 在幻灯片中插入 SmartArt 图形

单击【插入】|【插图】|【SmartArt】按钮，如图 6-2-5 所示，弹出【选择 SmartArt

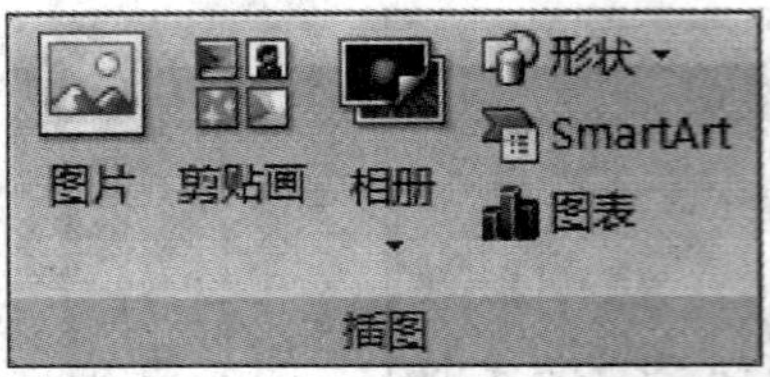

图 6-2-5 【插图】|【SmartArt】按钮

图形】对话框。选择合适类型的 SmartArt 图形后，单击【确定】按钮即可。

2. 编辑 SmartArt 图形

新插入的 SmartArt 图形，其包含的形状数量或许不能满足用户需要，可以通过添加或删除命令进行更改。

(1) 添加形状

双击要修改的 SmartArt 图形，单击【设计】|【创建图形】|【添加形状】按钮，如图 6-2-6 所示，在弹出的下拉列表中选择需要添加的方式即可添加形状。

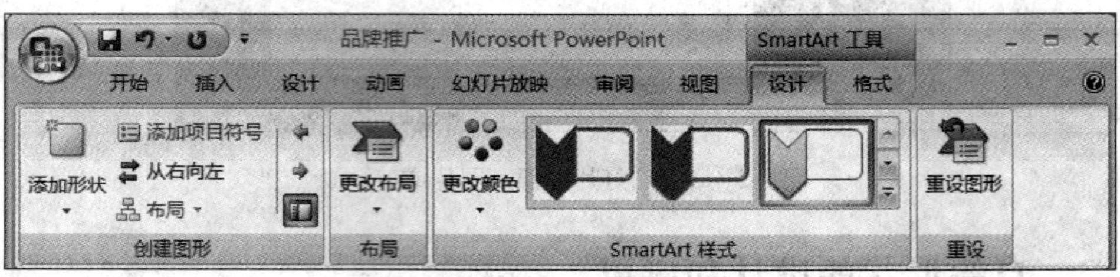

图 6-2-6 【SmartArt 工具】选项组

(2) 删除形状

选中 SmartArt 图形中多余的形状，直接按 Delete 键即可。

(3) 在 SmartArt 图形中输入文本

单击 SmartArt 图形中某一形状，当形状中出现插入点，即可直接输入文本。

3. 设置 SmartArt 图形的格式

SmartArt 图形格式主要包括颜色和 SmartArt 样式，设置的方法是：双击要修改的 SmartArt 图形，单击【设计】|【SmartArt 样式】|【更改颜色】或【快速样式】按钮，对 SmartArt 图形的外观进行设置。

6.2.5 表格与图表的应用

通常情况下，图形和文字搭配的演示文稿已经能够表达作者的意图，但是如果表现较多数据或者更形象地展示数据，借用表格或图表则是非常不错的方法。

1. 创建表格

单击【插入】|【表格】|【表格】按钮，在弹出的下拉列表中选择【插入表格】选项。弹出【插入表格】对话框后，在【行数】和【列数】文本框中输入数值即可插入表格，如图 6-2-7 所示。

图 6-2-7　插入 2 行 5 列的表格

2. 调整表格结构

调整表格结构，主要包括插入行或列、删除行或列、合并单元格、拆分单元格等内容。操作方法是：双击表格外框，显示出【布局】选项卡，然后选中表格中的行或列，单击【布局】选项卡中相应的按钮即可。

提示：幻灯片中创建的表格是由一组占位符构成，每个单元格为一个占位符。由于幻灯片中的表格与 Word 2007 表格存在一定关系，所以事先在 Word 中制作好表格，然后将表格粘贴至幻灯片中是一种效率较高的做法。值得一提的是，幻灯片中的表格主要是向观众展示，因此使用表格尽量保证文字简洁，行数和列数较少，这样才可以保证其清晰度。

3. 美化表格

在 PowerPoint 2007 中美化表格，主要包括设置边框和底纹、表格效果等内容。操作方法是：双击表格外框，显示出【设计】选项卡，根据具体需要选中表格中的行或列，再选择相应的功能选项即可。

4. 插入图表

图表比文字更能直观地显示数据，且图表的类型也是各式各样，如圆环形、折线图、柱形图。通过不同类型的图表，能够很好地反映数据要说明的问题。插入图表的方法如下。

1）单击【插入】|【插图】|【图表】按钮，弹出【插入图表】对话框。在【插入图表】对话框中选择合适的图表类型，单击【确定】按钮即可打开 Excel 界面，如图 6-2-8 所示。

2）在 Excel 界面中，输入将要创建图表的源数据，如图 6-2-9 所示。

3）输入完毕后，关闭 Excel 界面即可完成插入图表的操作。

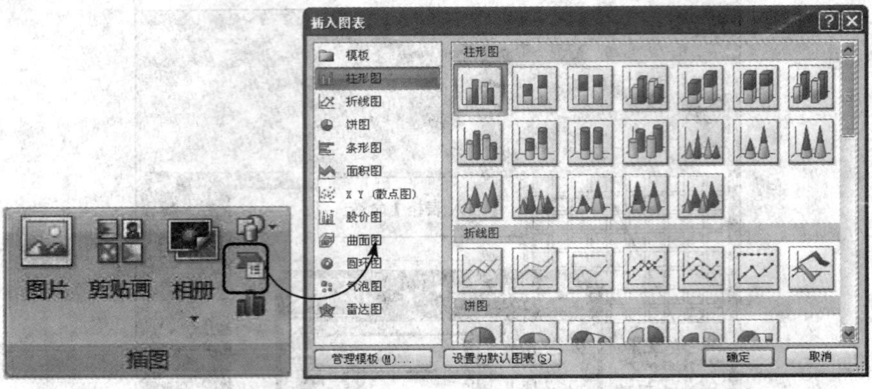

图 6-2-8　打开【插入图表】对话框

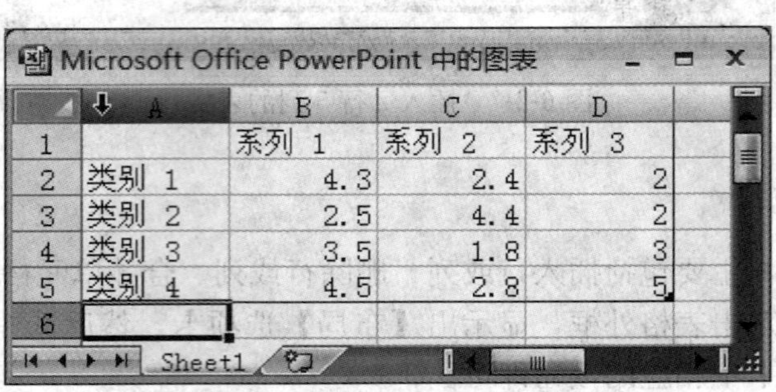

图 6-2-9　在 Excel 界面中输入数据

5. 设置图表格式

设置图表格式主要包括更改图表样式、图表类型，设置图表布局等内容，操作方法如下。

1）双击图表外框，显示【设计】选项卡，根据需要选择其中的选项即可完成对图表类型、布局、样式等的设置。

2）单击【布局】选项卡，可对图表进行图表标题、图例位置、数据标签、坐标轴、背景等的设置。

! 提示：关于艺术字、图片及剪贴画、自绘形状、表格的设置方法与第 4 章相关内容操作方法类似，在本章不再重复，有关内容将在案例中得到具体应用。

6.2.6　影片与声音等多媒体的处理

幻灯片本身就是一种重要的影音多媒体形式，除了可以呈现文本、图形、图片等基本信息外，还可以结合影视和音效使幻灯片的内容更加丰富多彩。

1. 在幻灯片中插入影片

在幻灯片中添加的影片可以是 wmv、avi 等格式。操作方法是：选择【媒体剪辑】|【影片】|【文件中的影片】命令，打开【插入影片】对话框，如图 6-2-10 所示。选择要

插入的影片文件，单击【确定】按钮，随即弹出对话框。单击【自动】按钮即在放映幻灯片时就自动播放影片；单击【在单击时】按钮则是由鼠标单击来播放影片。

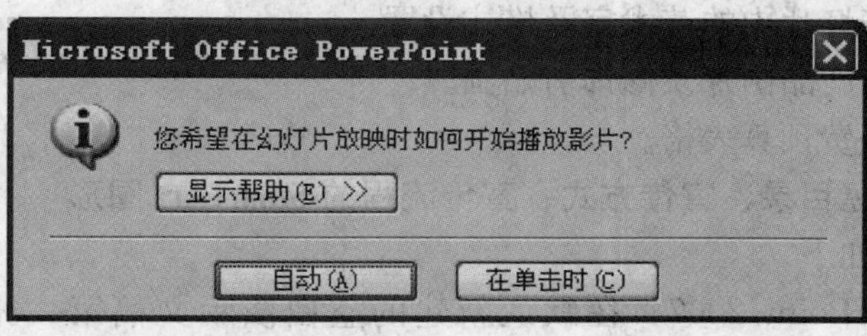

图 6-2-10　设置影片播放方式

2. 在幻灯片中插入声音

在幻灯片中添加的声音文件一般是 mp3、wav 等格式。操作方法是：选择【媒体剪辑】|【声音】|【文件中的声音】命令，打开【插入声音】对话框。选择一个要插入的声音文件，单击【确定】按钮，随即弹出类似图 6-2-10 所示的对话框，根据需要选择声音播放的方式。

提示：选择【媒体剪辑】|【影片】|【剪辑管理器中的影片】或【剪辑管理器中的声音】命令，还可以插入 PowerPoint 2007 剪辑库中自带的影片和声音。

6.2.7　案例：李宁品牌推广策划方案（1）

案例分析：李宁品牌推广策划方案的内容主要包括宣传主题、产品展示、人员安排、时间安排、宣传方式、宣传流程、宣传费用预算等内容，拟采用文本、艺术字、自绘形状、图片及剪贴画、SmartArt 图形、表格等形式对策划方案的内容进行多方面展示，目标效果如图 6-2-11 所示。

图 6-2-11　案例目标效果图

按照幻灯片次序，将总任务分解为四个子任务。

1）创建目录、宣传方式、宣传流程的 SmartArt 图形。

2）添加主题幻灯片中的艺术字及格式设置。

3）插入和编辑产品图片及修饰剪贴画。

4）创建宣传经费预算表格。

子任务一：创建目录、宣传方式、宣传流程的 SmartArt 图形

具体操作步骤如下。

1）启动 PowerPoint 2007，在默认新建的空白演示文稿第一张幻灯片中，使用 6.2.1 中的方法，创建案例的封面。

2）单击【开始】|【幻灯片】|【新建幻灯片】，插入第二张幻灯片。选择第二张幻灯片，单击【插入】|【插图】|【SmartArt】，弹出【选择 SmartArt 图形】对话框。选择【关系】|【聚合射线子】类，单击【确定】按钮添加 SmartArt 图形。

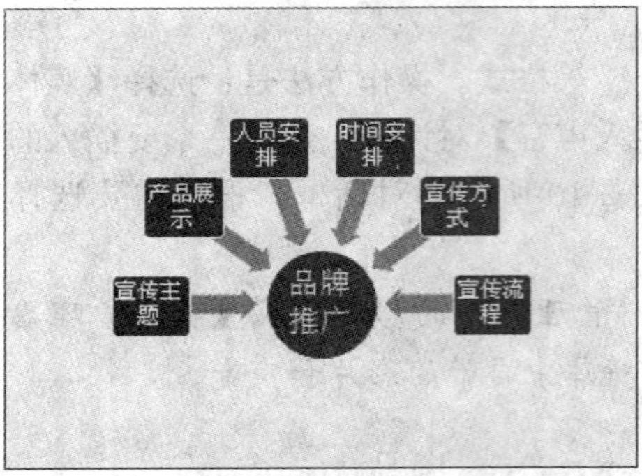

图 6-2-12　增加了形状和文字的 SmartArt 图形

3）新添加的 SmartArt 图形分支只有三个，不能满足本案例需要。按照 6.2.4 小节中添加形状的方法为该 SmartArt 图形添加三个形状，并在图形中输入指定的文字，如图 6-2-12 所示。

4）双击 SmartArt 图形外框，选择【SmartArt 样式】|【更改颜色】|【彩色】中的“强调文字颜色 3-4”，方法如图 6-2-13 所示。然后选择【SmartArt 样式】|【快速样式】|【三维】中的“优雅型”样式，如图 6-2-14 所示，最终效果如图 6-2-15 所示。

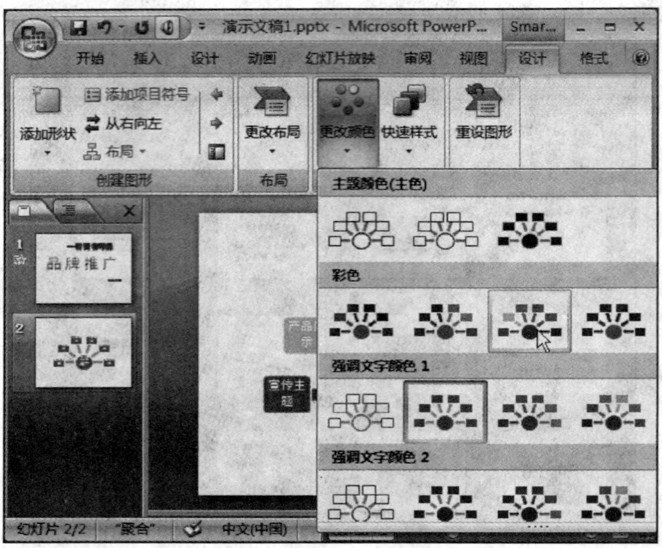

图 6-2-13　设置 SmartArt 图形的颜色

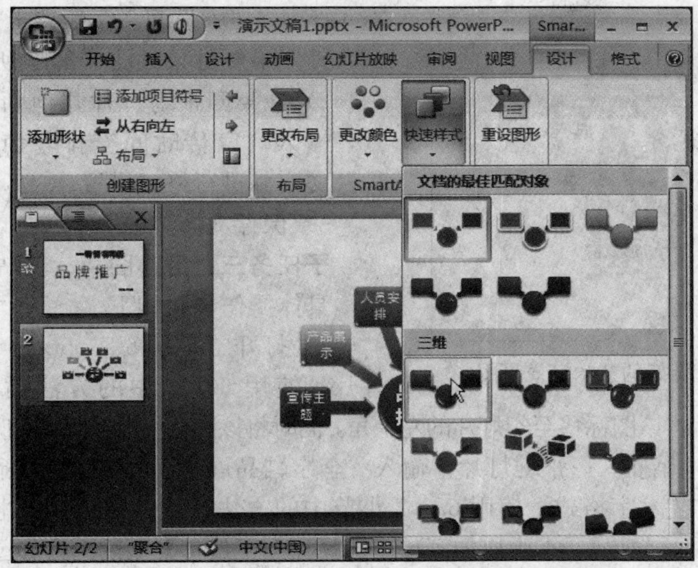

图 6-2-14　设置 SmartArt 图形的快速样式

5）在文稿末尾新插入两张幻灯片，分别用于制作“宣传方式”和“宣传流程”的 SmartArt 图形，二者的类型和格式分别如下。

①“宣传方式”SmartArt 图形：类型为“带标题的矩阵”，颜色为“渐变循环-强调文字颜色 1”，快速样式为“中等效果”。

②“宣传流程”SmartArt 图形：类型为“垂直 V 型列表”，颜色为“渐变范围-强调文字颜色 2”，快速样式为“鸟瞰场景”。

采用上述的方法添加指定类型的 SmartArt 图形，并设置①、②格式。

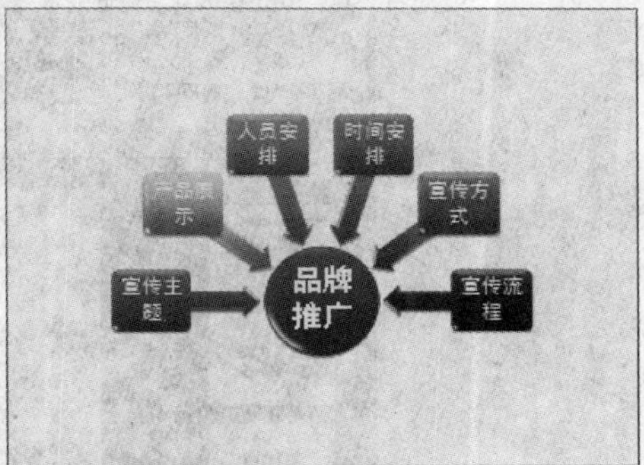

图 6-2-15　设置颜色和样式后的 SmartArt 图形效果图

6）以“案例 6-2. pptx”命名保存该文档。

子任务二：在幻灯片中添加艺术字及设置格式

具体操作步骤如下。

1）打开“案例 6-2. pptx”，在第三张幻灯片之前新插入一张幻灯片。选择该幻灯片，使用 6. 2. 1 小节中的操作方法添加三个文本块，并设置以下格式。

①“show”文本块：在【格式】|【艺术字样式】|【快速样式】列表中选择“渐变填充-强调文字颜色 4-映像”；在【文本效果】|【发光】列表中选择“强调文字颜色 4，18pt 发光”。

②“I can I do show”文本块：在【格式】|【艺术字样式】|【快速样式】列表中选择“填充-强调文字颜色 2-粗糙棱台”。

③“我行我秀”文本块：在【格式】|【艺术字样式】|【快速样式】列表中选择“填

图 6-2-16 设置好的艺术字效果图

充-白色，轮廓-强调文字颜色 1”。

设置最终效果如图 6-2-16 所示。

2）在第四张幻灯片之前新插入两张幻灯片，输入“宣传时间安排”和“宣传人员安排”文字并进行格式设置。

3）保存文档。

子任务三：插入图片、剪贴画及格式设置

具体操作步骤如下。

1）打开“案例 6-2. pptx”，选择第一张幻灯片，使用 6.2.2 中的方法插入图片“李宁 logo. png”。然后将该图标移至幻灯片的左上角，同时将该图标复制到其他幻灯片同一位置。

2）在文档末尾插入一张幻灯片，输入“李宁鞋品展示”，并设置“渐变填充-强调文字颜色 4-映像”艺术字格式。使用 6.2.2 小节中的方法插入剪贴画，双击剪贴画，选择【图片样式】|【图片效果】，在弹出的菜单中选择【向下偏移】型阴影，如图 6-2-17 所示。

图 6-2-17 为剪贴画设置向下偏移的阴影效果

3）单击【开始】|【幻灯片】|【新建幻灯片】，添加第 5～7 张幻灯片。选择第五张幻灯片，使用 6.2.2 小节中插入图片的方法，在第四张幻灯片中添加一张李宁鞋品图片。

4）双击图片，单击【图片样式】|【图片形状】|【圆角矩形】按钮，为图片添加圆角矩形边框。然后单击【图片样式】|【图片效果】|【预设】|【预设 9】按钮，为图片设置特殊效果，如图 6-2-18 和图 6-2-19 所示。

5）单击【插入】|【插图】|【形状】|【星与旗帜】|【爆炸形 1】按钮，当鼠标指针变成“十”字形，在幻灯片中拖动鼠标，即可添加一个“爆炸形 1”形状，然后在形状中添加“红色青春”文本，并设置合适的字号。

图 6-2-18　为图片添加圆角矩形边框

图 6-2-19　为图片设置“预设 9”型的效果图

6）双击形状，单击【形状样式】列表中的【细微效果-强调颜色 2】按钮，为形状设置样式，效果如图 6-2-20 所示。

7）重复执行步骤 3)～6)，将其余的李宁产品图片插入新建的幻灯片，同时插入艺术字、自绘形状、剪贴画等作为修饰，并对这些图形对象进行格式设置。

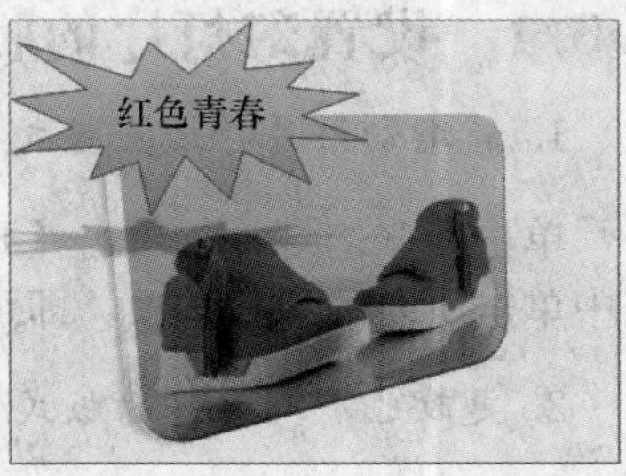

图 6-2-20　添加了形状的幻灯片

8）保存文档。

子任务四：插入宣传费用预算表格，行数为 10，列数为 4

具体操作步骤如下。

1）打开“案例 6-2. pptx”，在幻灯片末尾新增幻灯片，用 5. 2. 4 小节中介绍的创建表格的方法，建立一个 10 行 4 列的表格，并在其中输入文本。

2）选中表格最后一行第 2～4 个单元格，鼠标右击，在弹出的快捷菜单中选择【合并单元格】。

3）双击表格外框，单击【表格样式】列表中的【浅色样式 1-强调 2】样式，如图 6-2-21 所示，然后调整表格的大小和位置。

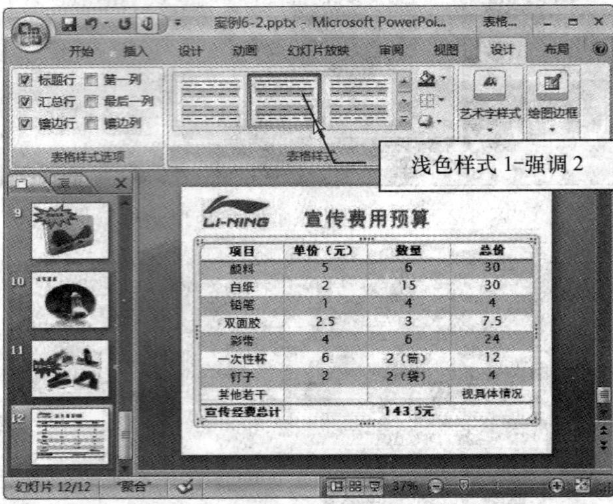

图 6-2-21　插入表格并设置表格样式

4）最后以“案例 6-2. pptx”为名保存。

6. 3　演示文稿的外观设置

PowerPoint 2007 演示文稿的外观设置包括版式、主题和颜色等内容，其中主题还可进行“字体”和“效果”的外观设计。本节将介绍演示文稿套用幻灯片版式、主题和编辑主题模板、设置幻灯片背景，以及编辑幻灯片母版的操作方法。通过这些设置，可使演示文稿更具美观、统一的外观。

6. 3. 1　设置幻灯片的版式

1. 新增幻灯片并设置版式

单击一张幻灯片，单击【开始】|【幻灯片】|【新建幻灯片】按钮，在弹出的版式列表中单击所要的版式选项，即可插入一张指定版式的幻灯片。

2. 更改已有幻灯片的版式

选定要更改版式的幻灯片，单击【开始】|【幻灯片】|【版式】选项，选择合适的版

式，单击其按钮即可，如图 6-3-1 所示。

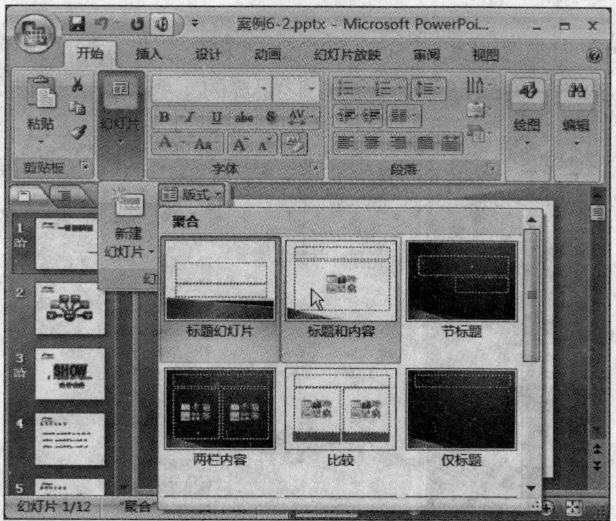

图 6-3-1　更改幻灯片的版式

6.3.2　套用主题和编辑主题模板

使用 PowerPoint 2007 的主题，套用主题和颜色、字体和效果样式，可以达到快速对幻灯片进行美化设置的效果。下面以 6.2.7 小节中的案例 6-2 为例，讲解套用主题和编辑主题模板的操作方法。

1. 对幻灯片套用主题模板

操作方法：在功能区切换到【设计】选项卡，然后鼠标右击【主题】列表中某一主题的缩略图，在弹出的快捷菜单中选择主题的应用方式，如图 6-3-2 所示。

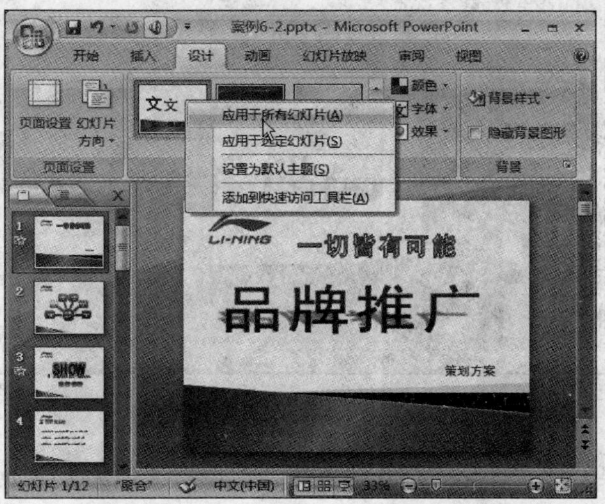

图 6-3-2　对幻灯片套用“聚合”型主题

2. 用【颜色】、【字体】和【效果】功能进一步美化幻灯片

1）应用【颜色】样式美化幻灯片的方法是：单击【主题】|【颜色】按钮，在下拉菜单中选择【Office】选项，使幻灯片具有该色彩配置的主题外观，效果如图 6-3-3 所示。

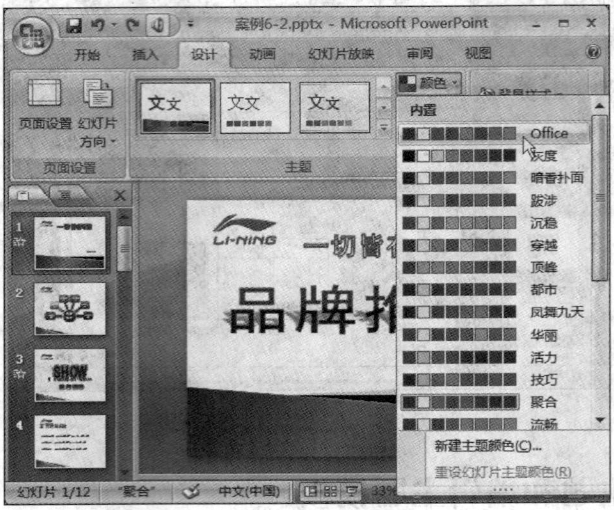

图 6-3-3 应用【颜色】美化幻灯片

2）应用【字体】样式美化幻灯片的方法是：单击【主题】|【字体】按钮，在下拉菜单中选择【Office 经典 2】选项，使幻灯片中的文字具有该字体效果，如图 6-3-4 所示。

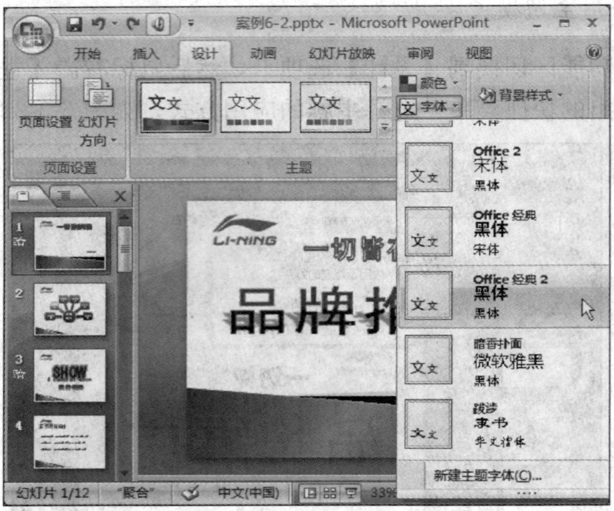

图 6-3-4 应用【字体】美化幻灯片

3）应用【效果】样式美化幻灯片的方法是：单击【主题】|【效果】按钮，在下拉菜单中选择【华丽】选项，使幻灯片中的形状具有该外观效果，如图 6-3-5 所示。

图 6-3-5　应用【效果】美化幻灯片

6.3.3　设置幻灯片背景

为幻灯片设置背景可以采用图片和填充色两种方式。下面以采用渐变填充色为例，讲解幻灯片背景的设置方法。

1）在要设置的幻灯片上右击，在弹出的快捷菜单中选择【设置背景格式】命令，打开设置背景格式对话框。选择【填充】|【渐变填充】选项，然后在【预设颜色】列表中选择“茵茵草原”渐变色。

2）对“茵茵草原”渐变色还可以设置渐变方向、角度、透明程度等选项。设置完毕后，如果单击【关闭】按钮，则为选中幻灯片设置背景色；如果单击【全部应用】按钮，则将这种背景色应用于全部幻灯片。

❗ 提示：PowerPoint 2007 新增了一组“背景样式”，可通过单击【设计】|【背景】|【背景样式】按钮，在下拉菜单中选择合适的背景样图，给幻灯片设置漂亮的背景效果，如图 6-3-6 所示。

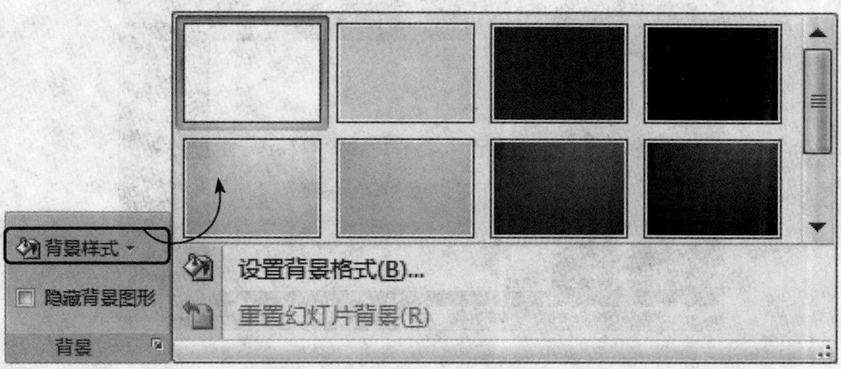

图 6-3-6　背景样式与隐藏背景设置

6.3.4 幻灯片母版的设计

母版是一种可以预先定义背景颜色以及字符字体、颜色与大小等格式的特殊幻灯片，包含了演示文稿中的公有信息，体现了演示文稿的整体风格，巧用母版可以达到事半功倍的效果。

设计幻灯片母版格式的方法如下。

1）单击【视图】|【演示文稿视图】|【幻灯片母版】，切换到当前幻灯片所使用的幻灯片母版窗口。

提示：在幻灯片母版视图中，第一张母版幻灯片为主母版幻灯片，为该幻灯片设置背景样式、文本属性和页脚区等元素后，其他的母版幻灯片将自动以相同的外观样式呈现。

2）对主母版幻灯片进行背景、文本格式等操作后，切换到【幻灯片母版】选项卡，然后单击【关闭母版视图】按钮，退出幻灯片母版视图。

3）选择【Office】|【另存为】命令，打开【另存为】对话框，在【保存类型】下拉列表框中选择“PowerPoint 模板（*.potx)”，最后单击【保存】按钮即可。

6.3.5 案例：设计“奥运主题”的幻灯片模板

案例分析：本案例主要通过母版设置“奥运主题”文稿的首张幻灯片与其他幻灯片的背景和版式。通过案例，使学生了解母版的使用方法，并体会母版的功能。

具体操作步骤如下。

1）启动 PowerPoint 2007，自动创建一个空白新演示文稿。

2）在功能区切换到【视图】选项卡，然后单击【视图】|【演示文稿视图】|【幻灯片母版】按钮，进入母版视图，如图 6-3-7 所示。

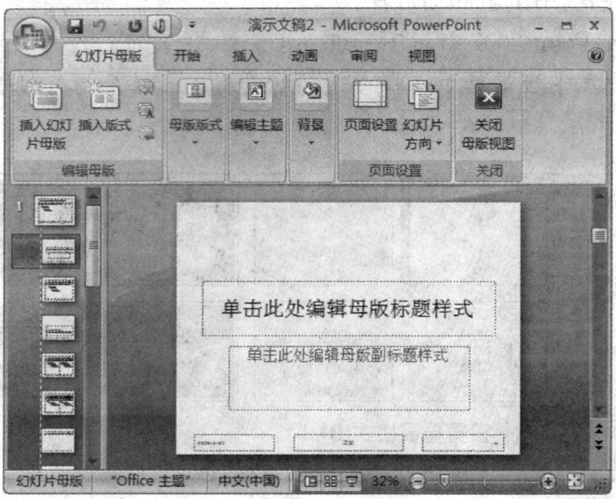

图 6-3-7　母版视图

3）右击第一张幻灯片空白处，在弹出的快捷菜单中选择【设置图片背景】命令，打开【设置图片背景格式】对话框。选择【地图片或纹理填充】选项，然后单击【文件】按钮，打开如图 6-3-8 所示的对话框。

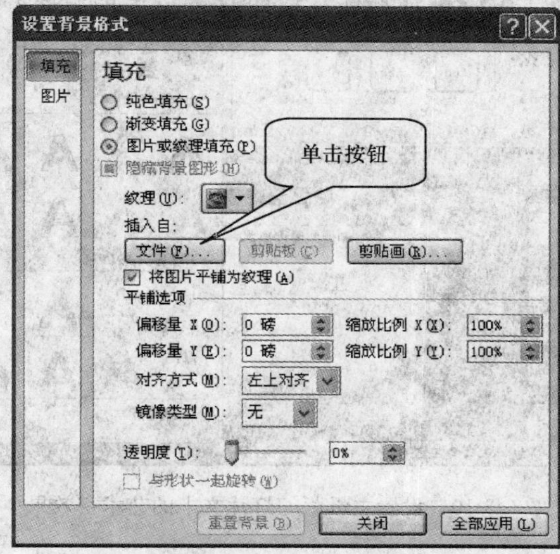

图 6-3-8 【设置背景格式】对话框

4）在【插入图片】对话框设置查找范围为“案例 6-3”，选择“631.jpg”后，单击【插入】按钮，返回母版视图。

5）在母版视图的【编辑主题】选项组中单击【字体】按钮，在【字体】下拉菜单中选择“华丽”选项，如图 6-3-9 所示。

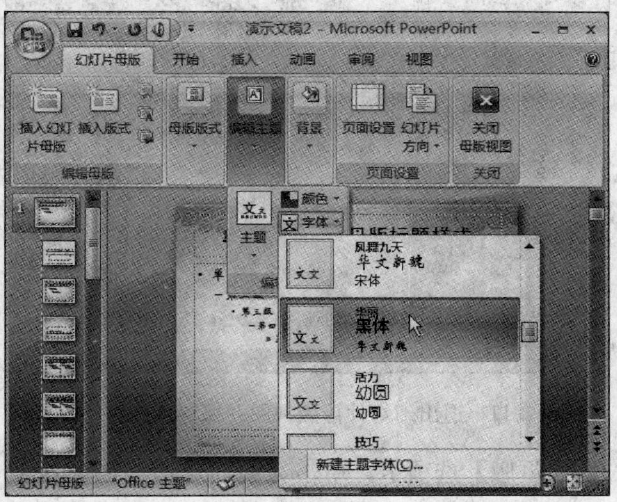

图 6-3-9 设置主母版幻灯片的文本字体

6）在主母版幻灯片中用鼠标框选标题文本，然后切换到【格式】选项卡，在【艺

术字样式】|【快速样式】下拉菜单中选择“填充-强调文字颜色 2 粗糙棱台”样式，如图 6-3-10 所示。

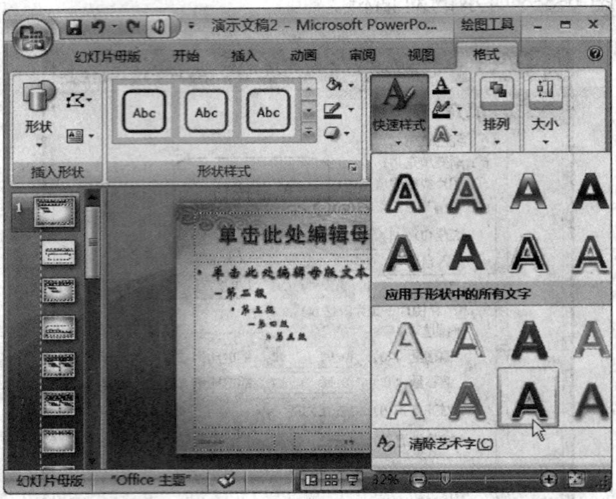

图 6-3-10　设置主母版幻灯片文本的艺术字效果

7）重复步骤 4）再次为第二张幻灯片设置“632. jpg”图片的背景效果。

8）单击【插入】|【图片】按钮，将“633. jpg”图片插入到第二张幻灯片中；再选择第三张幻灯片，将“634. jpg”图片插入到第三张幻灯片中，如图 6-3-11 所示。

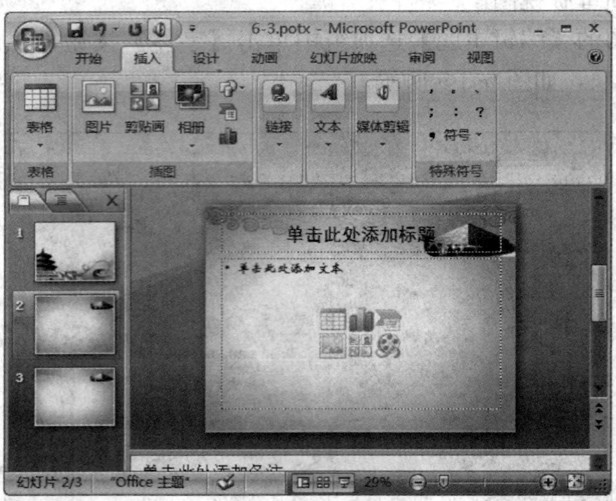

图 6-3-11　退出幻灯片母版视图并保存为幻灯片模板

9）切换到【幻灯片母版】选项卡，单击【关闭母版视图】按钮，退出幻灯片母版视图。

10）选择【Office】|【保存】命令，打开【另存为】对话框。指定保存位置，并在【文件名】处输入“案例 6-3”，在【保存类型】下拉列表框中选择【PowerPoint 模

板（*.potx)】选项，最后单击【保存】按钮，如图 6-3-12 所示。

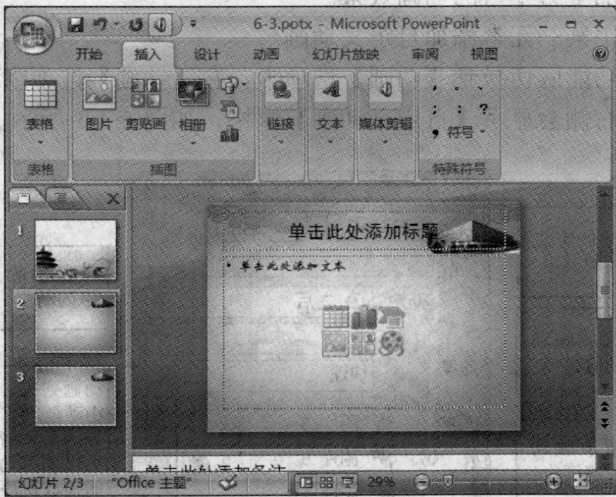

图 6-3-12　保存模板

! 提示：如果想使用该模板，打开【Office】|【新建】命令，在【新建演示文稿】对话框中选择【我的模板...】，然后选择“案例 6-3. potx”，即可以案例 6-3. potx 为模板创建演示文稿了。

6.4　幻灯片的动画与切换效果

PowerPoint 中的动画是指给文本或对象添加特殊的视觉或声音效果，在进行幻灯片演示时为需要突出的重点设置动画效果，达到吸引观众注意力的目的，从而实现最佳的演示效果。幻灯片的切换效果是指每张幻灯片之间的过渡方式。

6.4.1　幻灯片的动画效果

为幻灯片添加动画效果有两种途径：动画方案和自定义动画。

1. 动画方案

套用动画方案为幻灯片设置动画的方法如下。

选中一张幻灯片，鼠标单击幻灯片中某一文本对象，单击【动画】|【动画】，在弹出的列表框中选择一种合适的动画方案，例如“淡出-整批发送”型，单击该选项就可为文本对象添加动画效果。其他类型对象，如图形、表格等也采用这种方法设置动画效果。

2. 自定义动画

自定义动画包括“进入”、“强调”、“退出”和“动作路径”等四种类型，此外，对动画效果的顺序和时间等进行再设置，便可以为幻灯片中的文本、图片、图形、音频和视频等多种元素添加更为丰富的动画效果。

（1）为幻灯片中某一元素添加自定义动画

操作方法：在功能区切换到【动画】选项卡，在【动画】选项组中单击【自定义动画】按钮，在窗口右侧会显示【自定义动画】窗格，如图 6-4-1 所示。

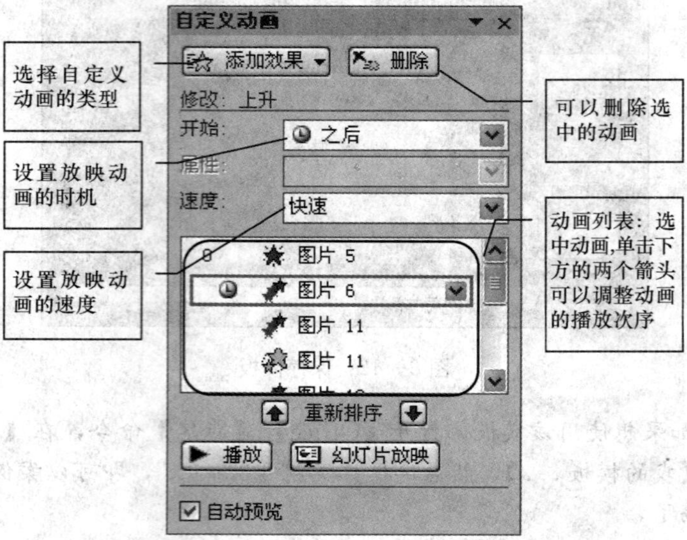

图 6-4-1 【自定义动画】窗格

单击【添加效果】按钮，在弹出的下拉菜单中选择合适的动画类型，该动画在幻灯片中就会预览一遍，并且自动添加到动画列表的最后，然后可以根据实际需要对该动画进行放映时机、播放速度、播放次序、是否删除等基本设置，如图 6-4-1 的标注所示。

（2）对动画效果进行再设置

利用动画的【效果选项】命令，对已经设置了动画的元素进行声音、延迟和重复等方面的再次设置，可以进一步强化其动画效果。

操作方法：在【自定义动画】窗格的动画列表中，右击要设置的动画，在弹出的快捷菜单中选择【效果选项】命令，如图 6-4-2 所示。在打开的【效果】选项卡中进一步设置动画效果，设置完毕，单击【确定】按钮即可。

6.4.2 幻灯片的切换效果

幻灯片的切换也称为换页，就是从一张幻灯片变换到另一张幻灯片的中间过程。切换效果包括换页的方式、效果以及声音等内容。

设置幻灯片切换效果的方法如下。

1）选定要设置切换效果的幻灯片，选择【动画】|【切换到此幻灯片】|【切换方案】选项，在打开的下拉列表中选择一种“切换方案”并单击，即可将该切换效果应用于选定的幻灯片。

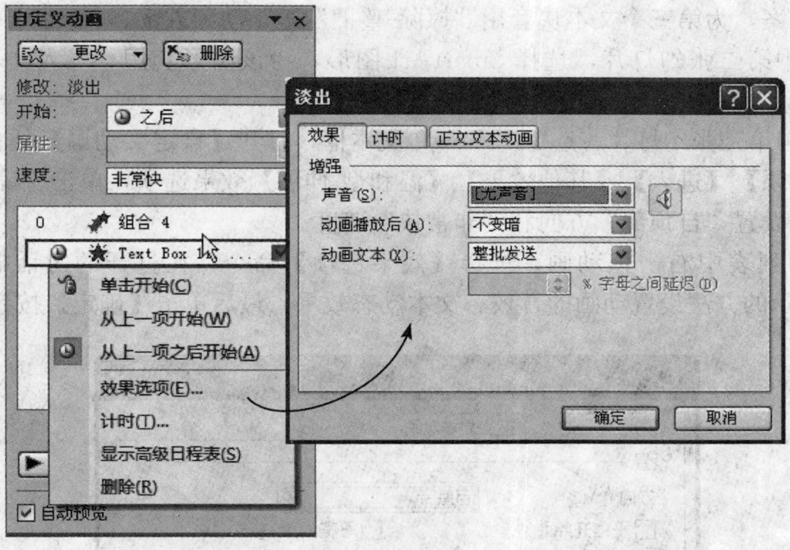

图 6-4-2　选择【效果选项】命令，并打开【效果】选项卡

2）在【动画】|【切换到此幻灯片】选项组中，还可以对切换效果做切换声音、切换速度、全部应用否、换片方式等设置，使切换效果更加合理，如图 6-4-3 所示。

图 6-4-3　设置幻灯片的切换效果

6.4.3　案例：李宁品牌推广策划方案（2）

案例分析：在幻灯片中添加合适的动画特效和切换特效，让“李宁品牌推广策划”演示文稿活跃起来，更吸引观众的注意力。

具体操作步骤如下。

1）打开“案例 6-2.pptx”，选中第一张幻灯片，先后选定“品牌推广”、“策划方案”和“一切皆有可能”三个文本块，采用 6.4.1 小节介绍的方法，为前两个套用“飞入”动画方案，为第三个文本块套用“擦除-整批发送”动画方案。

2）选中第二张幻灯片，选择 SmartArt 图形，为该图形套用“飞入-一次从中心”动画方案。

3）选中第三张幻灯片，选定“show”文本框，打开【自定义动画】任务窗格。选择【添加效果】|【进入】|【其他效果】|【温和型-伸展】效果选项，单击【确定】按钮，然后为动画设置“自顶部”方向和“非常快”速度。

在动画列表中右击该动画，选择【效果选项】命令，在打开的对话框中，按照图 6-4-4 所示的方法设置动画的音效、文本动态效果，最后单击【确定】按钮。

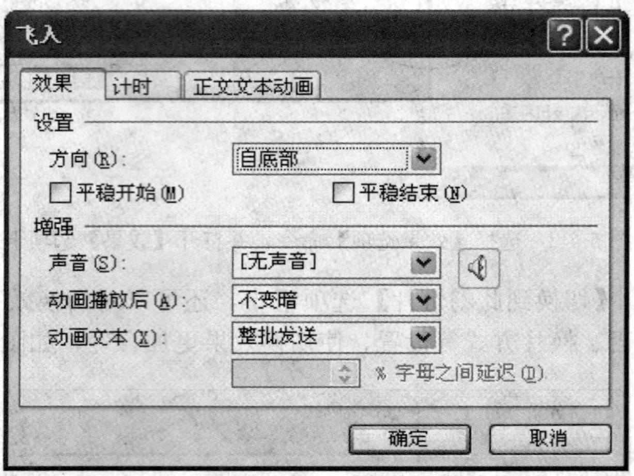

图 6-4-4　设置【效果】选项卡

然后，根据需要逐一为其他幻灯片中的组成元素设置合适的动画效果。

4）按照 6.4.2 小节介绍的方法，为所有幻灯片设置“淡出和溶解-溶解”切换效果，中速。

5）按 F5 键放映幻灯片，最后命名为“案例 6-4.pptx”保存。

6.5　演示文稿互动、放映及输出处理

演示文稿一般由很多幻灯片组成，如何让不同幻灯片根据用户意愿播放，并将有关内容做互动处理，同时设置合适的放映模式。此外，考虑到放映环境的不同，在演示文稿的输出方式上也应有所不同。解决上述问题，将涉及插入链接、添加动作、排练计时、自定义放映和放映方式，打包成 CD 等内容。

6.5.1　编辑幻灯片的链接

通过链接，可以使幻灯片的放映具有更好的条理性和可控性。为演示文稿添加链接功能，在放映幻灯片时，可以从当前幻灯片跳转到同一文档中的其他位置，或外部 Web 页，或电子邮件地址，或其他某个文件。

1. 添加超链接

用户可以为幻灯片上任意一种元素，包括一段文本、一个图形、一张图表、一幅图片创建超链接。操作方法是：在幻灯片上选中该对象，然后选择【插入】|【链接】|【超链接】选项，在打开的【插入超链接】对话框中作具体的设置，设置完毕后单击【确定】按钮。当放映幻灯片时，单击该对象，就能跳转到之前设置好的目标位置。

2. 编辑和删除超链接

利用幻灯片上的某个对象建立了超链接，同样可以重新编辑或者将其删除。方法是：在幻灯片选择该对象，选择【编辑】|【链接】|【超链接】选项，打开【编辑超链接】对话框。对话框中显示目前的超链接状态，若要编辑此超链接，可重新选择或输入新内容；若要删除此超链接，单击【删除链接】按钮即可。

! 提示：创建超链接后，还可以通过【插入】|【链接】|【动作】选项，为超链接对象设置鼠标经过或移经的音效、突出显示等效果。在 6.5.4 小节的案例中将得到具体应用。

6.5.2 设置放映方式

1. 幻灯片放映方式

（1）演讲者放映

这是默认的放映方式，换片方式为“人工”。此放映方式可全屏幕显示演示文稿内容，演讲者具有完整的控制权。

（2）观众自行浏览

选择此放映方式，放映时会显示窗口标题栏，既可以全屏也可以较小面积地显示幻灯片内容。

（3）在展台浏览

选择此放映方式，PowerPoint 会自动选定【循环放映，按 Esc 键终止】选项，如果选择【如果存在排练时间，则使用它】选项，放映时就会按照排练时间自动循环播放。

（4）排练计时

排练计时的操作方法是：单击【幻灯片放映】|【设置】|【排练计时】按钮，演示文稿进入放映模式，同时显示【预演】工具栏，如图 6-5-1 所示。按照合理的时间需要，单击【下一项】、【暂停】和【重复】手工切换幻灯片。

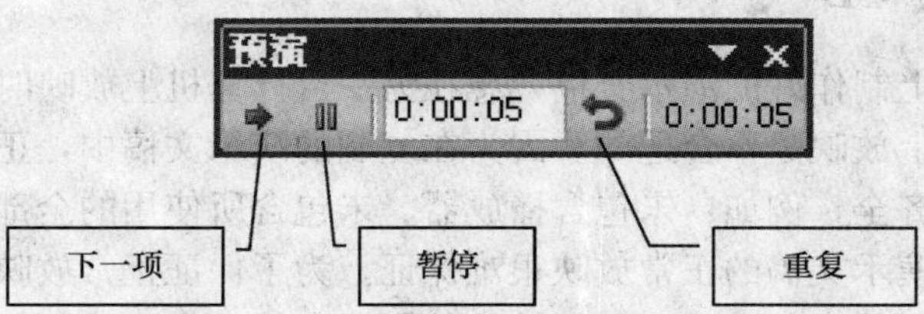

图 6-5-1 【预演】工具栏

直到最后一张幻灯片放映完毕，单击【下一项】按钮，弹出提示框显示所有幻灯片的总放映时间，并询问是否保存此次排练时间，单击【是】按钮，完成排练计时并保存此次排练时间，如图 6-5-2 所示。

图 6-5-2　排练计时完成提示框

2. 设置幻灯片放映方式

选择【幻灯片放映】|【设置】|【设置幻灯片放映】选项，打开【设置放映方式】对话框。根据具体场合选择合适的方式，如图 6-5-3 所示。最后单击【确定】按钮，返回到幻灯片编辑状态。按 F5 键可观看放映。

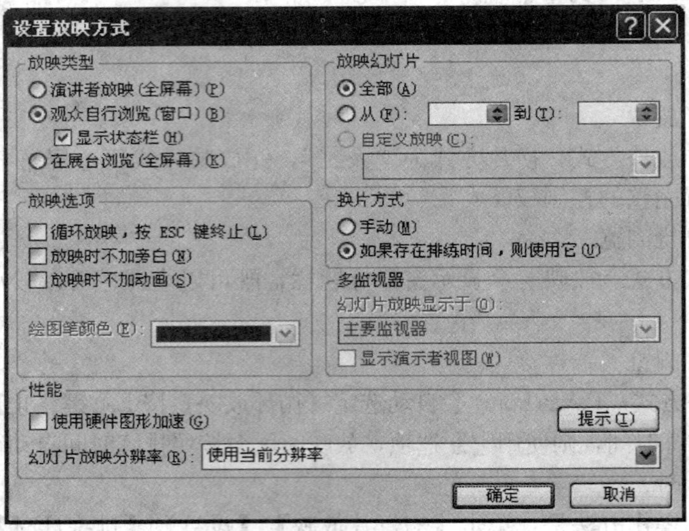

图 6-5-3　【设置放映方式】对话框

6.5.3　打包成 CD

在一台计算机上制作好的演示文稿，想在另一台计算机上放映时，只把演示文稿复制到另一台计算机上放映是不合适的。因为在复制的演示文稿中，正常放映演示文稿所必需的文件可能不齐全，例如：未包含播放器、未包含所使用的全部字体、未包含链接的影视文件，所以演示文稿的正常放映很难保证。为了保证正常放映，可以利用打包向导，把演示文稿所需的全部文件（包括链接的影视文件）和字体都打包在一起。如果在放映演示文稿的计算机中没有安装 PowerPoint，可以把 PowerPoint 播放器连同演示文稿一起打包。

打包的操作方法如下。

1）打开需要打包的演示文稿，选择【Office】|【发布】|【CD 数据包】选项，打开【打包成 CD】对话框。单击【复制到文件夹】按钮，打开【复制到文件夹】对话框。

2）在【文件夹名称】文本框中输入“打包的名称”（默认为演示文稿 CD），设置复制到的位置，单击【确定】按钮，并按提示操作，直到出现【完成】按钮即可。

打包之后，在打包文件夹内会产生“pptview. exe”、“playlist. txt”、一个 ppt 文件和几个动态链接库文件。这样，即使计算机上没有安装 PowerPoint 软件，用户也能放映演示文稿。在该打包文件夹内，双击运行“Play. bat”文件即可直接放映。如果经打包的演示文稿进行了修改，可以再次打包，更新打包内容。

6. 5. 4　案例：李宁品牌推广策划方案（3）

案例分析：为幻灯片文件中第二张幻灯片的内容（目录）设置超链接，然后再增添返回目录的超链接（采用动作按钮）；打包。

具体操作步骤如下。

1）打开“案例 6-4. pptx”，选中第二张幻灯片，选中 SmartArt 图形中“宣传主题”4 个文字，选择【插入】|【链接】|【超链接】选项，打开【插入超链接】对话框，选择链接目标，然后单击【确定】按钮，如图 6-5-4 所示。

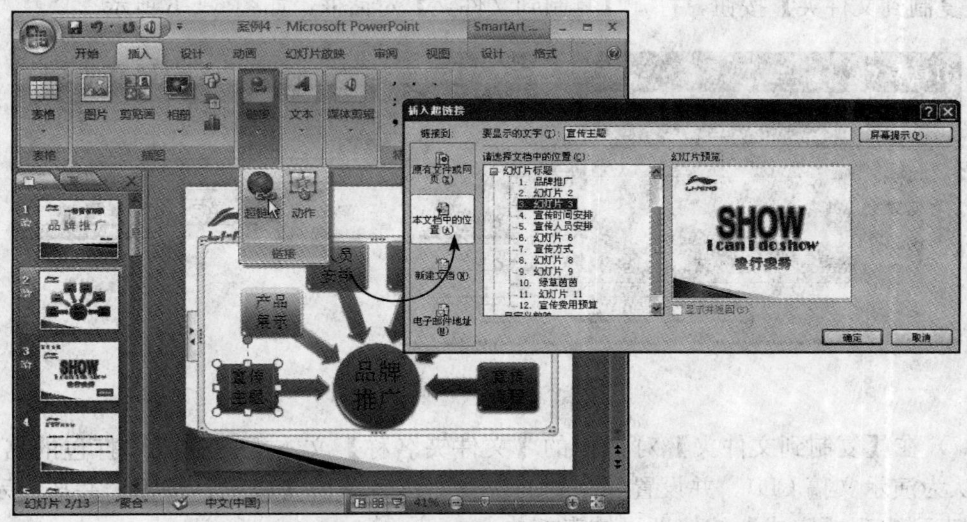

图 6-5-4　打开【插入超链接】对话框，选择超链接的目标位置

2）重复步骤 1），将第二张幻灯片 SmartArt 图形中的 6 个超链接全部创建完毕。

3）选中第三张幻灯片，选择【插入】|【插图】|【形状】|【动作按钮-自定义】按钮，鼠标会变成“十”字形。拖动鼠标在幻灯片右下角绘制一个按钮，释放鼠标时弹出【动作设置】对话框。选择【超链接到】单选按钮，在其下拉列表中选择“幻灯片 ...”选项，随即弹出【超链接到幻灯片】对话框。选择第二张幻灯片，单击【确定】返回到

【动作设置】对话框。另外，还可以为按钮设置鼠标单击音效，如图 6-5-5 所示。

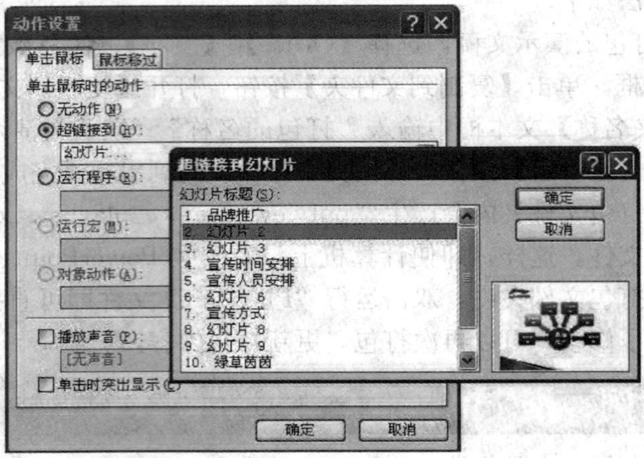

图 6-5-5 【动作设置】对话框

最后返回到幻灯片，为这一动作按钮添加“返回目录”的文字。

4）将步骤 3）中的动作按钮重复粘贴到第 4、5、6、11、12 张幻灯片。

5）以“案例 6-5. pptx”命名并保存。

6）选择【Office】|【发布】|【CD 数据包】命令，打开【打包成 CD】对话框。单击【复制到文件夹】按钮，打开【复制到文件夹】对话框，如图 6-5-6 所示。

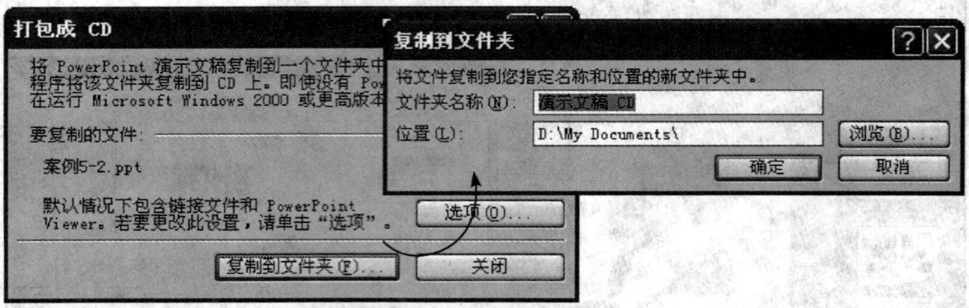

图 6-5-6 演示文稿打包

7）在【复制到文件夹】对话框的【文件夹名称】文本框中输入“打包的名称”(默认为演示文稿 CD)，并设置复制到的位置，然后单击【确定】按钮，并按提示操作，直到出现【完成】按钮即可结束打包。

习 题 六

一、选择题

1. 对于演示文稿中不准备放映的幻灯片可以用（　　）选项卡中的【隐藏幻灯片】选项隐藏。

A. 格式　　B. 幻灯片放映　　C. 工具　　D. 编辑

2. 在 PowerPoint 中，幻灯片占位符的作用是（　　）。

A. 表示文本长度　　B. 为文本、图形等预留位置

C. 表示图形大小　　D. 限制插入对象的数量

3. 演示文稿打包后，打包文件夹中的文件（　　）可以直接放映幻灯片。

A. setup. exe　　B. pptview. exe

C. play. bat　　D. saext. dll

4. 扩展名为（　　）的演示文稿文件，可以完全不用安装 PowerPoint 进行放映。

A. ppt　　B. pot　　C. pps　　D. pop

5. 在 PowerPoint 2007 中，选择【Office】|【新建】命令可（　　）。

A. 在文件中添加一张幻灯片　　B. 重新建立一个演示文稿

C. 清除原演示文稿中的内容　　D. 插入图形对象

6. 编辑演示文稿时，要在幻灯片中插入表格、剪贴画或照片等图形，应在（　　）。

A. 备注页视图　　B. 幻灯片浏览视图

C. 幻灯片窗格　　D. 大纲窗格

7. 如果要将 PowerPoint 演示文稿用 IE 浏览器打开，则文件的保存类型应为（　　）。

A. 演示文稿　　B. PowerPoint 放映

C. 演示文稿设计模板　　D. 网页

8. 在（　　）方式下能实现用一个屏显示多张幻灯片。

A. 幻灯片视图　　B. 大纲视图

C. 幻灯片浏览视图　　D. 备注页视图

9. 在幻灯片放映时，用户可以利用绘图笔在幻灯片上写字或画画，这些内容（　　）。

A. 可以保存在演示文稿中　　B. 自动保存在演示文稿中

C. 在本次演示中不可擦除　　D. 不可以保存在演示文稿中

10. PowerPoint 中放映幻灯片有多种方法，下面错误的是（　　）。

A. 选中第一张幻灯片，然后单击演示文稿窗口水平滚动条左侧的【幻灯片放映】按钮

B. 选择【幻灯片放映】|【从头开始】

C. 选择【幻灯片放映】|【从当前幻灯片开始】

D. 按 Shift+F5 组合键

二、填空题

1. 在 PowerPoint 中，对于演讲者不想播放出去的提示信息，应该在________视图下输入。

2. 用 PowerPoint 制作的演示文稿，可以用于________、工作汇报________等场合。

3. 在幻灯片中添加文字的方式可以是文本占位符、________、________、________等。

4. 在幻灯片放映的过程中，要结束放映，可采用的方法是________。

三、判断题

1. PowerPoint 在放映幻灯片时，必须从第一张幻灯片开始放映。（　　）

2. 在 PowerPoint 2007 中，演示文稿默认的文件扩展名为 pps。（　　）

3. 在不打开演示文稿的情况下，不能播放演示文稿。（　　）

4. 在 PowerPoint 幻灯片视图下，在任一时刻，主窗口内能查看或编辑一张幻灯片。（　　）

5. 在 PowerPoint 中，要取消已设置的超链接，可将鼠标指针移向设置了超链接的对象，右击，在快捷菜单中选择【删除超链接】命令。（　　）

四、操作题

1. 请使用艺术字、图片、SmartArt 图形、图表、母版等功能，创建以“国庆节”为主题的演示文稿，预览效果见下图。

2. 请为幻灯片中的目录（第三张幻灯片）与其他对应的幻灯片创建互动链接，并使用自定义按钮创建【返回目录】按钮。

3. 重点设置第一张、第二张幻灯片的动态效果，并为全部幻灯片设置合适的切换效果。

4. 最后以“习题 6. pptx”命名保存，并打包。

第7章

网页制作软件 SharePoint Designer 2007

本章学习目标

- ◎ 了解网页、网站的概念，熟悉网站制作的流程。
- ◎ 了解SharePoint Designer 2007的特性，熟悉其操作界面。
- ◎ 掌握利用表格和框架布局网页页面。
- ◎ 熟练掌握层的运用。
- ◎ 了解行为的概念，掌握SharePoint Designer 2007几种常用的内置行为。
- ◎ 了解表单在现实中的应用，学会利用表单元素制作相应的网页。
- ◎ 掌握利用SharePoint Designer 2007中的组件为网页添加动态效果。

随着互联网的飞速发展，各类商业网站、个人网站等应运而生。而随着网络技术越来越先进、越来越平民化的趋势，网站制作、网站建设开发等已不再是专业人员的专利，非专业人员通过学习一两款网页制作软件，也同样可以制作出精美的、具备个人特色的个人网站。

如今，制作网站的软件有很多，如 Adobe 公司推出的 Dreamweaver CS 系列，微软公司推出的办公系列软件 FrontPage、SharePoint Designer 2007 等。Dreamweaver 属于较专业的网页制作软件，可以制作静态和动态的网站，但是此款软件包括的内容较多，适合开发网站的专业人员；FrontPage 属于 Office 软件系列中较早的网页制作软件，界面友好，操作简单，基本制作静态网站，适合网页制作的初学者。

SharePoint Designer 2007 是 Microsoft Office 2007 系列办公软件之一，也是微软公司推出的最新的网页制作软件，其前身是 FrontPage 2003。它继承了 FrontPage 2003 的优点，但是其操作环境与使用界面都做了重大革新，可以使用户更方便地进行网站的构建和网页的制作，成为了广大网页制作人员手中的必备工具。

7.1 网站制作概述

在动手制作网页之前，首先需要对网页设计的基本常识有一个大致的了解。网页是什么？网页是由什么组成的？网页的元素是怎样布局的？用什么方法能够将多个网页组织成一个完成的网站？网站制作的流程是怎样的？等等问题。本节将逐一揭晓答案。

7.1.1 认识网站和网页

1. HTML 和网页

(1) HTML

HTML 是 hypertext makeup language 的缩写，即超文本标记语言，网页就是用 HTML 语言编写的。一个 HTML 文件其实就是一个用 HTML 语言编写的普通的文件，也就是一个网页。使用任何一种文字处理软件（如 txt 文本文件）都可以编辑 HTML 代码，从而制作出所需要的网页。但是，使用 HTML 代码来编辑网页是相当繁琐的，要求设计者有一定的编程基础。

(2) 网页

网页（webpage）就是以 HTML 语言为基础的，能够通过网络传输，并被浏览器翻译成可以显示出来的包含文本、图片、声音、动画等媒体形式的页面文件。网页分为静态网页和动态网页两种类型。

1) 静态网页。纯粹用 HTML 语言编写的网页通常被称为“静态网页”，它是相对于“动态网页”而言的，编写的是什么它显示的就是什么，不会有任何的改变。静态网页常以 htm、html、shtml、xml 等为后缀。需要注意的是，静态网页中也可以出现动态的效果，比如 gif 格式的动画、flash 动画、滚动字幕等，这些“动态效果”只是视觉上的，不能与动态网页混为一谈。

2）动态网页。动态网页是采用动态网站技术动态生成的网页。动态网站技术包括ASP、PHP、JSP、ASP.NET、CGI等。是否在服务器端运行，是区别静态网页和动态网页的重要标志。在服务器端运行的网页、程序、组件属于动态网页，它们会随不同的浏览者、不同的时间、不同条件返回不同的网页内容。

2. 网站和主页

(1) 网站

网站就是若干网页通过超链接的形式组织在一起的一个逻辑上的整体。网页包含于网站中，网页在网站中的数量是没有上限的，但是一个网站至少得有一个网页。如果将因特网视为一个大型图书馆，那么“网站”就像图书馆中的一本书，而“网页”则是书中的一页，多个网页合在一起便组成了一个网站。

(2) 主页

主页也叫做网站首页，是在访问一个网站时首先看到的网页。主页是一个网站的起始点，它就像是一本书的封面或目录，起到引导的作用。在主页上有超链接，浏览者通过单击超链接可以查看其他网页。一般来说，主页的名字必须叫做 index.htm（如在FrontPage、Dreamweaver 中）或 default.htm（如 SharePoint Designer 2007 中）。

7.1.2 网站制作流程

1. 确定网站的主题

“为谁而设？为何而做？”这是在进行网站规划时，首先要思考的问题，即要明确所建立网站的使用对象是谁？通过该网站浏览者能得到哪些信息？总之建立网站的最终目的一定要很明确。要强调的是：制作网站之前，内容规划越详细越好。切忌：到制作时才四处搜索，边做边想的话，很容易就会偏离网站主题。

2. 网站的规划

确认网站的主题之后，就可以开始规划网站了。其中，如何引导浏览者高效率地浏览本网站，将是网站规划的重点。

(1) 网站的结构图

基本上网站的内容不会只有一页，一般会有数页到数十页，这么多的页面，必须将它们组织起来。例如，先分成几个群组，每个群组又分成几个小集合。类似这样的组织，可以为它画一个结构图，常见的组织结构有水平型、垂直型、层次型等。

在建立网站结构时，要注意到网页间的链接关系应具备上下的双向超链接。网页层次的多寡，视网站内容而定，但以3～4层为最佳。除此之外，最好在下层网页中，加入一个“返回首页”超链接，方便浏览者迅速回到“首页”。

(2) 规划导航流程

在 Internet 中漫游的访客进入网站时，如果没有任何指引，也会很快地迷失其中，所以清晰而又准确的导航栏在网站建设中非常重要。

在导航规划中，网站的主页（也称“首页”）起着非常重要的作用。网站的主页，就如家庭、商铺、企业的入口或大门的装修，因为它就是这个网站的门面。要引导浏览者进入网站，主页的第一印象良好，就可以快速地抓住浏览者的目光，吸引他们继续点阅。

3. 网站建立的准备

制作网页，一定会保存许多不同的文件，包括网页、动画及各式图形、图像文件等，必须先为这些不同的文件分配不同的保存位置，让它们有各自独立的文件夹，即对相关的素材进行分门别类（即对相关的素材建立相应的子文件夹）。以西安体育学院“生物化学”精品课程网站为例，其建立的子文件夹如图 7-1-1 所示。

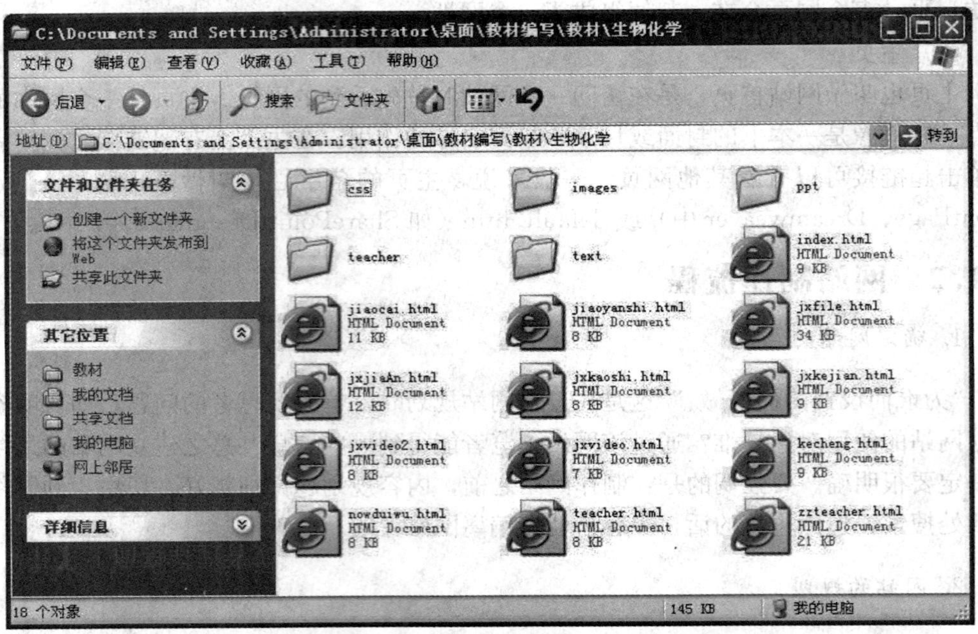

图 7-1-1 “生物化学”网站文件夹

4. 制作新网站

制作新网站有两种方式：①新建空白网站；②含有素材的文件夹网站。

(1) 新建空白网站

具体操作步骤如下。

1) 打开 SharePoint Designer 2007，选择【文件】|【新建】|【网站】命令，如图 7-1-2 所示。

2) 进入【新建】对话框的【网站】选项卡，选择【常规】类别中的“只有一个网页的网站”或“空白网站”，并在【指定新网站的位置】栏处输入网站文件夹所在的路径，然后单击【确定】按钮，如图 7-1-3 所示。

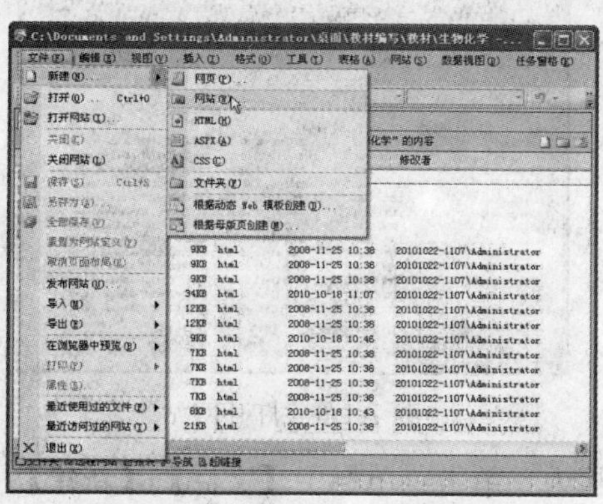

图 7-1-2　打开新建网站菜单

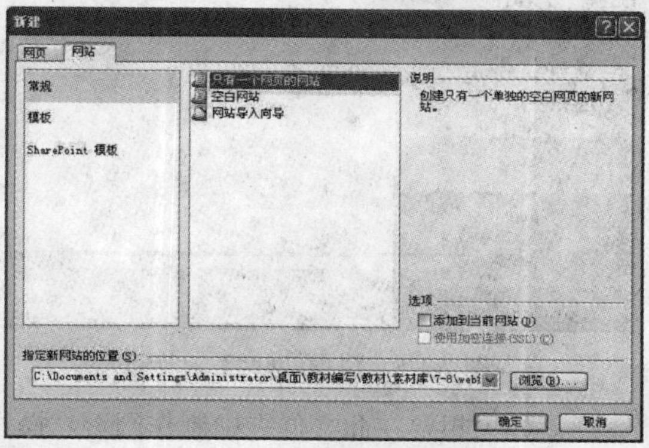

图 7-1-3　新建网站

3）因选择“只有一个网页的网站”选项，所以已自动建立一个 default. htm 文件，如图 7-1-4 所示。

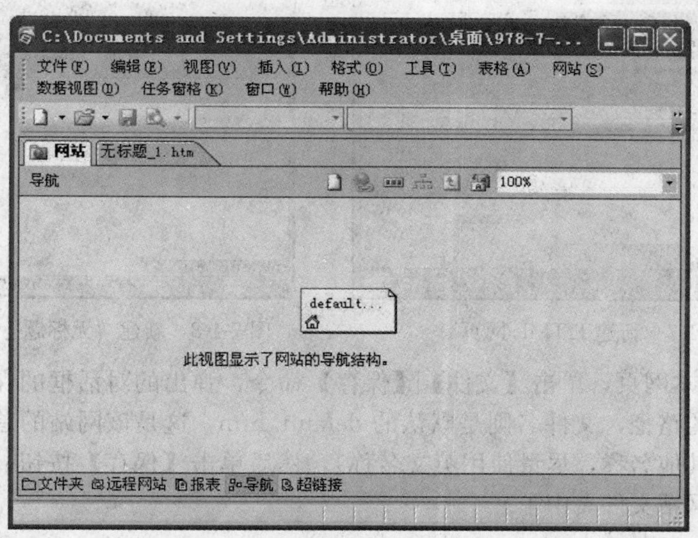

图 7-1-4　只有一个文件的导航结构

（2）含有素材的文件夹网站（仍以“生物化学”精品课程网站为例）

对此类型的网站，只需将网站原文件设为网站根目录，文件夹里的所有素材一并进入到根目录中，以方便以后网站的制作与管理。操作步骤如下。

1）打开 SharePoint Designer 2007，单击【文件】|【打开网站】命令，打开界面如图 7-1-5 所示。选中“生物化学”文件夹，然后选择【打开】按钮。

2）打开网站后，原有站点文件夹的所有素材全部进入 Sharepoint Designer 2007 网站目录中，如图 7-1-6 所示。

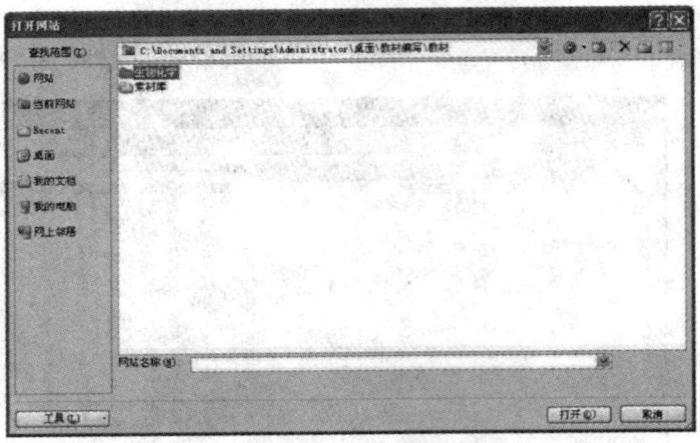

图 7-1-5 【打开网站】对话框

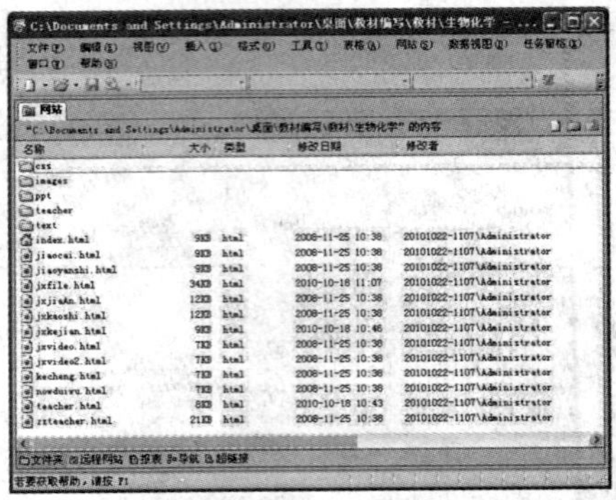

图 7-1-6 打开网站

3）如果想要在此文件夹中制作网页，操作步骤为：单击菜单栏中【文件】|【新建】|【网页】，打开界面如图 7-1-7 所示。单击【网页】选项卡，选择【常规】，选择 HTML，然后单击【确定】按钮。

4）打开新的网页，默认的名称为“无标题_1. htm”，如图 7-1-8 所示。

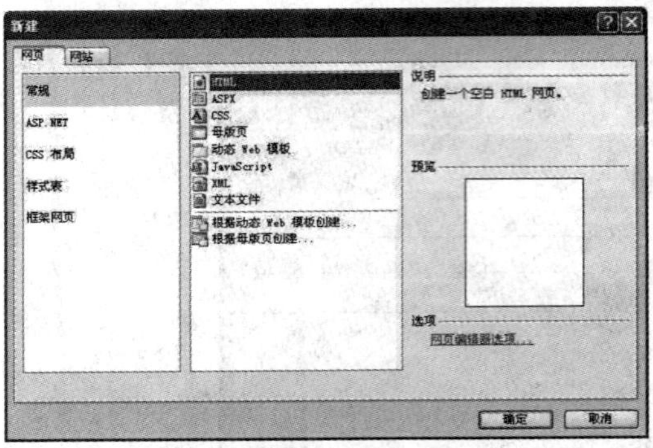

图 7-1-7 新建 HTML 网页

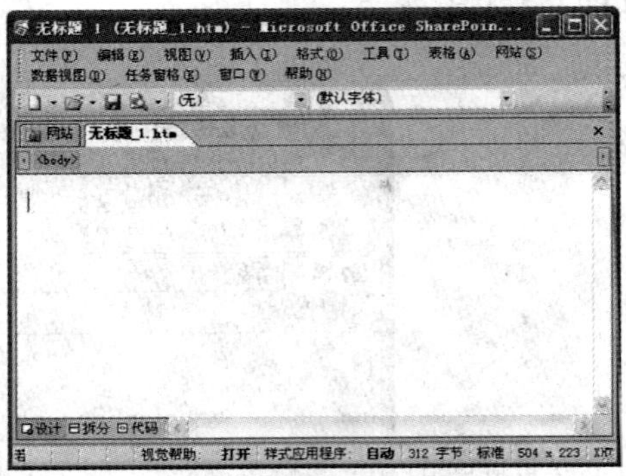

图 7-1-8 新建“无标题_1. htm”网页

5）编辑完本网页，单击【文件】|【保存】命令，弹出的对话框的保存路径就是网站根目录所在的路径，文件名则是默认的 default. htm，这是该网站的首页名称（如非首页，请选择其他名称，尽量使用英文名称），然后单击【保存】按钮。这样新制作的网页就添加到网站文件夹中了。

5. 域名与空间的申请

网站域名可以视为一个家庭的门牌号码，为了让访问者容易找到，其门牌号当然越清楚、越简短、越容易记越好。那么，如何申请域名呢？

（1）申请免费的网站域名

1）免费域名联盟 http://www. 73366. net

2）个人主页空间 http://www. kudns. com

3）免费资源网 http://www. free9. net/site/domain

! 提示：申请免费的空间网页时，请仔细阅读申请相关协议的文字说明，了解该网站的服务项目及注意事项。

（2）申请收费的网站域名

根据服务内容的不同，国内有很多家专门从事域名注册、在线咨询、网站代管、变更域名或转址服务的公司。有关如何申请网站域名及付费方式，各家网站都有详细的介绍与操作说明，在这里罗列几个域名申请网站。

1）3V 网络 http://www.3v.cm

2）易名中国 http://www.ename.cn

3）网联中国 http://www.99to.com

6. 网站的发布与管理

假如网站经过仔细检查已通过预览测试，确认已经完全设计完毕，那么最后一个步骤就是如何发布网站了。此步骤简单来说就是让存在自己计算机中的网站发布到网络上，让更多的人了解、浏览和访问。在这里需要了解三个问题。

1）制作好的网页送往哪里（申请的网络空间，本质是网络服务器）。

2）送达的服务器能否提供完善的功能来展示网页全部内容。

3）动手将网站内容发送到服务器上。

下面以“生物化学”精品课程的发布为例介绍网站发布方法，发布的地址为：http://35free.net/yifan109。发布步骤如下。

1）启动 SharePoint Designer 2007，打开所要发送的网站，选择【文件】|【文件发布】命令。

2）出现【远程网站属性】对话框，如图 7-1-9 所示。在【远程 Web 服务器类型】中，选择第 1 种。在【远程网站位置】里，分为两种情况，一种地址是 http://开头的网址；另一种是 ftp://开头的地址。

① 使用 http://开头的服务器。使用这种服务器时（尤其是通过网络申请的免费网页空间），需要注意：目的服务器是否提供 FrontPages Server Extensions 服务。如果有，直接在【远程网站位置】输入服务器地址，如 http://35free.net/yifan109，单击【确定】按钮即可。

② 使用 ftp://开头的服务器。如果申请的空间并不支持 FrontPages Server Extensions 服务，则在【远程网站位置】输入的服务器地址应该是以 ftp://开头，如输入地址 ftp://221.1.217.92，单击【确定】按钮，弹出【连接到服务器】对话框，如图 7-1-10 所示。在

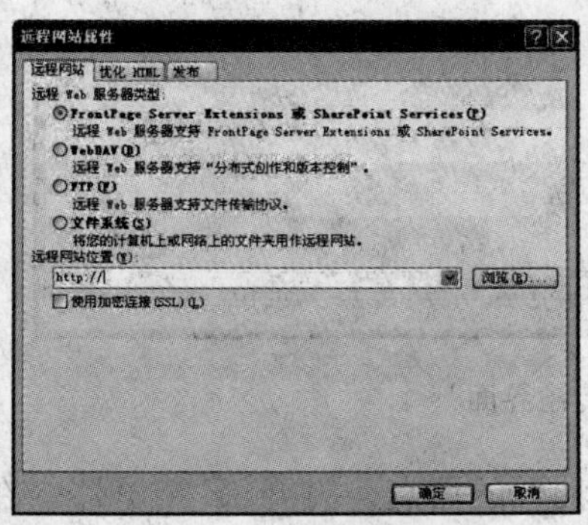

图 7-1-9 【远程网站属性】对话

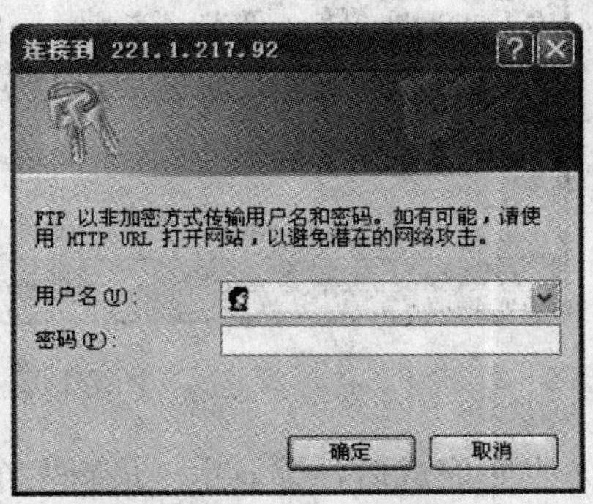

图 7-1-10 【连接到服务器】对话框

此对话框中输入用户名和密码，单击【确定】按钮。

3）此时，SharePoint Designer 2007 自动切换到【远程网站属性】窗格，在“发布所有更改过的网页”中选择“本地到远程”，然后单击【发布网站】，如图 7-1-11 所示。

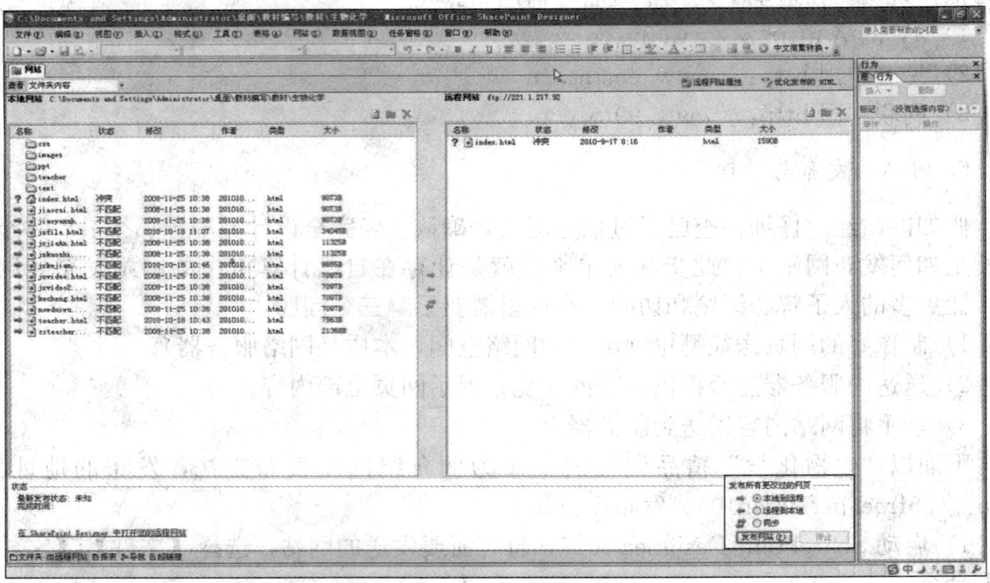

图 7-1-11 【远程网站属性】窗格

4）网站的内容开始从本地传输至网络服务器，传输过程如图 7-1-12 所示。

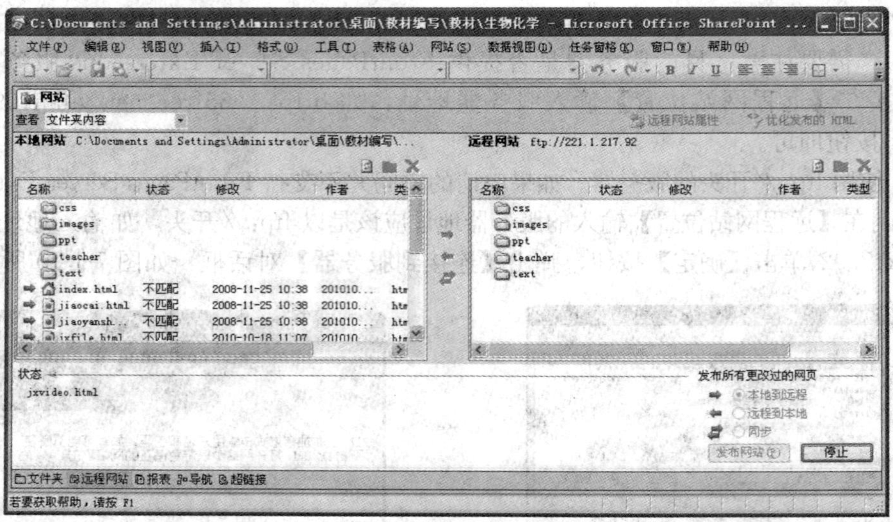

图 7-1-12 网站内容传输界面

5）发布完成后，会显示“最新发布状态：成功”的信息。打开 IE 浏览器，在地址栏中输入网站的域名：http://35free.net/yifan109，则可以看到网页发布的效果。

7.2　SharePoint Designer 2007 介绍

SharePoint Designer 2007 是微软公司专门为个人学习网页设计以及企业在 SharePoint 平台上建立自动化商务网站提供的开发工具。Office SharePoint Designer 2007 提供了多种专业工具，利用这些工具，用户只要使用鼠标进行单击、双击、右击和拖动等操作就可以完成网页制作，不必编写 HTML 程序代码就能轻松完成精美网页的制作。

7.2.1　SharePoint Designer 2007 的启动与退出

1. SharePoint Designer 2007 的启动

双击桌面上的 SharePoint Designer2007 快捷方式图标，或者选择桌面上【开始】|【所有程序】|【Microsoft Office】|【Microsoft Office SharePoint Designer 2007】命令都可以启动 SharePoint Designer 2007。

2. SharePoint Designer 2007 的退出

退出 SharePoint Designer 2007 的方法如下。

1）单击 SharePoint Designer2007 窗口的【关闭】按钮。

2）选择【文件】|【退出】。

3）按 Alt＋F4 组合键。

4）单击窗口中的 SharePoint Designer 2007 菜单左上角控制按钮，打开窗口控制菜单，选择【关闭】命令。

5）双击窗口中的 SharePoint Designer 2007 菜单左上角控制按钮。

7.2.2　SharePoint Designer 2007 的工作界面

SharePoint Designer 2007 启动后，即可看到它的工作界面，主要由标题栏、菜单栏、工具栏、文件夹列表、任务窗格、网页编辑区和状态栏等组成，如图 7-2-1 所示。

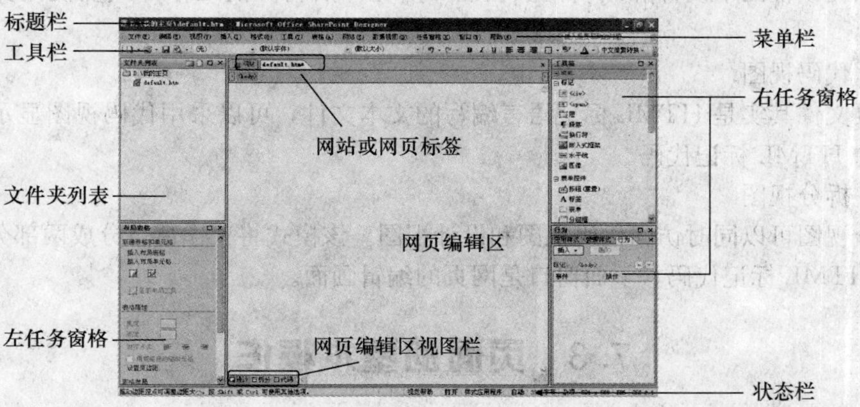

图 7-2-1　SharePoint Designer 2007 的工作界面

SharePoint Designer 2007 中提供了五种站点视图模式和三种网页视图方式。

1. 站点视图模式

SharePoint Designer 2007 提供了文件夹视图、远程网站视图、报表视图、导航视图和超链接视图五种视图模式。

(1) 文件夹视图

文件夹视图列出了文件夹中的所有内容，可以在文件夹内容上右击，在弹出的快捷菜单中直接对其进行删除、复制、重命名、移动、打开等操作。

(2) 远程网站视图

该视图的主要功能是向互联网发布文件。可以使用此功能将网站发布到一个网络服务提供商的服务器上。

(3) 报表视图

在该视图模式下，可以查看站点的各种分布情况，包括网站摘要、文件、共享内容、工作流、使用率信息和网站存在的问题等。

(4) 导航视图

导航视图中提供了网站的分层视图，可以直观地表示一个网站的组织关系和逻辑层次，以方便管理网站中的各个网页。

(5) 超链接视图

超链接视图可以将网站的超链接的状态显示在一个列表中，该列表中包括内部链接和外部链接。图中带有加号的超链接表示该链接还链接其他站点，单击加号就可以打开它所包括的链接。

2. 网页视图方式

SharePoint Designer 2007 提供了设计视图、代码视图、拆分视图共三种方式，可以从不同的角度对一个网页进行查看和处理。单击该选项卡实现视图方式的切换。

(1) 设计视图

可以在该视图中设计和编辑网页，以“所见即所得”的工作方式实现网页设计和编辑。

(2) 代码视图

网页文件其实是 HTML 标记语言编写的文本文件，可以采用代码视图显示和编辑网页中的 HTML 标记代码。

(3) 拆分视图

拆分视图可以同时访问代码视图和设计视图。该模式将工作窗口分成两部分：上面窗口是 HTML 标记代码，下面窗口是网页的编辑画面。

7.3 页面的基本操作

网页是网站最基本的组成部分，而文字、图片等又是组成网页的基本元素。在

SharePoint Designer 2007 中，如何创建与保存网页、文字与图片等元素如何构成美丽的页面，这将是本节要介绍的内容。

7.3.1 网页的基本操作

1. 创建与保存网页

创建与保存网页是 SharePoint Designer 2007 的基本操作。对于 SharePoint Designer 2007 的初学者来说，在制作网页之前，首先应学会创建网页与保存网页。

(1) 创建空白网页

要在 SharePoint Designer 2007 中创建网页，用户可选择【文件】|【新建】|【网页】命令，打开【新建】对话框。在该对话框中选择【常规】子目录下的【HTML】选项，然后单击【确定】按钮，即可创建出一个简单的 HTML 网页。

(2) 保存网页

网页编辑完成后，需要将其保存起来以备用。在 SharePoint Designer 2007 中，保存网页分为三种方式："保存"、"另存为"和"全部保存"。

要保存网页，用户可选择【文件】|【保存】命令，若当前网页是首次保存，则系统会自动弹出【另存为】对话框。在该对话框中，设置文件的保存路径和文件名，然后单击【保存】按钮，即可保存。

! 提示：网页在保存时，默认文件后缀名为 htm。

2. 打开与关闭网页

(1) 打开最近使用过的网页

选择【文件】|【最近使用过的文件】命令，然后在其子命令中单击某个要打开的网页的文件名，即可快速的打开该网页。

(2) 打开已经存在的网页

选择【文件】|【打开】命令，打开【打开文件】对话框。在该对话框中选择要打开的网页，然后单击【打开】按钮即可。

(3) 关闭网页

选择【文件】|【关闭】命令，可关闭当前正处于编辑状态的网页。选择【文件】|【关闭网站】命令，可关闭当前打开的网站以及该网站子目录下的所有网页文件。

3. 网页属性的设置

设置网页属性，指对当前页面的一些基本属性进行集中设置，这些可设置的属性包括：网页的标题、网页中文本与背景颜色、网页的页边距以及网页的编码方式等。

选定网页文档区域，选择【文件】|【属性】命令，或者右击网页文档，在弹出的快捷菜单中选择【网页属性】命令，打开【网页属性】对话框，如图 7-3-1 所示。

对于页面属性的设置主要包括如下几项内容。

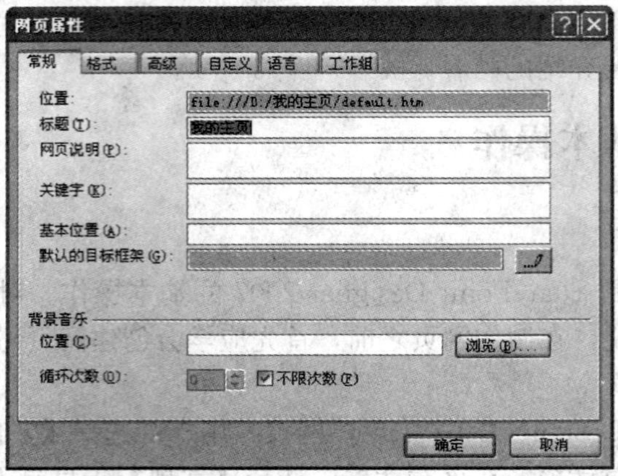

图 7-3-1 【网页属性】对话框

1）设置网页的标题。

2）设置网页的文本颜色和背景颜色。

3）设置背景音乐。

4）设置网页的页边距。

5）设置网页的编码方式。

7.3.2 网页中文本和段落的基本操作

1. 输入与编辑文本

网页中最常见的元素是文本，一个优秀的网页不仅要有丰富的文本内容，文本的格式设置也应别具匠心。文本的主要作用是向访问者传达某种文字信息，能否让文字信息清晰的表达出来，将关系到整个网页的成败与否。在网页中，对于文本等的操作主要包括如下几种。

1）输入文本。

2）编辑文本。

3）查找与替换文本。

4）插入特殊符号。

5）插入水平线。

2. 设置段落格式

对于段落格式的设置主要包括如下几种。

1）增加段落标志与换行。

2）设置段落的对齐方式。

3）调整段落缩进。

4）设置段落间距。

5）为段落添加边框和底纹。

6）添加项目符号和编号。

7.3.3　网页中图片的使用

网页中仅仅含有文字，未免显得过于单调，大量丰富的图片信息更能为网页增光添彩。图片也是构成网页的基本元素之一，本节将介绍在网页中插入图片的方法（图片的操作和在 Word 中基本相似）。

1. 常见的图片文件格式

图片文件的格式很多，在网页中通常使用的文件格式有：JPEG、GIF 和 PNG。这三种图片文件格式的共同特点是压缩率较高。

2. 在网页中插入图片

使用 SharePoint Designer 2007 在网页中添加图片，可采用以下几种方式。

1）插入来自文件的图片。

2）插入来自扫描仪或照相机中的图片。

3）插入剪贴画。

3. 设置图片属性与编辑图片

在网页中插入的原始图片，大多都需要进行适当的调整后才能正常使用。例如调整图片的大小和位置、调整图片的色彩和分辨率等。网页中图片质量的好坏，将直接影响到网页的整体效果。

1）调整图片的大小。

2）更改图片的位置。

3）更改图片文件类型。

4）设置图片边框。

5）设置图片边距。

6）使用图片工具栏编辑图片。

4. 为网页添加背景图片

在【网页属性】中切换到【格式】选项卡，选中【背景图片】复选框，然后单击【浏览】按钮即可为网页中添加背景图片。

7.3.4　案例：制作周春秀亚运特写

制作如图 7-3-2 所示的一个简单网页案例。

案例要求：新建一个网页，制作完成后以“周春秀 2010 年亚运特写 .htm”为名保存至桌面，网页中包括：水平线、背景图片、背景音乐等元素，并在 IE 浏览器中打开，查看制作效果。

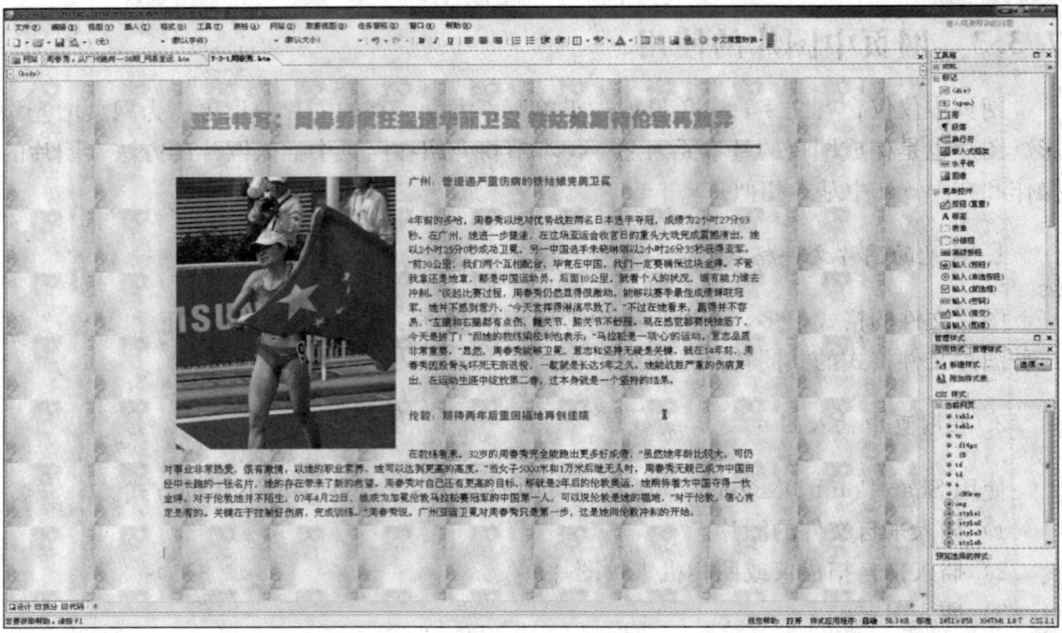

图 7-3-2　案例的效果图

案例分析：在本案例中，运用到的网页基本操作包括：新建网页，保存网页，文字及段落编辑，水平线的插入，背景图片的使用，图片与文字的排版，背景音乐的使用等。

具体操作步骤如下。

1）新建空白网页。打开 Microsoft Office SharePoint Designer 2007 应用程序，新建空白网页。

2）输入文字。在空白网页中从“7-3”文件夹中找到“文字 . txt”，将里面的内容复制到空白网页中。

3）分段。根据样张所示，利用 Enter 键，将正文分成五个段落。

4）设置标题。选中第一个段落的标题行，设置为：段落“居中对齐”，字体“华文琥珀”，字号“xx-larger（36pt）”，颜色“橙色”，加粗。

5）插入水平线。将鼠标定位到第一段落的最后，选择菜单栏中【插入】|【HTML】|【水平线】命令，选中水平线，右键单击选择“水平线属性”，弹出【水平线属性】对话框。其中的设置如图 7-3-3 所示。

6）其他字体设置。第二段和第四段文字设置字体为“黑体”，字号为“larger（14p）”，绿色。选择【格式】|【段落】，打开【段落】对话框，设置第三段和第五段段落“行距大小”为“1.5 倍行距”。

7）插入图片。选择【插入】|【图片】|【来自文件】，弹出【图片】对话框。通过【浏览】按钮，找到来自素材库“7-3”文件夹中“周春秀 . jpg”图片，单击【插入】按钮，弹出图 7-3-4 所示的【辅助功能属性】对话框，单击【确定】按钮，此时图片已经嵌入到网页中。

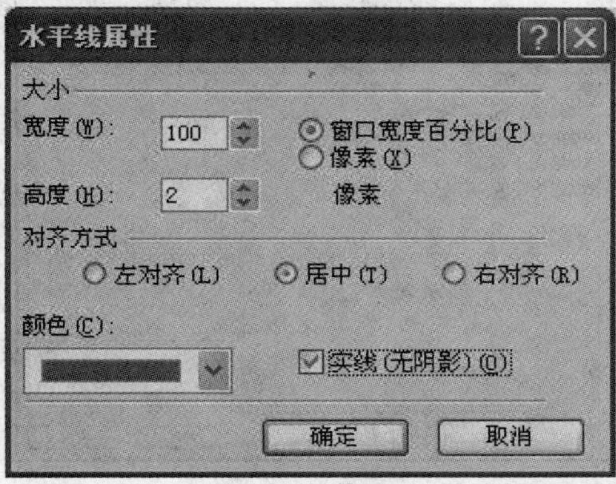

图 7-3-3 【水平线属性】对话框

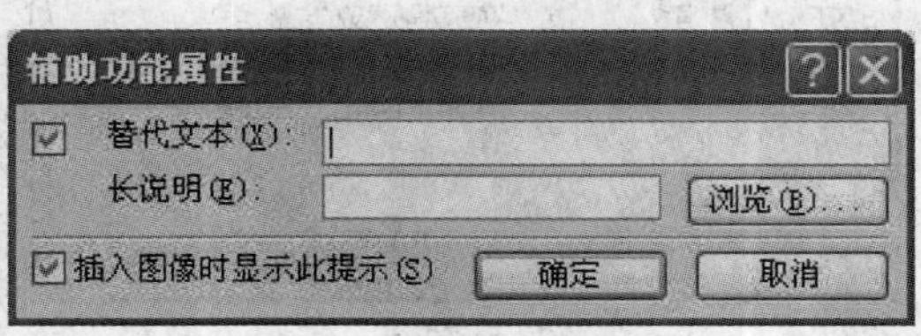

图 7-3-4 【辅助功能属性】对话框

8）设置图片属性。右键单击图片，在弹出的快捷方式菜单中选择【图片属性】，弹出【图片属性】对话框，切换至【外观】选项卡，设置如图 7-3-5 所示。调整图片的位置如样张所示。

9）页面属性设置。右键单击页面中任一位置，选择【页面属性】，弹出【页面属性】对话框中【常规】选项卡，主要设置标题；背景音乐的设置：单击【浏览】打开【我的文档】文件夹，选择“7-3”文件夹中“飞得更高 . wav”音乐文件，如图 7-3-6 所示；切换至【格式】选项卡，主要设置背景图片，通过浏览，选择“7-3”文件夹中“背景 jpg”，如图 7-3-7 所示；切换至【高级】选项卡，主要设置页边距，如图 7-3-8 所示。

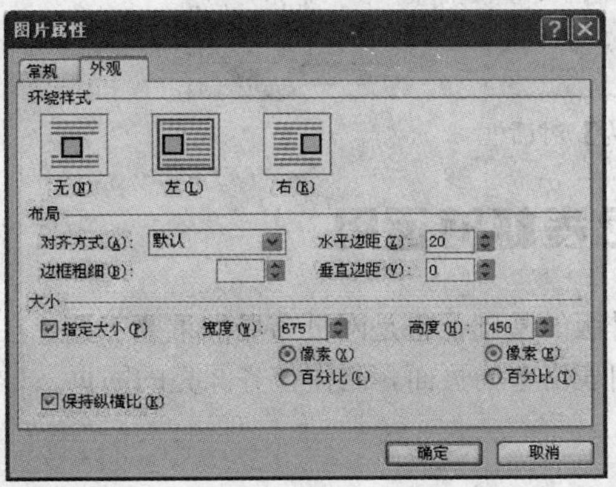

图 7-3-5 【图片属性】对话框

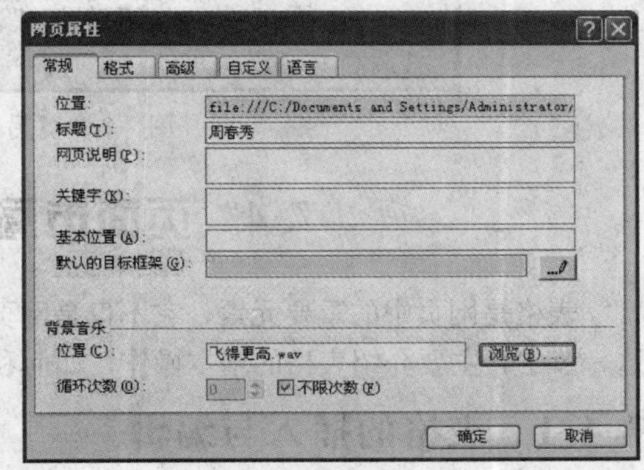

图 7-3-6 【常规】选项卡

注意：插入音乐的格式只能是如下几种之一：＊. wav、＊. mid、＊. ram、＊. ra、＊. aif、＊. aifc、＊. au、＊. snd。

10）预览网页。前 9 个步骤设置完毕后，此时，需要单击工具栏上的【网页预览】图标或者直接按 F2 键，查看网页制作的效果。

11）保存网页。选择【文件】|【保存】，弹出如图 7-3-9 所示的【另存为】对话框，文件名输入“周春秀 2010 年亚运特写 . htm”，保存在桌面上。

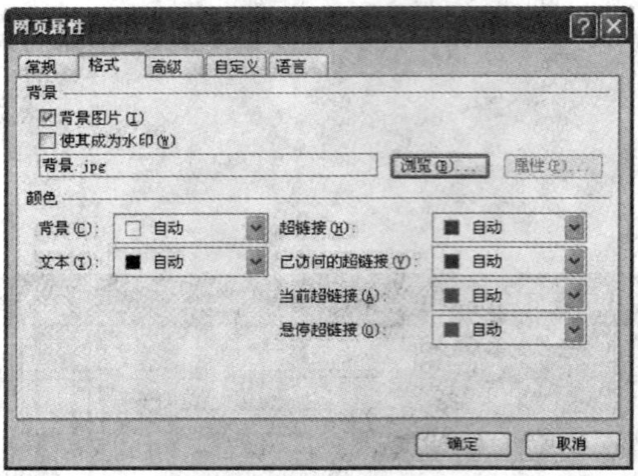

图 7-3-7 【格式】选项卡

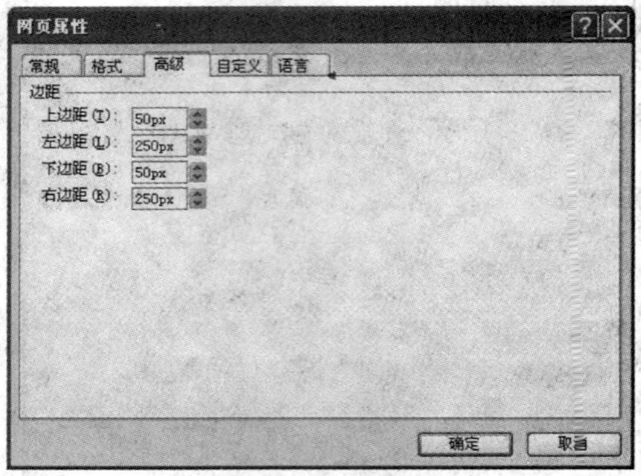

图 7-3-8 【高级】选项卡

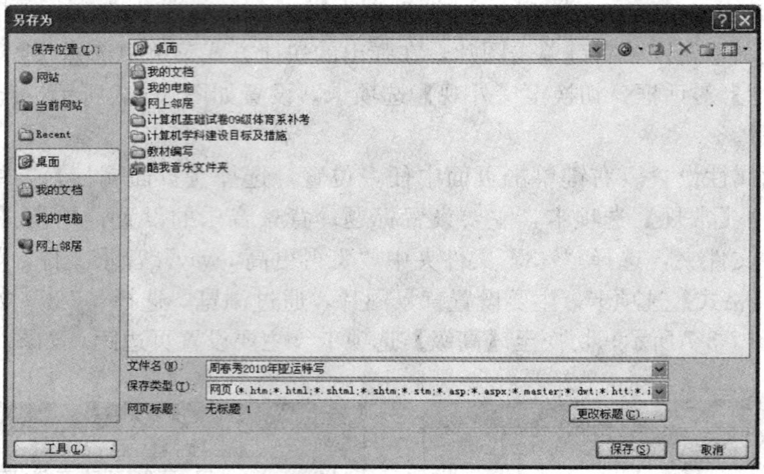

图 7-3-9 【另存为】对话框

7.4 页面布局之表格的运用

表格是网页中的重要元素，它不仅是网页排版的基础，也是网页布局的重要工具。在这一节中，主要介绍表格的基本操作，如何利用表格布局页面，制作整齐漂亮的网页。

7.4.1 表格的插入与编辑

1. 认识表格

表格主要是由行、列和单元格组成的，而除了行、列和单元格之外，一个完整的表格还应包括边框、单元格间距和单元格衬距等部分，如图 7-4-1 所示。

2. 插入表格

1）自动插入表格。选择【表格】|【插入表格】命令，打开【插入表格】对话框。在该对话框中，用户可对将要插入的表格做一系列的属性设置，设置完成后单击【确定】按钮即可。

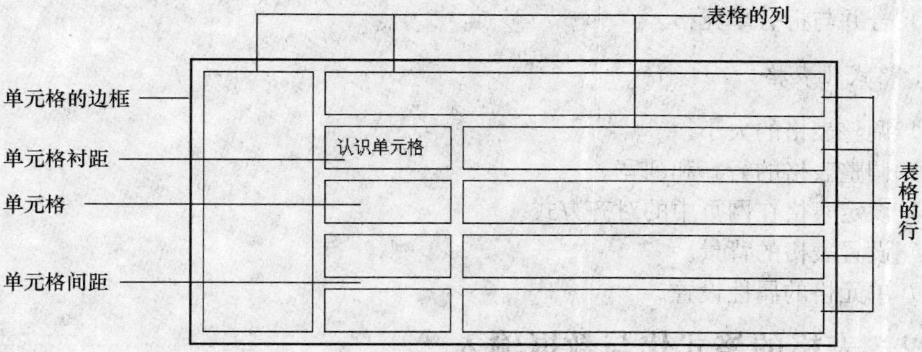

图 7-4-1　表格的组成

2）使用【表格】工具栏绘制布局表格。选择【视图】|【工具栏】|【表格】命令，打开【表格】工具栏，如图 7-4-2 所示。使用该工具栏中的【绘制布局表格】和【绘制布局单元格】两个按钮，即可手工绘制出布局表格。另外，表格绘制完成后，还可套用系统自带的表格格式。

图 7-4-2　【表格】工具栏

3）单击工具栏中表格图标，使用方法和 Word 相同，不再赘述。

4）布局表格。选择【表格】|【布局表格】命令，打开【布局表格】任务窗格，如图 7-4-3 所示。

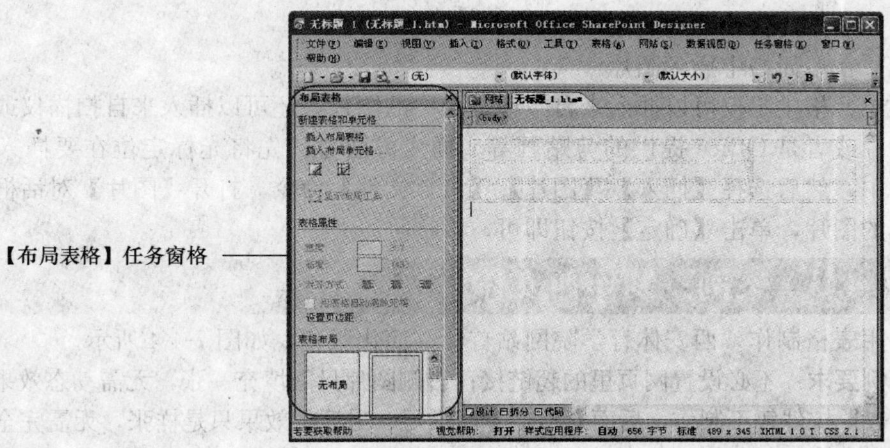

图 7-4-3　【布局表格】任务窗格

3．编辑表格

1）选定表格、单元格、行或列。

2）插入行、列或单元格。

3）删除行、列或单元格。

4）合并与拆分单元格。

4. 格式化表格

1）调整表格的大小。
2）调整表格的行高和列宽。
3）设定表格在网页中的对齐方式。
4）设置表格的背景。
5）单元格的属性设置。

7.4.2 表格的格式化与数据输入

格式化表格指的是对表格的属性进行设置，包括设置表格的大小、行高和列宽、背景颜色以及单元格的属性等。对表格进行格式化不仅有助于编辑表格的内容，还可以使表格变得更加美观。对表格的格式化主要包括如下几种。

1）调整表格的大小。
2）调整表格的行高和列宽。
3）设定表格在网页中的对齐方式。
4）设置表格的背景。
5）单元格的属性设置。

在表格中不仅可以输入文本，还可以插入图片、Flash 动画、视频媒体等各种网页元素。下面主要介绍表格中文本和图片的输入。

（1）表格中文本的输入

在表格中输入文本的方法和在其他软件中的方法基本类似，首先应将光标定位在要输入文本的单元格中，然后使用键盘键入文本即可。

（2）在单元格中插入图片

在单元格中不仅可以插入来自本地磁盘中的图片，还可以插入来自扫描仪或照相机中的图片或者是 Office 提供的剪贴画等。插入方法是：先将光标定位在要插入图片的单元格中，然后选择【插入】|【图片】|【来自文件】命令，打开【图片】对话框，选择要插入的图片，单击【确定】按钮即可。

7.4.3 案例：制作西安体育学院网站首页（简化版）

利用表格制作“西安体育学院网站首页（简化版）”，如图 7-4-4 所示。

案例要求：不必设置网页里的超链接；右侧图片只需填充一张，无需动态效果；网页下面的表单控件暂不制作，后面章节会专门学习；最后的效果只是样张，无需完全相同。

案例分析：此网页表面看起来并无表格，但事实上，图片、文字等整齐有序的排列都是经过表格的严格设计，只是表格在网页预览时隐藏了。当然，本案例的重点和难点是“要建立几行几列的表格”，在此提出“最大行最大列”原则，具体操作详见操作步骤。

! 提示：此网页制作稍微有点难度，可以在 SharePoint Designer 2007 中打开保存的案例网页，仔细看一下该网页的表格结构再制作。或者边看边制作，“鹦鹉学舌”也未尝不可。打开网页时，将多于的图片删除，只保留一张即可。

图 7-4-4　西安体育学院网站首页（简化版）

具体操作步骤如下。

1）下载网页内容及图片，准备素材。在 IE 浏览器的地址栏里输入 http://www.xaipe.edu.cn，打开西安体育学院首页。选择【文件】|【另存为】命令，弹出保存对话框，设置如图 7-4-5 所示。此时，在桌面上产生了文件夹和的网页（注意：此文件夹和网页是成对产生的）。打开网页，即为将要制作的网页范例；打开文件夹，里面存放着将要制作网页的所有图片。

2）打开 SharePoint Designer 2007 程序，新建一空白网页。

3）选择【表格】|【插入表格】命令，行数设为“18”，列数设为“2”，对齐方式设为居中，指定宽度时，选择“百分比”，填充值为“80”，单元格衬距设为“1”，边框粗细设为“0”，如图 7-4-6 所示。

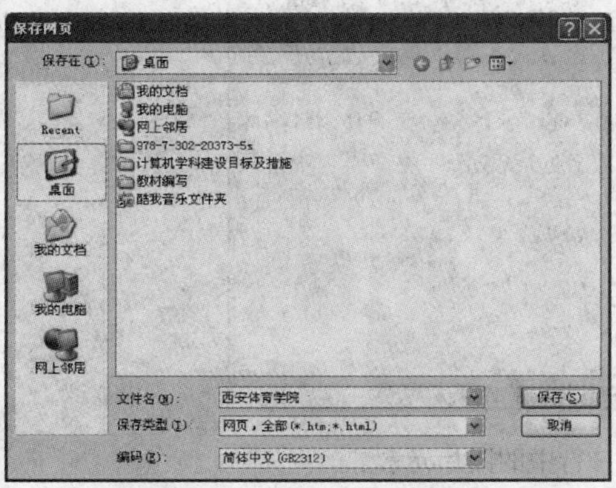

图 7-4-5　【保存网页】对话框

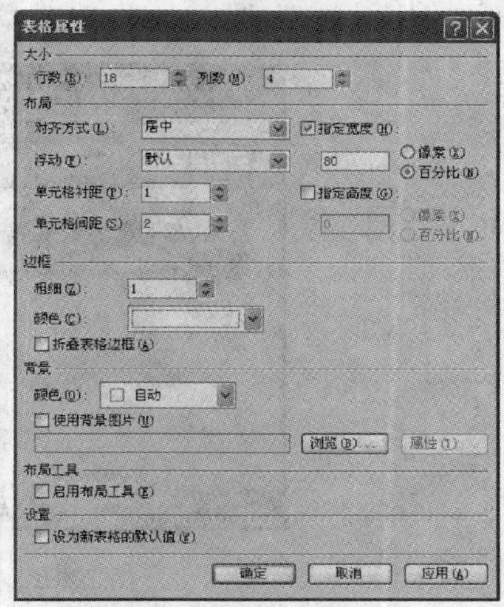

图 7-4-6　插入表格属性设置对话框

注意：行列数的设置按照“最大列最大行”的原则，当然也可以设置1行1列，只是需要拆分，稍微麻烦一点。如果不想出现实线边框，边框粗细一定要设为“0”，这也是很多网页之所以看起来整齐、错落有致的原因。

4）选中第一行，单击右键，选择【修改】|【合并单元格】命令，将两个单元格合并成一个单元格。然后同样的操作，选择【拆分单元格】命令，将单元格拆分成4列，如图7-4-7所示。

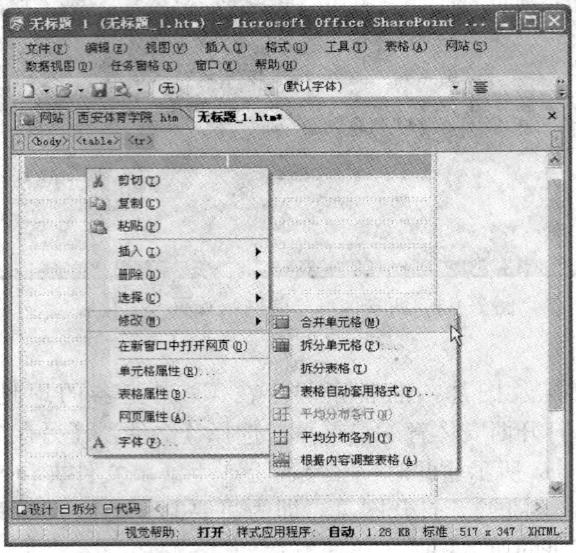

图7-4-7　合并/拆分单元格

5）从第二列开始，依次插入下载网页自动产生的名为“西安体育学院 files”文件夹中名为3_04s.gif、site.gif、xxun.gif的三张图片，每张图片都设为：居中对齐，如图7-4-8所示。

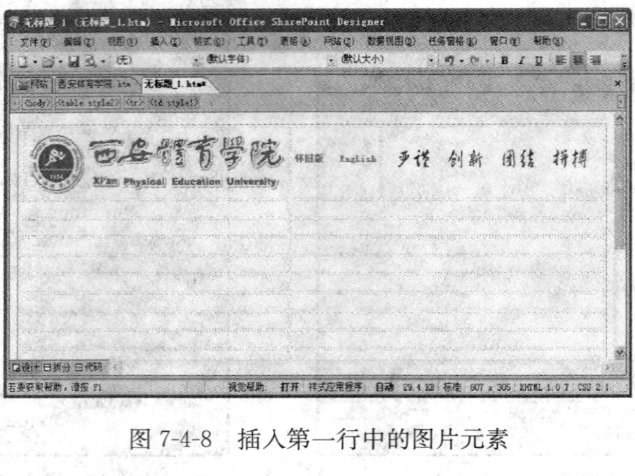

图7-4-8　插入第一行中的图片元素

6）选择第二行两个单元格，单击右键，选择【单元格属性】，在弹出的对话框里选择填充背景颜色为“浅蓝色 RGB（220，241，252）”，如图 7-4-9 所示。

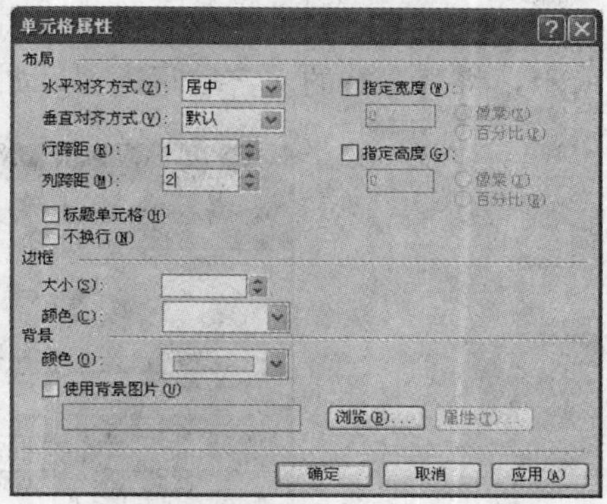

图 7-4-9　设置第二行单元格属性

7）选择第三行所有单元格，单击右键，选择【单元格属性】，在弹出的对话框里选择填充背景颜色为“深蓝色 RGB（18，156，222）”，设置效果和图 7-4-9 相似。

8）在第一列中填写样张所示的文字，文字设置为：Arial、加粗、14pt、白色（调整文字的位置。如果严格操作，需要将第一列单元格拆分成几列，较为麻烦，读者可自己尝试）。效果如图 7-4-10 所示。

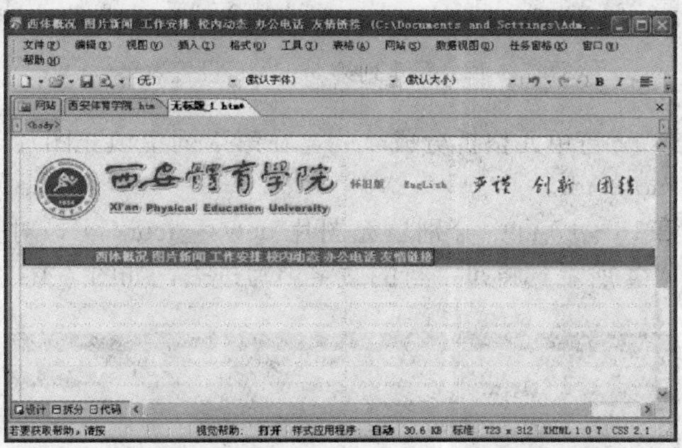

图 7-4-10　第三行的设置效果

9）将第一列第四行单元格拆分成四列，在第一列里填充图片 icon _ news. gif，对齐方式设为：左对齐；在第四列里填充图片 more. gif，对齐方式设为：右对齐。效果如图 7-4-11 所示。

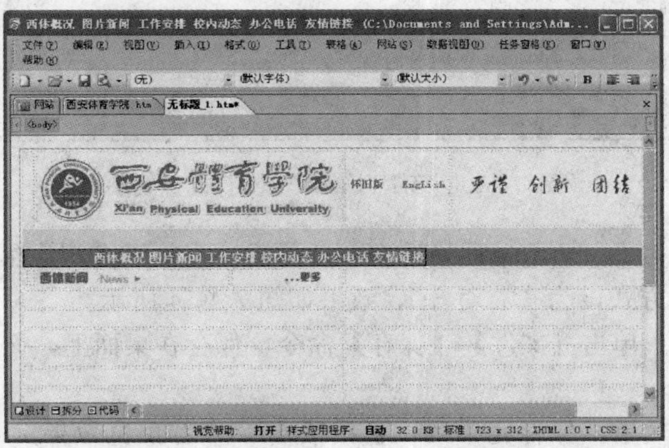

图 7-4-11　第四行第一列设置效果

10）在第 1 列第 5～11 行中分别填充图片 news _ icon. gif，左对齐，然后按照样张所示，将每一行的文字填写进去，如图 7-4-12 所示。

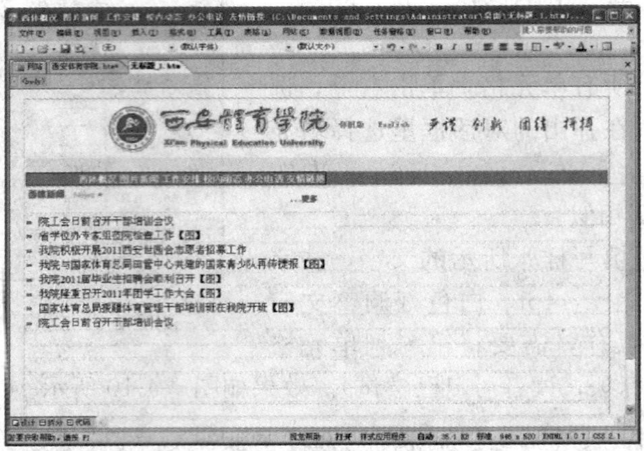

图 7-4-12　第 1 列第 5～11 行设置效果

11）将第 1 列第 12 行单元格拆分成 4 列，在第 1 列里填充图片 icon _ info. gif，在第 4 列里填充图片 more. gif。

12）在第 1 列第 13～17 行中分别填充图片 news _ icon. gif，对齐方式均设为“左对齐”，然后按照 7-4-4 所示，将每一行的文字填写进去，如图 7-4-13 所示。

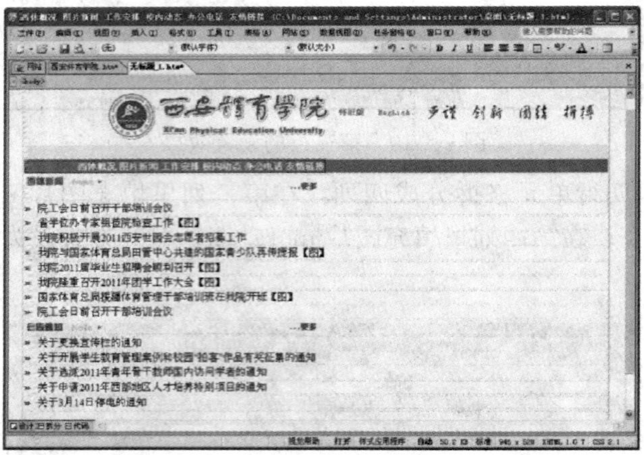

图 7-4-13　第 1 列第 12～17 行设置效果

13）将第 2 列第 4～17 行单元格选中，合并成一个单元格，并在此单元格中填充图片 b _ 7. jpg，对齐方式设为“右对齐”，效果如图 7-4-14 所示。

14）保存网页。单击【文件】|【保存】命令，保存在桌面上，文件名为“西安体育学院首页 . htm”。

15）预览网页效果。保存完毕后，直接按 F12 查看预览效果。或者直接鼠标双击保存的网页，查看网页制作效果。

图 7-4-14　第 2 列插入图片效果

! 注意：想要预览制作效果，必须先保存网页。

7.5　页面布局之框架的运用

在网页制作中，除了可以使用表格来布局网页外，还可以使用框架结构。框架可以把浏览器窗口划分为若干个区域，每个区域可以分别显示不同的网页，通过导航条的链接来改变主要框架的内容，从而达到网页布局的统一。本节主要介绍如何在网页中使用框架。

7.5.1　认识框架

框架也是一种进行网页布局的工具，只是它比表格和层更加复杂一些。简单地说，框架的作用就是将浏览器窗口分为若干部分，每个部分可以载入不同的网页文档。这些独立的部分叫做框架，而整个网页被称做框架集。各框架中的文档都是一个完全独立的文档，但它们又通过一定的链接关系被联系在一起。图 7-5-1 中列出了几种常见的网页框架结构。

7.5.2　建立与保存框架网页

是否使用框架进行网页布局，在进行网页设计前一定要考虑清楚，因为无法将一个正常的网页拆分成为框架，而只能先建立一个框架集，然后再在各个框架中插入不同的网页。

(a) 目录框架结构　　(b) 横幅框架结构　　(c) 横幅和目录框架结构

图 7-5-1　常见的几种网页框架结构

1. 创建框架网页

要创建框架网页，用户可选择【文件】|【新建】|【网页】命令，打开【新建】对话框。在【新建】对话框左边的列表中单击【框架网页】选项，在其中间的列表中即可显示 SharePoint Designer 2007 提供的几个内置模板，单击其中的某个模板，在该对话框的右半部分将会显示该模板的说明文字和预览效果，如图 7-5-2 所示。选定某个模板后，单击【确定】按钮，即可建立基于该模板的框架网页。

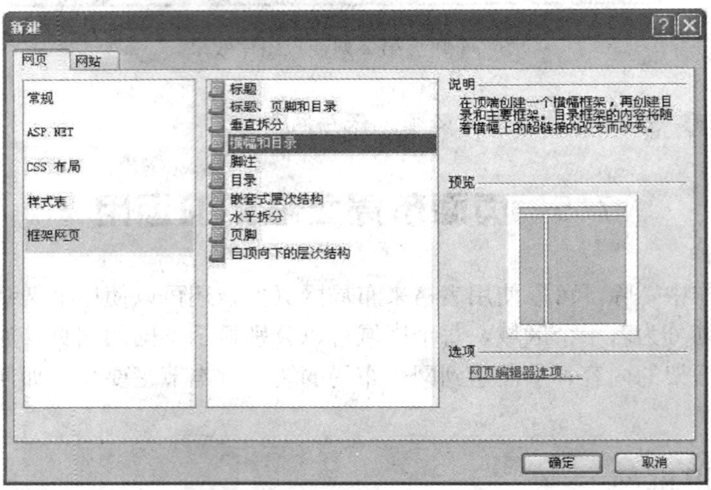

图 7-5-2　新建框架网页

2. 在框架中填充内容

框架及网页创建完成后，就可以为框架填充内容了。在框架中填充内容可分为两种方法，一种是使用已经存在的网页；另一种是新建网页。

3. 保存框架网页

框架和框架网页要分别存档，保存顺序是：先保存框架网页，最后保存框架。如果框架中填充内容的方式是“使用已经存在的网页”，保存时只需要保存框架。如果框架中填充内容的方式是“新建网页”，在保存时，除了要保存框架之外，新建几个网页就应该保存几个网页，保存方式和普通网页的保存方式相同。具体详见 7.5.4 小节中圣诞节网站案例的制作。

7.5.3 编辑框架网页

1. 调整框架的大小

框架网页初步创建完成后，其中每个框架的大小并不是固定不变的，用户可以根据实际设计的需求调整其大小。首先将鼠标指针移至两个框架的分隔线处，当鼠标指针变为拉动形状时，按住鼠标左键不放左右拖动，即可改变框架的宽度。

若在拖动鼠标的同时，按住 Ctrl 键，则将鼠标指针拖动到目标位置后，松开鼠标左键和 Ctrl 键，可在鼠标指针经过的区域新建一个空白框架。

2. 拆分框架

在将要拆分的框架中单击鼠标，选择菜单栏中的【格式】|【框架】|【拆分框架】，弹出【拆分框架】对话框，然后选择“拆分成行”或“拆分成列”。

或者按照“调整框架大小”的第二种方法，拖动鼠标，同时按住 Ctrl 键。

3. 删除框架

选定所要删除的框架，选择菜单栏中的【格式】|【框架】|【删除框架】。

4. 设置框架属性

选定所要设置的框架，选择菜单栏中的【格式】|【框架】|【框架属性】，如图 7-5-3 所示。可设置框架名称、初始网页、框架大小、边距等。

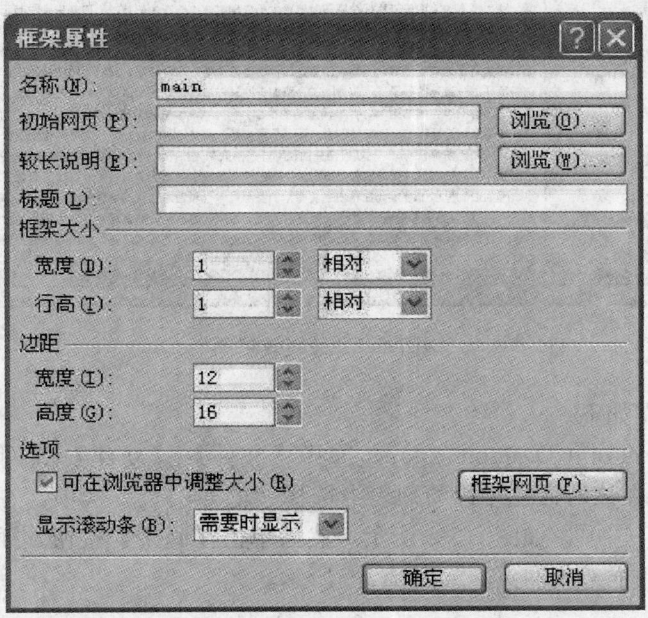

图 7-5-3 【框架属性】对话框

❗注意：较早的浏览器不支持框架，所以无法正常显示框架网页中的内容，这就需要制作一个替代网页，来告诉访问者：其浏览器不支持框架，而不是网页自身内容的问题。方法是直接在框架集网页的【视图】栏中单击【无框架】按钮，切换至【无框架】视图，在该视图中输入提示信息。

7.5.4 案例：圣诞节网站的制作

案例要求：利用框架制作一个有关圣诞节的网站，网站首页采用“横幅和目录”模板的框架，在框架左侧罗列有关圣诞节的条目，单击条目，框架右侧弹出相应的内容，上方框架内容不变，要求插入背景音乐。

案例分析：本案例重点和难点在于框架的建立和保存、目标框架的选择和超链接的运用。抓住这三个重点，就抓住了本案例制作的精髓。案例最终效果如图 7-5-4 所示。

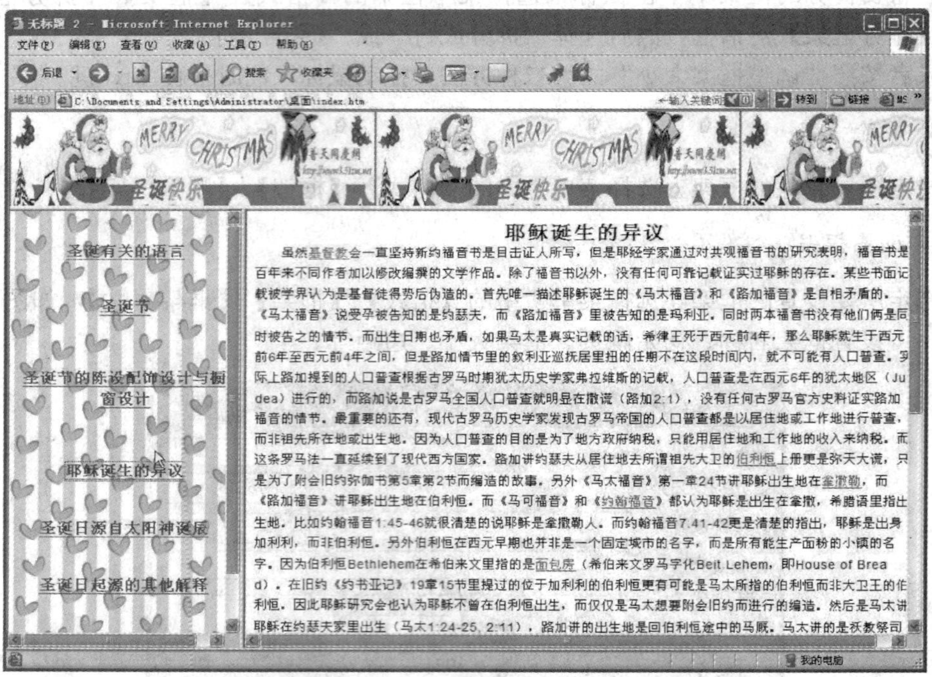

图 7-5-4 最终效果图

具体操作步骤如下。

1）启动 SharePoint Designer 2007，选择【文件】|【新建】|【网页】命令，打开【网页】对话框。在该对话框左边的列表中选择“框架网页”选项，在右边的列表中选择“横幅和目录”选项，如图 7-5-2 所示。然后单击【确定】按钮，插入一个基于“横幅和目录”模板的框架集网页，如图 7-5-5 所示。

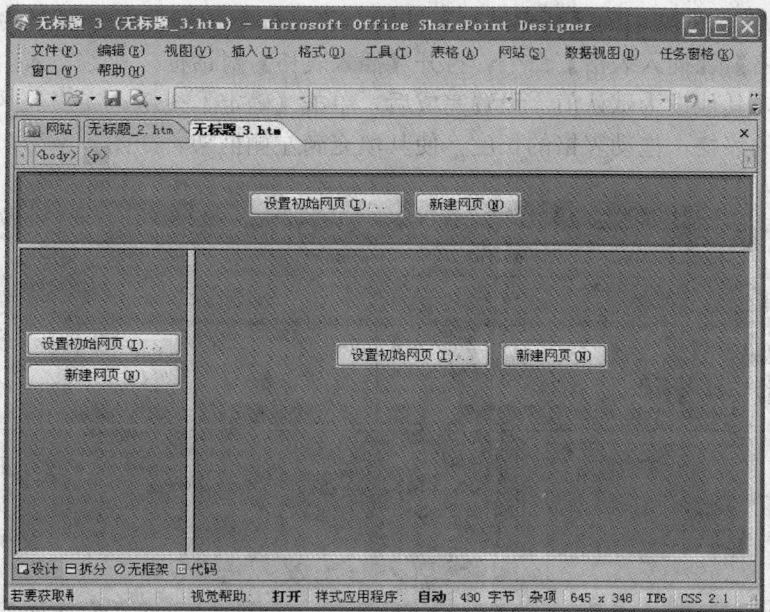

图 7-5-5　新建的框架集网页

2）单击最上方框架中的【新建网页】按钮，然后在该框架网页中单击右键，选择打开【网页属性】对话框，再在打开的【格式】选项卡中，填充网页背景图片，图片路径为“…\素材库\7-5\网页制作案例\images\head.png”（如何设置背景图片请参考 7.3.4 小节的案例），效果如图 7-5-6 所示。

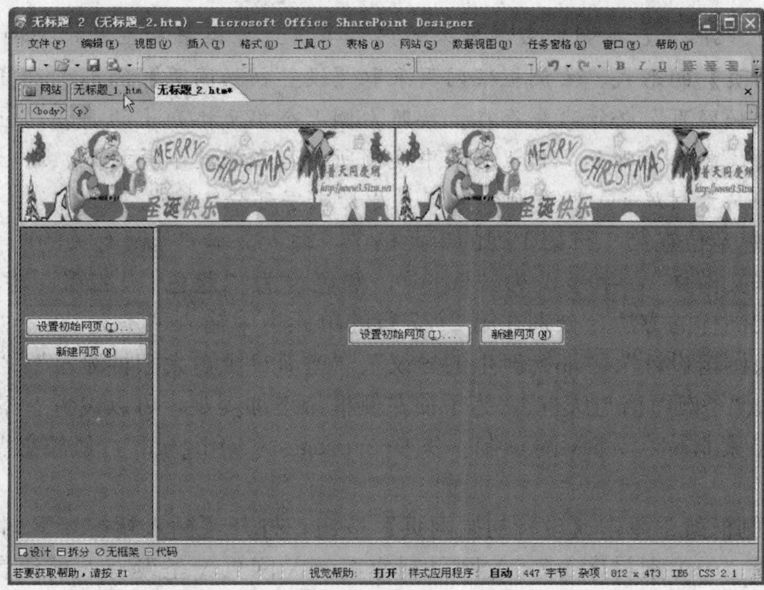

图 7-5-6　在上方框架中设置背景图片

3）单击左边框架中的【新建网页】按钮，将光标定位在该框架新建的网页中，然后选择【表格】|【插入表格】命令，打开【插入表格】对话框。行数输入值“7”，列数输入值“1”，其他设为默认值。设置完成后，单击【确定】按钮，在当前网页中插入一个 7 行 1 列的表格，拖动表格的长度，使其填充满左侧框架，如图 7-5-7 所示。

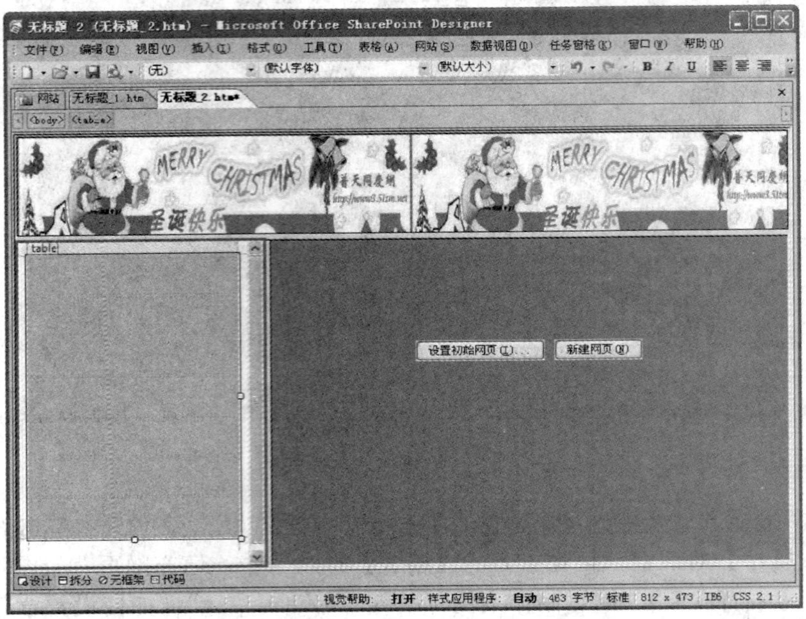

图 7-5-7　在左侧框架中插入表格

! 提示：此时，应该制作右侧框架的内容了。上方框架和左侧框架网页的设置均采取【新建网页】的形式，右侧框架网页采取【设置初始网页】的形式。当然这是有前提的，即“初始网页”必须事先存在。按照左侧七个单元格列出的内容，应该先制作七个初始的网页。制作步骤如 7.3.4 小节中案例所示，在此就不再赘述。这七个网页的内容请参考“…\素材库-5\网页制作案例\原始文字部分.doc”。

4）将光标定位在第 1 行第 1 列的单元格中，输入文本“圣诞有关的语言”，并将其字体设为“华文楷体”，字号设为“large”，颜色设为“蓝色”，加粗，对齐方式设为“居中”。使用同样的方法，分别在第 2～7 行的单元格中输入“圣诞节”、“圣诞节的陈设配饰设计与橱窗设计”、“耶稣诞生的异议”、“圣诞日源自太阳神诞辰”、“圣诞日起源的其他解释”、“圣诞习俗与庆祝”。为了使左侧框架更加美观，可以设置背景图片，图片路径为“…\素材库\7-5\网页制作案例\images\leftbg.gif”，最终效果如图 7-5-8 所示。

5）在右侧框架中单击【设置初始网页】按钮，打开【插入超链接】对话框。在该对话框中选择“…\素材库\7-5\网页制作案例\网页\圣诞有关的语言.htm”，如图 7-5-9 所示。

图 7-5-8　左侧框架表格内容

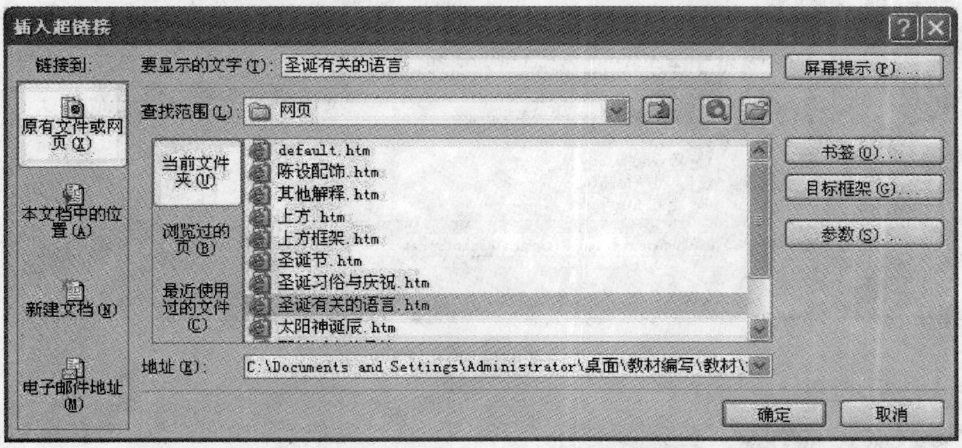

图 7-5-9 【插入超链接】对话框

6）设置完成后，单击【确定】按钮，即可成功地在该框架中添加在初始情况下显示的网页，如图 7-5-10 所示。

7）选中左侧框架表格第 1 行中的文本，然后选择【插入】|【超链接】命令，打开【编辑超链接】对话框，如图 7-5-11 所示。

8）在该对话框的右侧单击【目标框架】按钮，打开【目标框架】对话框，在【当前框架网页】选项区域选择右边的框架，如图 7-5-12 所示。

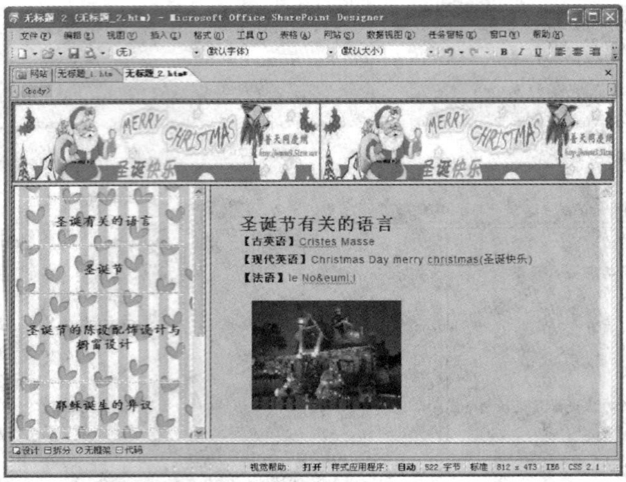

图 7-5-10　在右侧框架中“设置初始网页”

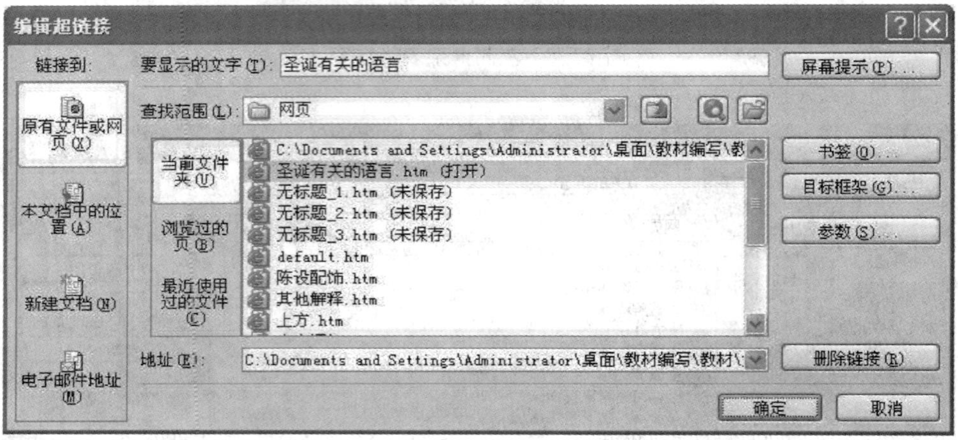

图 7-5-11　【编辑超链接】对话框

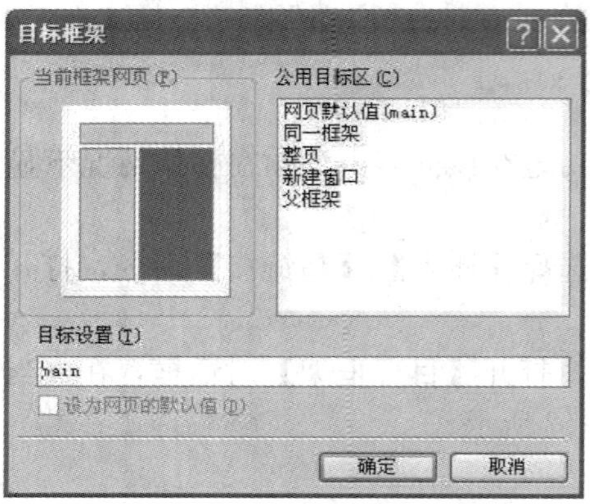

图 7-5-12　【目标框架】对话框

9）选择完成后，单击【确定】按钮，返回【编辑超链接】对话框。在该对话框中选择一个已制作好的网页——“圣诞有关的语言 . htm”。

10）单击【确定】按钮，完成该文字的超链接。使用同样的方法为表格中其他行的文字依次添加相应的超链接。

11）选择【文件】|【保存】命令，打开【另存为】对话框。在该对话框中保存上方框架中的网页，并将该网页命名为“上方”，如图 7-5-13 所示。

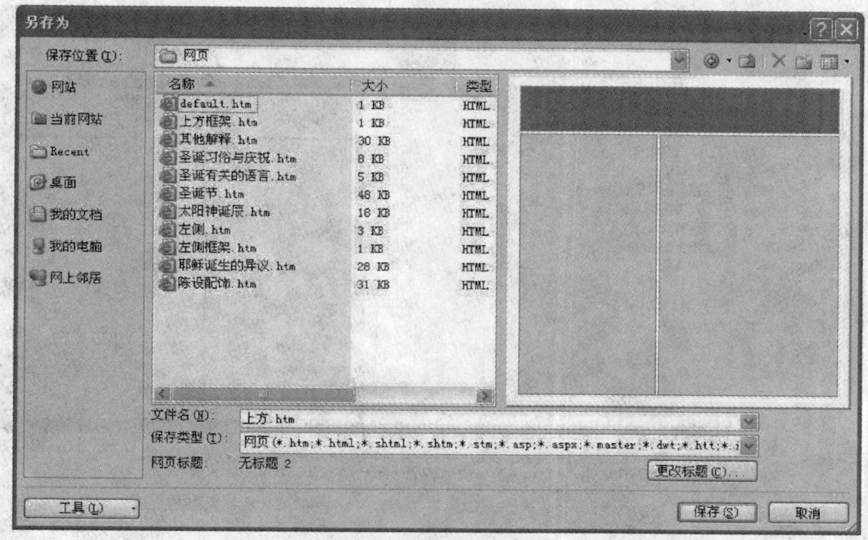

图 7-5-13　保存上侧框架网页

12）单击【保存】按钮，保存该网页，系统将自动弹出【另存为】对话框。在该对话框中保存左侧框架的网页，并将该网页命名为“左侧”，如图 7-5-14 所示。

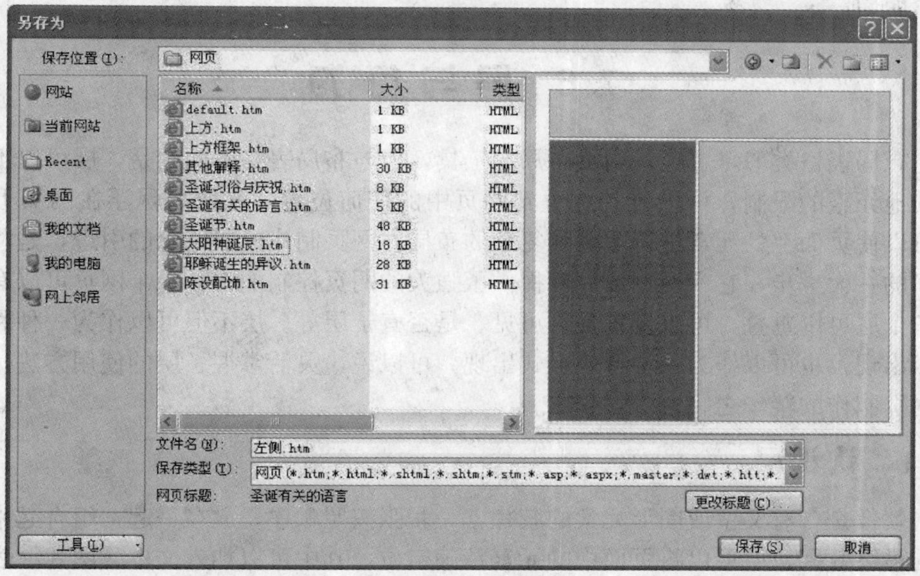

图 7-5-14　保存左侧框架网页

13）单击【保存】按钮，保存左侧框架中的网页，同时系统又自动弹出【另存为】对话框。在该对话框中保存整个框架网页，并将其命名为“default. htm”，如图 7-5-15 所示。

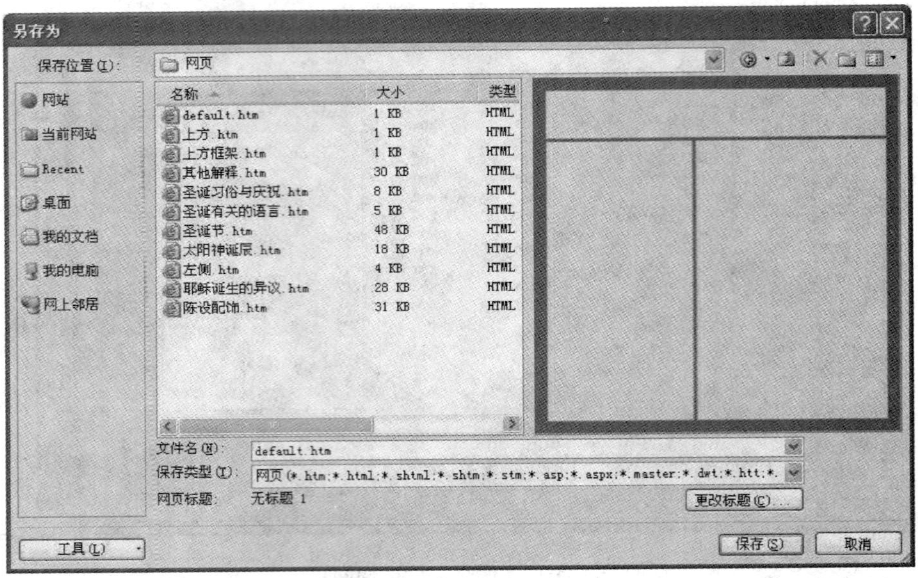

图 7-5-15　保存整个框架网页

14）单击【保存】按钮，完成整个网页的保存，然后按 F12 键进行预览。如单击左侧框架中的“耶稣诞生的异议”，右侧框架即可显示“耶稣诞生的异议”网页内容，如图 7-5-4 所示。

7.6　层与行为

与布局表格类似，层也是网页布局的工具，但与布局表格不同的是，层可以不受网页中其他元素的限制，可以将其放置到网页中的任何位置，就像是飘浮在网页上方一样，可以使页面上的元素进行重叠和复杂的布局。网页制作中层概念的引进，是网页制作技术的一大进步，它为网页设计者提供了强大的网页控制能力：一个网页可以有多个层；各个层可以重叠，可以设置是否可见、是否有子层等。层不但可以作为一种网页定位技术出现，也可以作为一种特效形式出现。可以说，灵活掌握了层的使用方法，就掌握了网页制作的精华之一。

7.6.1　认识层

层就像是含有文字或图形元素的胶片，一张张按照顺序叠放在一起，组合起来形成页面的最终效果。层可以将页面中的元素精确定位，其中可以加入文本、图片、表格等元素，也可以嵌套其他层。

选择【插入】|【HTML】|【层】，或者【任务窗格】|【层】命令，打开【层】任务窗格，如图 7-6-1 所示。在【层】任务窗格中含有【插入层】和【绘制层】两个按钮，利用这两个按钮即可轻松地在网页中插入和绘制层。在这两个按钮下方的空白区域中（该空白区域被称为层的组件库），系统会显示网页中所有层的信息，包括层的可视性、索引和 ID 等。

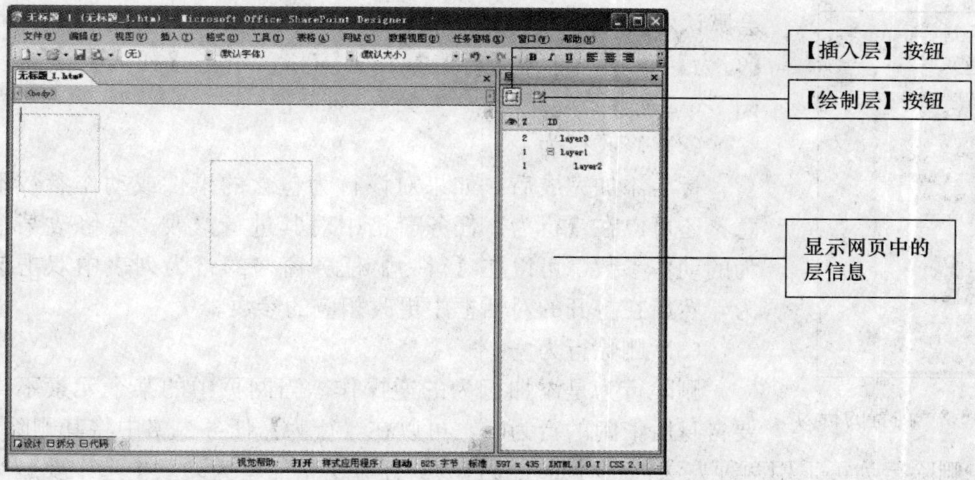

图 7-6-1 【层】任务窗格

7.6.2　层的基本操作

在熟练掌握使用层的方法之前，首先应熟练掌握对层的基本操作。对层的基本操作主要包括：①层的插入；②层的显示与隐藏；③调整层的显示顺序；④变更层的名称；⑤插入子层。

7.6.3　在层中插入内容

层创建完成后，就可以在层中输入内容了。在网页制作中，适当的利用层的各种特性，可使网页的布局和内容显得更加丰富多彩。在层中不仅可以输入文字信息，还可以插入图片、Flash 动画等媒体信息。主要包括：①为图片添加文字说明；②在层中加入动态文字；③在层中插入 Flash 动画；④在层中插入图片。

7.6.4　认识行为及基本操作

1. 认识行为

行为是 SharePoint Designer 2007 中一个非常重要的概念，行为代码实际上是由一些预定义的 JavaScript 脚本程序构成的，需要通过一定的事件来触发这些脚本程序。通过行为，用户可以制作出许多特殊的网页效果。

行为是事件（events）和动作（actions）的结合物，其中事件是动作的原因，而动作是事件的直接后果，两者缺一不可，它们组合起来就够成了行为。

2. 行为的基本操作

在【行为】任务窗格中，用户可完成对行为的添加、修改和删除等操作。

(1) 添加行为

在添加行为之前，首先在页面中选中要添加该行为的目标元素，如果未选择，则系统

会默认对整个网页添加行为。要添加行为，可选择【任务窗格】|【行为】命令，打开【行为】任务窗格，单击【插入】按钮，如图 7-6-2 所示。

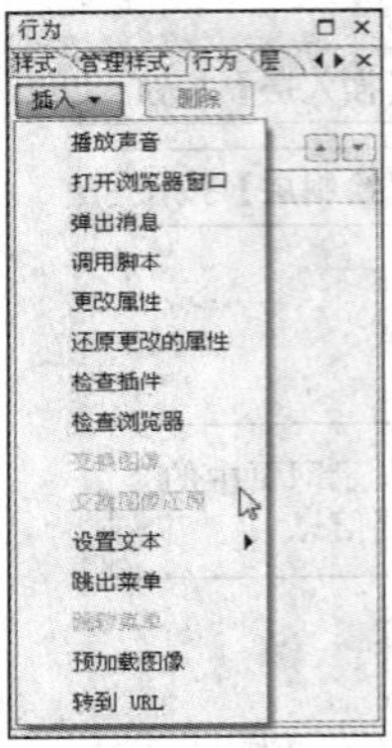

图 7-6-2　内置的行为

（2）修改行为

行为添加完成后，如果对该行为包含的事件或动作参数不满意，还可以在【行为】任务窗格中对其进行修改。要修改某个行为的动作参数，可以在【行为】任务窗格的行为列表中双击该行为，然后在打开的对话框中更改相应的参数。

（3）删除行为

删除行为是添加行为的逆操作。当网页中的某个元素不再需要自身所依附的行为时，可以在【行为】任务窗格中将其删除。

删除行为可采用两种方法：一种是在【行为】任务窗格的行为列表中选中要删除的行为，然后单击【删除】按钮；另一种是在【行为】列表中右击要删除行为的【操作】列，在弹出的快捷菜单中选择【删除】命令即可。

7.6.5　SharePoint Designer 2007 的常用内置行为

SharePoint Designer 2007 在其【行为】任务窗格中预定义了丰富的行为类型供用户选择，这些行为基本上满足了网页设计的需要。另外，如果用户对 JavaScript 脚本语言熟悉的话，还可以编写自己的行为动作，也可从第三方软件中找到更多的行为。

选择【任务窗格】|【行为】命令，打开【行为】任务窗格。单击【插入】按钮，弹出 SharePoint Designer 2007 内置的多种行为，如图 7-6-2 所示。行为主要包括：①播放声音；②打开浏览器窗口；③弹出消息；④调用脚本；⑤检查插件；⑥检查浏览器；⑦交换图像；⑧设置文本；⑨跳出菜单；⑩预加载图像。

7.6.6　案例：制作"书香雅舍"小屋网页

案例要求： 利用层来布局网页页面，利用行为制作一个包含文字、图片、Flash 动画、具有动态效果的网页。

案例分析： 本案例设计的内容较多，运用的页面元素也较复杂，需要耐心地按照下面的操作步骤进行学习。主要掌握层的灵活运用及后面涉及的能够制作动画效果的几种行为。网页最终制作效果如图 7-6-3 所示。

具体操作步骤如下。

1）新建空白文档。打开 SharePoint Designer 2007，新建一个空白文档。

2）设置背景图片。为该文档设置背景图片，图片来自"…\素材库\7-6\背景.jpg"。

3）在层中加入文字。

① 选择【任务窗格】|【层】，打开【层】任务窗格。单击【插入层】按钮，在网页中自动生成一个层 layer1，如图 7-6-4 所示。

图 7-6-3　案例制作的最终效果

图 7-6-4　在图片上插入层

② 在层中输入文本“书香雅舍”，字体设为“华文琥珀”，字号设为“sopt”，对齐方式设为“居中”。选中层，当鼠标变成十字交叉时，可以调整层的位置，将文字放在合适的位置，如图 7-6-5 所示。

4）在层中加入图片。按照第 3）步，再次插入一个层 layer2，调整层的位置和大小，然后将光标定位在此层中。选择【插入】|【图片】|【来自文件】，将文件夹中的“荷花 . gif”插入到层中。调整图片大小，效果如图 7-6-6 所示。

5）在层中加入 Flash 动画。再次插入一个层 layer3，调整层的位置和大小，然后将光标定位在此层中。选择【插入】|【Web 组件】，弹出【插入 Web 组件】对话框。在左边的【组件类型】中选择“高级控件”，在右边的【选择一个控件】中选择“插件”，如图 7-6-7 所示。单击【完成】按钮后弹出【插入属性】对话框，在【数据源】中单击【浏览】按钮，选择文件夹中的“白狐 . swf”，如图 7-6-8 所示。单击【确定】按钮，将 Flash 插入至 layer3 中。调整 Flash 的大小，效果如图 7-6-8 所示。

图 7-6-5　在层中插入文字

图 7-6-6　在层中插入图片

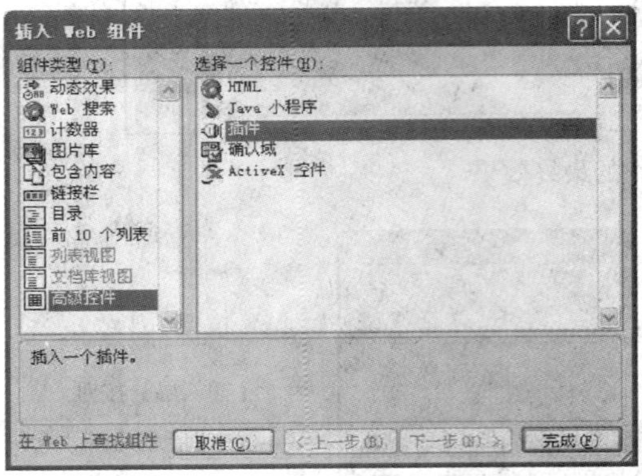

图 7-6-7　【插入 Web 组件】对话框

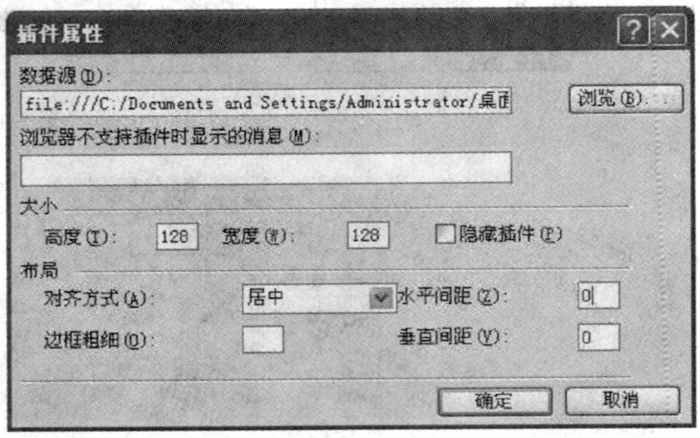

图 7-6-8　【插件属性】对话框

6）保存并预览。保存网页，按 F12 键预览网页效果，如图 7-6-9 所示。

图 7-6-9　在层中插入 flash

7）插入声音。

要求：打开网页时，自动播放声音。

① 返回至网页制作模式，无需选中网页的任何元素，然后选择【任务窗格】|【行为】命令，在【行为】任务窗格中单击【插入】按钮，在弹出的下拉菜单中选择【播放声音】命令，如图 7-6-10 所示。

图 7-6-10　选择【播放声音】命令

② 此时系统打开【播放声音】对话框，单击【浏览】按钮，打开【浏览】对话框，选择文件夹中的“music. mid”，如图 7-6-11 所示。

③ 单击【确定】按钮，即可添加该行为，如图 7-6-12 所示。从图中可以看到，该行为的事件已被默认设置为“onload”，因此无需修改。保存该网页并对其预览，可听到插入的音乐。

图 7-6-11 【播放声音】对话框

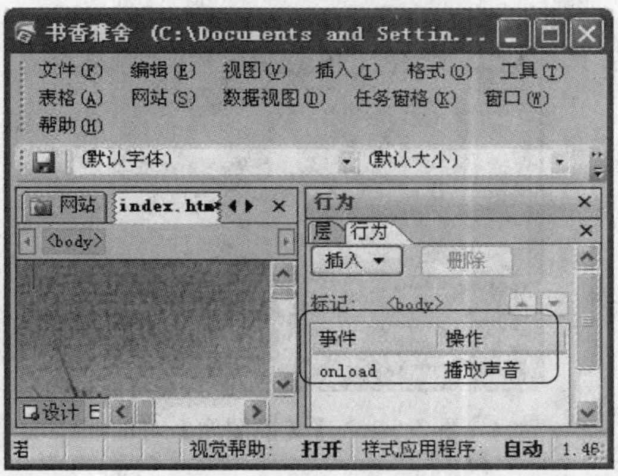

图 7-6-12 【插入声音】行为

8）弹出消息。

要求：网页打开后自动打开一个对话框，显示内容为：“您好！欢迎光临本网站！”

① 在【行为】任务窗格中单击【插入】按钮，在弹出的下拉菜单中选择【弹出消息】命令，在该对话框的【消息】文本框中输入文本“您好！欢迎光临本网站!”，如

图 7-6-13 所示。

② 单击【确定】按钮，即可成功添加该行为。该行为的事件系统默认为“onload”，符合要求，无需改动。预览效果如图 7-6-14 所示。

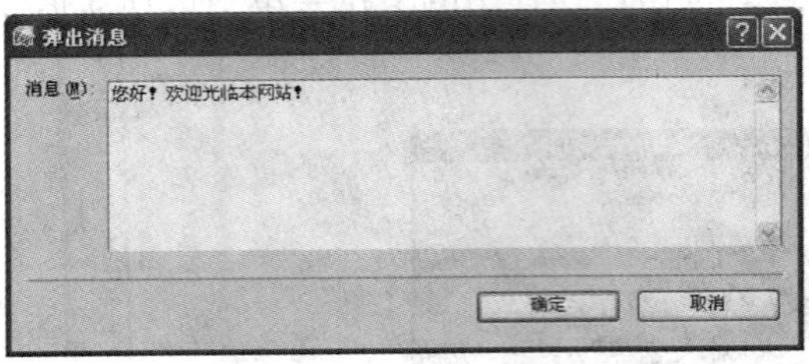

图 7-6-13 【弹出消息】对话框

图 7-6-14 弹出消息行为

9）交换图像。

要求：当鼠标指针移至“荷花.gif”时，该图像变成另外一张图片“鹬蚌相争.jpg”；当鼠标移开时，图像又恢复至“荷花.gif”。

① 在网页中选中“荷花.gif”图片，然后在【行为】任务窗格中单击【插入】按钮，在弹出的下拉菜单中选择【交换图像】命令。系统打开【交换图像】对话框，在【交换图像 URL】文本框中，通过【浏览】按钮，设置要交换图像的 URL 地址，然后选中【Mouseout 事件后还原】复选框，如图 7-6-15 所示。

② 保存该网页，按 F12 键查看预览效果。当鼠标移至“荷花.gif”图片时，该图片会变成“鹬蚌相争.jpg”，如图 7-6-16 所示；当鼠标指针移开时，又恢复为原来的图片。

10）设置文本。设置文本行为包括：设置层的文本；设置框架的文本；设置文本域的文本；设置状态栏的文本。本例以“设置层的文本”为例。

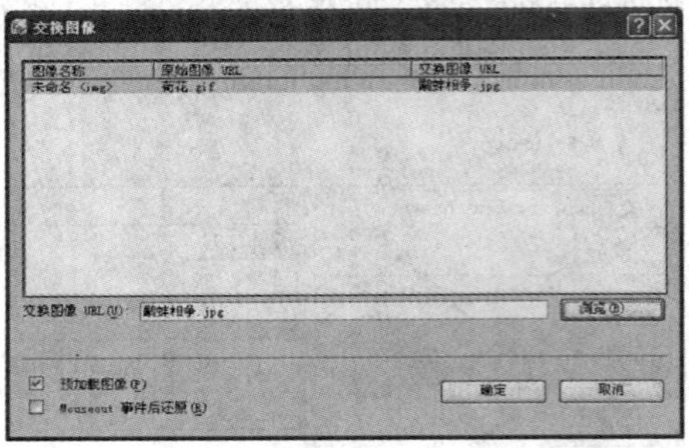

图 7-6-15 【交换图像】对话框

图 7-6-16 【交换图像】行为

要求：单击层 layer2 时的图片时，自动在层 layer4 中呈现诗《江雪》的原文。

① 在网页中继续插入新的层 layer4，调整位置如图 7-6-17 所示。

② 选中层 layer2，然后在【行为】任务窗格中单击【插入】按钮，在弹出的下拉菜单中选择【设置文本】|【设置层的文本】命令，系统打开【设置层的文本】对话框。在该对话框的【层】下拉列表中选择“div layer4”选项，在【新 HTML】文本框中输入《江雪》的原文，如图 7-6-18 所示。

图 7-6-17　插图层 layer4

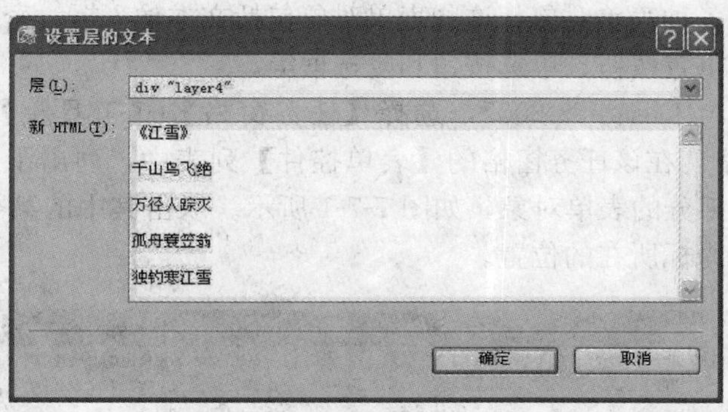

图 7-6-18　【设置层的文本】对话框

③ 输入完成后，单击【确定】按钮，即可添加该行为，如图 7-6-19 所示。从该图中可以看出，系统将该行为的事件默认为“onclick”，符合要求，无需改动。

④ 保存该网页，然后按 F12 键进行预览：当鼠标单击层 layer2 时，层 layer4 即可呈现《江雪》的内容，如图 7-6-20 所示。

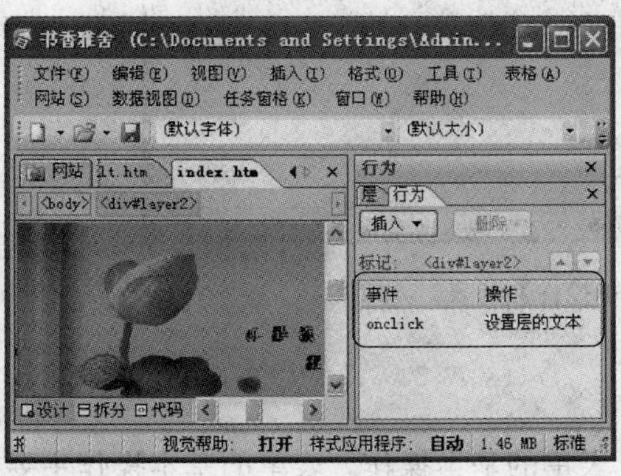

图 7-6-19　添加行为

图 7-6-20　添加行为后的效果

7.7 表单的使用

表单是网页中进行信息交互的最基本元素，它是站点浏览者与网站所有者之间沟通的桥梁，是 Internet 用户同服务器进行信息交流的主要工具。使用表单可以在网页上制作留言簿，供浏览者发表自己的意见。另外，网站中的注册、聊天室、在线调查、网上购物等页面都是利用表单制作的。接下来就介绍 SharePoint Designer 2007 中表单的使用方法。

7.7.1 认识表单

在 SharePoint Designer 2007 中，表单的输入类型被称为表单对象。用户可在网页中插入表单和创建各种表单对象，这些表单对象包括文本输入框、密码输入框、文件输入框、提交按钮、重置按钮、单选按钮和复选框等。

启动 SharePoint Designer 2007，选择【任务窗格】|【工具箱】命令，即可打开【工具箱】任务窗格。在该任务窗格的【表单控件】列表中，列出了 SharePoint Designer 2007 提供的大部分的表单对象，如图 7-7-1 所示。双击其中的某个对象，即可将该对象插入到网页中光标所在的位置。

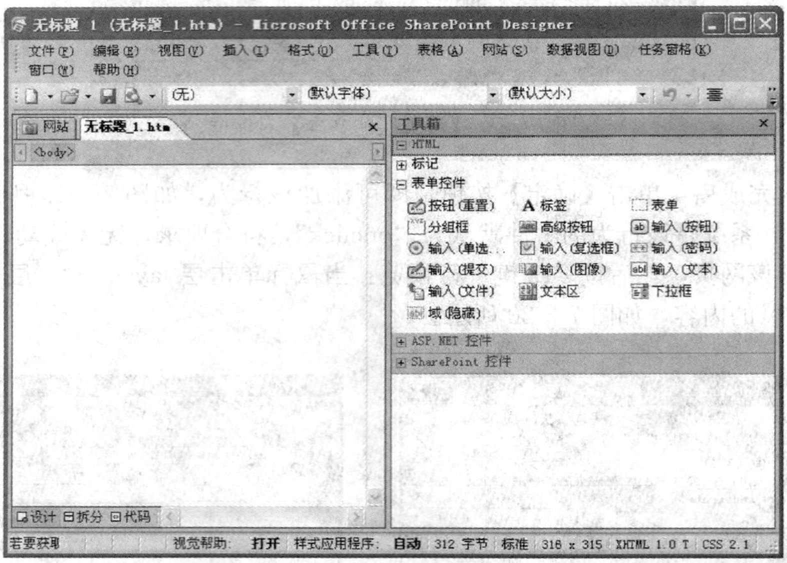

图 7-7-1 【表单控件】列表

7.7.2 表单的基本操作

要在网页中使用表单，首先要熟悉关于表单的基本操作。表单的基本操作主要包括：插入表单标签、文本框、按钮、单选按钮、复选框、菜单，以及对各种表单对象进行相关的属性值设置等。

7.7.3　案例：制作用户注册单

案例要求：利用表单制作“用户注册单”实例，最终效果如图 7-7-2 所示。

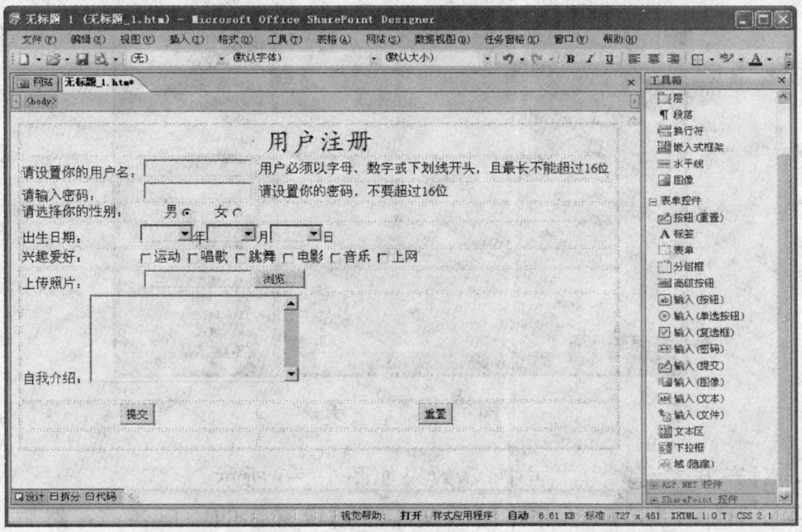

图 7-7-2　“用户注册表”最终效果

案例分析：本案例主要运用表单中常见的元素（如文本框、单选框、复选框等）制作日常生活中常见的注册单，此案例需要操作细心、精确。

具体操作步骤如下。

1）启动 SharePoint Desinger 2007，并新建一个网页，然后选择【任务窗格】|【工具箱】命令，打开【工具箱】任务窗格，如图 7-7-1 所示。

2）在【工具箱】任务窗格的【表单控件】列表中双击【表单】选项，在网页中插入一个表单标签。

3）将光标定位在该表单标签中，然后选择【表格】|【插入表格】命令，打开【插入表格】对话框。在【大小】选项区域的【行数】微调框中设置数值为“10”，【列数】微调框中设置为“2”，如图 7-7-3 所示。保持其他部分的默认设置不变，然后单击【确定】按钮，在当前表单标签中插入一个 10 行 2 列的表格，如图 7-7-4 所示。

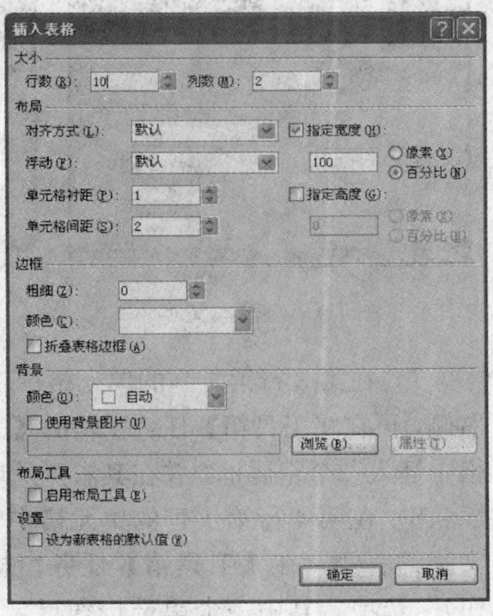

图 7-7-3　【插入表格】对话框

4）将第一行的两个单元格合并，然后在合并后的单元格中输入文本“用户注册”，并将该文本的字体设置为“华文楷体”，字号设置为

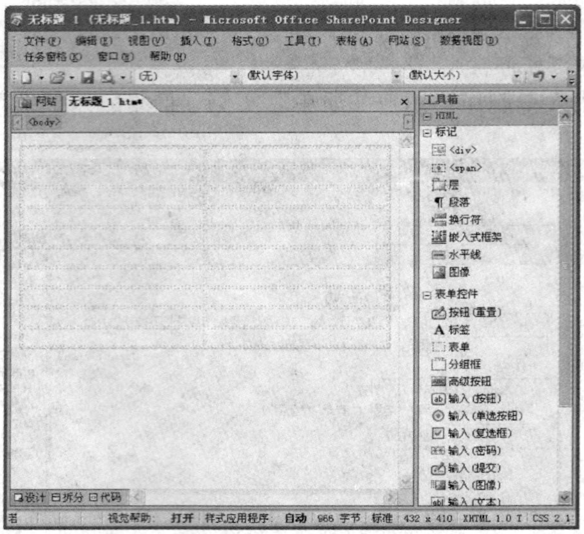

图 7-7-4　插入表格

“xx-large”，对齐方式设置为“居中”，效果如图 7-7-5 所示。

5）在第 2 行第 1 列的单元格中输入文本“请设置你的用户名:”，然后将光标定位在文本的右侧，在【工具箱】任务窗格的【表单控件】列表中双击【输入（文本)】选项，在该表格中插入一个单行文本框。

6）在第 2 行第 2 列的单元格中输入文本“用户必须以字母、数字或下画线开头，且最长不能超过 16 位”，输入完成后，适当调整表格的大小，效果如图 7-7-6 所示。

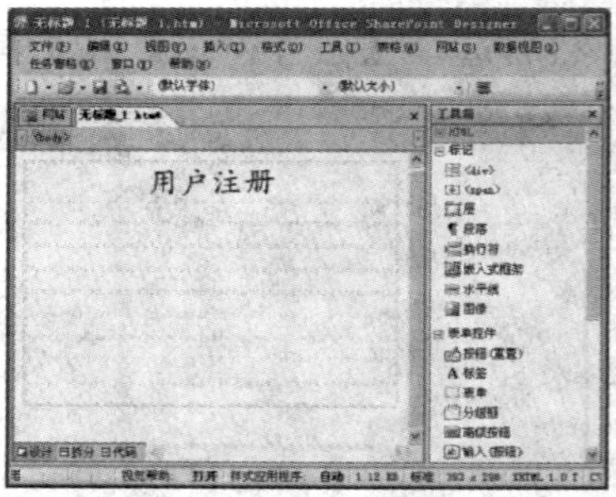

图 7-7-5　输入文本

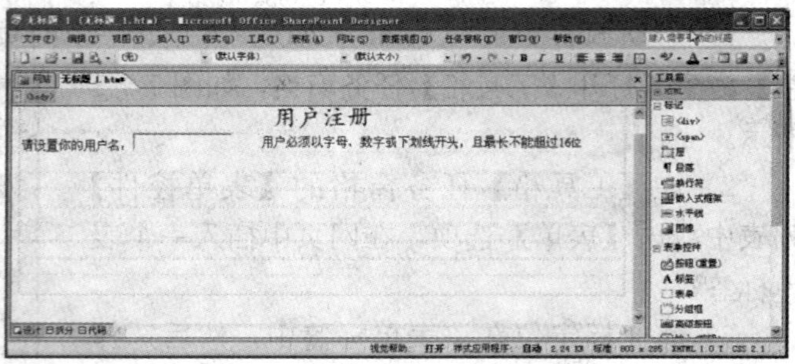

图 7-7-6　插入“单行文本框”

7）在第 3 行第 1 列的单元格中输入文本“请输入密码:”，然后将光标定位在文本的右侧，再在【工具箱】任务窗格的【表单控件】列表中双击“输入（密码)”选项，在该表格中插入一个密码框，并在其右侧的单元格中输入“请设置你的密码，不要超过 16 位”。

8）在第 4 行第 1 列的单元格中输入文本“请选择你的性别:”，然后将光标定位在文本的右侧，在【工具箱】任务窗格的【表单控件】列表中两次双击“输入（单选按钮)”选项，其中一个单选按钮已经被选中，在其右侧输入文本“男”；另一个未被选中，在其右侧输入文本“女”，效果如图 7-7-7 所示。

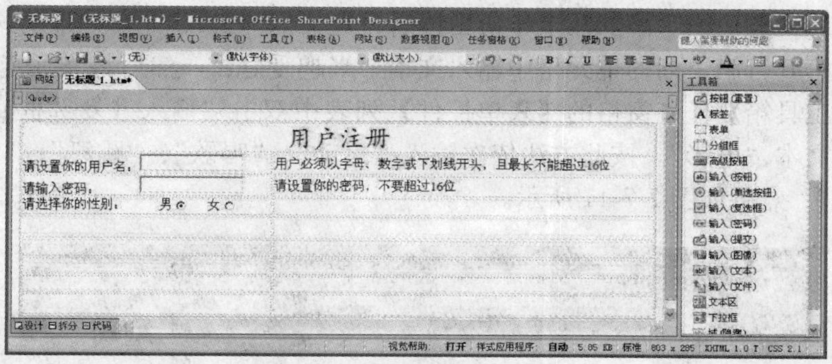

图 7-7-7　插入“单选按钮”

9）在第 5 行第 1 列的单元格中输入文本“出生日期:”，然后将光标定位在文本的右侧，在【工具箱】任务窗格的【表单控件】列表中双击【下拉框】选项，然后紧跟此控件输入文本“年”，再次双击“下拉框”选项，然后紧跟此控件输入文本“月”，再次双击“下拉框”选项，然后紧跟此控件输入文本“日”，效果如图 7-7-8 所示。

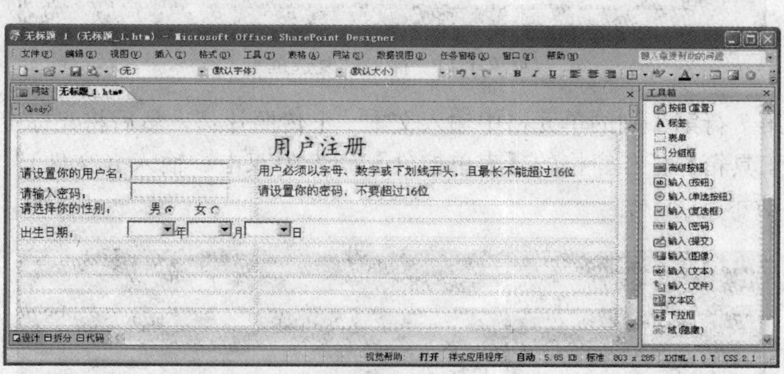

图 7-7-8　插入“下拉列表框”

10）右键单击第一个下拉列表框，选择“表单域属性”，弹出【下拉框属性】对话框，如图 7-7-9 所示。

11）单击【添加】按钮，弹出【添加选项】对话框。在选项下面的文本框中输入值“1980”，初始状态选择“未选中”，如图 7-7-10 所示。用同样的方法添加以下年份：

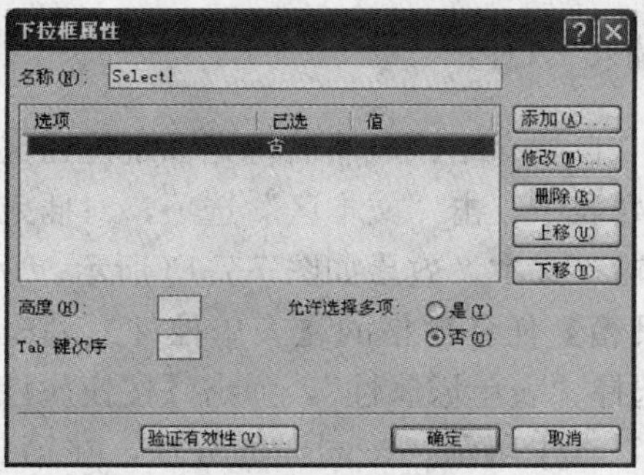

图 7-7-9　【下拉框属性】对话框

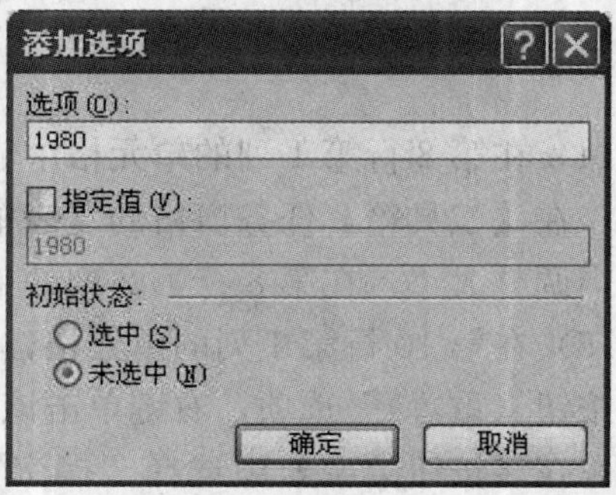

图 7-7-10　【添加选项】对话框

1981，1982，1983……（添加几个年份由读者自定义），月份：1-12，日期：1-31。

12）在第 6 行第 1 列的单元格中输入文本“兴趣爱好：”，然后将光标定位在文本的右侧，在【工具箱】任务窗格的【表单控件】列表中双击“输入（复选框）”选项，在其右侧输入文本“电影”。按此方法依次输入“运动”、“唱歌”、“跳舞”、“电影”、“音乐”、“上网”。效果如图 7-7-11 所示。

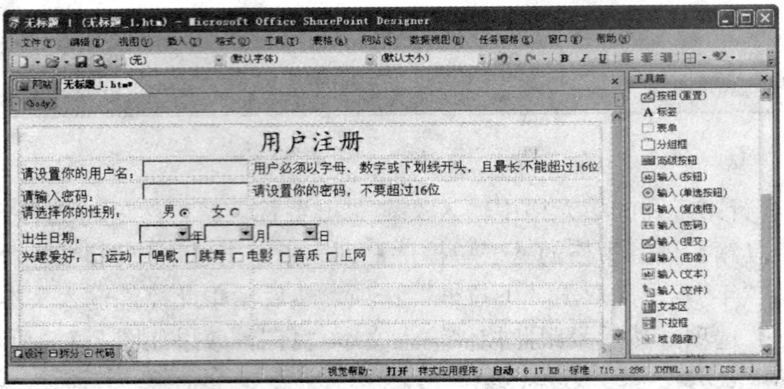

图 7-7-11　插入“复选框”

13）在第 7 行第 1 列的单元格中输入文本“上传照片：”，然后将光标定位在文本的右侧，在【工具箱】任务窗格的【表单控件】列表中双击“输入（文件）”选项，效果如图 7-7-12 所示。

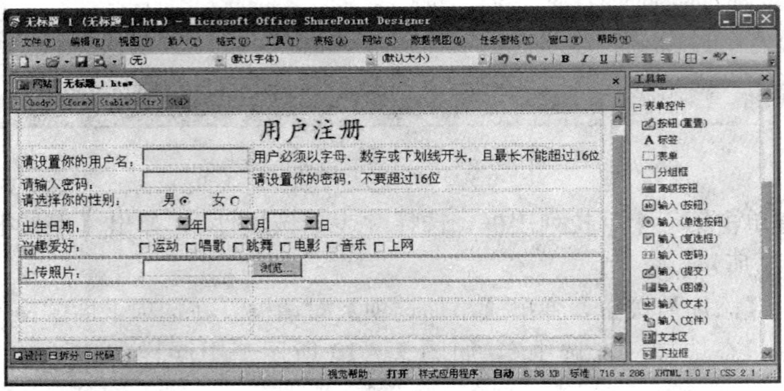

图 7-7-12　插入“输入（文件）”

14）在第 8 行第 1 列的单元格中输入文本“自我介绍：”，然后将光标定位在文本的右侧，在【工具箱】任务窗格的【表单控件】列表中双击“文本区”选项，对插入的控件适当调整大小。在第 8 行第 2 列的单元格中输入文本，效果如图 7-7-13 所示。

15）在第 10 行第 1 列的单元格，在【工具箱】任务窗格的【表单控件】列表中双击“按钮（重置）”选项，右键单击该控件，选择“表单域属性”，弹出【按钮属性】对话框。在【按钮类型】中选择“提交”，如图 7-7-14 所示。按同样的方法，在第 10 行第 2 列的单元格中，插入【重置】按钮。选中两个按钮，对齐方式设为居中。

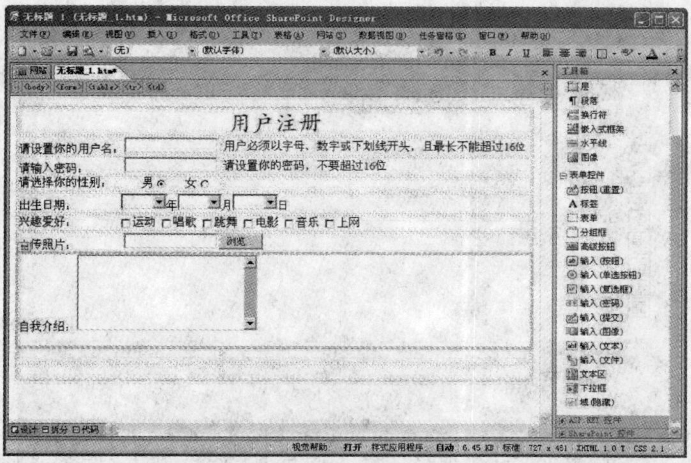

图 7-7-13　插入“文本区”

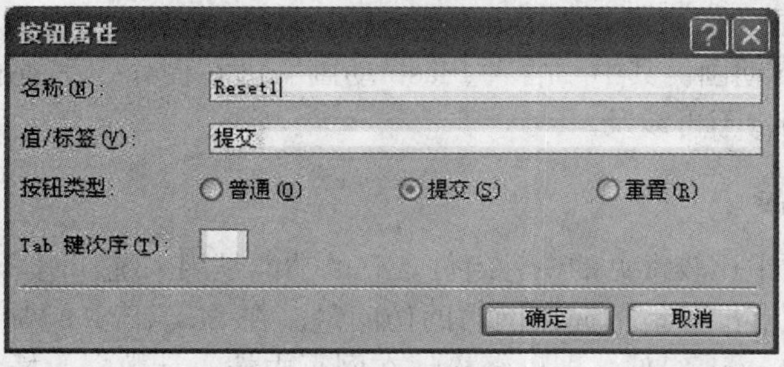

图 7-7-14　【按钮属性】对话框

16）本案例制作的最终效果如图 7-7-2 所示。按 F12 进行预览，查看制作效果。

7.8　使用 SharePoint Designer 组件

SharePoint Designer 2007 的一大特色就是将网页中一些经常用的功能，做成了一个小小的组件，当用户需要使用这些功能时，不需要编写复杂的脚本程序，只需单击鼠标就可以将它们插入到网页中，然后再根据各自的需求做好设置即可。另外，在网页中还可以加入一些特殊效果，以使网页更加生动活泼。

选择【插入】|【Web 组件】，弹出【插入 Web 组件】窗口，如图 7-8-1 所示。

7.8.1　动态效果

要想使网页更加活泼生动，还可以在网页中加入一些动态显示的效果。常见的效果包括以下四种。

1）在网页中加入交互式按钮。

2）设置网页的过渡效果。

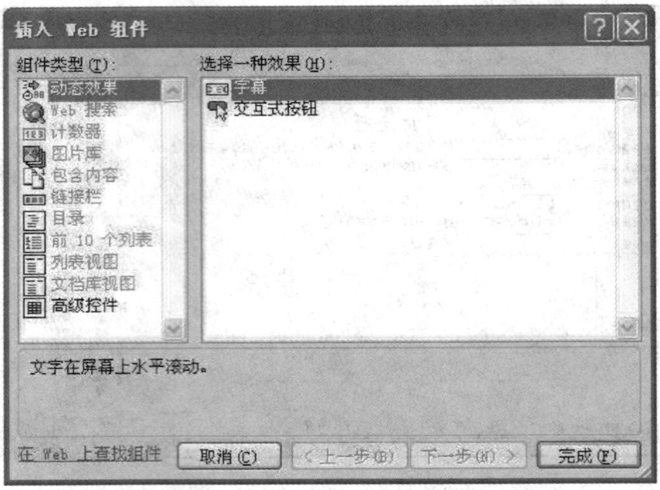

图 7-8-1 【插入 Web 组件】窗口

3）插入动态显示的文字。

4）插入 Flash 动画。其中“插入 Flash 动画”已在制作“书香雅舍”小屋案例中讲述过，下面案例将不再涉及。

7.8.2 计数器

计数器是网页中比较常见的一种组件，它的功能是用来统计网站的被访问次数，以便网站的管理者能够准确地把握该网站的访问量。在 SharePoint Designer 2007 中，使用软件自身提供的 Web 组件，即可轻松地在网页中插入计数器。插入步骤如下：选择【插入】|【Web 组件】命令，弹出【插入 Web 组件】窗口。在左侧【组件类型】中选择【计数器】，如图 7-8-2 所示；在右侧【选择计数器样式】中选择一种计数器的样式，然后单击【完成】按钮，弹出【计数器属性】对话框，如图 7-8-3 所示。选择一种计数器样式，单击【确定】按钮即可将计数器插入到网页当中。

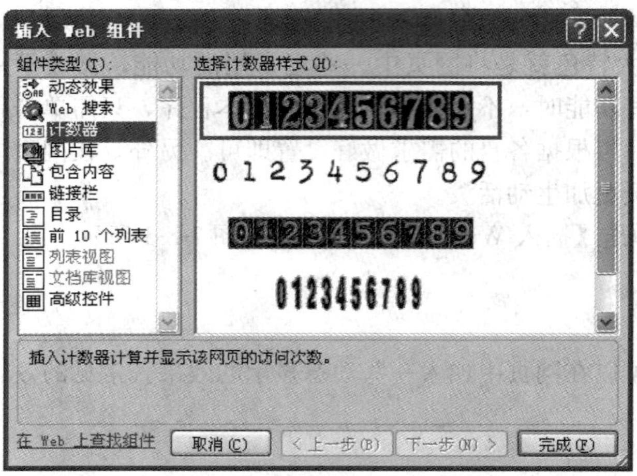

图 7-8-2 【插入 Web 组件】窗口

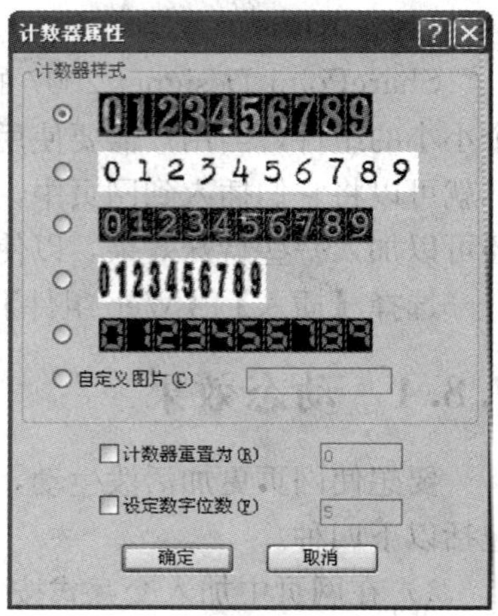

图 7-8-3 【计数器属性】窗口

7.8.3 图片库

整理大量的图片是一件比较繁琐的工作，而要把众多的图片一张张地放置在网页中更会耗费大量的时间。而使用 SharePoint Designer 2007 组件中提供的图片库功能则可轻松地在网页中制作一个个人网页相簿。

7.8.4 案例：制作“艺术体操结束动作”图片库

案例分析：本例将要制作一个“艺术体操结束动作图片库”的简易网站，运用到的知识点为：打开站点、滚动字幕、图片库的制作、插入包含网页、设置网页的过渡效果等。

准备工作：先将有关的图片信息放置在文件夹中。

具体操作如下。

1）启动 SharePoint Designer 2007，然后选择【文件】|【打开网站】，弹出【打开网站】对话框，如图 7-8-4 所示。选择网站路径“…\教材\素材库\7-8\Web 组件”，单击【打开】按钮，此文件夹中所有的内容进入到网站中来。

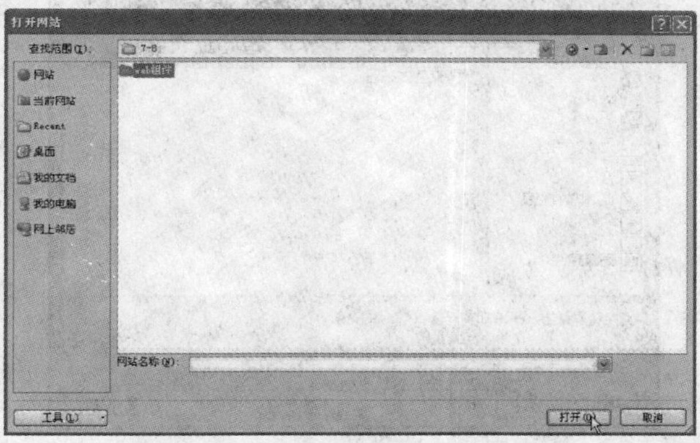

图 7-8-4 【打开网站】对话框

2）新建一个空白网页，选择【任务窗格】|【布局表格】命令，打开【布局表格】任务窗格。在该网页中插入一个如图 7-8-5 所示的布局表格，保存名为“default. htm”。

3）将光标定位在最上方的表格中，然后选择【插入】|【Web 组件】，打开【插入 Web 组件】对话框。在该对话框的【组件类型】列表中选择“动态效果”选项，在【选择一种效果】列表中选择“字幕”选项，如图 7-8-6 所示。

4）单击【完成】按钮，打开【字幕属性】对话框。在【文本】文本框中输入文本“欢迎浏览美丽的艺术体操结束动作!”，在【背景色】下拉列表中选择自定义颜色中的颜色“RGB（220，241，252)”，如图 7-8-7 所示。

5）单击【确定】对话框，即可在网页中插入设置的滚动字幕。选择文字，字体设为“华文彩云”，字号设为“xx-large”，居中，加粗，颜色设为“红色”。最终效果如图 7-8-8 所示。

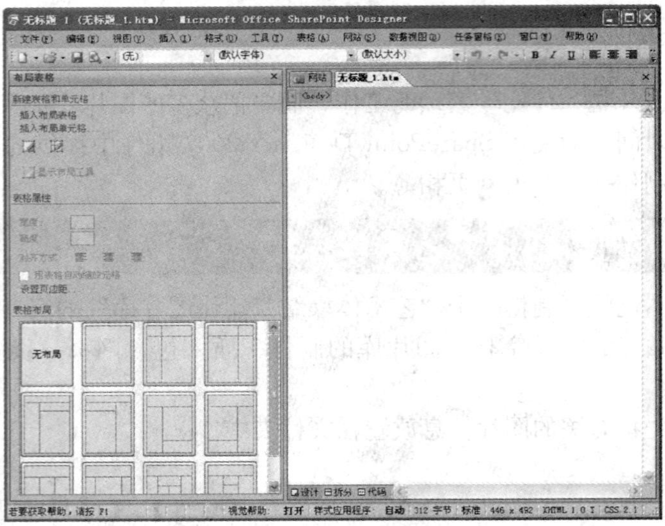

图 7-8-5　网页中的表格布局

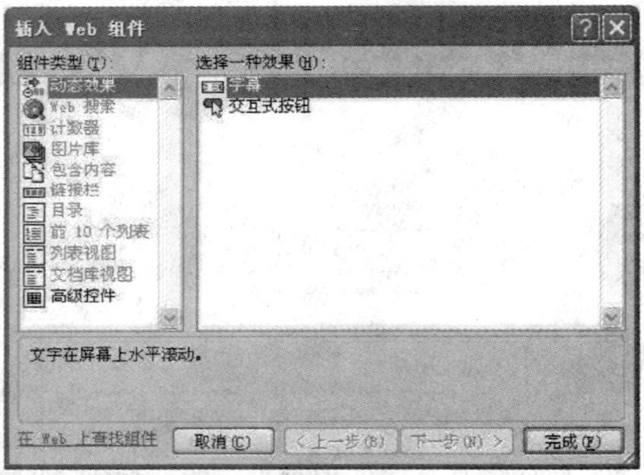

图 7-8-6　【插入 Web 组件】对话框

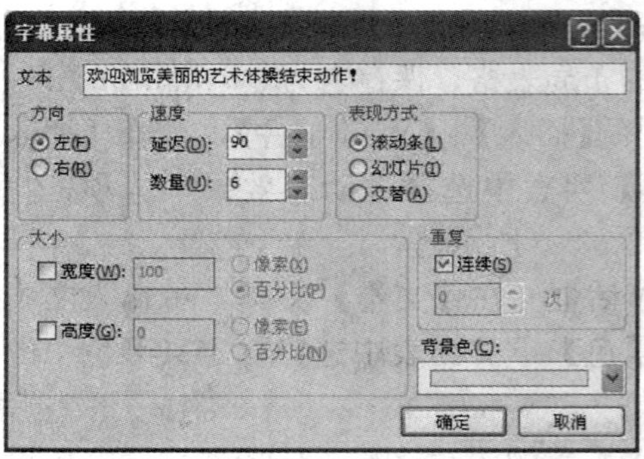

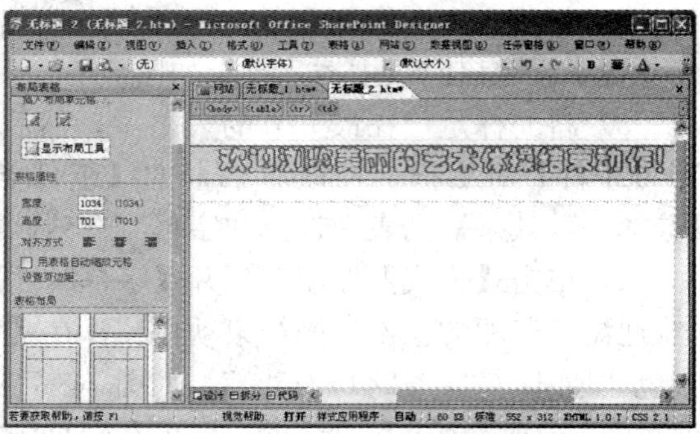

图 7-8-7　【字幕属性】对话框　　　　图 7-8-8　插入滚动字幕

6）将光标定位在布局表格中间最大的单元格中，然后选择【插入】|【Web 组件】，打开【插入 Web 组件】对话框。在该对话框的【组件类型】列表中选择“图片库”选项，在【选择图片库选项】列表中选择一种图片库样式，此例中选择“幻灯片版式”，如图 7-8-9 所示。

7）单击【完成】按钮，打开【图片库属性】对话框，如图 7-8-10 所示。在【图片】选项卡中单击【添加】按钮，在弹出的下拉菜单中选择【图片来自文件】命令，打开【打开】对话框。在该对话框中选择需要添加的图片，图片来自“…\教材\素材库\7-8\Web 组件\photos”，选中所有的图片，如图 7-8-11 所示。单击【打开】按钮，切换至【图片库属性】对话框，如图 7-8-12 所示。

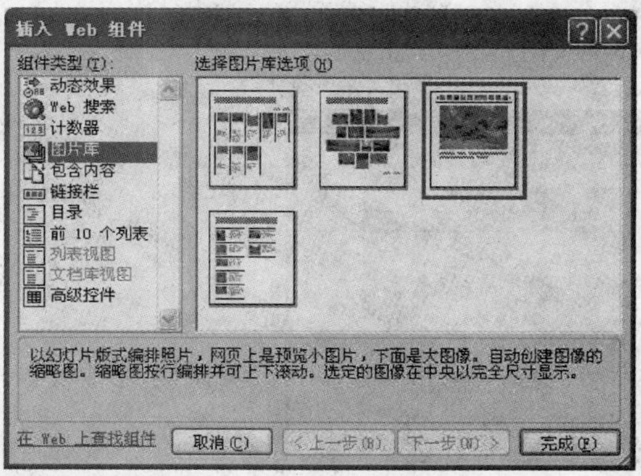

图 7-8-9　选择组件类型“图片库”

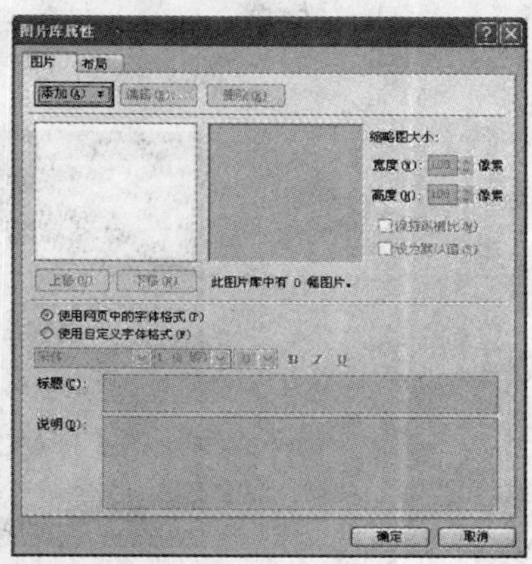

图 7-8-10　【图片库属性】对话框

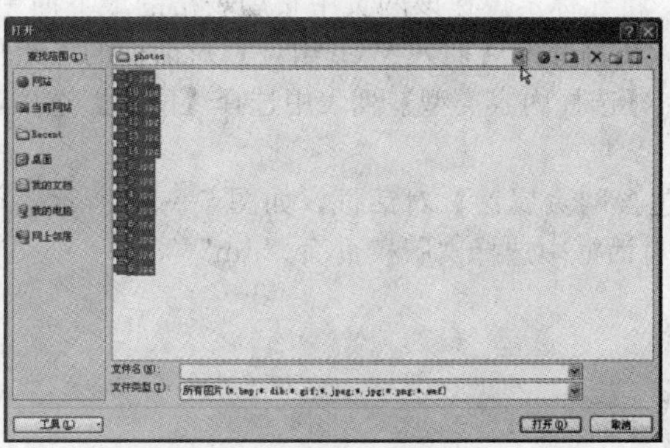

图 7-8-11　选择图片

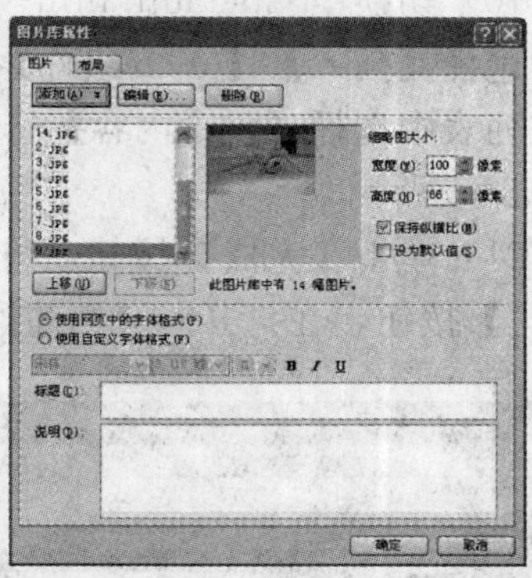

图 7-8-12　图片已添加

8）单击【确定】按钮，即可在网页中的指定位置插入一个图片库。选中该图片库，选择“居中”对齐，效果如图 7-8-13 所示。

9）新建一个新的网页，保存为“版权页面”，在其中输入以下文本“Cpyrignt　版权归梦之队网络制作团队所有 All Rights Reserved”，字体设为“宋体”，字号设为“large”，居中对齐。如图 7-8-14 所示。

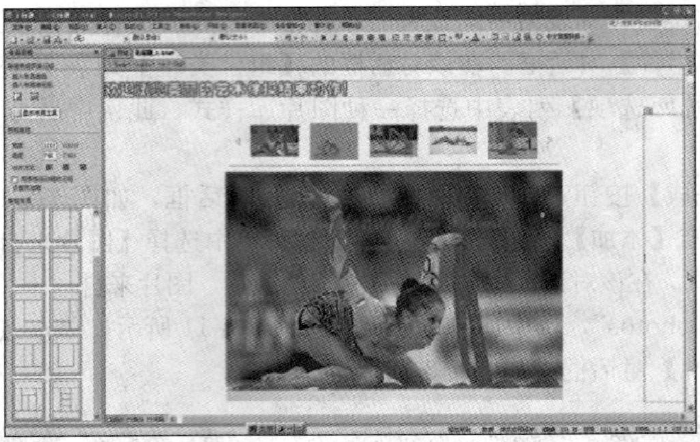

图 7-8-13　图片库

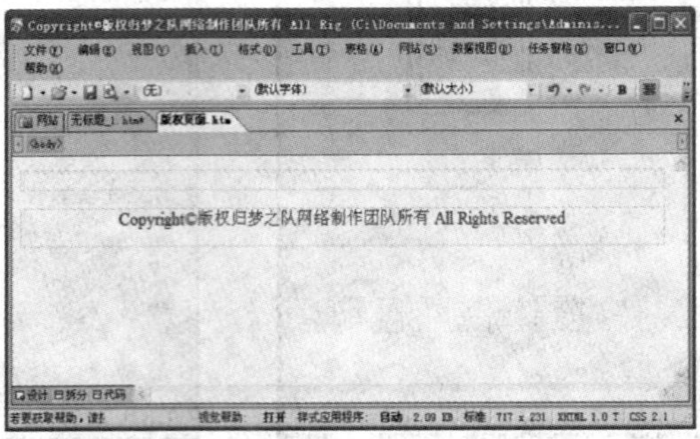

图 7-8-14　版权页面

10）切换至“default. htm”页面，将光标定位在该网页中布局表格的最下面一行，然后选择【插入】|【Web 组件】命令，在打开的【插入 Web 组件】对话框的【组件类型】列表中选择【包含内容】选项，在【选择内容类型】列表中选择【网页】选项，如图 7-8-15 所示。

11）单击【完成】按钮，打开【包含网页属性】对话框，如图 7-8-16 所示。单击【浏览】按钮，在打开的【当前网站】对话框中选择“版权页面 . htm”。

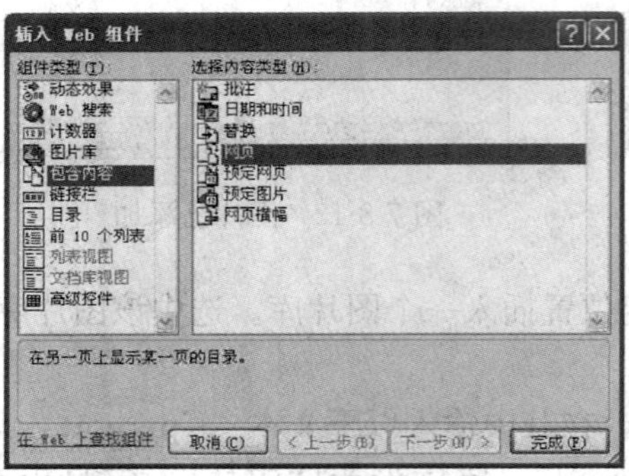

图 7-8-15　【插入 Web 组件】对话框

图 7-8-16　【包含网页属性】对话框

12）单击【确定】按钮，即可将“版权页面.htm”网页插入到 default.htm 网页中的指定位置，效果如图 7-8-17 所示。

图 7-8-17　插入版权页面

13）保存页面，按 F12 键看到预览效果如图 7-8-18 所示，选择上方的任何一张图片，就能在网页中间看到图片的放大效果。

图 7-8-18　网页的预览效果

习　题　七

一、选择题

1. 以下关于网站规划的叙述中错误的是（　　）。

   A. 在制作网站前，应首先规划好网站的内容和浏览对象

   B. 一个优秀的网站应该具有清晰的导航信息

   C. 保持恒久不变的内容才能使访问者流连忘返

   D. 网页中应该在文字说明的旁边配适量的搭配图片说明

2. 在编辑网页时，若要在编辑网页代码的同时直观地看到设计效果，可以使用的网页视图模式

是（ ）。

A.【设计】视图　　B.【拆分】视图　　C.【代码】视图　　D. 以上三种模式均可

3. 用 SharePoint Designer 2007 编辑网页时，在（ ）工作方式下，可以观看网页在浏览器中的显示效果。

A. 编辑　　B. 预览　　C. 链接　　D. 插入

4. 在【布局表格】任务窗格的【表格布局】列表中，若要使用某种布局表格，需要（ ）。

A. 单击　　B. 双击　　C. 右击　　D. 拖动

5. 要使用系统默认的浏览器预览网页，可使用快捷键（ ）。

A. F8　　B. F9　　C. F10　　D. F12

6. 若要使单元格的边框不可见，应将单元格边框的粗细值设置为（ ）。

A. －1　　B. 0　　C. 1　　D. 2

7. 如果在网页中按照先后顺序插入了 layer1、layer2 和 layer3 共三个层，那么相对于其他层来说，位于最上方的层是（ ）。

A. layer1　　B. layer2　　C. layer3　　D. 不分上下

8. 下列关于层与行为的描述中错误的是（ ）。

A. 层可以将页面中的元素精确定位，其中可以加入文本、图片、表格等元素，也可以嵌套其他层中

B. 当网页中插入多个层时，后插入的层的位置将更加靠上

C. 行为是事件（events）和动作（actions）的结合物，其中动作是事件的原因，而事件是动作的直接后果

D. 事件是多种多样的，若要被浏览器识别和执行，就必须有一个符合规范的名称来描述它，而不是随便定义一个名称

9. 以下关于框架的描述中正确的是（ ）。

A. 在框架中只能使用已经存在的网页

B. 在框架中不能使用空白网页

C. 框架中的网页可以是互联网上的某个网站的主页

D. 在浏览器中，框架的大小不能被随意调整

10. 以下说法中错误的是（ ）。

A. 在网页中处理大量图片时，若想提高工作效率，可以使用 SharePoint Designer 2007 组件中的图片库功能

B. 在为图片设置透明效果时，可以针对同一张图片中的多种颜色设置透明效果

C. GIF 格式的带有动画效果的图片，可以按照插入图片的方法直接插入到网页中

D. 在网页中插入滚动字幕时，该字母可以直接插入到网页中的表格中，也可以插入到层中

二、填空题

1. 目前，网页中常见的图片文件格式有________、________、________。

2. 在 SharePoint Designer 2007 中的视图方式有________、远程网站、报表、导航、________和________等几种。

3. 利用 SharePoint Designer 2007 制作的网页扩展名为________，首页默认名为________。

4. 在 SharePoint Designer 2007 中，要使浏览器中的不同区域同时显示几个网页，可使用________布局页面。

5. 一般来说，采用框架布局的网页可分为：________、________和________。

6. 框架集网页创建完成后，就可以为框架中填充内容了。在框架中填充内容可分为两种方法，

一种是________，另一种是________。

7. ________事件，当网页中的内容装载完成后，即可自动触发；________事件，当鼠标指针经过相应对象时，即可自动触发；________事件，当鼠标指针停留在对象的边界内，即可自动触发。

8. 表单中的文本框可以分为三类，分别是________、________、________。

9. 要使用 SharePoint Designer 2007 中提供的计数器组件，首先应该选择【________】命令，打开【插入 Web 组件】对话框。

10. 要在网页中插入一个 Flash 影片，应在【插入 Web 组件】对话框的【组件类型】列表中选择“________”选项，然后在【选择一个控件】列表中选择“________”选项。

三、判断题

1. HTML 是超文本标记语言的英文缩写。（　）

2. 使用 SharePoint Designer 2007 编辑网页时，不能在表格的单元格中插入动画。（　）

3. 书签指的是页面中被标记的位置。（　）

4. 在“导航”视图模式下，可直接进行网页的创建、编辑和预览。（　）

5. 要使页面上能显示访问次数可使用计数器实现。（　）

6. 想要当鼠标指针指向某个按钮，该按钮的颜色、形状随即发生变化的效果时，可使用动态字幕动态效果。（　）

7. 层也可与表格、框架一样实现对页面的布局，而且更加灵活。（　）

8. SharePoint Designer 2007 无法制作具有动态效果的网页。（　）

9. 在层中无法插入 Flash 动画。（　）

10. SharePoint Designer 2007 的内置行为可以提高网页的交互能力。（　）

四、操作题

请根据本章所学内容，结合网站制作流程，自选主题，自制网页，申请免费域名和空间，建立一个主题明确的网站，并将制作的网站发布到申请到的空间，供大家浏览。

第8章

数据库管理软件 Access 2007

本章学习目标

◎　了解数据库管理系统的概念和构成。

◎　熟悉Access 2007的工作界面。

◎　掌握Access 2007中创建数据库和表的方法。

◎　掌握Access 2007中创建查询、窗体和报表的方法。

在当今信息社会中，越来越显示出信息系统的重要性，信息系统已经成为一个行业或一个部门生存和发展的必备条件。数据库是数据管理的最新技术，是计算机科学的重要分支。数据库技术作为信息系统的核心技术和基础，正越来越多地被广泛应用。

8.1　数据库系统概述

8.1.1　数据库简介

数据库（data base）是利用信息技术和方法管理数据的成果，顾名思义是存放数据的仓库，可以简单定义为“人们为解决特定的任务，以一定的组织方式存储在计算机中的相关数据的集合”。例如，学生的相关信息可以构成一个数据库，在记录学生基本情况时，每个学生的学号、姓名、专业、班级、性别、电话、出生年月、照片等信息就是数据库中的“数据”，如图 8-1-1 所示。

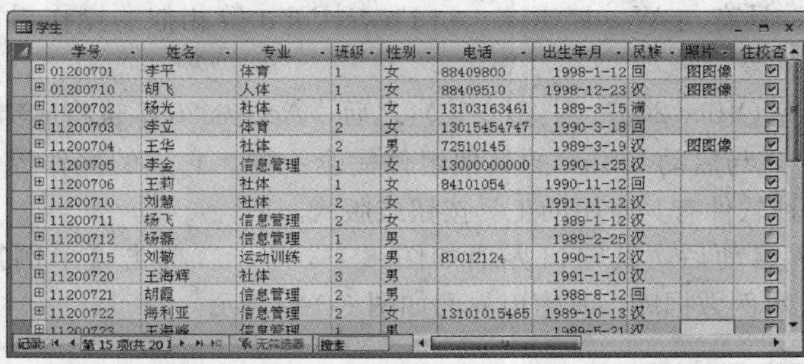

学号	姓名	专业	班级	性别	电话	出生年月	民族	照片	住校否
01200701	李平	体育	1	女	88409800	1998-1-12	回	图图像	☑
01200710	胡飞	人体	1	女	88409510	1998-12-23	汉	图图像	☑
11200702	杨光	社体	1	女	13103163461	1989-3-15	满		☑
11200703	李立	体育	2	女	13015454747	1990-3-18	回		☐
11200704	王华	社体	2	男	72510145	1989-3-19	汉	图图像	☑
11200705	李金	信息管理	1	女	13000000000	1990-1-25	汉		☑
11200706	王莉	社体	1	女	84101054	1990-11-12	回		☑
11200710	刘慧	社体	2	女		1991-11-12	汉		☑
11200711	杨飞	信息管理	2	女		1989-1-12	汉		☑
11200712	杨磊	信息管理	1	男		1989-2-25	汉		☐
11200715	刘敏	运动训练	2	男	81012124	1990-1-12	汉		☑
11200720	王海辉	社体	3	男		1991-1-10	汉		☑
11200721	胡霞	信息管理	2	男		1988-8-12	回		☐
11200722	海利亚	信息管理	2	女	13101015465	1989-10-13	汉		☑

图 8-1-1　学生表中的数据

数据处理就是将数据转换为信息的过程，它包括对数据库中的数据进行收集、存储、传播、检索、分类、加工或计算、打印和输出等操作，如向“学生”数据表中增加一条记录，或者从中查找某学生的出生日期等都是数据处理。

数据库系统，从根本上说是计算机化的记录保持系统，它的目的是存储和产生所需要的有用信息。这些有用的信息可以是使用该系统的个人或组织的有意义的任何事情，是对某个人或组织辅助决策过程中必不可少的事情。

狭义地讲，数据库系统是由数据库、数据库管理系统和用户构成。广义地讲，数据库系统是指采用了数据库技术的计算机系统，它包括数据库、数据库管理系统、操作系统、硬件、应用程序、数据库管理员及终端用户，如图 8-1-2 所示。

数据库管理系统（database management system，DBMS）是从图书馆的管理方法改进而来的。人们将越来越多的资料存入计算机中，并通过一些编制好的计算机程序对这些资料进行管理，这些程序后来就被称为数据库管理系统。数据库管理系统由一个互相关联的数据的集合和一组访问这些数据的程序组成，它负责对数据库中存储的数据进行管理、维护和使用。因此，DBMS 是一种非常复杂的、综合性的、在数据库系统中对数据进行管理的大型系统软件，它是数据库系统的核心组成部分。

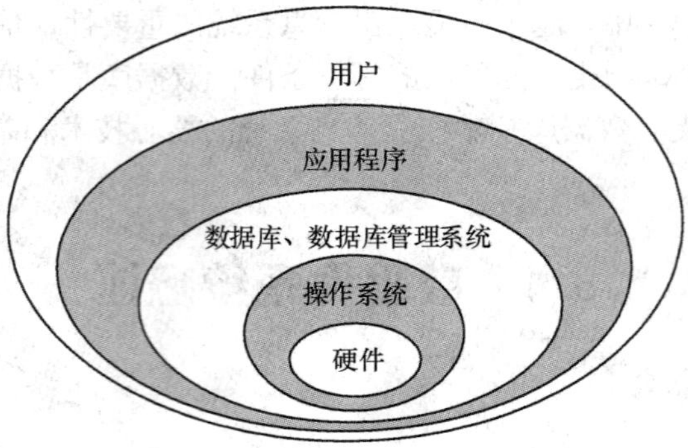

图 8-1-2 数据库系统组成

8.1.2 Access 2007 的工作界面

Access 是美国 Microsoft 公司推出的关系型数据库管理系统（RDBMS），它作为 Office 的一部分，具有与 Word、Excel 和 PowerPoint 等相似的操作界面和使用环境，深受广大用户的喜爱。

当用户安装完 Office 2007（典型安装）之后，Access 2007 也将成功安装到系统中，启动 Access 的方式与启动 Office 的其他组件完全一样，它们的操作界面几乎也相同，差别就在于每一种软件有其专用的工具按钮或版式。

Access 2007 启动后，其窗口界面如图 8-1-3 所示。单击【示例】，打开 Access 2007 中的罗斯文示例数据库，其窗口界面如图 8-1-4 所示。

图 8-1-3 Access 2007 启动后的界面

8.1.3 Access 数据库的构成

Access 数据库由多个对象组成：存储数据的“表”；查找和管理各表记录的“查询”；界面友好的“窗体”；灵活方便的“报表”；开发系统的“宏”、“模块”等。Access 将数据库保存为扩展名为 accdb 的文件。下面做简单介绍。

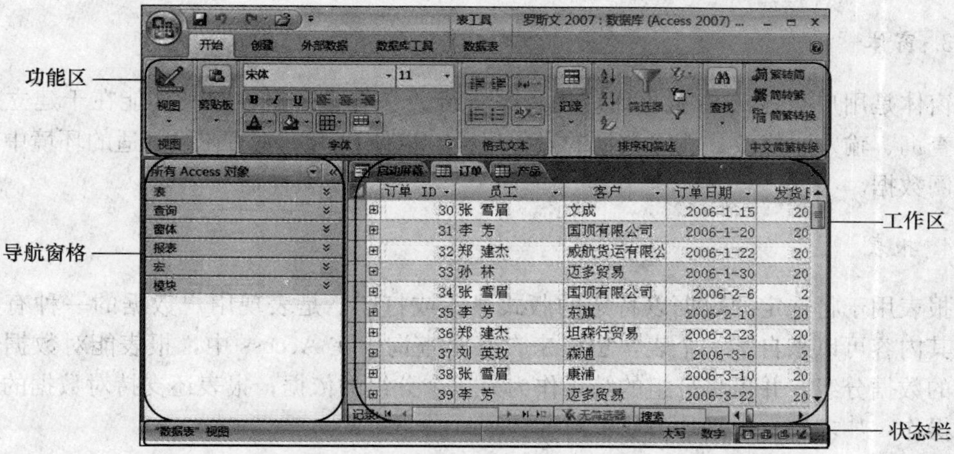

图 8-1-4　“罗斯文示例”数据库窗口界面

1. 表

表（table）是 Access 最基本的组件，如果要在 Access 系统中建立数据库，第一步即是创建表。表是存储数据的基本单元，由不同的行、列组合而成，如图 8-1-1 所示。一个数据库中可以包含一个或多个表，表与表之间可以根据需要创建关系，如图 8-1-5 所示。

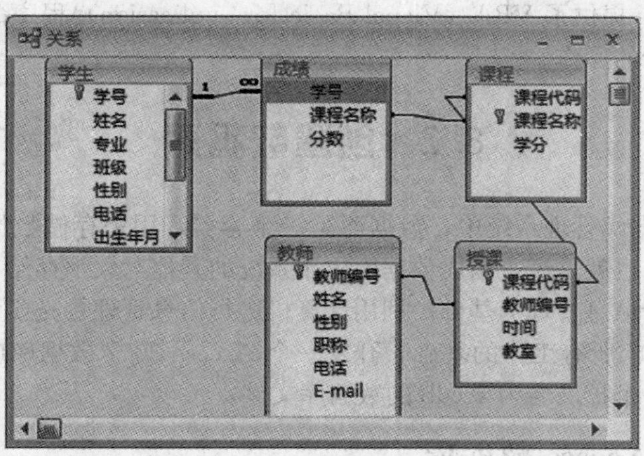

图 8-1-5　表与表之间的“关系”

2. 查询

使用一些限制条件来选取表中的数据（记录）被称为查询。例如，查询所有“信息管理”专业的学生、查询 1989 年 1 月 1 日后出生的学生等。用户可以保存查询，使之成为数据库中的“查询”对象，在实际操作过程中，就可以随时打开已有的查询查看，以提高工作效率。

3. 窗体

窗体是用户与 Access 数据库应用程序进行数据传递的桥梁，其功能在于建立一个可以查询、输入、修改、删除数据的操作界面，以便让用户能够在最舒适的环境中输入或查阅数据。

4. 报表

报表用于将选定的数据以特定的版式显示或打印，是表现用户数据的一种有效方式，其内容可以来自某一个表，也可来自某个查询。在 Access 中，报表能对数据进行多重的数据分组，并可将分组的结果作为另一个分组的依据；报表还支持对数据的各种统计操作，如求和、求平均值或汇总等。

5. 宏

宏是一个或多个命令的集合，其中每个命令都可以实现特定的功能，通过将这些命令组合起来，可以自动完成某些经常重复或复杂的操作。

6. 模块

模块就是所谓的"程序"，Access 虽然在不需要撰写任何程序的情况下就可以满足大部分用户的需求，但对于较复杂的应用系统而言，只靠 Access 的向导及宏仍然稍显不足。所以 Access 提供了 VBA（Visual Basic for application）程序命令，可以自如地控制细微或较复杂的操作。

8.2 创建数据库

在 Access 数据库管理系统中，数据库是一个容器，用来存储数据库应用系统中的其他数据库对象，也就是说，构成数据库应用系统的其他对象都存储在数据库中。

数据库是进行信息管理的基础，利用计算机进行信息管理首先要建立数据库，数据库也是 Access 2007 所有工作的基础。开发一个 Access 2007 数据库应用系统，第一步工作应该是创建一个扩展名为 accdb 的数据库文件。

8.2.1 创建 Access 数据库

在 Access 中创建数据库，有两种方法：一是使用模板创建，模板数据库可以原样使用，也可以对它们进行自定义，以便更好地满足需要；二是先建立一个空数据库，然后再添加表、窗体、报表等对象，这种方法较为灵活，但需要分别定义每个数据库元素。无论采用哪种方法，都可以随时修改或扩展数据库。

1. 使用向导创建数据库

Access 2007 提供了种类繁多的模板，使用它们可以加快数据库创建过程。模板是随时可用的数据库，其中包含执行特定任务时所需的所有表、窗体和报表。通过对模板的修改，可以使其符合自己的需要。

【例 8-1】 利用模板创建“本校教职员工”数据库。

具体操作步骤如下。

1）选择【Office】|【新建】命令，选择【本地模板】中的“教职员工”模板。如图 8-2-1 所示，在右边的文件名保存位置对话框中输入新建数据库文件的名称（例如将名称更改为“本校教职员工”），以及数据库的保存路径。

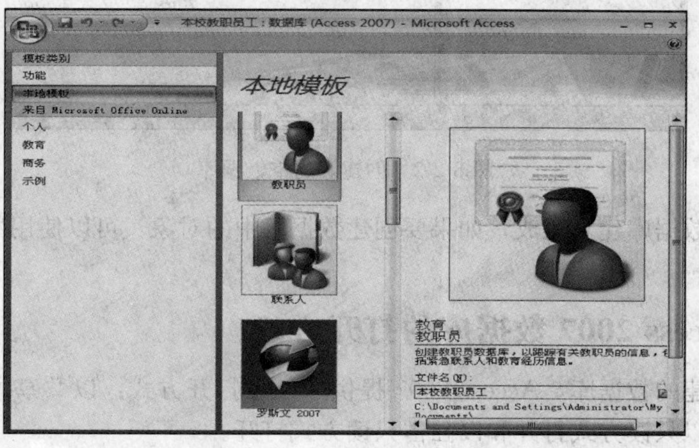

图 8-2-1 【本地模板】示例

2）单击【创建】按钮，弹出【正在准备模板】对话框进行设置。

3）模板准备完成后，系统会提示登录前的设置信息。

4）做完登录前的设置后，系统进入用模板创建的数据库的主界面，在此用户就可以根据实际需要来更改模板提供的各种对象。

2. 直接创建空数据库

通常情况下，用户都是先创建数据表等组件之后才创建数据库，或者先创建一个空数据库，然后再在此空数据库中添加表、查询、窗体等组件。

【例 8-2】 以创建“学生成绩管理”数据库为例，介绍直接创建数据库的方法。

具体操作步骤如下。

1）启动 Access 2007，单击【Office】|【新建】命令，选择【空白数据库】按钮。此时，窗口右侧的【打开最近的数据库】栏变为【空白数据库】栏，新数据库默认的名称为“Database1. accdb”。

2）在【文件名】文本框中输入数据库文件名“学生成绩管理”，在保存位置对话框中输入新建数据库文件的保存路径。

3）单击【创建】按钮即可创建如图 8-2-2 所示的空数据库。

“学生成绩管理”数据库是不包含任何对象的空白数据库，数据库文件的默认扩展名为 . accdb。

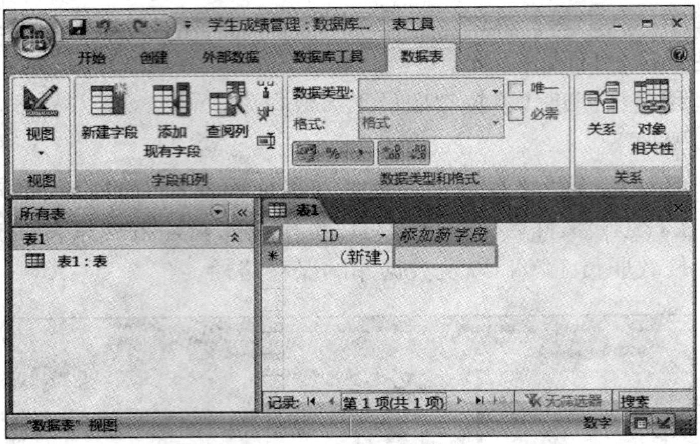

图 8-2-2　创建好的空数据库

至此，空数据库建立完成，如果要创建数据库中的对象，可以使用数据库窗口中提供的快捷方式。

8.2.2　Access 2007 数据库的打开方式

对于已创建的数据库，Access 2007 提供了四种打开方式：以共享方式打开、以独占方式打开、以只读方式打开和以独占只读方式打开。

1）以共享方式打开：选择这种方式打开数据库，即以共享模式打开数据库，允许在同一时间能够有多位用户同时读取与写入数据库。

2）以独占方式打开：选择这种方式打开数据库时，当有一个用户读取和写入数据库期间，其他用户都无法使用该数据库。

3）以只读方式打开：选择这种方式打开数据库，只能查看而无法编辑数据库。

4）以独占只读方式打开：如果想要以只读且独占的模式来打开数据库，则选择该选项。所谓的“独占只读方式”指在一个用户以此模式打开某一个数据库之后，其他用户将只能以只读模式打开此数据库，而并非限制其他用户不能打开此数据库。

8.3　表的创建与设置

8.3.1　Access 2007 的字段操作

在创建表之前，先要对表的结构进行设计，也就是根据数据的取值情况确定每个字段的名称和数据类型。字段名一般以字符开头，后面可跟字符和数字等允许的符号，最多为 74 个字符，同一个表中不能有相同的字段名。而字段数据类型的设置则定义了用户可以输入到字段中的值的类型。

1. 字段数据类型

Access 2007 定义了 11 种数据类型，在表设计窗口“数据类型”单元格的下拉列表中显示了 11 种数据类型。有关数据类型的详细说明如表 8-3-1 所示。

表 8-3-1 Access 2007 中的数据类型

数据类型	使用说明	字段大小
文本（Text）	文本类型或文本与数字类型的结合，与数字类型一样，都不需要计算，例如姓名	设置长度，最多可用 255 个字符
备注（Memo）	长文本类型或文本与数字类型的组合	最多可用 640 000 个字符
数字（Number）	用于数学计算中的数值数据。关于如何设定特殊数字类型，可以查看 FieldSize 属性的说明	1、2、4 或 8 个字节
日期/时间（Date/Time）	日期/时间数值得设定范围为 100～9999 年	8 个字节
货币（Currency）	用于数学计算的货币数值与数值数据，包含小数点后 1～4 位。整数位最多有 15 位	8 个字节
自动编号（Auto Number）	每当向表中添加一条新的记录时，由 Access 指定的一个唯一的顺序号（每次递增 1）或随机数。自动编号字段不能更新	4 个字节
是/否（Yes/No）	“是”和“否”的数值与字段只包含两个数值（True/False 或 On/Off）中的一个	1 位
超级链接（Hyperlink）	保存超级链接的字段。超级链接可以是某个文件的路径 UNC 路径或 URL	最长为 64 000 个字节
OLE 对象（OLE Object）	联接或内嵌于 Access 数据表中的对象，可以是 Excel 电子表、Word 文件、图形、声音或其他二进制数据	最多可用 10 亿字节，受限于所用的磁盘空间
查询向导（Lookup Wizard）	创建字段，该字段将允许使用组合框来选择另一个表或一个列表中的值。从数据类型列表中选择此选项，将打开向导以进行定义	通常为 4 个字节
附件	可以将多个文件存储在单个字段之中，也可以将多种类型的文件存储在单个字段之中	最多可以附加 2GB 的数据，单个文件的大小不得超过 256MB

2. 字段属性

Access 中每个字段都有自己的属性，使用它可以附加控制数据在字段中的存储、输入或显示方式。例如，可通过设置文本字段的“字段大小”属性来控制允许输入的最多字符数。每个字段的可用属性取决于为该字段选择的数据类型。系统提供了如表 8-3-2 所示的 13 种属性。

表 8-3-2 Access 2007 的字段属性及功能

属性选项	功 能
字段大小	使用这个属性可以设置文本、数字、货币和自动编号字段数据的范围，可设置的最大字符数为 255
格式	控制如何显示和打印数据，可选择预定义格式或输入自定义格式
小数位数	指定数字、货币字段数据的小数位数，默认值是“自动”，范围是 0～15
输入法模式	确定光标移至该字段时，准备设置哪种输入法模式，有三个选项，即随意、开启和关闭
输入掩码	使用户在输入时可以看到这个掩码，从而知道应该如何输入数据，对文本、数字、日期/时间和货币类型字段有效

续表

属性选项	功　能
标题	在各种视图中，可以通过对象的标题向用户提供帮助信息
默认值	指定数据的默认值，自动编号和 OLE 数据类型没有此项属性
有效性规则	是一个表达式，用户输入的数据必须满足此表达式，当光标离开此字段时，系统会自动检测数据是否满足有效性规则
有效性文本	当输入的数据不符合有效性规则时显示的提示信息
必填字段	该属性决定字段中是否允许出现 Null 值
允许空字符串	指定该字段是否允许零长度字符串
索引	决定是否建立索引的属性，有三个选项，即“没有”、“有，允许重复”和“有，不允许重复”
Unicode	指示是否允许对该字段进行 Unicode 压缩

3. 主关键字

主关键字也叫主键，是表中用于唯一标识每条记录的主索引。主键不是必须的，但它能将表与其他表中的外键相关联。所以，只有定义了主键，才能建立表与表之间的关系，同时也方便对表进行排序和索引操作。主键不允许为 Null（空值），并且必须始终具有唯一索引。如果表中某个字段没有重复的内容，就可以用作该表的主键。如在“学生”表中，姓名有可能出现同名同姓的情况，而学号则不会重复，所以可设置学号为主键。

主键类型有三种，即自动编号主键、单字段主键、多字段主键。

4. 设置表的索引

简单地说，索引就是搜索或排序的根据。也就是说，当为某一字段建立了索引，可以显著加快以该字段为依据的查找、排序和查询等操作。但是，并不是将所有字段都建立索引，搜索的速度就会达到最快。这是因为建立的索引越多，占用的内存空间就会越大，这样会减慢添加、删除和更新记录的速度。

1）在记录数较多的表中查找、排序数据时，利用索引可以极大地加快操作速度，如果经常需要在某字段进行查找、排序，建议对该字段设置索引。

2）设置一个表的主键后，Access 会自动将该主键字段创建索引，索引类型是无重复的唯一索引，也称为主索引。因此，对主键不应重复设置索引。

3）与多字段主键类似，有时需要建立多字段索引。如在学生表中先按班级排序，若班级相同则按学号排序，此时就需要按班级、学号的多字段建立索引。

注意：多字段索引的字段顺序很重要，不同的顺序会得到不同的结果。

8.3.2　创建表

在数据库中，表是用来存储信息的仓库，是整个数据库的基础。只有建立了表的组成结构，才能向数据库中输入数据。数据库的其他对象才能在表的基础上进行创建，这样才能利用 Access 2007 进行工作。

表是关系型数据库系统的基本结构，是关于特定主题数据的集合，是由行和列组成的基于主题的列表。与其他数据库管理系统一样，Access 中的表也是由结构和数据两部分组成。

1. 通过输入数据创建表

使用数据表视图创建表是较方便的，也是较常用的方法。只需打开 Access 2007，新建一个数据库，在新建数据库中会自动打开数据表的视图窗口，只要在空白数据表中新建字段、添加字段和数据即可，同时 Access 会根据输入的记录自动地指定字段类型。

2. 使用模板创建表（表向导）

使用模板创建表是一种快速建表的方式，这是由于 Access 在模板中内置了一些常见的示例表，这些表中都包含了足够多的字段名，用户根据需要在数据表中添加和删除字段即可创建需要的数据表。

3. 使用表设计器创建表

表设计器是一种可视化工具，用于设计和编辑数据库中的表。该方法以设计器所提供的设计视图为界面，引导用户通过人机交互来完成对表的定义。使用该方法时，需要设计该表的字段并对字段的数据类型进行定义。

不论是使用向导创建的表，还是通过输入数据直接创建的表，大部分都要使用表设计器对其做相应的修改，如更改字段的名称、字段的数据类型、设置主键等。

【例 8-3】 按照“学生成绩管理”数据库的要求，通过设计视图创建一个“学生”表，其中的字段名称、数据类型如图 8-3-1 所示。

字段名称	数据类型	说明
学号	文本	
姓名	文本	
性别	文本	
出生日期	日期/时间	
班级	文本	
专业	文本	
电话	文本	
照片	OLE 对象	
住校否	是/否	
简历	超链接	

图 8-3-1　“学生”表字段

具体操作步骤如下。

1）打开前面创建的“学生成绩管理”数据库，在数据库窗口，选择【创建】|【表】工具组，创建一新表，命名为“学生”表。

2）选择【设计视图】，打开表的设计视图方式界面。根据预先对“学生”表的设计，在设计视图的上半部分输入各字段名、字段类型以及字段的说明，如图 8-3-2 所示，下半部分设置每一个字段的属性。

3）设置主键。主键是用于唯一地标识一条记录的字段，它可以是一个字段，也可以是几个字段的组合。设置了主键的表有利于搜索数据和建立关系。显然，在“学生”表中“学号”应该被设置为主键。选择“学号”字段，单击【设计】|【工具】|【主键】按钮，即可为“学号”字段创建主键。

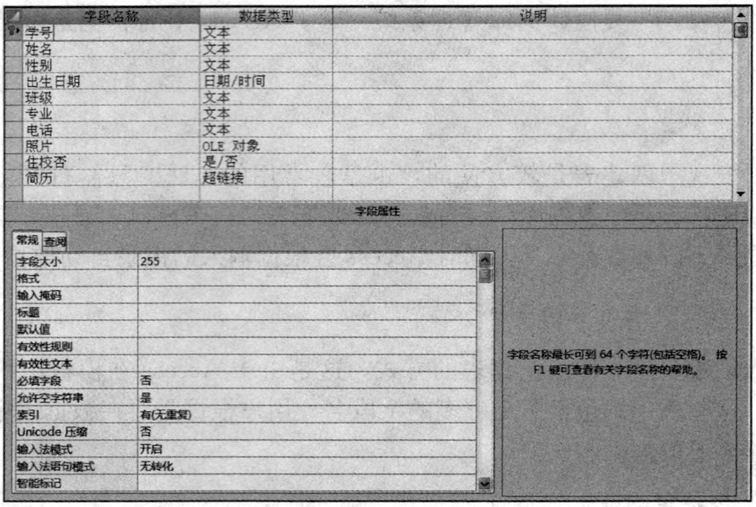

图 8-3-2　表的【设计视图】窗口

4）设计完成后，单击快速访问工具栏中的【保存】按钮，保存“学生”表。

8.4　表的操作

8.4.1　创建表之间的关系

Access 是一个关系型数据库，为了减少数据冗余，把数据分别存储在相互有关系的多张表中，每一张表都是单独建立的，若想建立表之间的关联，就必须建立表间关系。Access 就是凭借这些关系来连接表或查询表中的数据的。

表间关系可分为一对一、一对多和多对多三种关系。

❗ *提示：要建立表间关系时，所有要建立关系的表必须处于关闭状态，否则无法建立关系。*

在表之间创建关系，可以确保 Access 将某一表中的改动反映到相关联的表中。一个表可以和多个其他表相关联，而不是只能与另一个表组成关系。最常用的关系是一对多，要满足如下几点要求。

1）建立关系的两个表要有公共字段，且两字段类型相同，名称可以不同。

2）建立关系以后，“一”方的表称为主表，“多”方的表称为子表。

3）子表中公共字段的值在主表公共字段中有匹配的值，主表公共字段的值不必与子表匹配。子表可以是空表。

【例 8-4】在“学生成绩管理”数据库中，“学生”表和“成绩”表可通过“学号”字段建立关系。

具体操作步骤如下。

1）打开“学生成绩管理”数据库。

2）单击【数据库工具】|【显示/隐蔽】|【关系】按钮，打开【关系】窗口，如图 8-4-1 所示。在【关系】窗口中将显示数据库中建立的所有表。

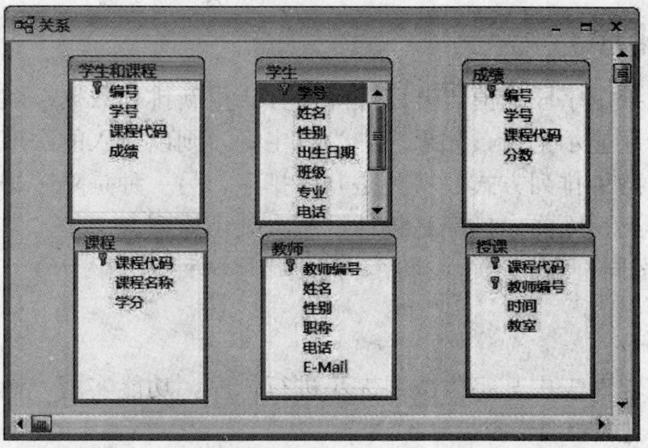

图 8-4-1 【关系】窗口

3）将“学生”表的“学号”字段拖动到“成绩”表的“学号”字段上，出现如图 8-4-2 所示的【编辑关系】对话框，选中【实施参照完整性】复选框，单击【创建】按钮。

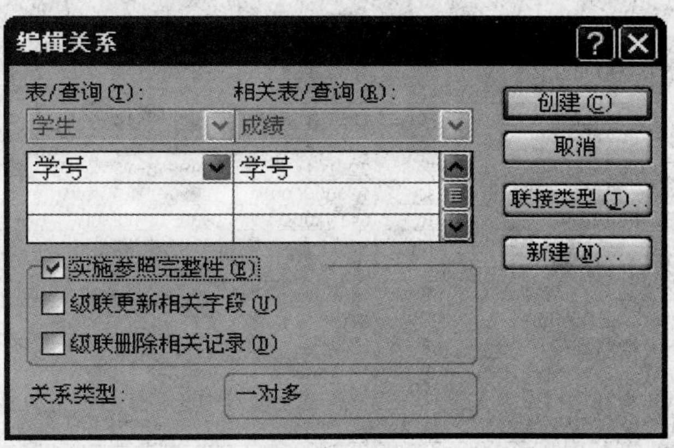

图 8-4-2 【编辑关系】对话框

4）关系建立成功，如图 8-4-3 所示。

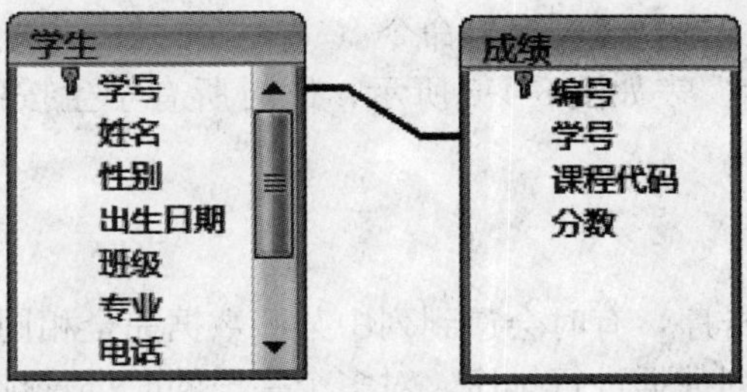

图 8-4-3　创建好的表间关系

! 提示：参照完整性是一种系统规则，Access 可以用它来确保关系表中的记录是有效的，并且确保用户不会在无意间删除或改变重要的相关数据。

8.4.2 数据排序

排序就是按照某个字段的值以升序或降序方式重新排列数据。默认情况下，Access会按照主键的值升序显示记录，如果表中没有主键，则以输入的次序来显示记录。

表中的数据有两种排列方式，一种是升序排序，另一种是降序排序。升序排序就是将数据从小到大排列；而降序排序是将数据从大到小排列。

Access 中数据排序可分为简单排序和高级排序两种。

1. 简单排序

简单排序就是针对表中某字段按照大小进行排序，功能实用，操作简单。下面用具体例子说明其操作过程。

【例 8-5】 对“学生”表中的“出生年月”按时间升序排序。

具体操作步骤如下。

1）在数据表视图中打开“学生”表，如图 8-4-4 所示。

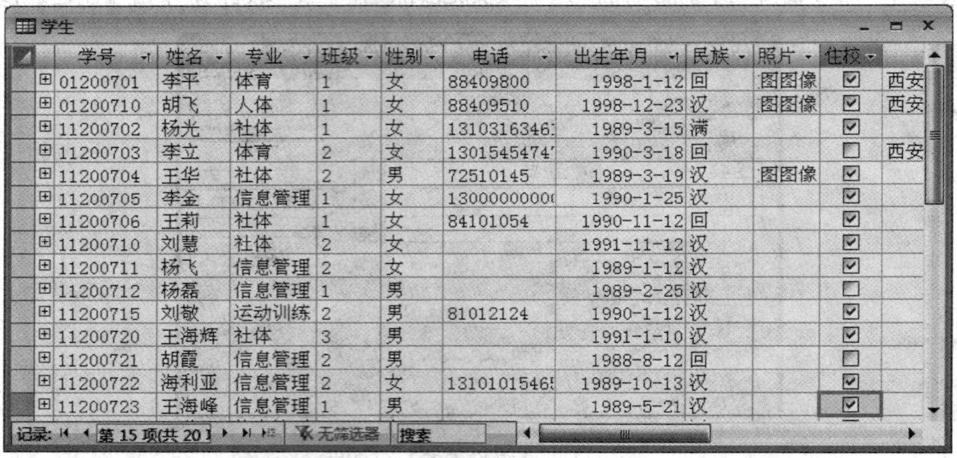

学生

学号	姓名	专业	班级	性别	电话	出生年月	民族	照片	住校	
01200701	李平	体育	1	女	88409800	1998-1-12	回	图图像	☑	西安
01200710	胡飞	人体	1	女	88409510	1998-12-23	汉	图图像	☑	西安
11200702	杨光	社体	1	女	1310316346	1989-3-15	满		☑	
11200703	李立	体育	2	女	1301545474	1990-3-18	回		☐	西安
11200704	王华	社体	2	男	72510145	1989-3-19	汉	图图像	☑	
11200705	李金	信息管理	1	女	1300000000	1990-1-25	汉		☑	
11200706	王莉	社体	1	女	84101054	1990-11-12	回		☑	
11200710	刘慧	社体	2	女		1991-11-12	汉		☑	
11200711	杨飞	信息管理	2	女		1989-1-12	汉		☑	
11200712	杨磊	信息管理	1	男		1989-2-25	汉		☐	
11200715	刘敬	运动训练	2	男	81012124	1990-1-12	汉		☑	
11200720	王海辉	社体	3	男		1991-1-10	汉		☑	
11200721	胡霞	信息管理	2	男		1988-8-12	回		☐	
11200722	海利亚	信息管理	2	女	1310101546	1989-10-13	汉		☑	
11200723	王海峰	信息管理	1	男		1989-5-21	汉		☑	

图 8-4-4 排序前的“学生”表

2）单击【开始】|【排序与筛选】|【升序】按钮，或者在选中的“出生年月”列旁右击，在弹出的菜单中选择【升序】命令。

3）排序后的“学生”表如图 8-4-5 所示，此时所有学生按照出生日期由早到晚的顺序排列。

2. 高级排序

按照一列数据进行排序，有时会遇到列中某些数据完全相同的情况，这时就需要使用高级排序功能来对多列数据进行排序。对多个字段同时设置排序规则时，系统首先按第一个排序字段设置的规则进行排序；如果有多条记录在该字段处的值相同，系统将按照第二个排序字段设置的规则对这些记录进行排序，依此类推。

【例 8-6】 对“学生”表中的数据按照“专业”和“班级”的升序排序。

具体操作步骤如下。

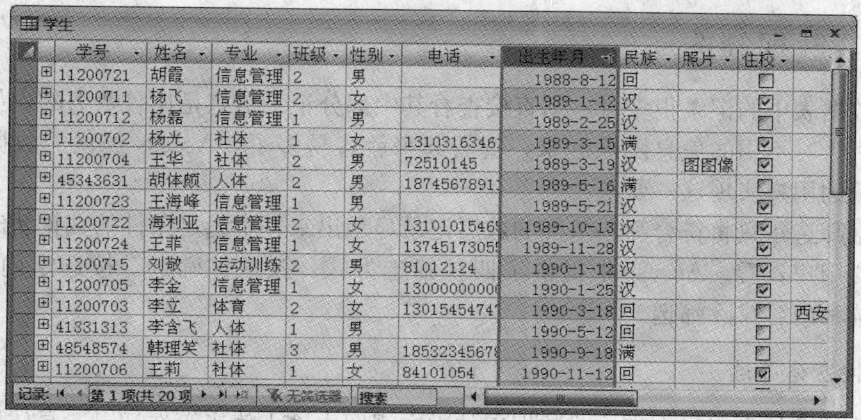

图 8-4-5　排序结果

1）在数据表视图中打开“学生”表。

2）单击【开始】|【排序与筛选】|【高级】按钮，在弹出的下拉菜单中选择【高级筛选/排序】命令，弹出如图 8-4-6 所示的筛选编辑器窗口。

3）在筛选编辑器下部的第一列中，从【字段】下拉列表中选择“专业”字段，从【排序】下拉列表中选择“升序”；在第二列中，从【字段】下拉列表中选择“班级”字段，从【排序】下拉列表中选择“升序”。

4）单击【开始】|【排序与筛选】|【高级】按钮，在弹出的下拉菜单中选择【应用筛选/排序】命令，返回到数据表视图，如图 8-4-7 所示。此时数据表已按照所设置的排序规则显示数据了。

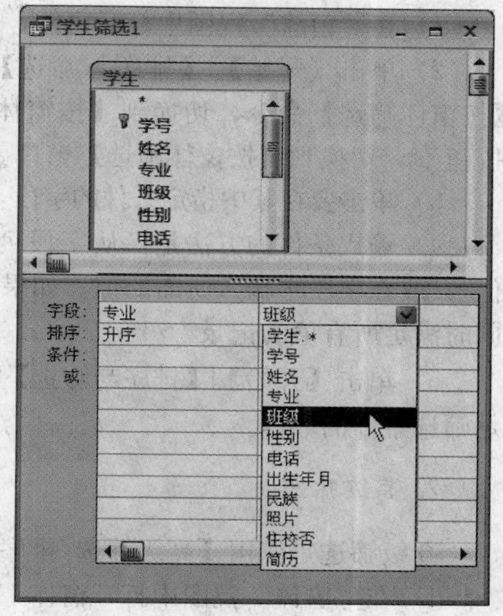

图 8-4-6　数据筛选编辑器窗口

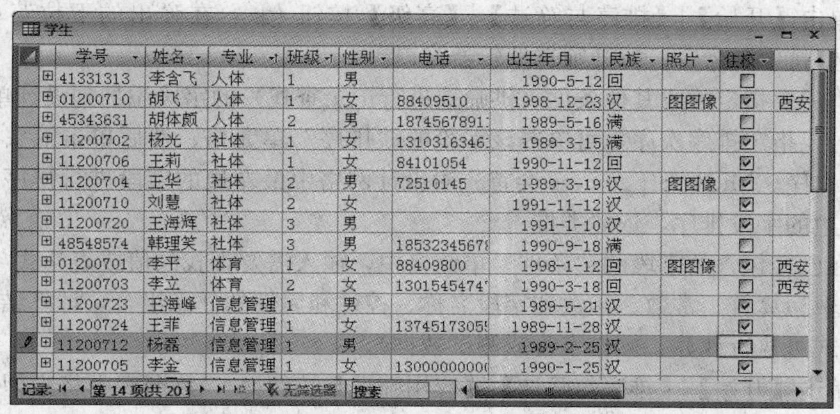

图 8-4-7　排序后的“学生”表

8.4.3 数据筛选

当数据表中的记录很多时，想直接查看其中部分记录信息是比较费力的，如果能将其中某些暂时不用的信息隐藏起来，查看起来就容易多了，Access 提供的数据筛选功能能够帮助用户实现这一要求。

数据筛选是只将符合筛选条件的数据记录显示出来，不满足条件的数据暂时隐藏起来，以便用户查看。Access 中提供了四种筛选方式：按窗体筛选、按选定内容筛选、高级筛选和内容排除筛选。

1. 按窗体筛选

窗体筛选就是通过在窗体或数据表的空白视图中输入值来筛选记录。具体操作方法如下。

1）在“窗体”视图中打开窗体，或在“数据表”视图中打开表、查询或窗体。

2）单击【开始】|【排序与筛选】|【高级】按钮，在弹出的下拉菜单中选择【按窗体筛选】命令，切换到【按窗体筛选】窗口。或单击工具栏上的【按窗体筛选】按钮，切换到【按窗体筛选】窗口。

3）单击要在其中指定条件的字段，记录必须满足该条件才能包含在筛选的记录集内。

4）输入条件的方法是：从字段列表中选择要搜索的字段值（如果列表中包含该值），或在字段中输入所需的值。如果在多个字段中指定筛选值，则筛选将仅返回那些同时满足所有值的记录。

5）单击【开始】|【排序与筛选】|【应用筛选】按钮，数据表中将立即显示出满足筛选条件的数据。

2. 高级筛选

高级筛选是使用【高级筛选/排序】窗口筛选记录，具体操作方法如下。

1）在“窗体”视图中打开窗体，或在“数据表”视图中打开表、查询或窗体。

2）单击需要筛选的窗体、子窗体、数据表或子数据表。

3）单击【开始】|【排序与筛选】|【高级】按钮，在弹出的下拉菜单中选择【高级筛选/排序】命令，打开筛选编辑器窗口。

4）将需要指定的或其他条件（供筛选进行记录查找）的字段添加到设计单元格中。

5）若要指定排序次序，可单击该字段的“排序”单元格，然后单击箭头，选择相应的排序次序。Microsoft Access 会首先对设计网格中最左边的字段进行排序，然后对该字段右边的字段排序，依此类推。

6）在已经包含的字段的“条件”单元格中，输入需要查找的值或表达式（表达式：算术或逻辑运算符、常数、函数和字段名称、控件和属性的任意组合，计算结果为单个值。表达式可执行计算、操作字符或测试数据）。

7）单击【开始】|【排序与筛选】|【应用筛选】按钮，数据表中将立即显示出满足筛选条件的数据。

8）高级筛选可以给多个字段设置不同的筛选条件，最后显示的是同时满足这些条件的记录。

8.5 查　询

查询是 Access 数据库的一个重要对象，用来查看、处理和分析数据。它可以将一张表或多张表中符合条件的记录组合成一张动态的表，查询的数据源可以是一个或多个数据表或已存在的查询。查询产生的操作结果形式上看类似于数据表，每次打开查询，都会显示数据源的最新变化情况。查询与数据源表是相通的，在查询中对数据所做的修改可以在数据源表中得到体现。

在 Access 中，有多种查询操作方式，包括选择查询、参数查询、交叉表查询、操作查询和 SQL 查询。创建查询的方式可以使用“查询向导”，也可以使用“查询设计器”。相对来说，在设计试图中创建查询更灵活，功能更强大。

8.5.1　使用向导创建查询

查询向导一般用来创建相对比较简单的查询，或者用来创建基本查询，以后再用设计视图进行修改。使用“简单查询向导”可以创建一个简单的选择查询。

【例 8-7】在“学生成绩管理”数据库中创建一个“学生基本情况查询”，查找学生的“姓名”、“班级”、“专业”、“性别”、“出生年月”。

具体操作步骤如下。

1）打开“学生成绩管理”数据库。

2）单击【创建】|【其他】|【查询向导】按钮，打开【新建查询】窗口，如图 8-5-1 所示。在窗口中选择“简单查询向导”，单击【确定】按钮。

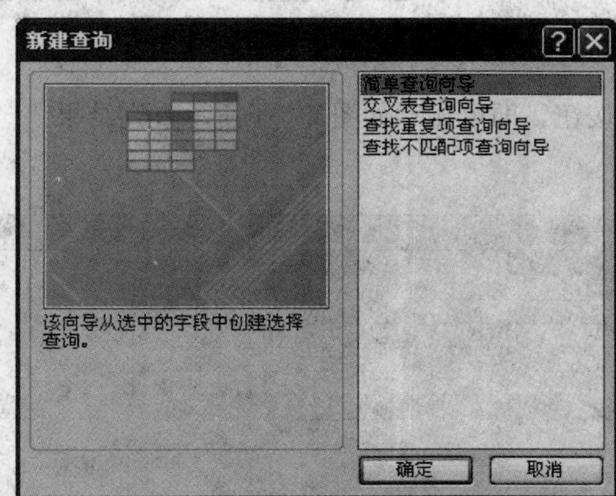

图 8-5-1　【新建查询】窗口

3）打开【简单查询向导】对话框，在【可用字段】栏中选择“学生”表中的“姓名”、“专业”、“班级”、“性别”、“出生年月”字段，如图 8-5-2 所示。单击【下一步】按钮。

4）在【请为查询指定标题】文本框中输入“学生基本情况查询”，如图 8-5-3 所示。

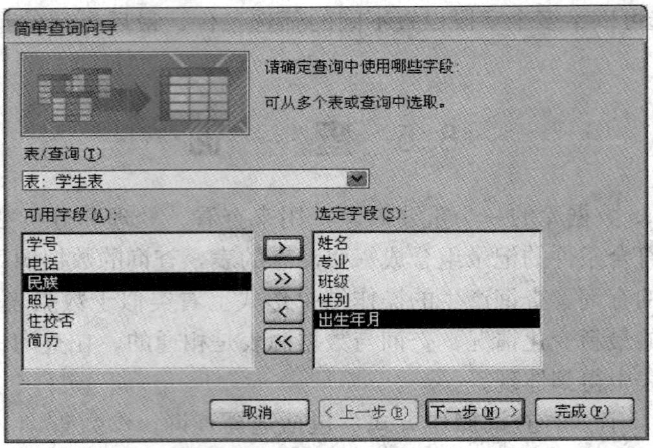

图 8-5-2 【简单查询向导】对话框的字段选择

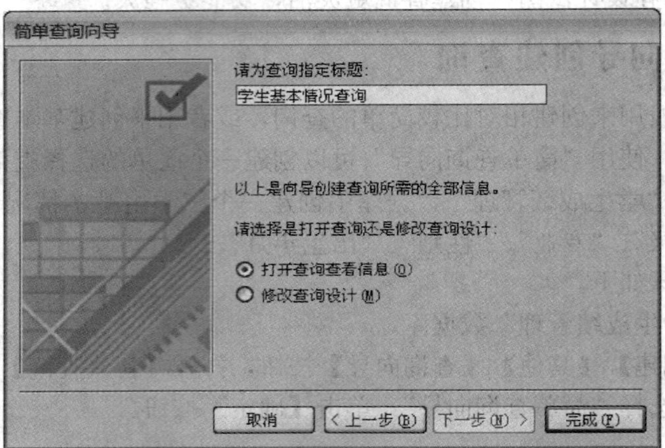

图 8-5-3 【简单查询向导】对话框中输入标题

5）单击【完成】按钮，即可显示如图 8-5-4 所示查询结果。

6）保存查询。

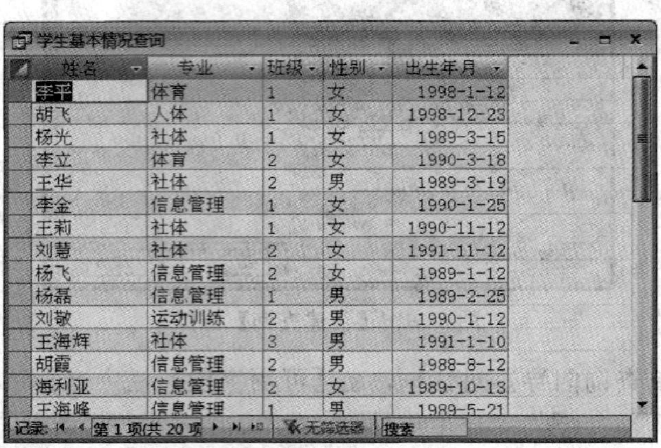

学生基本情况查询

姓名	专业	班级	性别	出生年月
李平	体育	1	女	1998-1-12
胡飞	人体	1	女	1998-12-23
杨光	社体	1	女	1989-3-15
李立	体育	2	女	1990-3-18
王华	社体	2	男	1989-3-19
李金	信息管理	1	女	1990-1-25
王莉	社体	1	女	1990-11-12
刘慧	社体	2	女	1991-11-12
杨飞	信息管理	2	女	1989-1-12
杨磊	信息管理	1	男	1989-2-25
刘敬	运动训练	2	男	1990-1-12
王海辉	社体	3	男	1991-1-10
胡霞	信息管理	2	男	1988-8-12
海利亚	信息管理	2	女	1989-10-13
王海峰	信息管理	1	男	1989-5-21

记录: 第 1 项(共 20 项) 无筛选器 搜索

图 8-5-4 查询结果

8.5.2　使用设计视图创建查询

1. 在设计视图中创建条件查询

在日常工作中，用户的查询并非只是简单的查询，而往往是带有一定的条件。这就需要通过“设计”视图来建立查询。

常用的查询视图有三种：设计视图、数据表视图、SQL 视图。查询的设计视图窗口分上下两部分，上半部分是“字段列表”区，放置查询的数据源；下半部分是“设计网格”区，放置在查询中显示的字段和在查询中做条件的字段。

打开设计视图的方式有两种，一种方式是建立一个新查询，另一种方式是打开现有的查询设计窗口。

【例 8-8】创建一个“不及格成绩查询”，显示学生“姓名”、“班级”、“课程名称”、“分数”。

具体操作步骤如下。

1）打开“学生成绩管理”数据库。

2）单击【创建】|【其他】|【查询设计】按钮，打开查询设计窗口，同时弹出【显示表】窗口，如图 8-5-5 所示。在窗口中选择查询所依据的“学生”表和“成绩”表，单击【添加】按钮，即将两个相关联的表添加到设计窗口，如图 8-5-6 所示。

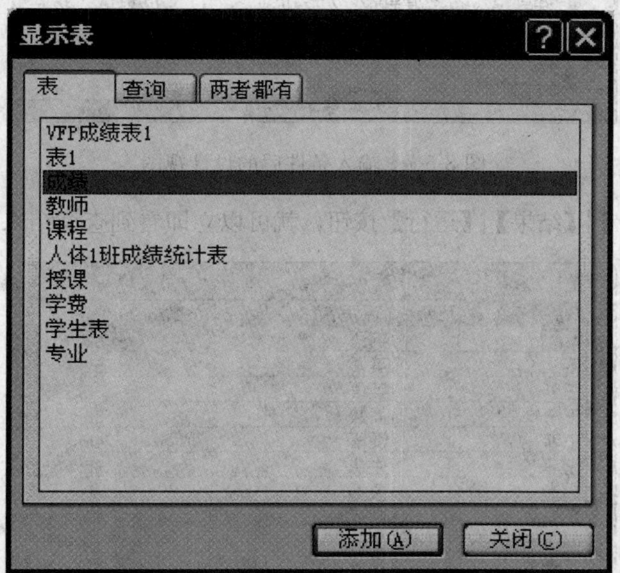

图 8-5-5　【显示表】窗口

3）依次拖动“姓名”、“班级”、“课程名称”、“分数”字段至窗口的字段行中，也可以直接双击表中的相应字段。

4）在“分数”列中的条件行中输入条件“<60”，如图 8-5-7 所示。

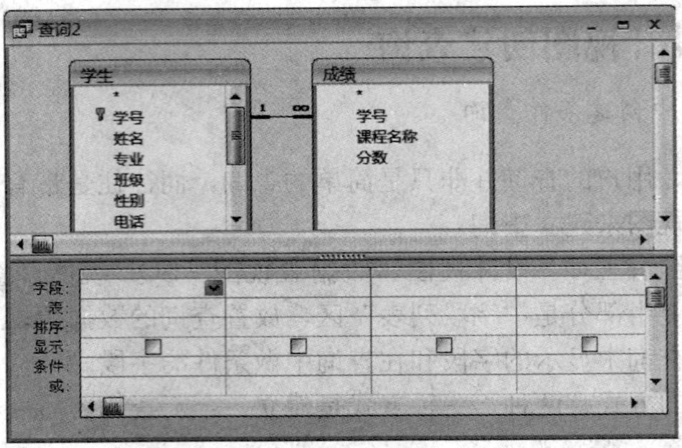

图 8-5-6　设计视图窗口

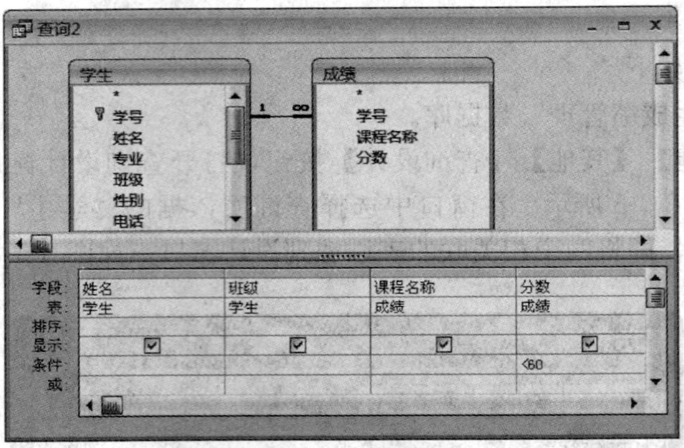

图 8-5-7　输入条件后的设计视图

5）单击【设计】|【结果】|【运行】按钮，就可以立即看到查询结果，如图 8-5-8 所示。

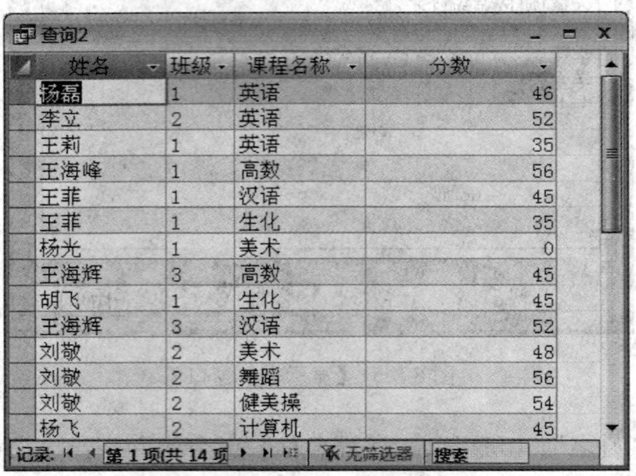

图 8-5-8　查询结果

6）单击【保存】，输入查询名称为“不及格成绩查询”。

2. 在设计视图中创建总计查询

Access 的查询不仅具有查找功能，而且具有计算的功能。在表达式中使用计算的目的是为了减少存储空间，另一方面则是为了避免在更新数据时产生不同步进行的错误。

【例 8-9】 创建“学生平均成绩”查询，显示“姓名”、“专业”、“性别”、“平均分数”字段，且“平均分数”保留两位小数。统计每个学生所有课程的平均成绩，并将结果按平均成绩的降序排列。

具体操作步骤如下。

1）打开“学生成绩管理”数据库。

2）将“姓名”、“专业”、“性别”、“分数”字段添加至窗口的字段行中。

3）单击【设计】|【显示/隐蔽】|【汇总】按钮，选择“分数”字段列中的“总计”行中下拉列表中的【平均值】命令，单击右键，在【属性】列表中设置小数位数为 2 位。

4）单击“分数”字段列中“排序”行下拉列表中的【降序】命令，如图 8-5-9 所示。

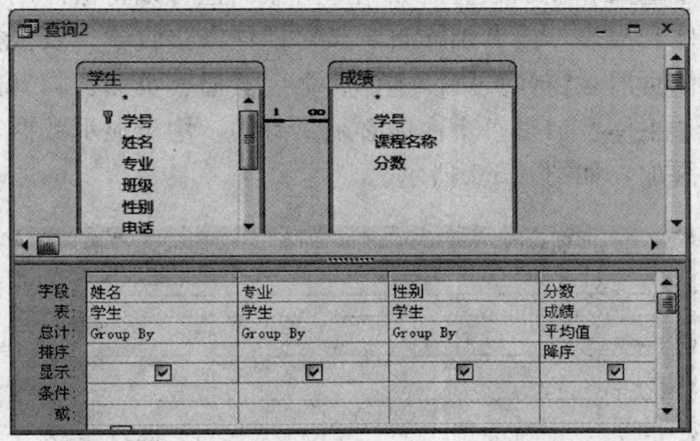

图 8-5-9　查询中合计与排序的使用

5）单击【运行】按钮，即可看到查询结果，如图 8-5-10 所示。

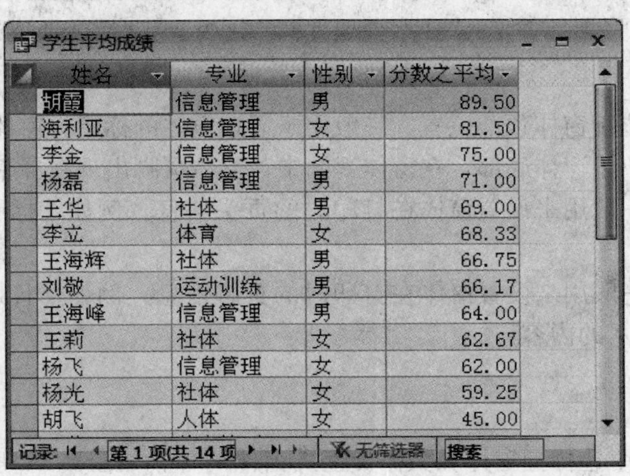

学生平均成绩

姓名	专业	性别	分数之平均
胡霞	信息管理	男	89.50
海利亚	信息管理	女	81.50
李金	信息管理	女	75.00
杨磊	信息管理	男	71.00
王华	社体	男	69.00
李立	体育	女	68.33
王海辉	社体	男	66.75
刘敬	运动训练	男	66.17
王海峰	信息管理	男	64.00
王莉	社体	女	62.67
杨飞	信息管理	女	62.00
杨光	社体	女	59.25
胡飞	人体	女	45.00

记录: 第 1 项(共 14 项　无筛选器　搜索

图 8-5-10　查询结果

8.6 创建窗体

前面介绍了通过数据表视图来浏览、新增、修改和删除数据记录。除了数据表视图外，Access 还提供了主要的人机交互界面——窗体。

窗体是 Access 数据库中一种重要的对象，用户通过窗体的操作可以方便地输入数据、编辑数据、显示和查询表中的数据。利用窗体可以将整个应用程序组织起来，形成一个完整的应用系统。事实上，在 Access 应用程序中，所有操作都是在各种各样的窗体内进行的。

8.6.1 窗体的组成和类型

1. 窗体的组成

窗体是主要用于输入和显示数据的数据库对象，也可以将窗体用作切换面板来打开数据库中的其他窗体和报表，或者用作自定义对话框来接收输入及根据输入执行操作。

窗体一般由窗体页眉、窗体页脚、主体、页面页眉、页面页脚五部分组成。每个部分称为一个“节”。“主体”节是每个窗体必须具有的，用于显示数据表中的记录。其余四个部分根据需要添加，如图 8-6-1 所示。

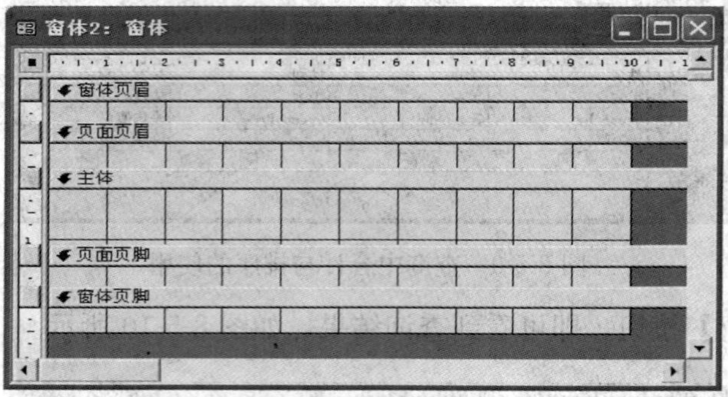

图 8-6-1 窗体组成

1）窗体页眉位于窗体顶部位置，一般用于设置窗体的标题、窗体使用说明等。

2）窗体页脚位于窗体底部，在窗体视图中，窗体页脚出现在屏幕的底部。

3）页面页眉一般用来设置窗体在打印时的页头信息。例如，标题、用户要在每一页上方显示的内容。

4）页面页脚一般用来设置窗体在打印时的页脚信息。例如，日期、页码，或用户要在每一页下方显示的内容。

2. 窗体的类型

窗体主要有命令选择型窗体和数据交互式窗体两种。如图 8-6-2 所示为一种命令选择型窗体，主要用于信息系统控制界面设计。例如，可以在窗体中设置一些命令按钮，单击这些按钮时，可以调用相应的功能。本窗体显示了五个功能，分别是“客户记录”、“员工记录”、“销售记录”、“奖惩记录”和“退出”，在应用系统开发中可以根据实际要求进行相应的设计。如图 8-6-3 所示的窗体是一种数据交互式的窗体，主要用于显示信息和输入数据，这种形式的窗体应用最广泛。

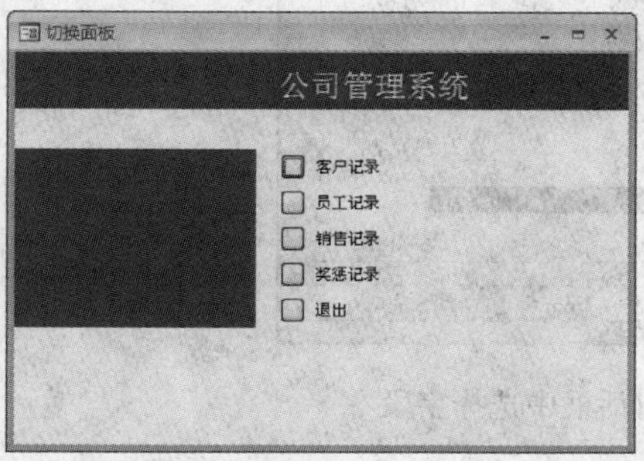

图 8-6-2　命令选择型窗体

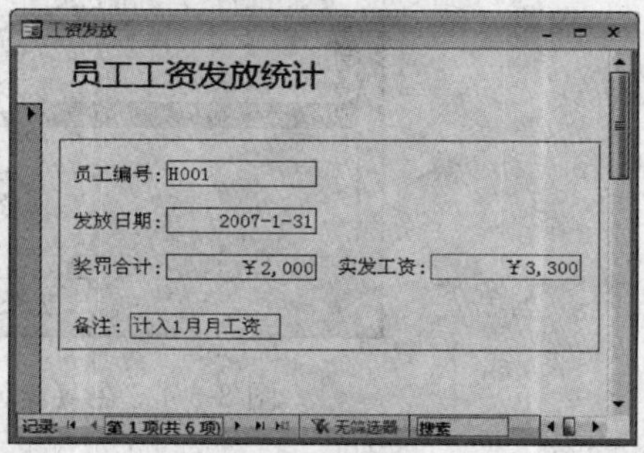

图 8-6-3　数据交互式窗体

为了能够以不同的角度与层面来查看窗体的数据源，Access 为窗体提供了多种视图，不同视图的窗体以不同的布局形式来显示数据源。在 Access 2007 环境下，窗体具有六种视图类型，即窗体视图、数据表视图、设计视图、数据透视表视图、数据透视图视图和布局视图。

8.6.2　创建窗体

窗体的创建方法与前面介绍的其他数据库对象的创建方法相同，可以使用向导创建，也可以直接在设计视图中创建。

1. 使用窗体向导创建窗体

要更好地选择哪些字段显示在窗体上，可以使用窗体向导来替代各种窗体构建工具。使用窗体向导创建窗体还可以指定数据的组合和排序方式，当指定了表与查询之间的关系时，使用“窗体向导”创建的窗体，其数据源可以来自于一个表或查询，也可以来自于多个表或查询。

【例 8-10】在“学生成绩管理”数据库中创建“学生”窗体。

具体操作步骤如下。

1）打开“学生成绩管理”数据库。

2）单击【创建】|【窗体】|【其他窗体】下拉列表中的【窗体向导】命令，弹出如图 8-6-4 所示的对话框。

3）选择“学生”表中“学号”、“姓名”、“专业”、“性别”、“出生年月”等字段，单击【下一步】按钮。

4）选择窗体布局，如图 8-6-5 所示，这里选择【数据表】布局，单击【下一步】按钮。

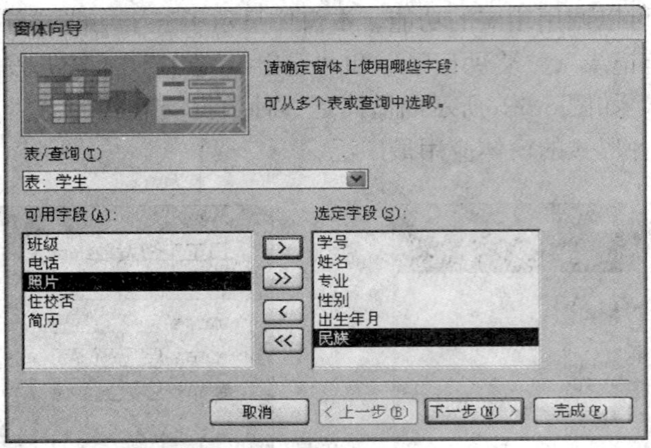

图 8-6-4　在【窗体向导】对话框中选择字段

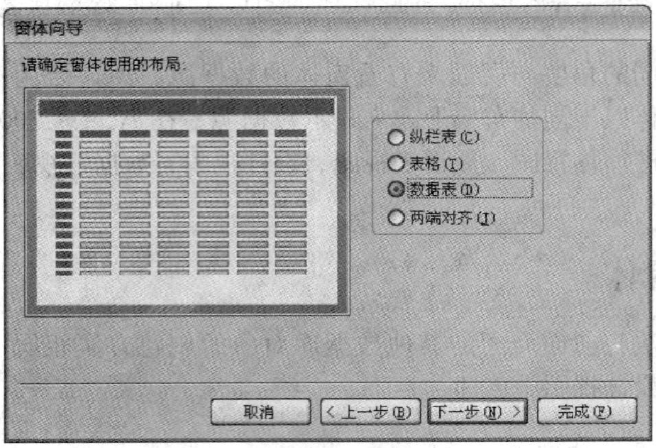

图 8-6-5　在【窗体向导】对话框中选择布局

5）选择窗体的样式，这里选择【办公室】样式。

6）为窗体指定一个名称，即“学生”窗体，单击【完成】按钮，即可看到“学生”的数据表式窗体，如图 8-6-6 所示。

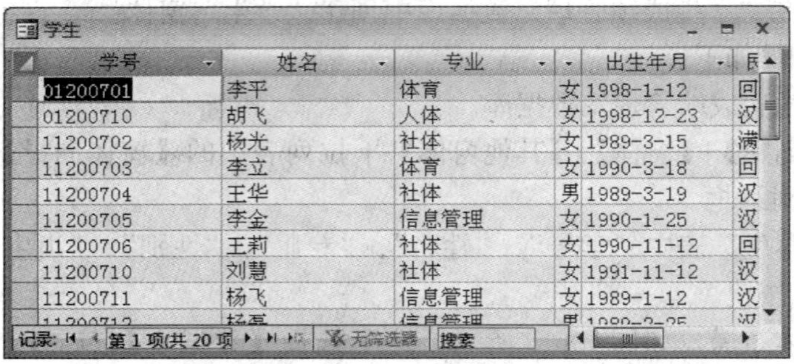

图 8-6-6　学生的数据表式窗体

2. 在设计视图中创建窗体

Access 不仅提供了方便用户创建窗体的向导，还提供了窗体设计视图。在许多情况下，使用自动窗体或窗体向导的方法生成的窗体都不能完全满足设计需求，这就需要在设计视图中对其进行修改、修饰，以达到满意的效果。也可以利用设计视图直接创建窗体。下面以具体案例讲解创建窗体的方法。

【例 8-11】 在“学生成绩管理”数据库的“学生”表的基础上，创建一个名为“学生基本情况”窗体，要求显示学生的“学号”、“姓名”、“性别”、“专业”、“班级”、“民族”、“照片”、“出生年月”、“住校否”字段。

具体操作步骤如下。

1）启动 Access 2007，打开“学生成绩管理”数据库。

2）单击【创建】|【窗体】|【窗体设计】命令，打开窗体设计视图，即可创建一个空白窗体，如图 8-6-7 所示。

图 8-6-7　窗体设计工作区

3）用鼠标右击窗体设计视图的空白区域，选择【窗体页眉/页脚】，为窗体添加“窗体页眉”和“窗体页脚”节。

4）在“窗体页眉”节中，添加“标签”控件，输入“学生基本情况”标题，并设置为：隶书，16 号，居中显示，文字红色，加粗，底色白色。

5）单击【设计】|【工具】|【添加现有字段】按钮，在打开的屏幕右侧【字段列表】窗口中选择“学生”表，将“学号”、“姓名”、“性别”、“专业”、“班级”、“民族”、“照片”、“出生年月”、“住校否”字段拖动到窗体中“主体”节的适当位置，如图 8-6-8 所示。

6）调整字段的位置和大小，切换到“窗体视图”，效果如图 8-6-9 所示。

7）保存窗体为“学生基本情况”。

【例 8-12】 向“学生基本情况”窗体上添加一个【课程】命令按钮。

要求：命令按钮与“课程”窗体相连，当单击按钮时，打开“课程”窗体。

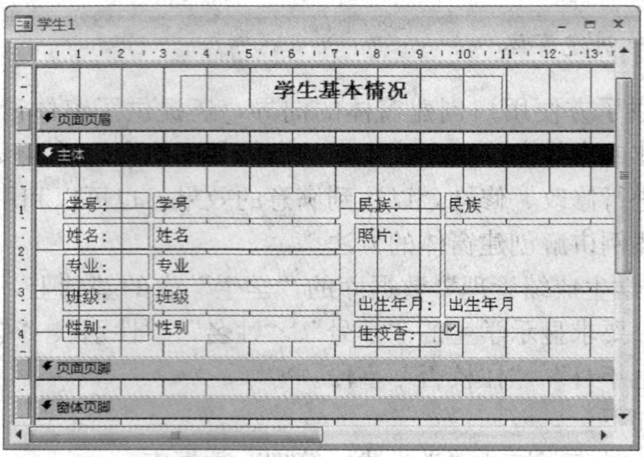

图 8-6-8　窗体设计界面

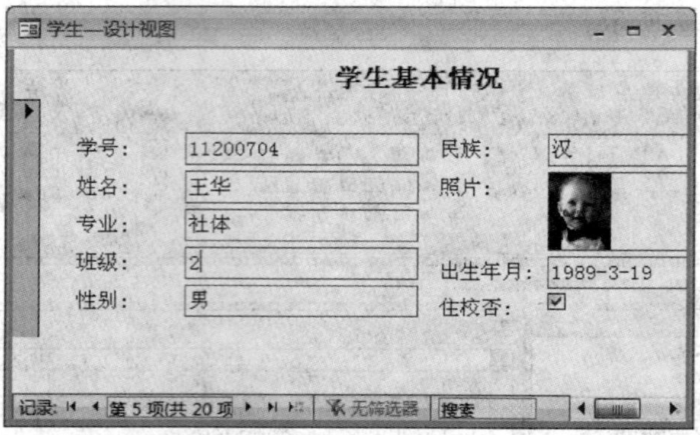

图 8-6-9　窗体运行效果

具体操作步骤如下。

1）在【控件向导】处于选中状态下，向“学生基本情况”窗体上添加一个命令按钮，弹出如图 8-6-10 所示的向导窗口。

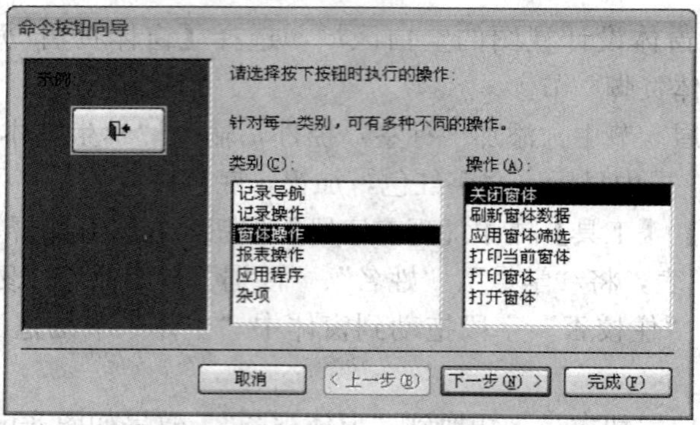

图 8-6-10　命令按钮向导

2）选择【窗体操作】类别中的【打开窗体】操作。

3）在随后的提示中指定要打开的窗体名称，选择“课程”窗体，单击【完成】按钮。

4）保存窗体，如图 8-6-11 所示。返回窗体视图，单击【课程】按钮，就可以打开指定的窗体。

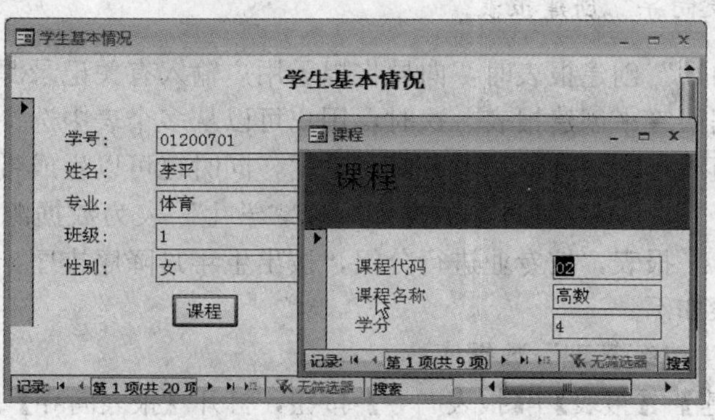

图 8-6-11　单击命令按钮的效果

8.7　报　　表

报表是专门为打印而设计的特殊窗体，Access 2007 中使用报表对象来实现打印格式数据功能，将数据库中的表、查询的数据进行组合，形成报表。利用报表可以控制数据内容的大小及外观、排序、汇总相关数据、选择输出数据到屏幕或打印设备上，还可以在报表中添加图片和图表等。建立报表和建立窗体的过程基本相同，只是窗体最终显示在屏幕上，而报表还可以打印出来；窗体可以与用户进行信息交互，而报表没有交互功能。

8.7.1　报表的组成

与窗体类似，报表也是由称为“节”的组件组成，主要包括报表页眉、报表页脚、页面页眉、页面页脚、主体五个节，如图 8-7-1 所示。

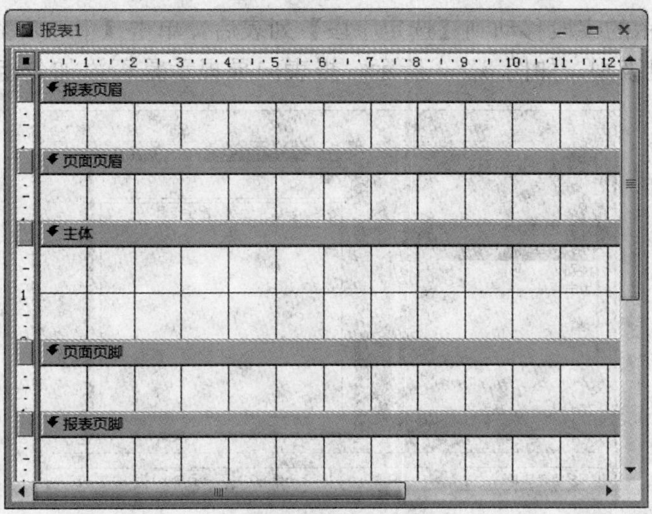

图 8-7-1　报表组成界面

8.7.2 创建报表

1. 使用“报表向导”创建报表

使用“报表向导”创建报表时，向导将提示用户输入有关记录源、字段、版面以及所需格式，并根据回答来创建报表。这时，用户可以从多个表中选择字段，可以在报表中对记录进行分组或排序，并计算各种汇总数据，同时也可以生成带有子报表的报表。

【例 8-13】在“学生成绩管理”数据库中以“学生”表为数据源，使用报表向导创建“学生基本信息”报表，按专业进行分组，按出生年月降序排序。

具体操作步骤如下。

1）打开“学生成绩管理”数据库。

2）单击【创建】|【报表】|【报表向导】按钮，打开【报表向导】对话框，如图 8-7-2 所示。

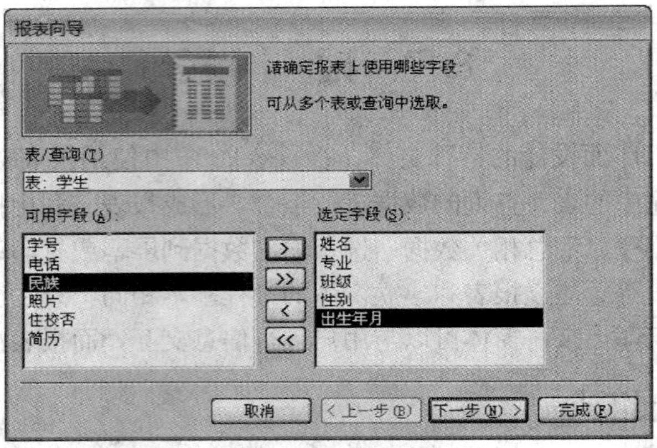

图 8-7-2 【报表向导】对话框

3）在【表/查询】下拉列表中，选择报表所需要的数据源，在【可用字段】列表中将报表中需要显示的字段移动到【选定字段】列表后，单击【下一步】按钮。

4）选择分组级别，如图 8-7-3 所示，报表向导提示是否添加分组级别。这里选择

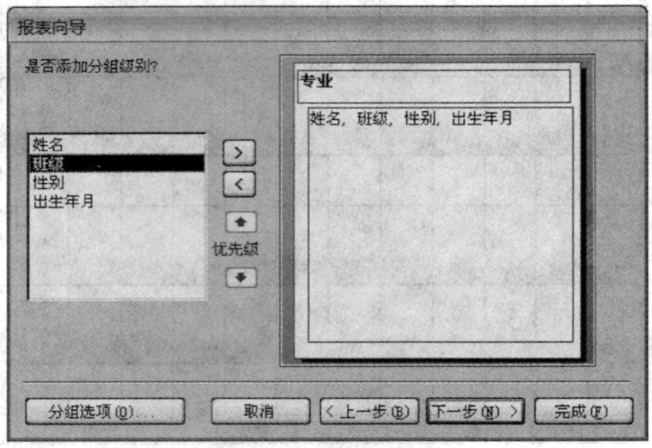

图 8-7-3 添加分组级别

“专业”作为分组级别，单击【下一步】按钮。

5）为记录指定排序次序。最多可以按四个字段对记录进行排序，这里设置“出生年月”的“降序”。

6）选择报表的布局方式，这里选择“递阶”、“纵向”。

7）选择报表的样式，这里选择“办公室”样式。

8）指定报表的标题，这里输入“学生基本信息”报表，单击【完成】按钮，即可看到创建好的报表，如图 8-7-4 所示。

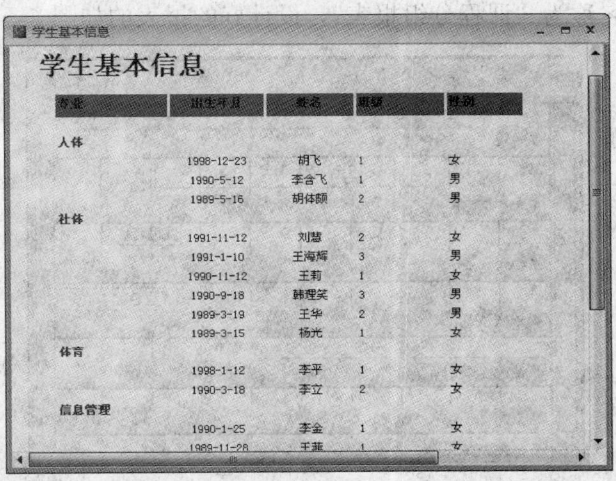

图 8-7-4　创建好的“学生基本信息”报表

2. 使用设计视图创建报表

使用报表向导可以很方便地创建报表，但使用向导创建出来的报表形式和功能都比较单一，布局较为简单，很多时候不能满足用户的要求。这时可以通过报表设计视图对报表做进一步的修改，或者直接通过报表设计视图创建报表。

在设计视图中创建报表时，一般要先创建一个空白报表，然后再为报表指定记录源，添加各种控件，并将这些控件放置到适当的位置上。如有必要，还可对报表进行分组，或计算汇总选项。

【例 8-14】在“学生成绩管理”数据库中以“成绩”表为数据源，使用设计视图创建“课程分组成绩”报表，按课程进行分组，按分数降序排序。

具体操作步骤如下。

1）打开“学生成绩管理”数据库。

2）单击【创建】|【报表】|【报表设计】按钮，新建一个空白报表。

3）单击【设计】|【工具】|【添加现有字段】按钮，选择“成绩”表中的“学号”、“课程名称”和“分数”字段添加到报表设计窗口中的“主体”节。

4）用鼠标右键单击报表设计窗口空白区域，从快捷菜单中添加“页面页眉/页脚”、“报表页眉/页脚”部分。

5）在“报表页眉”部分添加一个标签，输入“学生成绩”，并将字体和位置设置为合适的格式。

6）在“页面页眉”部分添加三个标签，分别为“学号：”、“分数：”、“课程名称：”，或者直接将这三个标签拖到此处，并将字体和位置设置为合适的格式。

7）单击【设计】|【分组和汇总】|【分组和排序】按钮，添加分组依据为“课程名称”，排序方式为“分数”的降序。

8）选择分组后，会在报表设计窗口出现组页眉，在此输入“课程名称”文本框，或者直接将“课程名称”文本框拖到此处。

9）保存报表名称为“课程分组报表”，设计好的报表的如图 8-7-5 所示。

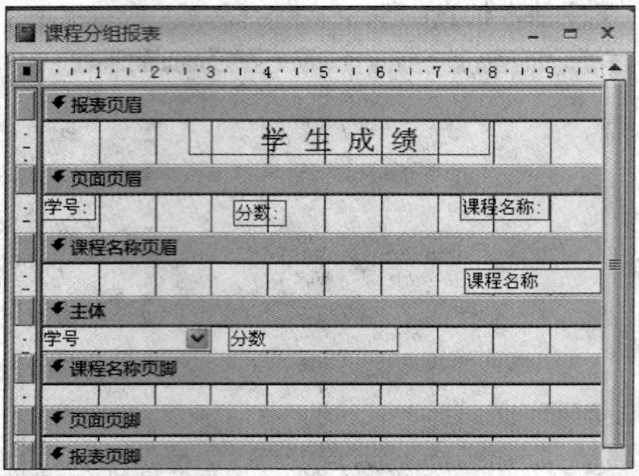

图 8-7-5 报表的设计视图示例

10）单击“报表视图”，即可看到创建好的报表，如图 8-7-6 所示。

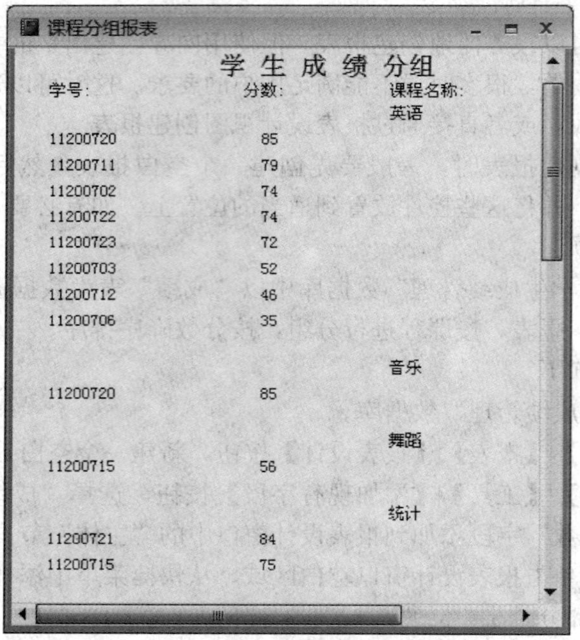

图 8-7-6 设计视图创建好的报表

习　题　八

一、选择题

1. 数据的存储结构是指（　　）。

A. 存储在外存中的数据　　B. 数据所占的存储空间量

C. 数据在计算机中的顺序存储方式　　D. 数据的逻辑结构在计算机中的表示

2. Access 中表和数据库的关系是（　　）。

A. 一个数据库可以包含多个表　　B. 一个表只能包含两个数据库

C. 一个表可以包含多个数据库　　D. 一个数据库只能包含一个表

3. 假设数据库中表 A 与表 B 建立了“一对多”关系，表 B 为“多”的一方，则下述说法中正确的是（　　）。

A. 表 A 中的一个记录能与表 B 中的多个记录匹配

B. 表 B 中的一个记录能与表 A 中的多个记录匹配

C. 表 A 中的一个字段能与表 B 中的多个字段匹配

D. 表 B 中的一个字段能与表 A 中的多个字段匹配

4. 数据表中的“行”称为（　　）。

A. 字段　　B. 数据　　C. 记录　　D. 数据视图

5. Access 提供的数据类型中不包括（　　）。

A. 备注　　B. 文字　　C. 货币　　D. 日期/时间

6. 下列不属于 Access 窗体的视图是（　　）。

A. 设计视图　　B. 窗体视图　　C. 版面视图　　D. 数据表视图

7. Access 数据库属于（　　）数据库。

A. 层次模型　　B. 网状模型　　C. 关系模型　　D. 面向对象模型

8. 打开 Access 2007 数据库时，应打开扩展名为（　　）的文件。

A. accdb　　B. mdb　　C. mde　　D. DBF

9. 下列（　　）不是 Access 数据库的对象类型。

A. 表　　B. 向导　　C. 窗体　　D. 报表

10. 下列不是窗体的组成部分的是（　　）。

A. 窗体页眉　　B. 窗体页脚　　C. 主体　　D. 窗体设计器

11. 创建窗体的数据源不能是（　　）。

A. 一个表　　B. 一个单表创建的查询

C. 一个多表创建的查询　　D. 报表

12. 下列对 Access 查询叙述错误的是（　　）。

A. 查询的数据源来自于表或已有的查询

B. 查询的结果可以作为其他数据库对象的数据源

C. Access 的查询可以分析数据、追加、更改、删除数据

D. 查询不能生成新的数据表

13. 文本类型的字段最多可容纳（　　）个汉字。

A. 255　　B. 256　　C. 128　　D. 127

14. 若要查询成绩为 60～80 分（包括 60 分，不包括 80 分）的学生的信息，成绩字段的查询准则

应设置为（　　）。

A. ＞60 OR ＜80　　B. ＞＝60 AND ＜80

C. ＞60 AND ＜80　　D. IN（60，80）

15. 在查询设计器的查询设计网格中（　　）不是字段列表框中的选项。

A. 排序　　B. 显示　　C. 类型　　D. 准则

16. 若上调产品价格，最方便的方法是使用（　　）。

A. 追加查询　　B. 更新查询　　C. 删除查询　　D. 生成表查询

17. 若要查询姓李的学生，查询准则应设置为（　　）。

A. Like"李"　　B. Like"李"　　C. ＝"李"　　D. ＞＝"李"

18. 若要用设计视图创建一个查询，查找总分在 255 分以上（包括 255 分）的女同学的姓名、性别和总分，正确的设置查询准则的方法应为（　　）。

A. 在准则单元格输入：总分＞＝255 AND 性别＝"女"

B. 在总分准则单元格输入：总分＞＝255；在性别的准则单元格输入："女"

C. 在总分准则单元格输入：＞＝255；在性别的准则单元格输入："女"

D. 在准则单元格输入：总分＞＝255 OR 性别＝"女"

19. 在查询设计器中不想显示选定的字段内容，则将该字段的（　　）项对号取消。

A. 排序　　B. 显示　　C. 类型　　D. 准则

20. Access 在同一时间，可打开（　　）个数据库。

A. 1　　B. 2　　C. 3　　D. 多个

21. 对表中某一字段建立索引时，若其值有重复，可选择（　　）索引。

A. 主　　B. 有（无重复）　　C. 无　　D. 有（有重复）

22. 创建表时可以在（　　）中进行。

A. 报表设计器　　B. 表浏览器　　C. 表设计器　　D. 查询设计器

23. 下列不能进行索引的字段类型是（　　）。

A. 备注　　B. 数值　　C. 字符　　D. 日期

24. 要实现报表的分组统计，其操作区域是（　　）。

A. 报表页眉或报表页脚区域　　B. 页面页眉或页面页脚区域

C. 主体区域　　D. 组页眉或组页脚区域

25. 无论是自动创建窗体还是报表，都必须选定要创建该窗体或报表基于的（　　）。

A. 数据　　B. 查询　　C. 表　　D. 记录

26. 下列不属于报表视图方式的是（　　）。

A. 设计视图　　B. 打印预览　　C. 版面预览　　D. 数据表视图

二、填空题

1. 在关系数据库中，把数据表示成二维表，每一个二维表称为________。

2. 报表设计中，可以通过在组页眉或组页脚中创建________来显示记录的分组汇总数据。

3. Access 每个记录由若干个以________加以分类的数据项组成。

4. 如果在创建表中建立字段“姓名”，其数据类型应当是________。

5. 一般情况下，一个表可以建立多个索引，每一个索引可以确定表中记录的一种________。

6. 查询也是一个表，是以________为数据的再生表。

7. 窗体通常由窗体页眉、窗体页脚、页面页眉、页面页脚及________五部分组成。

8. 创建窗体的数据可以是表或________。

三、操作题

1. 设计“学生管理”数据库。

在设计“学生管理”数据库中可以设置以下几个表（加下画线的为主关键字）。

1）学生：学号、姓名、性别、出生年月、专业、班级、照片、电话、住校否、个人简历。

2）成绩表：学号、课程代码、成绩，其中学号字段来自学生表的学号。

3）教师：教师编号、姓名、性别、职称、电话、E-mail。

4）课程：课程代码、课程名称、成绩。

5）授课：课程代码、教师编号、时间、教室，其中课程代码字段的数据来自“课程”表的课程代码，教师编号字段的数据来自“教师”表的教师编号。

6）专业：专业代码、专业名称、专业简介。

对上面各表分别输入 10 条记录。

2. 对学生表按照“姓名”的降序进行排序。

3. 对学生表首先按照“专业”升序，然后按照“出生年月”的降序进行排序。

4. 在学生表中筛选出“社体”专业的所有男生记录。

5. 在成绩表中筛选出成绩介于 75～85 分的学生。

6. 查询“信息管理”专业所有男生，显示学生的学号、姓名、班级、性别。

7. 查询所有不及格的学生，显示学生的学号、姓名、班级、性别、课程名称、分数。

8. 查询“社体”专业中平均成绩前 3 名的学生。

9. 建立一个查询，统计每个同学所有课程的平均成绩。要求查询结果显示学号、姓名、性别、专业、课程门数、平均分数。

10. 查询所有学生的考试科目数以及每名学生成绩的最高、最低、平均分数。要求查询结果显示学号、姓名、性别、课程数、成绩的最高、最低、平均分数，按照平均成绩的降序排序。

11. 在“学生成绩管理”数据库中，创建一个“统计各班男女生人数”查询，显示每个班级的男、女生人数。

12. 使用“设计”视图创建一个“每位学生每门课成绩”查询，显示学生“姓名”、“课程名称”和“成绩”。

13. 使用向导创建“课程”窗体，显示各门课程成绩。

14. 使用自动窗体创建学生成绩图表窗体。以“姓名”作为分类字段，“分数”作为数据字段，“课程名称”作为系列字段。

15. 以“课程”表为数据源建立纵栏式报表。

16. 使用报表向导创建一个学生成绩报表，统计每个学生各门课程的平均分，并且每个学生各门课程的成绩从高到低排列。

第9章

计算机及网络在体育中的应用

本章学习目标

◎ 了解计算机及网络在体育中的应用情况，为未来更好开展相关工作打下一定基础。

现代体育运动的发展与科技的结合越来越紧密，以计算机及网络为主的现代信息技术已经广泛应用于运动训练、比赛临场统计、运动会组织管理、体育教学、器材开发等诸多方面。

9.1 计算机及网络在体育中的应用概论

现代信息技术在体育领域已得到广泛的应用。在竞赛管理上，国际、国内各种大型体育比赛的组织与管理，基本上都采用了计算机技术、网络技术、通信技术，并能提供广泛的、可靠的比赛信息；在各个学科领域，如生物力学研究中采用计算机进行技术动作图像分析、技术动作图像的三维动画模拟、运动心理学的问卷测量、计算机辅助训练等；在训练管理与辅助决策上，出现了专业性很强的数据录入系统和决策支持系统。计算机软件技术在体育领域中还将被更广泛应用。

早在 20 世纪 80 年代中期，芬兰的科米等人最早应用计算机技术对超等长力量进行了研究。研究的方法是采用遥感技术获得马拉松运动员比赛时小腿三头肌的三维遥感图像，传入计算机中，由计算机软件对遥感图像中三头肌的超等长式收缩进行分析。研究分析的主要内容有三头肌的超等长收缩时间、退让收缩速度、拉长长度、肌腱张力、垂直和水平分力等数据。依靠计算机技术从能量代谢角度对运动员肌肉训练的特性进行分析，为教练员采用训练量、训练姿态提供帮助，并能够有效地预防训练不当造成的肌肉损伤。

虚拟现实技术综合利用计算机技术、计算机图形学、计算机网络技术、图像处理和模式识别、智能接口技术、生理学、多传感器技术、语音处理和音响技术等，可以通过视觉、听觉和触觉等与虚拟现实技术为人机交互提供新的交互媒体，从而产生“身临其境”感觉。

比赛装备是运动员取得优异成绩的重要保障条件。由于计算机系统具备了超凡的信息收集和分析能力，能够对比赛装备的构造、材料等各项构成因素的数据进行全面、精确的分析和设计，使比赛装备的性能可以更贴近使用者的需要。例如：荷兰运动员一直在冰上速滑项目保持比较大的优势，除荷兰具有悠久的冰上运动的优良传统之外，冰鞋也是荷兰运动员驰骋冰场的重要法宝。荷兰的 VIKING（海盗）、RAPS 公司运用了以计算机技术为依托的“生物力学测试”、“风洞力学性能实验”和“微型电脑控制系统”，计算机将测试得到的数据进行分析，由计算机软件对鞋的结构、材料进行设计，保证冰鞋运动时的韧性和弹性，并符合空气动力学原理。“微型电脑控制系统”是在冰鞋内嵌入微型电脑控制系统。运动员在滑行时，系统中程序处理器处理压力传感器识别的运动员力量分布信息，并启动微型电子发动机将脚后跟部分的冰刀与冰鞋分离，分离的时间可以让运动员继续滑行 5 步。运动员只需将力量集中到推进滑行的腿部肌肉上，即可实现加快滑行速度的目的。

以计算机技术为主的现代信息技术在体育教学中的应用，是当前体育教学改革前沿的一项重要内容，代表了体育课堂教学模式的发展方向。多媒体技术在体育教学中的运用，能够激发学生的兴趣、加深学生对动作概念和体育理论知识的理解。多媒体教学以大量视听信息、高科技表现手段来冲击学生的思维兴奋点，加上虚拟现实技术和图形、图像、二维动画、声音，使教学内容表现得丰富多彩、形象生动，极大地开阔了学生的视野，提高了学生学习的兴趣。使学生变被动为主动，创造性地学习，大大提高了学习效率和体育教学质量。

网络能提供一个汇集世界各地媒体、学校、研究所、图书馆等各种信息资源的庞大的资料库。其信息资源有多种类型，包括新闻、资讯、电子书刊、虚拟图书馆、虚拟软件库等。通过网络的信息浏览服务和电子邮件等方式，可以及时了解体育相关信息，可以参与交流，可以浏览体育新闻、重大比赛信息，访问数据库、体育文献中心等。网络信息技术在体育领域应用前景广阔。

现代竞技体育的竞争激烈程度，要求训练的针对性、定量化和高负荷，要求通过长期的训练信息和数据的积累，并在积累过程中不断研究、探索其内在规律。高水平教练员的训练工作具有很强的科研工作特点，因此，教练员除了必须具有丰富的项目经历和经验以外，还必须善于借助现代科学技术手段，特别是计算机技术进行训练。体育训练中计算机的应用主要体现在训练信息的收集、处理和分析，运动仿真以及运动员训练计划的计算机管理系统的建立上。训练信息的收集、处理和分析主要是根据训练计划、训练内容，利用计算机收集有关资料并加以进行整理，把各种训练信息以不同文件形式输入到计算机储存起来，建立"训练信息库"；然后再根据需要迅速调出所要的各个文件进行排列、组合，选出最佳训练方案。计算机网络为这方面的应用提供了更加便利的条件。在制定训练计划的工作中引入计算机技术，不仅可以提高教练员的工作效率，减少统计工作所花费的大量时间，而且可以充分利用计算机的功能，迅速掌握、分析、比较运动员的训练状况、身体状况，及时总结经验，完整、系统地保留珍贵的训练计划。合理撰写近、远期目标，安排适当的运动负荷，使运动员通过合理的体能消耗后，得到最佳的超量恢复，从而取得最佳的训练效果；通过体能参数如耐力、速度、力量、柔韧性、负荷量及强度等全面测定，定量评价运动员的身体能力和训练效果，从而提出改进训练工作的建议；在运动技术方面，将运动员技术动作参数如角度、高度、重心位置、速度等输入计算机，并与最佳数据进行比较，用生物力学的知识分析，发现运动员技术的弊病和弱点，为教练员制定训练计划提供依据。

运动员训练计划的计算机管理系统包括运动员的基本信息档案、技能信息档案、专项技术信息档案和训练计划信息档案。计算机的应用使体育训练真正从传统的经验型转为定量的科学型，大大缩短了优秀运动员"脱颖而出"的周期。对训练负荷的控制不再凭主观的模糊感觉而凭客观的精确数据，使运动强度、密度、周期更加合理；技术动作的诊断不再仅靠教练的一双肉眼，而靠高速摄像机和计算机将对运动图像进行分析，找出最细微的缺陷和不足；计算机仿真训练则能让运动员"身处暗室"却得到身临雪橇滑道等运动现场的真实体验。运动员对自己的技术动作往往"当局者迷"，教练员也很难用肉眼辨别清楚，"计算机诊断"却能定量分析出一招一式的缺陷。计算机远程监控可以根据赛场采集的数据在万里之外"运筹帷幄"。新动作的设计往往先在计算机上构思和演算，充分论证可行性和必要条件。至于科学制定训练负荷，查阅世界优秀选手和经典赛事的档案资料，更是计算机的"家常便饭"。在体育训练中运用计算机辅助运动员进行科学训练已成为现代体育的重要标志，没有科学指导和计算机参与的竞技体育训练已成为过去。随着科技的发展，先进科学技术为训练提供了强有力的手段，计算机技术已成为其中最重要的一部分。

目前，用计算机辅助体育训练的典型产品系统主要有：①基于视频的运动分析系统，其主要功能有视频采集、播放、视频对比模仿、叠加对比有角度、速度、高度等基础的运动学分析；②三维人体运动跟踪系统，这种系统主要用途就是获取高精度的三维人体运动信息；③基于三维虚拟环境的训练。

在体育比赛中对时间和距离的准确计量是体育运动“可比性”的基础。终点线上的摄像仪能通过每秒 2000 次的缝隙扫描，将计时精度提高到千分之一秒。起跑线上抢跑百分之一秒就会被计算机“捉拿归案”，游泳池终点触摸屏则“一触即发”，立即把信号传递到计算机并精确到毫秒。测量投掷、跳远距离等的激光测距仪能够瞬时判读出比赛成绩；灵敏的超声风速仪早已取代了机械风速仪；在网球、羽毛球赛场上，雷达测速仪当场显示运动员击球的速度；而明察秋毫的“鹰眼”则能随时回放网球、足球在三维空间的运动轨迹和准确落点。足球比赛中的一种电子记录器，可记录运动员射门情况和位置，并及时汇报给裁判。马拉松运动员的定位系统可以判定确切位置和时间等。这些科学技术的应用都是基于现代计算机及网络技术的发展而产生的。

在国际大型综合体育比赛中，以计算机为主体的信息系统正发挥着越来越关键的作用。信息系统作为大型综合性体育比赛的信息中枢，其主要服务对象是运动员、裁判员、记者、组委会、现场观众和广大的电视及网络观众。这就要求它必须具备高可靠性、实时性、开放性、友好性、高容错能力和应变能力。如在球类比赛现场的信息处理一般由现场计算机成绩处理系统、计时计分系统、仲裁录像、系统屏幕显示系统、广播电视系统组成。这些系统中的数据处理，包括视频、音频信号的处理，数据信息的存储、传递，数据信息的再现，以及比赛的数据信息向媒体信息的转化等都是以计算机及网络设备来完成的。

另外，计算机及网络在体育管理、宣传、策划、全民健身指导等方面也具有非常重要的作用。

9.2 计算机及网络在体育中的应用案例

案例 1：体育中心信息管理系统

体育中心信息管理系统是面向各体育中心、大型体育比赛管理而开发的智能化信息管理平台。系统功能包括如下几点。

（1）赛事中心处理系统

赛事中心处理系统是该软件的核心，它对大型赛事日程、参赛组织/人员编制、成绩等信息进行全方位管理。子系统有以下几项内容。

1）赛事前期准备。包括赛事预定申请、参赛人员注册、证件信息管理。

2）赛事编制安排。包括参赛人员编制、工作人员编制、赛事日程编制。

3）现场记分处理。包括参赛人员登记、现场比赛记分处理。

4）比赛后续处理。包括比赛信息发布、比赛统计处理。

5）系统相关信息。包括项目信息管理、系统管理、系统帮助等。

(2) 资源管理系统

对体育中心内的设备、车辆、场地、房间等资源进行管理，详细记录相关科目的使用、维修等信息。系统还可以对体育中心投入资源的成本及获得的利润进行智能化统计，有效提高体育中心高层领导决策的能力。

(3) 办公自动化系统

系统包括收发文管理、会议管理、人事管理、电子邮件管理、公告栏、日程管理、档案管理等功能。完备的办公自动化管理系统实现了体育中心内部办公的信息化和自动化管理。

(4) Web 发布系统

系统提供体育中心信息、服务信息、旅游商务信息、赛事情报信息、体育中心预定情况等信息的管理功能，完善的服务系统让用户轻松地使用系统。后台管理系统可以让系统管理员在最短的时间内对 WEB 系统进行维护，将最新的信息发布给公众。

案例 2：北京数字奥运及广州数字亚运

(1) 北京数字奥运

北京数字奥运是指把信息技术深入广泛地运用于 2008 年北京奥运会的策划设计、组织管理、信息发布传播等活动中，主要包括八项具体行动。

1) 奥运数据库工程。

2) 高效数字化管理系统（包括三大分系统，多个子系统）。

3) 实时奥运网络工程。

4) 数字奥运村工程。

5) 北京奥运卡工程。

6) 电子商务大行动

7) 金盾工程（公安信息化建设）

8) 智能交通系统。

在信息化方面，北京建成具有国际水平的高速、大容量、多媒体信息网络系统，包括电子商务系统、电子政务系统、电子金融系统，以及直接为奥运会服务的各种信息网络系统、售票系统及相关的信息服务系统。同时，建立包括卫星通信、移动通信和光纤通信在内的现代化立体通信系统，以及高清晰度的数字化的电视转播系统。以先进成熟的宽带等通信技术保障为基础，开发出“奥运呼叫中心”、“奥运会 VIP 网”以及“奥运城市通”等便民服务产品。如“奥运呼叫中心”，使组织工作高效有序。这项服务不仅可以对服务人员进行及时定位，还能通过内部语音呼叫等方式，快速地指挥和调配各个举办城市的相关人员。又如“奥运会 VIP 专网”，是奥运会期间为保障北京奥组委、各奥委会及体育代表团等重要奥运组织能够高速接入互联网而建设的宽带网络。它为奥运客户提供高品质的国内以及北美、欧洲和东南亚等地区的国际互联网业务。

北京数字奥运中的计时计分系统、现场成绩系统、信息发布系统、运动会管理系统、奥组委的管理系统，官方网站的一些应用，信息安全、固定通信、移动通信、数字集群通信、无线电频率协调、广播电视系统、场馆的音视频系统、安保的技术系统以及运营指挥系统等，都是基于计算机的现代信息技术的具体应用。北京奥运会的数据吞吐量超过以往任何一届，北京奥运会信息系统是奥运史上最为庞大和复杂的信息系统，北京奥运会 39 个比赛场馆和 17 个奥组委数据中心有近 3 万台 IT 设备。这些设备覆盖全国 7 个奥运比赛城市，支持将近 400 个项目的奥运比赛以及其他相关活动。除“奥运综合信息服务系统”、“奥运村空间规划及物资信息管理系统”、“场馆运行管理信息系统”外，为了随时掌握天气的变化，北京奥运会还动用了提供给北京气象局带有天气预报预测程序的超级计算机。它比一般通用的天气预报系统功能强大 10 倍，它不但可以预测天气，还用于帮助预测空气质量，以确保奥运会的正常进行。假如把奥运会看作一个人，那么计算机网络就是这个“人”的神经系统。而且，对反应速度要求越来越高的现代奥运会来说，这套神经系统已经显出越来越重要的地位。奥运会的竞赛管理和信息发布是世界上规模最浩大、技术最复杂的信息系统工程，数千台计算机终端成为连接每个竞赛点、记分台、显示屏、数据库的神经末梢，互联网系统必须在大容量、高密度的用户访问中“游刃有余”。

(2) 广州数字亚运

广州亚运会信息系统主要由亚运会运动会信息系统和亚运会组委会信息系统两大体系构成，整个信息系统包括应用系统、网络与通信系统、信息安全、技术支持等多个重要方面，涉及运动会管理系统、运动会赛果系统、计时记分接口系统和 INFO 2010 系统等在内的 10 大子系统的建设，为亚运会提供全方位信息保障服务。

“数字亚运”是一个技术领先、高可靠、随时随地、无处不在的宽带通信网络，包括：比赛管理、比赛成绩管理、物流管理、安全管理的数字化、网络化管理和服务，实现智能化应用、电子商务、公众综合信息服务、多语言智能信息服务、安全视频监控、应急处理和综合指挥调度、统一新闻发布、统一信息门户等众多功能。

数字化亚运会的骨骼构成主要依靠两大网络，即亚运管理网（ADMIN）和亚运赛事（AGIS）两大专用计算机网络，它们为本届亚运会建立了一个体系完善、功能强大、集成化的“数字亚运”信息系统，为实现数字化、智能化运行管理提供了最基础的技术保障。

案例 3：数字化三维人体运动的计算机仿真

我国的数字化三维人体运动的计算机仿真项目由科技部、国家体育总局、中国科学院、北京市科委联合组织并资助。项目承担单位为计算技术研究所。总体目标是：针对我国在奥运会上的（准）优势项目，研究竞技体育运动的数字化三维人体运动的计算机仿真技术，并以蹦床、跳水为例，研制一套基于三维人体运动仿真技术的计算机辅助体育训练系统。旨在实现体育训练方法的两个进步和转变：从传统的以人眼观察为主到基于高精度运动捕捉与分析的人体运动测量方法的转变；从基于经验的方法到基于人体运动模拟与仿真的人体运动分析方法的转变。从而更快更有效地提高我国训练水平和运动成绩，以确保这些项目在奥运会上能够冲击金牌并多拿金牌。

如辅助蹦床运动科学训练的计算机软件系统——VHTrampoline。该软件有别于基于影像解析的体育训练软件，它以数字化三维人体运动的计算机仿真技术、人体运动生物力学数据与真实人体运动数据为基础，以三维方式逼真模拟、设计、分析技术动作，因而具有更强的指导意义。同时还可以广泛应用于体操等其他竞技体育运动的科学训练。

VHTrampoline 软件具备以下主要功能。

（1）以三维方式逼真模拟技术动作

通过形象化的方式让运动员更容易、更快速地掌握技术动作要领，从而大幅度地提高运动员整体运动技能水平。这项技术不仅可以用于日常训练，而且还可以用于（国际）裁判培训。

（2）新动作设计与技术动作标准化

可以编辑、修改、设计新动作，通过该工具还可以让教练员设计出自己头脑中"理想"的动作，据此建立标准技术动作库，用于教学与（国际）裁判培训，提高比赛成绩。

（3）技术动作分析

可以对技术动作做量化分析，并以图形方式展示分析结果。包括位移、速度、力等。在此基础上，可以对"理想"动作与运动员技术动作做深层次的分析，并给出运动员改进技术动作的指导性意见。

（4）重心轨迹模拟

可以对运动员的成套技术动作进行分析，模拟出重心轨迹的变化，辅助教练评价运动员的技术动作，由此提高运动员的训练成绩。

（5）模拟结果与训练视频的对比

通过将运动员的训练动作与标准模拟动作显示在同一个屏幕上，并以相同视点同步对比，可以让教练员与运动员分析动作差异，帮助高水平运动员找出技术缺点并改进，从而提高训练成绩。

（6）动作编排模拟与设计

从模拟的单个技术动作中，教练可以挑选出需要编排的候选动作，系统将按照教练的意愿模拟编排结果，教练员可以从各种编排结果中挑选最优的编排，从而辅助教练确定备战奥运会的方案。

三维人体运动的仿真与分析目前仍然是一个研究难点和热点问题。国内外同行虽然在人体运动模拟方面已有一些成果，但是由于其计算复杂度高或需要人为设定繁琐的参数而难以根本满足实际需要。

案例 4：计算机运动技术动作分析系统

将摄（录）像技术与计算机、图像处理技术、计算机图形学、数据库以及生物力学分析方法结合起来，构成有效的分析手段是国内外普遍使用的技术措施。国外已有商品化专用微机图像分析系统，国内也有一些单位研制和使用类似的分析系统。如某单位研制的技术动作分析系统是在 SGI 图形工作站和 Sun-Vicom 专用图像处理系统平台上进行的。该系统主要功能包括以下几点。

（1）接受摄、录像机体育图像的输入、存储、检索、查询

数据采集有三种方式，即键盘输入、文件输入和录像采点。键盘输入的数据可以是实际空间位置值，也可以是所取屏幕坐标，经比例尺转化为实际值。文件输入是对已存入的数据文件的处理，便于"回顾"与比较。录像采点提供键盘和鼠标器两种方式控制采集屏幕上的点。采集可在 SGI、VICOM、MVP-AT 的屏幕进行。

（2）二维生物力学分析

对人体采用了我国生物力学界广泛采用的松井模型。根据教练、运动员的要求，逐帧采下相应关节点的坐标值。对采集的关节点运动进行位移、速度、加速度分析及对各关节、人体重心进行上述分析，对关节点与水平线夹角及关节间的夹角进行角度、角速度、角加速度分析，分析的结果用曲线或数值在屏幕上显示，也可用打印机打印。

（3）三维生物力学分析

对二组不同方位拍摄的体育运动录像，采集人体关节点，把其转换为实际空间坐际，在三个正交平面投影，同时连续、叠加、步进显示，也可在某一平面内连续、叠加、步进显示，对人体关节点在三维空间的运动位移、速度、加速度（各分量、空间合成量、各平面投影量）及有关角度、角速度、角加速度进行分析。

（4）形态与生物力学相关分析

可对人体运动动作形态进行分析比较。在同一屏幕上显示原始图像和生物力学参数所需的数据、曲线，并附上文字说明，提供可能的相关分析条件。

案例 5：SPSS 软件在体育统计中应用

（1）SPSS 统计软件简介

SPSS 软件是英文名称 Statistical Package for the Social Sciences 的首字母缩写，原意为即“社会科学统计软件包”。但是随着 SPSS 产品服务领域的扩大和服务深度的增加，SPSS 公司已于 2000 年正式将英文全称更改为 Statistical Product and Service Solutions，意为“统计产品与服务解决方案”，标志着 SPSS 的战略方向正在做出重大调整。

SPSS 是世界上最早采用图形菜单驱动界面的统计软件，它最突出的特点就是操作界面极为友好，输出结果美观漂亮。它将几乎所有的功能都以统一、规范的界面展现出来，具有使用 Windows 的窗口方式展示各种管理和分析数据方法的功能，对话框展示出各种功能选择项。用户只要掌握一定的 Windows 操作技能，粗略统计分析原理，就可以使用该软件为特定的科研工作服务，是非专业统计人员的首选统计软件。

SPSS 统计软件操作简单，除了数据录入及部分命令程序等少数输入工作需要键盘输入外，大多数操作可通过“菜单”、“按钮”和“对话框”来完成。

1）功能强大。具有完整的数据输入、编辑、统计分析、报表、图形制作等功能；自带 11 种类型共 136 个函数；SPSS 提供了从简单的统计描述到复杂的多因素统计分析方法，比如数据的探索性分析、统计描述、列联表分析、二维相关、秩相关、偏相关、方差分析、非参数检验、多元回归、生存分析、协方差分析、判别分析、因子分析、聚类分析、非线性回归、Logistic 回归等。

2）方便的数据接口。能够读取及输出多种格式的文件，比如由 dBASE、FoxBASE、FoxPRO 产生的 dbf 文件，文本编辑器软件生成的 ASCII 数据文件，Excel 的 xls 文件等均可转换成可供分析的 SPSS 数据文件；能够把 SPSS 的图形转换为 7 种图形文件，结果可保存为 txt 及 html 格式的文件。

（2）50 名中学生百米成绩正态性检验

50 名中学生百米成绩统计如表 9-2-1 所示。

表 9-2-1　50 名中学生百米成绩统计表

编　号	百米/s	编　号	百米/s
1	16.10	26	16.30
2	15.60	27	15.50
3	14.00	28	14.70
4	14.50	29	14.30
5	15.50	30	13.90
6	15.80	31	15.00
7	14.60	32	15.10
8	14.80	33	14.09
9	14.10	34	14.60
10	13.20	35	14.40
11	13.50	36	14.20
12	14.00	37	15.00
13	15.10	38	15.60
14	15.00	39	14.70
15	16.10	40	14.90
16	15.90	41	15.60
17	15.00	42	15.10
18	16.60	43	14.20
19	14.10	44	15.10
20	15.80	45	14.60
21	14.30	46	15.10
22	15.30	47	14.20
23	14.20	48	14.80
24	15.20	49	15.10
25	13.40	50	15.30

录入表 9-2-1 百米成绩，操作顺序为：单击【Analyze】|【Descriptive Statistics】|【Nonparametric tests】|【1-sample k-s】|，进入【One-Sample Kolmogorov Smirnov Test】对话框，如图 9-2-1 所示。单击【OK】键，输出结果如表 9-2-2 所示。

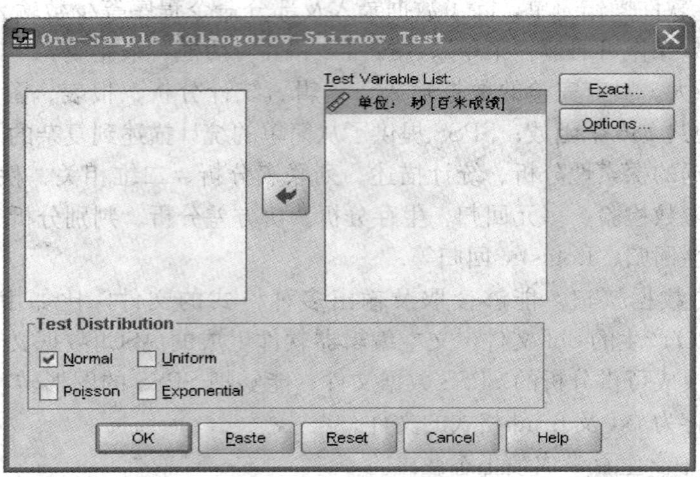

图 9-2-1　Smirnov Test 对话框

表 9-2-2 One-Sample Kolmogorov-Smirnov Test

单位：s

N		51
Normal Parameters[a]	Mean	14.8625
	Std. Deviation	.75199
Most Extreme Differences	Absolute	.082
	Positive	.082
	Negative	−.063
Kolmogorov-Smirnov Z		.585
Asymp. Sig. (2-tailed)		.883

a. Test distribution is Normal.

$p=0.883>0.05$，根据原假设，认为学生总体百米成绩服从正态分布。

案例 6：人机棋类大战

（1）国际象棋人机大战

IBM 科学家一直在努力研究一个极为先进的问答（QA）系统，名为“Watson”。这项研究的初衷是开发一个能够在 Jeopardy！中理解复杂问题，并以充分准确度、可信度和高速度给出答案的计算系统。美国智力竞赛节目 Jeopardy！是一款广受欢迎的电视节目，他对参赛者提出了各种独特的挑战：它需要参与者涉猎广泛的知识、明白问题中含有的双关语、隐喻和俚语，同时还需要有能够迅速按抢答器的反应能力。这些因素对于 IBM Watson 来言，是判断其是否是一个能够理解人类语言复杂性并且提供单个准确答案的计算系统的基本标准。

1997 年，34 岁的卡斯帕罗夫与计算机“深蓝”的“人机大战”中，双方先后共进行 6 局对弈。在首局比赛中，卡斯帕罗夫执白先行，经过 3 个多小时的苦战击败“深蓝”，力拔头筹。在次日举行的第二局比赛中，“深蓝”却以凌厉的攻势和明显的优势战胜卡氏，扳回一局。在接下去的第三、第四和第五局比赛中，双方下得异常激烈，鏖战数小时，最终均战成平局。第六局比赛，“深蓝”充分利用执白先行的好处，一路强攻，仅用一个多小时，双方仅走 19 步，就让卡斯帕罗夫俯首称臣，取得了决定性的胜利。

（2）中国象棋人机大战

2006 年 8 月 9 日开始的浪潮杯首届中国象棋人机大战经两轮紧张激烈的酣战，最终超级电脑浪潮天梭以 5.5：4.5（两回合 10 盘棋共 3 胜 5 和 2 负）取得了最后的胜利。各位中国象棋大师与浪潮天梭的具体战绩结果如下：徐天红先和黑和，卜凤波先和黑负，柳大华先负黑负，张强先胜黑和，汪洋先和黑胜。第一轮，大师们都执红先行，三台柳大华毫不畏惧计算机的精确计算能力，首先展开了复杂的乱战，大大提高了人类大师们的战斗士气。二台卜凤波大师开局占尽先机，得到了较好的局面，但随后天梭表现出了计算机强于人类的优势，丝毫不被劣势局面影响“心情”，扳回了局面，取得了和棋。三台张强大师如有神助，轻松地率先拿下了对手，而此时柳大华却因为一步不慎呈现了败势，好在一台徐天红和五台汪洋局面一直保有微小优势。接着柳大华落败，汪洋在稍优的局面下毅然拒绝了计算机的提和，顶着时间紧张的压力继续战斗，但最终没能冲破浪潮天梭的严密防守成和。其后，徐天红在多一马的局面下也由于时间问题不得不同意和棋。第一轮人机双方 2.5∶2.5 打平。第二轮比赛开赛不久，计算机的先手优势就表现了出来，除了汪洋的局面呈复杂状，其他四盘都是天梭占优。随后不久，柳大华和卜凤波即不敌对方凌厉攻势，相继败下阵来；徐天红和张强也与计算机打成平手；只有汪洋后手挑起战争，力克天梭。第二轮人类大师 2 比 3 告负，最后以总比分 4.5∶5.5 惜败于超级计算机浪潮天梭。

8 月 10 日，天梭与 TOP 25 网络海选高手过招，5 胜 5 和取胜。

8 月 15 日，巅峰对决，天梭 VS“中象第一人”许银川，两和。

在象棋这类人机博弈中，浪潮天梭的基本思考方法是穷举法，即通过对所有可能的招法的演化结果进行比较，最后选择出一个最好的招法。这种比较一定是越深越好。平日里象棋水平越高的人，能够对战局演化看得越远，比如看到五步棋。计算机也一样，走出一个棋子后，便生成一个“局面”；在这个新的局面下，又有 38 种可能的棋子走法，无论选择其中哪一种，都会再次生成一个更新的局面。每一次考虑一个棋子的走法时，如果将所有这些变化列起来，就会形成一棵“树”，主干上有 38 个分支，每个分支上再有 38 个分支，依此类推，共有 120 层（中国象棋一般可以走 120 步），这就是“博弈树”。计算机要做的，就是比较最后一层的结果，选择其中一个最好的结果，然后逆推，找到本局面最好的一个走法。但是，号称“棋类不败算法”的博弈树是根本不可能完全建立的，因为它太过庞大了。中国象棋从开局到结束所有可能的走棋方式，总数大约是 10^{150}，这个数量比地球上存在的所有原子的总和还要多。这么多的可能性即使计算到地球毁灭也计算不出一步棋的走法。所以，计算机必须具备一种策略判断能力，在“博弈树”的每一层中，都能够及时舍弃一些明显错误、不可行的招法，也就是砍去树的一个分支，以及这个分支之上所有的后续演化。在人机大战中，浪潮天梭在面对一步棋的时候，模仿人的思考方法，有一种自己的择优算法，将尽可能的去简化搜索范围，忽略博弈树中错误的或不利于己的“树枝”，只考虑那些能使自己获胜或占有优势的“树枝”，然后对其进行横向比较并选择最优走法。

人机对弈，不同于科学计算，对超级计算机的智能、计算、交换等能力提出了更高的要求；尤其是与顶级中国象棋高手对决，对超级计算机要求更为苛刻。浪潮天梭具备强大的综合智能水平，曾多次打破国际商业智能计算等世界纪录。浪潮天梭拥有强大的计算能力与逻辑判断能力，在系统整合、高速传输、内存读取等方面都有出色表现。基于高速交换的模块化体系结构——MABS，突破总线式体系结构的限制，保证了开局库/残局库的快速查询以及搜索的高效执行；根据博弈系统中各枝叶节点计算处理任务的并行性和相对独立性特点，采用多处理器系统，且每个计算单元都采用多处理器设计，使用集中式管理控制机制，而多个计算单元之间通过高速交换中心连接，采用分布式结构，消除了由于大量处理器集中控制所带来的复杂管理和控制问题，保证了在单位时间内能够评估更多的局面，能够做更深和更广的搜索。在存储方面，开发实现了支持上百 TB 数据容量的并行存储系统，设计实现更高带宽的存储控制器。通过多路控制器，实现分布式存储系统；通过并发访问，提高对存储系统的访问、对数据传输。在提高带宽的基础上，采用多通路设计以及缓存和 DMA 设计，实现数据的快速传输和大的吞吐量。

中国象棋在棋类运动中复杂度非常高，而浪潮天梭的强大性能完全可以应对这项挑战，在与5位大师的对决中，共评估棋局10万亿个，处理单元数据交换量超过每秒10GB，复合查询超过300万次，最终取得对决胜利。

习　题　九

1. 在中国知网上浏览5篇有关计算机网络体育应用的相关信息，写一篇对计算机网络体育应用的相关综述文章。
2. 搜寻并观看人机大战的相关视频信息，以5人为一组判断计算机的判断正误。
3. 结合所学知识，设计一项计算机网络在体育领域的应用创意，并进行必要的论证。
4. 大胆发挥想象，设计一项不限范围的计算机网络应用创意，并进行必要的论证。

References 参考文献

冯相忠，顾沈明. 2010. 大学计算机基础（第二版）[M]. 北京：中国铁道出版社.
胡维华，吴坚. 2010. 大学计算机基础案例教程（第二版）[M]. 北京：科学出版社.
黄馨. 2010. Word 2007 文档制作 [M]. 北京：兵器工业出版社，北京希望电子出版社.
九州书源. 2009. Word 2007 文档处理 [M]. 北京：清华大学出版社.
刘义常，张笑. 2008. 计算机网络实用技术教程 [M]. 北京：电子工业出版社.
龙马工作室. 2010. Office 2007 办公应用完全自学手册 [M]. 北京：人民邮电出版社.
施博资讯. 2009. Office 范例入门到精通 PowerPoint 2007 演示文稿设计 [M]. 北京：清华大学出版社.
文杰书院，李雪冰，付子德. 2009. Word 2007 完全掌握 [M]. 北京：清华大学出版社.